工科数学分析习题课教程

（下册）

贺丹 潮小李 周吴杰 李慧玲 陈和 **编著**

东南大学出版社
SOUTHEAST UNIVERSITY PRESS
·南京·

内 容 提 要

本书为东南大学"工科数学分析"课程习题课用书,配套潮小李等编写的《工科数学分析(下册)》教材,内容涉及向量代数与空间解析几何、多元函数微分学及其应用、多元函数积分学及其应用、无穷级数等。全书按照习题课的学时安排以及教学内容分为 16 讲,每一讲的内容包括内容提要、例题与释疑解难、练习题三部分。同时,书末还提供了 4 套综合练习卷,供学生期末复习时巩固、加深对所学知识的理解,提高知识的综合运用能力。

本书可作为高等院校大一年级理工科类相关专业学生学习"工科数学分析"或"高等数学"课程的配套用书,还可作为报考硕士研究生的相关人员的复习参考书。

图书在版编目(CIP)数据

工科数学分析习题课教程. 下册 / 贺丹等编著.
南京:东南大学出版社,2025.2. -- ISBN 978-7-5766-1958-4

Ⅰ. O17-44

中国国家版本馆 CIP 数据核字第 20251PT474 号

责任编辑:吉雄飞　　责任校对:韩小亮　　封面设计:顾晓阳　　责任印制:周荣虎

工科数学分析习题课教程(下册)
Gongke Shuxue Fenxi Xitike Jiaocheng (Xiace)

编　　著	贺丹　潮小李　周吴杰　李慧玲　陈和
出版发行	东南大学出版社
出 版 人	白云飞
社　　址	南京市四牌楼 2 号(邮编:210096)
经　　销	全国各地新华书店
印　　刷	南京京新印刷有限公司
开　　本	700 mm×1000 mm　1/16
印　　张	18.75
字　　数	368 千字
版　　次	2025 年 2 月第 1 版
印　　次	2025 年 2 月第 1 次印刷
书　　号	ISBN 978-7-5766-1958-4
定　　价	45.00 元

本社图书若有印装质量问题,请直接与营销部联系,电话:025 - 83791830。

前　言

本书为东南大学"工科数学分析"课程习题课用书，配套潮小李等编写的《工科数学分析(下册)》教材，内容涉及向量代数与空间解析几何、多元函数微分学及其应用、多元函数积分学及其应用、无穷级数等。全书按照习题课的学时安排以及教学内容分为16讲，每一讲的内容包括内容提要、例题与释疑解难、练习题三部分。同时，书末还提供了4套综合练习卷，供学生期末复习时巩固加深对所学知识的理解，提高知识的综合运用能力。

本书中的每一讲都具有相对独立性，且重点内容讲解充实，大量典型例题解析详尽，配套练习题难易适中，教师可根据实际教学情况调整选用；同时，每一讲注重总结学习规律，通过提出和解决疑难问题，有助于学生提高分析问题、解决问题的能力。

参加本书编写的有贺丹(负责编写第1—4讲)、周吴杰(负责编写第5—8讲)、陈和(负责编写第9—12讲)、李慧玲(负责编写第13—16讲)、潮小李(负责编写综合练习卷)，全书由贺丹、潮小李统稿。在本书编写过程中，编者得到了东南大学数学学院和东南大学出版社的大力支持和帮助，也得到了数学教学团队成员的鼎力相助，在此表示衷心的感谢。

由于编者水平所限，书中不妥甚至错误之处在所难免，敬请读者批评指正。

编　者
2024年11月

目 录

第 1 讲　向量代数 ··· 1
  1.1　内容提要 ·· 1
  1.2　例题与释疑解难 ·· 5
  1.3　练习题 ··· 12

第 2 讲　空间解析几何 ··· 14
  2.1　内容提要 ·· 14
  2.2　例题与释疑解难 ·· 20
  2.3　练习题 ··· 33

第 3 讲　多元数量值函数的极限与连续、偏导数与全微分 ············ 36
  3.1　内容提要 ·· 36
  3.2　例题与释疑解难 ·· 40
  3.3　练习题 ··· 51

第 4 讲　多元函数微分法及方向导数与梯度 ····························· 53
  4.1　内容提要 ·· 53
  4.2　例题与释疑解难 ·· 57
  4.3　练习题 ··· 68

第 5 讲　多元函数的 Taylor 公式与极值 ································· 71
  5.1　内容提要 ·· 71
  5.2　例题与释疑解难 ·· 73
  5.3　练习题 ··· 84

第 6 讲　多元函数微分学的几何应用 ······································ 86
  6.1　内容提要 ·· 86
  6.2　例题与释疑解难 ·· 89
  6.3　练习题 ··· 98

第 7 讲　数量值函数积分的概念与二重积分的计算 ················· 101
  7.1　内容提要 ·· 101

  7.2 例题与释疑解难 …… 104

  7.3 练习题 …… 117

第 8 讲 三重积分的计算 …… 119

  8.1 内容提要 …… 119

  8.2 例题与释疑解难 …… 121

  8.3 练习题 …… 131

第 9 讲 第一型曲线积分与第一型曲面积分 …… 134

  9.1 内容提要 …… 134

  9.2 例题与释疑解难 …… 137

  9.3 练习题 …… 149

第 10 讲 数量值函数积分的应用 …… 151

  10.1 内容提要 …… 151

  10.2 例题与释疑解难 …… 152

  10.3 练习题 …… 160

第 11 讲 第二型曲线积分与 Green 公式 …… 161

  11.1 内容提要 …… 161

  11.2 例题与释疑解难 …… 165

  11.3 练习题 …… 176

第 12 讲 第二型曲面积分及 Gauss 公式与 Stokes 公式 …… 178

  12.1 内容提要 …… 178

  12.2 例题与释疑解难 …… 183

  12.3 练习题 …… 196

第 13 讲 数项级数 …… 198

  13.1 内容提要 …… 198

  13.2 例题与释疑解难 …… 201

  13.3 练习题 …… 214

第 14 讲 函数项级数 …… 217

  14.1 内容提要 …… 217

  14.2 例题与释疑解难 …… 220

  14.3 练习题 …… 228

第 15 讲　幂级数 ·· 230
　　15.1　内容提要 ·· 230
　　15.2　例题与释疑解难 ·· 233
　　15.3　练习题 ·· 242
第 16 讲　Fourier 级数 ·· 245
　　16.1　内容提要 ·· 245
　　16.2　例题与释疑解难 ·· 247
　　16.3　练习题 ·· 257
附录　综合练习卷 ·· 260
　　综合练习卷(一) ·· 260
　　综合练习卷(二) ·· 264
　　综合练习卷(三) ·· 267
　　综合练习卷(四) ·· 270
参考答案 ·· 273

第 1 讲　向量代数

1.1　内容提要

一、向量及其相关概念

向量:既有大小(用一个非负实数表示)又有方向的量. 常用有向线段来表示向量. 以 A 为起点,B 为终点的有向线段所表示的向量,记作 $\overrightarrow{AB}$ 或 $a = \overrightarrow{AB}$.

向量的模(或长度):向量的大小,记作 $\|a\|$(也称为 a 的范数).

单位向量:模等于 1 的向量. 与非零向量 a 同向的单位向量称为向量 a 的单位向量,记作 a°.

零向量:模等于 0 的向量,记为 $\mathbf{0}$,其方向是任意的.

负(或逆)向量:模为 $\|a\|$ 而方向与 a 相反的向量,记为 $-a$.

两向量平行(或共线):若 a 与 b 的方向相同或相反,则称 a 与 b 平行(或共线),记为 $a \parallel b$. 零向量与任何向量都平行.

两向量相等:若向量 a 与 b 的方向相同且模相等,则称 a 与 b 相等,记作 $a = b$.

共面向量:平行于同一平面的一组向量. 零向量与任何共面的向量组共面.

二、向量的运算

1) 向量的加法与减法.

(1) 两向量的加法:已知向量 a,b,求它们的和 $a+b$ 的运算. 其运算法则如下:

平行四边形法则:两个非零向量 a,b 为边构成平行四边形,则平行四边形的对角线所表示的向量为 a,b 的和;

三角形法则:将向量 a 的终点移动到向量 b 的起点,则由 a 的起点到 b 的终点的向量为 a,b 的和.

(2) 两向量的减法:向量减法是向量加法的逆运算,记为 $a-b$,即向量 a 与向量 b 的负向量 $-b$ 的和. 由加法运算的三角形法则,可得到减法的三角形法则:将向量 a 与向量 b 的起点重合,则由 b 的终点指向 a 的终点的向量 $c = a-b$.

(3) 向量加法的性质:

① $a+\mathbf{0} = \mathbf{0}+a = a$;　　② $a+(-a) = a-a = \mathbf{0}$;

③ $a+b = b+a$(交换律);　　④ $a+(b+c) = (a+b)+c$(结合律);

⑤ $\|a+b\| \leqslant \|a\|+\|b\|$.

说明 性质 ⑤ 中不等式的几何意义为三角形的任意一条边长不超过其他两条边长之和. 可推广到任意多个向量的情形：
$$\|a_1 + a_2 + \cdots + a_n\| \leqslant \|a_1\| + \|a_1\| + \cdots + \|a_n\|.$$

2) **数与向量的乘法(数乘)**：设 a 是一个非零向量，λ 是一个非零实数，则 λ 与 a 的乘积(简称数乘)仍是一个向量，记作 λa，且 $\|\lambda a\| = |\lambda| \cdot \|a\|$. 当 $\lambda > 0$ 时，λa 与 a 同向；当 $\lambda < 0$ 时，λa 与 a 反向；当 $\lambda = 0$ 或 $a = \mathbf{0}$ 时，规定 $\lambda a = \mathbf{0}$，此时不必讨论它的方向.

设 a, b 为任意向量，λ, μ 为任意实数，则数乘运算具有如下性质：

(1) $\lambda(a + b) = \lambda a + \lambda b$；　　(2) $(\lambda + \mu)a = \lambda a + \mu a$；

(3) $(\lambda\mu)a = \lambda(\mu a) = \mu(\lambda a)$；　　(4) $1 \cdot a = a, (-1) \cdot a = -a$；

(5) $0 \cdot a = \mathbf{0}, \lambda \cdot \mathbf{0} = \mathbf{0}$；　　(6) 若 $a \neq \mathbf{0}$，则 a 的单位向量 $a^\circ = \dfrac{a}{\|a\|}$.

结论 假设向量 $a \neq \mathbf{0}$，则向量 b 平行于向量 a 的充要条件是存在唯一的实数 λ，使得 $b = \lambda a$.

3) **向量的夹角**：设 a, b 是非零向量，自空间任意点 O 作 $\overrightarrow{OA} = a, \overrightarrow{OB} = b$，把由射线 OA 和 OB 构成的角度 θ (规定 $0 \leqslant \theta \leqslant \pi$) 称为向量 a 和 b 的夹角，记为
$$(a, b) \quad 或 \quad (a \wedge b).$$

说明 (1) 当两向量的夹角 $\theta = \dfrac{\pi}{2}$ 时，称两向量**垂直**；

(2) 如果向量 a 与 b 平行且方向相同，则它们的夹角为 $\theta = 0$；

(3) 如果向量 a 与 b 平行且方向相反，则它们的夹角为 $\theta = \pi$；

(4) 若 a 是非零向量，l 是空间中的一根轴，则向量 a 与同轴 l 的正向方向一致的向量间的夹角为 a 与轴 l 的夹角，记为 (a, l) 或 $(a \wedge l)$.

4) **向量在轴上的投影**：设向量 $\overrightarrow{AB}$ 不垂直于轴 l. 过 $\overrightarrow{AB}$ 的起点 A 和终点 B 分别作垂直于轴 l 的平面，它们与轴 l 分别交于点 A' 与 B'，称 $\overrightarrow{A'B'}$ 为向量 $\overrightarrow{AB}$ 在轴 l 上的投影向量. 向量 $\overrightarrow{AB}$ 在轴 l 上的投影记为 $(\overrightarrow{AB})_l$. 当有向线段 $\overrightarrow{A'B'}$ 与轴 l 方向相同时，$(\overrightarrow{AB})_l = \|\overrightarrow{A'B'}\|$；当 $\overrightarrow{A'B'}$ 与轴 l 方向相反时，$(\overrightarrow{AB})_l = -\|\overrightarrow{A'B'}\|$. 当向量 $\overrightarrow{AB}$ 与轴 l 垂直时，$(\overrightarrow{AB})_l = 0$.

向量 $\overrightarrow{AB}$ 在轴 l 上的投影的计算公式：$(\overrightarrow{AB})_l = \|\overrightarrow{AB}\| \cos(\overrightarrow{AB}, l)$.

5) **向量的数量积**：向量 a 和 b 的模与它们夹角的余弦的乘积，称为向量 a 与 b 的数量积(也称为点积或内积)，记为 $a \cdot b$，即 $a \cdot b = \|a\| \cdot \|b\| \cos(a, b)$. 当 a, b 中有一个是零向量时，则规定它们的数量积为零. 数量积具有如下运算法则：

(1) $a \cdot b = b \cdot a$ (交换律)；

(2) $\lambda(a \cdot b) = (\lambda a) \cdot b$ (结合律)；

(3) $a \cdot (b+c) = a \cdot b + a \cdot c$（分配律）.

结论 (1) $a \cdot a = \|a\| \cdot \|a\| \cos(a,a) = \|a\|^2$，且 $a \cdot a$ 常记为 a^2，即
$$a \cdot a = a^2 = \|a\|^2.$$

(2) 设 a 与 b 是两个非零向量，则 $\cos(a,b) = \dfrac{a \cdot b}{\|a\|\|b\|}$. 因为 $0 \leqslant (a,b) \leqslant \pi$，所以余弦值可以唯一确定 (a,b).

(3) 设 a 与 b 是两个非零向量，则 $a \perp b \Leftrightarrow a \cdot b = 0$.

(4) 注意到 $\|b\|\cos(a,b)$ 是向量 b 在向量 a 上的投影 b_a，即 $b_a = \|b\|\cos(a,b)$. 同样地，也有 $a_b = \|a\|\cos(a,b)$. 于是
$$a \cdot b = \|a\|b_a = \|b\|a_b.$$

6) **向量的向量积**：设向量 c 是由 a 与 b 所确定的一个向量，它与 a,b 都垂直，其方向由从 a 经角 (a,b) 到 b 的右手法则确定，即 a,b,c 满足右手法则，且
$$\|c\| = \|a\| \cdot \|b\| \sin(a,b),$$
则称 c 为向量 a 与 b 的向量积（也称为叉积或外积），记作 $c = a \times b$. 如果 a,b 中有一个是零向量，则规定它们的向量积为零向量. 向量积具有如下运算规律：

(1) $a \times b = -b \times a$（反交换律）；

(2) $(\lambda a) \times b = \lambda (a \times b) = a \times (\lambda b)$（与数乘向量的结合律）；

(3) $a \times (b+c) = a \times b + a \times c$（分配律）.

向量积 $a \times b$ 的模的几何意义：$\|a \times b\|$ 等于以 a,b 为邻边的平行四边形的面积.

由向量积的定义易得以下结论：

(1) $a \times 0 = 0, 0 \times a = 0$；

(2) $a \times a = 0$；

(3) 如果 a,b 是两个非零向量，则 $a \parallel b \Leftrightarrow a \times b = 0$；

(4) $a \perp (a \times b)$, $b \perp (a \times b)$.

7) **向量的混合积**：称 $a \cdot (b \times c)$ 为向量 a,b,c 的混合积，记为 $[a\ b\ c]$（或 $(a\ b\ c)$ 或 (a,b,c)）. 混合积具有如下的运算性质：
$$[a\ b\ c] = [b\ c\ a] = [c\ a\ b] = -[a\ c\ b] = -[b\ a\ c] = -[c\ b\ a].$$

该性质说明：若轮换混合积中三个向量的顺序，则其值不变；若在混合积中固定一个向量的位置，而将其余两个向量对换位置一次，则其值改变符号. 另外，由混合积的定义及向量积的性质可知，若三个向量 a,b,c 中有两个向量是平行的，则它们的混合积为 0.

三向量共面的充要条件：三个向量 a,b,c 共面的充要条件是混合积
$$[a\ b\ c] = 0.$$

混合积的几何意义:设 a,b,c 为三个不共面的向量,则它们的混合积的绝对值等于以 a,b,c 为棱的平行六面体的体积 V,即 $[a\ b\ c]=\pm V$,且当 a,b,c 成右手系时取"+"号,当 a,c,b 成右手系时取"-"号.

三、空间直角坐标系

1) **空间点的坐标**:空间中的点 M 与三维有序实数组 (x,y,z) 一一对应,其中 x 称为点 M 的横坐标,y 称为点 M 的纵坐标,z 称为点 M 的竖坐标.

2) **空间中两点的距离**:点 $M(x,y,z)$ 到原点 O 的距离为 $d=\sqrt{x^2+y^2+z^2}$;更一般地,点 $M_1(x_1,y_1,z_1)$ 与 $M_2(x_2,y_2,z_2)$ 之间的距离为
$$|M_1M_2|=\sqrt{(x_2-x_1)^2+(y_2-y_1)^2+(z_2-z_1)^2}.$$

四、向量的坐标表示

1) **向量 $\overrightarrow{OM}$ 的坐标表示式**:设点 M 的坐标为 (x,y,z),则向量 $\overrightarrow{OM}$ 的坐标表示式为 $\overrightarrow{OM}=x\boldsymbol{i}+y\boldsymbol{j}+z\boldsymbol{k}$,简记为
$$\overrightarrow{OM}=\{x,y,z\} \quad \text{或} \quad \overrightarrow{OM}=(x,y,z),$$
其中 $\boldsymbol{i},\boldsymbol{j},\boldsymbol{k}$ 分别为与 x 轴、y 轴、z 轴的正向同向的单位向量. 一般地,若向量 $\boldsymbol{a}$ 在三个坐标轴上的投影分别为 a_x,a_y,a_z,则向量 $\boldsymbol{a}$ 的坐标表示式为
$$\boldsymbol{a}=a_x\boldsymbol{i}+a_y\boldsymbol{j}+a_z\boldsymbol{k} \quad \text{或} \quad \boldsymbol{a}=\{a_x,a_y,a_z\}.$$

2) **向量的模与方向余弦**

(1) 设非零向量 $\boldsymbol{a}=\{a_x,a_y,a_z\}$,则其模长为 $\|\boldsymbol{a}\|=\sqrt{a_x^2+a_y^2+a_z^2}$.

(2) 向量 $\boldsymbol{a}$ 与三个坐标轴正向的夹角 α,β,γ 称为方向角,这三个角的余弦 $\cos\alpha$,$\cos\beta$,$\cos\gamma$ 称为方向余弦,其中 $0\leqslant\alpha,\beta,\gamma\leqslant\pi$. 向量 $\{\cos\alpha,\cos\beta,\cos\gamma\}$ 为 $\boldsymbol{a}$ 的单位向量,即 $\boldsymbol{a}^\circ=\{\cos\alpha,\cos\beta,\cos\gamma\}$. 于是 $\boldsymbol{a}=\|\boldsymbol{a}\|(\cos\alpha\boldsymbol{i}+\cos\beta\boldsymbol{j}+\cos\gamma\boldsymbol{k})$,从而也有
$$\cos\alpha=\frac{a_x}{\|\boldsymbol{a}\|}, \quad \cos\beta=\frac{a_y}{\|\boldsymbol{a}\|}, \quad \cos\gamma=\frac{a_z}{\|\boldsymbol{a}\|}.$$

五、向量运算的坐标表示

1) **线性运算的坐标表示**:设 $\boldsymbol{a}=\{a_x,a_y,a_z\}$,$\boldsymbol{b}=\{b_x,b_y,b_z\}$,$\lambda$ 为常数,则
$$\boldsymbol{a}\pm\boldsymbol{b}=\{a_x\pm b_x,a_y\pm b_y,a_z\pm b_z\}, \quad \lambda\boldsymbol{a}=\{\lambda a_x,\lambda a_y,\lambda a_z\}.$$
由此可得以下结论:

(1) 两个向量 $\boldsymbol{a}$ 与 $\boldsymbol{b}$ 相等 $\Leftrightarrow a_x=b_x,a_y=b_y,a_z=b_z$.

(2) 两个非零向量 $\boldsymbol{a}$ 与 $\boldsymbol{b}$ 平行的充要条件是 $\boldsymbol{b}=\lambda\boldsymbol{a}$,即
$$b_x=\lambda a_x, \ b_y=\lambda a_y, \ b_z=\lambda a_z \quad \text{或} \quad \frac{b_x}{a_x}=\frac{b_y}{a_y}=\frac{b_z}{a_z}=\lambda.$$
在上面分式中,若分母为零,则约定其分子也为零.

(3) 三个点 $A(x_1,y_1,z_1),B(x_2,y_2,z_2)$ 和 $C(x_3,y_3,z_3)$ 共线的充要条件是 $\overrightarrow{AB}\ /\!/\ \overrightarrow{AC}$,即

$$\frac{x_2-x_1}{x_3-x_1}=\frac{y_2-y_1}{y_3-y_1}=\frac{z_2-z_1}{z_3-z_1}.$$

2) **数量积的坐标表示**：设 $\boldsymbol{a}=\{a_x,a_y,a_z\},\boldsymbol{b}=\{b_x,b_y,b_z\}$，则
$$\boldsymbol{a}\cdot\boldsymbol{b}=a_xb_x+a_yb_y+a_zb_z.$$

由数量积的坐标表示，可得
$$\|\boldsymbol{a}\|=\sqrt{\boldsymbol{a}\cdot\boldsymbol{a}}=\sqrt{a_x^2+a_y^2+a_z^2},$$
$$\cos(\boldsymbol{a},\boldsymbol{b})=\frac{\boldsymbol{a}\cdot\boldsymbol{b}}{\|\boldsymbol{a}\|\cdot\|\boldsymbol{b}\|}=\frac{a_xb_x+a_yb_y+a_zb_z}{\sqrt{a_x^2+a_y^2+a_z^2}\cdot\sqrt{b_x^2+b_y^2+b_z^2}}.$$

3) **向量积的坐标表示**：设 $\boldsymbol{a}=\{a_x,a_y,a_z\},\boldsymbol{b}=\{b_x,b_y,b_z\}$，则
$$\boldsymbol{a}\times\boldsymbol{b}=\begin{vmatrix}\boldsymbol{i}&\boldsymbol{j}&\boldsymbol{k}\\a_x&a_y&a_z\\b_x&b_y&b_z\end{vmatrix}$$
$$=(a_yb_z-a_zb_y)\boldsymbol{i}-(a_xb_z-a_zb_x)\boldsymbol{j}+(a_xb_y-a_yb_x)\boldsymbol{k}.$$

4) **混合积的坐标表示**：设 $\boldsymbol{a}=\{a_x,a_y,a_z\},\boldsymbol{b}=\{b_x,b_y,b_z\},\boldsymbol{c}=\{c_x,c_y,c_z\}$，则
$$\boldsymbol{a}\cdot(\boldsymbol{b}\times\boldsymbol{c})=a_x\begin{vmatrix}b_y&b_z\\c_y&c_z\end{vmatrix}-a_y\begin{vmatrix}b_x&b_z\\c_x&c_z\end{vmatrix}+a_z\begin{vmatrix}b_x&b_y\\c_x&c_y\end{vmatrix}=\begin{vmatrix}a_x&a_y&a_z\\b_x&b_y&b_z\\c_x&c_y&c_z\end{vmatrix}.$$

结论 （1）三向量 $\boldsymbol{a},\boldsymbol{b},\boldsymbol{c}$ 共面 $\Leftrightarrow [\boldsymbol{a}\ \boldsymbol{b}\ \boldsymbol{c}]=\begin{vmatrix}a_x&a_y&a_z\\b_x&b_y&b_z\\c_x&c_y&c_z\end{vmatrix}=0;$

（2）四点 $M_i(x_i,y_i,z_i)(i=1,2,3,4)$ 共面 $\Leftrightarrow \begin{vmatrix}x_2-x_1&y_2-y_1&z_2-z_1\\x_3-x_1&y_3-y_1&z_3-z_1\\x_4-x_1&y_4-y_1&z_4-z_1\end{vmatrix}=0.$

1.2 例题与释疑解难

问题 1 如何求解一些与向量运算有关的问题？

向量有两个要素，一是大小，即模长；二是方向. 向量的运算包括加减法运算、数乘运算以及数量积、向量积和混合积运算，其中数量积和混合积为数量，而向量积为向量. 要熟记它们的定义、运算规律、相关的几何含义以及由这些运算所得的向量之间的几何关系（垂直、平行、共面等）.

例 1 研究下列问题：

(1) 当 $\boldsymbol{a}\cdot\boldsymbol{b}=0$ 时，能否得出结论 $\boldsymbol{a}=\boldsymbol{0}$ 或 $\boldsymbol{b}=\boldsymbol{0}$？

(2) 两个单位向量的数量积一定等于 1 吗？

(3) 如果 $c \neq 0$,且 $a \cdot c = b \cdot c$,是否必有 $a = b$?

(4) 如果 $a \times c = b \times c$,且 $c \neq 0$,是否必有 $a = b$?更进一步,若 a, b 都不平行于 c,是否必有 $a = b$?

解 (1) 不能. 注意到 $a \cdot b = \|a\| \cdot \|b\| \cos(a, b)$,若 $a \perp b$,则 $\cos(a, b) = 0$,从而有 $a \cdot b = 0$,此时并不要求 $a = 0$ 或 $b = 0$.

(2) 不一定. 只有当两个单位向量相同时,它们的数量积才等于 1.

(3) 不一定. 当 (a, c) 与 (b, c) 都为 $\frac{\pi}{2}$ 时,就有 $a \cdot c = b \cdot c$,此时不要求 $a = b$. 例如,取 $a = \{0, 0, 1\}, b = \{1, 0, 0\}, c = \{0, 1, 0\}$,则 $a \cdot c = b \cdot c = 0$,且 $c \neq 0$,但此时 $a \neq b$.

(4) 不一定. 当向量 a, b 均与向量 c 平行时,必有 $a \times c = b \times c = 0$,此时并不要求 $a = b$. 更进一步,若要求 a, b 都不平行于 c,此时向量 a 和 b 也不一定相等. 例如,取

$$a = \{0, 1, 0\}, \quad b = \{1, 0, 0\}, \quad c = \{1, -1, 0\},$$

则它们满足 $a \times c = b \times c = \{0, 0, -1\}$,且 $c \neq 0, a, b$ 都不平行于 c,但 $a \neq b$. 或设

$$a = \lambda_1 c + d, \quad b = \lambda_2 c + d, \quad \text{其中常数 } \lambda_1 \neq \lambda_2, d \text{ 为非零向量},$$

于是 a, b 都不平行于 c,且 $a \neq b$,但是

$$a \times c = (\lambda_1 c + d) \times c = d \times c, \quad b \times c = (\lambda_2 c + d) \times c = d \times c,$$

即有 $a \times c = b \times c$.

说明 上面(3) 和(4) 表明向量的数量积和向量积不具有如同实数的乘法运算一样的消去律.

例 2 设 a, b, c 均为非零向量,则与 a 不垂直的向量是 ( )

(A) $(a \cdot c)b - (a \cdot b)c$ (B) $b - \dfrac{a \cdot b}{a \cdot a} a$

(C) $a \times b$ (D) $a + (a \times b) \times a$

解 对于选项(A),注意到 $a \cdot c$ 与 $a \cdot b$ 均为常数,于是

$$a \cdot ((a \cdot c)b - (a \cdot b)c) = (a \cdot c)(a \cdot b) - (a \cdot b)(a \cdot c) = 0,$$

所以 a 垂直于 $(a \cdot c)b - (a \cdot b)c$. 故(A) 不正确.

对于选项(B),因为

$$a \cdot \left(b - \frac{a \cdot b}{a \cdot a} a \right) = a \cdot b - \frac{a \cdot b}{a \cdot a}(a \cdot a) = 0,$$

所以 a 垂直于 $b - \dfrac{a \cdot b}{a \cdot a} a$. 故(B) 不正确.

对于选项(C),由 $a \times b \perp a$ 即可得不正确.

对于选项(D),由向量积的定义可得 $(a \times b) \times a \perp a$,于是

$$a \cdot (a + (a \times b) \times a) = a \cdot a = \|a\|^2 \neq 0,$$

所以 a 不垂直于 $a + (a \times b) \times a$. 故应选(D).

例 3 设向量 a 和 b 满足 $\|a\| = \sqrt{3}$, $\|b\| = 1$, 以及 $(a,b) = \dfrac{\pi}{6}$.

(1) 求向量 $a + b$ 与 $a - b$ 的夹角;

(2) 求以 $a + 2b$ 与 $a - 3b$ 为邻边的平行四边形的面积.

解 (1) 由已知条件可得 $a \cdot b = \|a\| \cdot \|b\| \cos(a,b) = \dfrac{3}{2}$, 则

$$\|a+b\|^2 = (a+b) \cdot (a+b) = \|a\|^2 + 2a \cdot b + \|b\|^2 = 7,$$
$$\|a-b\|^2 = (a-b) \cdot (a-b) = \|a\|^2 - 2a \cdot b + \|b\|^2 = 1,$$

于是 $\|a+b\| = \sqrt{7}$, $\|a-b\| = 1$, 从而

$$\cos(a+b, a-b) = \dfrac{(a+b) \cdot (a-b)}{\|a+b\| \cdot \|a-b\|} = \dfrac{\|a\|^2 - \|b\|^2}{\sqrt{7}} = \dfrac{2}{\sqrt{7}},$$

故向量 $a+b$ 与 $a-b$ 的夹角为 $\arccos \dfrac{2}{\sqrt{7}}$.

(2) 由向量积模长的几何意义, 可得所求的平行四边形面积为

$$S = \|(a+2b) \times (a-3b)\| = \|5b \times a\| = 5\|b\| \cdot \|a\| \sin \dfrac{\pi}{6} = \dfrac{5\sqrt{3}}{2}.$$

例 4 设向量 a, b, c 满足 $a + b + c = \mathbf{0}$, 且 $\|a\| = 3$, $\|b\| = 4$, $\|c\| = 5$, 求 $a \cdot b + b \cdot c + c \cdot a$ 和 $\|a \times b + b \times c + c \times a\|$.

解 由题知 $(a+b+c) \cdot (a+b+c) = 0$, 即

$$\|a\|^2 + \|b\|^2 + \|c\|^2 + 2(a \cdot b + b \cdot c + c \cdot a) = 0,$$

于是 $a \cdot b + b \cdot c + c \cdot a = -25$.

又因为

$$0 = c \cdot (a+b+c) = \|c\|^2 + c \cdot a + c \cdot b = 25 + c \cdot a + b \cdot c,$$

所以由 $a \cdot b + b \cdot c + c \cdot a = -25$ 可得 $a \cdot b = 0$, 即

$$a \perp b, \quad 也即 \quad (a,b) = \dfrac{\pi}{2}.$$

另一方面, 由题知 $c = -a - b$, 则由向量积的运算规律可得

$$a \times b + b \times c + c \times a = a \times b + b \times (-a-b) + (-a-b) \times a = 3a \times b,$$

于是 $\|a \times b + b \times c + c \times a\| = 3\|a\| \cdot \|b\| \sin(a,b) = 36$.

例 5 若 $(a \times b) \cdot c = 2$, 则 $[(a+b) \times (b+c)] \cdot (c+a) = $ _____.

解 由混合积的定义可知 $[a\ b\ c] = 2$, 所以

$$[(a+b) \times (b+c)] \cdot (c+a) = (a \times b + a \times c + b \times c) \cdot (c+a)$$
$$= [a\ b\ c] + [b\ c\ a] = 2[a\ b\ c] = 4.$$

例 6 已知向量 $a+3b$ 垂直于向量 $7a-5b$，且向量 $a-4b$ 垂直于向量 $7a-2b$，求向量 a 与 b 的夹角.

解 由向量 $a+3b$ 垂直于向量 $7a-5b$，可得

$$(a+3b) \cdot (7a-5b) = 0, \quad 即 \quad 7\|a\|^2 + 16a \cdot b - 15\|b\|^2 = 0, \qquad ①$$

又由向量 $a-4b$ 垂直于向量 $7a-2b$，可得

$$(a-4b) \cdot (7a-2b) = 0, \quad 即 \quad 7\|a\|^2 - 30a \cdot b + 8\|b\|^2 = 0. \qquad ②$$

由 ①② 两式可得 $a \cdot b = \dfrac{1}{2}\|b\|^2$，再代入 ① 式有 $\|a\| = \|b\|$. 从而

$$\frac{1}{2}\|b\|^2 = a \cdot b = \|a\| \cdot \|b\| \cdot \cos(a,b) = \|b\|^2 \cdot \cos(a,b),$$

则 $\cos(a,b) = \dfrac{1}{2}$，故向量 a 与 b 的夹角为 $\dfrac{\pi}{3}$.

例 7 设 a,b 为非零向量，且 $\|b\|=2$，$(a,b)=\dfrac{\pi}{3}$，求 $\lim\limits_{x \to 0} \dfrac{\|a+xb\|-\|a\|}{x}$.

解 由 $a \cdot a = \|a\|^2$ 可得

$$\lim_{x \to 0} \frac{\|a+xb\|-\|a\|}{x} = \lim_{x \to 0} \frac{\|a+xb\|^2 - \|a\|^2}{x(\|a-xb\|+\|a\|)}$$

$$= \lim_{x \to 0} \frac{(a+xb) \cdot (a+xb) - a \cdot a}{x(\|a+xb\|+\|a\|)}$$

$$= \lim_{x \to 0} \frac{2xa \cdot b + x^2\|b\|^2}{x(\|a-xb\|+\|a\|)} = \lim_{x \to 0} \frac{2a \cdot b + x\|b\|^2}{\|a+xb\|+\|a\|}$$

$$= \frac{a \cdot b}{\|a\|} = \|b\|\cos(a,b) = 2 \cdot \frac{1}{2} = 1.$$

问题 2 如何借助空间直角坐标系来表示向量及其运算？

借助空间直角坐标系，能更方便地表示向量及其运算. 将以点 $A(x_1,x_2,x_3)$ 为起点，点 $B=(x_2,y_2,z_2)$ 为终点的向量记为 $\overrightarrow{AB} = \{x_2-x_1, y_2-y_1, z_2-z_1\}$. 一般地，向量 a 的坐标形式为 $a = a_x\boldsymbol{i} + a_y\boldsymbol{j} + a_z\boldsymbol{k} = \{a_x, a_y, a_z\}$，其中 a_x, a_y, a_z 分别为向量 a 在 x 轴、y 轴和 z 轴上的投影. 设

$$a = \{a_x, a_y, a_z\}, \quad b = \{b_x, b_y, c_z\}, \quad c = \{c_x, c_y, c_z\},$$

且 λ 为一实数，下面给出几个与向量有关的量以及向量运算的坐标表示公式：

向量 a 的模：$\|a\| = \sqrt{a_x^2 + a_y^2 + a_z^2}$；

向量 a 的方向余弦：$\cos\alpha = \dfrac{a_x}{\|a\|}$，$\cos\beta = \dfrac{a_y}{\|a\|}$，$\cos\gamma = \dfrac{a_z}{\|a\|}$；

向量的加法运算：$a+b = \{a_x+b_x, a_y+b_y, a_z+b_z\}$；

向量的数乘运算：$\lambda a = \{\lambda a_x, \lambda a_y, \lambda a_z\}$；

向量的数量积：$a \cdot b = a_x b_x + a_y b_y + a_z b_z$；

第 1 讲　向量代数

向量的向量积和混合积：$a \times b = \begin{vmatrix} i & j & k \\ a_x & a_y & a_z \\ b_x & b_y & b_z \end{vmatrix}$，$[a\ b\ c] = \begin{vmatrix} a_x & a_y & a_z \\ b_x & b_y & b_z \\ c_x & c_y & c_z \end{vmatrix}$.

例 8　设向量 $\overrightarrow{OM}$ 与向量 i,j 的夹角分别为 $\dfrac{\pi}{3}$ 和 $\dfrac{\pi}{4}$，且 $\overrightarrow{OM}$ 在 z 轴上的投影为 -8，求点 M 的坐标.

解　设点 $M(x,y,z)$，则 $\overrightarrow{OM} = \{x,y,z\}$. 因为 $i = \{1,0,0\}, j = \{0,1,0\}$，所以由

$$\begin{cases} \overrightarrow{OM} \cdot i = x, \\ \overrightarrow{OM} \cdot j = y, \end{cases} \quad 可得 \quad \begin{cases} \dfrac{1}{2}\sqrt{x^2+y^2+z^2} = x, \\ \dfrac{\sqrt{2}}{2}\sqrt{x^2+y^2+z^2} = y, \end{cases}$$

又由题意知 $z = -8$，从而可得 $x = 8, y = 8\sqrt{2}$. 故点 M 的坐标为 $(8, 8\sqrt{2}, -8)$.

例 9　已知三点 $A(1,2,0), B(3,0,-3), C(5,2,6)$，求三角形 $\triangle ABC$ 的面积.

解　因为 $\overrightarrow{AB} = \{2,-2,-3\}, \overrightarrow{AC} = \{4,0,6\}$，所以

$$\overrightarrow{AB} \times \overrightarrow{AC} = \begin{vmatrix} i & j & k \\ 2 & -2 & -3 \\ 4 & 0 & 6 \end{vmatrix} = -12i - 24j + 8k,$$

故由向量积的几何意义可得所求三角形的面积为

$$S_{\triangle ABC} = \dfrac{1}{2}\|\overrightarrow{AB} \times \overrightarrow{AC}\| = \dfrac{1}{2}\|\{-12,-24,8\}\| = 14.$$

例 10　已知空间中四个点分别为 $A(1,2,0), B(3,0,-3), C(5,2,6), D(6,0,-3)$，求由这四点构成的四面体 $ABCD$ 的体积.

解　因为 $\overrightarrow{AB} = \{2,-2,-3\}, \overrightarrow{AC} = \{4,0,6\}, \overrightarrow{AD} = \{5,-2,-3\}$，所以

$$[\overrightarrow{AB}\ \overrightarrow{AC}\ \overrightarrow{AD}] = \begin{vmatrix} 2 & -2 & -3 \\ 4 & 0 & 6 \\ 5 & -2 & -3 \end{vmatrix} = -36.$$

由混合积的几何意义知，以 $\overrightarrow{AB}, \overrightarrow{AC}, \overrightarrow{AD}$ 为棱的平行六面体的体积为 $|[\overrightarrow{AB}\ \overrightarrow{AC}\ \overrightarrow{AD}]| = 36$，故所求的四面体的体积为 $\dfrac{1}{6}|[\overrightarrow{AB}\ \overrightarrow{AC}\ \overrightarrow{AD}]| = 6$.

例 11　设 $a = i, b = j - k, c = i - j$，求与 a, b 共面且垂直于 c 的单位向量.

解　设所求的单位向量为 $u = \{x,y,z\}$，由题意知 $[u\ a\ b] = 0$ 且 $u \cdot c = 0$. 又因为 $a = \{1,0,0\}, b = \{0,1,-1\}, c = \{1,-1,0\}$，于是

$$[u\ a\ b] = \begin{vmatrix} x & y & z \\ 1 & 0 & 0 \\ 0 & 1 & -1 \end{vmatrix} = y + z, \quad u \cdot c = x - y.$$

· 9 ·

由 $\begin{cases} y+z=0, \\ x-y=0, \\ x^2+y^2+z^2=1 \end{cases}$ 解得 $x=y=-z=\pm\dfrac{1}{\sqrt{3}}$,故所求向量为 $\pm\dfrac{1}{\sqrt{3}}(i+j-k)$.

例 12 试用向量证明不等式：
$$\sqrt{a_1^2+a_2^2+a_3^2}\cdot\sqrt{b_1^2+b_2^2+b_3^2}\geqslant|a_1b_1+a_2b_2+a_3b_3|,$$
其中 a_1,a_2,a_3,b_1,b_2,b_3 为任意实数,并指出等号成立的条件.

证明 设向量 $\boldsymbol{a}=\{a_1,a_2,a_3\}$,$\boldsymbol{b}=\{b_1,b_2,b_3\}$,则由向量的数量积运算可得
$$|\boldsymbol{a}\cdot\boldsymbol{b}|=|a_1b_1+a_2b_2+a_3b_3|=\|\boldsymbol{a}\|\cdot\|\boldsymbol{b}\|\cdot|\cos(\boldsymbol{a},\boldsymbol{b})|$$
$$=\sqrt{a_1^2+a_2^2+a_3^2}\cdot\sqrt{b_1^2+b_2^2+b_3^2}\cdot|\cos(\boldsymbol{a},\boldsymbol{b})|$$
$$\leqslant\sqrt{a_1^2+a_2^2+a_3^2}\cdot\sqrt{b_1^2+b_2^2+b_3^2},$$

于是不等式得证,且上式当 $|\cos(\boldsymbol{a},\boldsymbol{b})|=1$,即 $\boldsymbol{a}\mathbin{/\mkern-5mu/}\boldsymbol{b}$,也即 $\dfrac{a_1}{b_1}=\dfrac{a_2}{b_2}=\dfrac{a_3}{b_3}$ 时,等号成立(在分式中,若分母为零,则约定其分子也为零).

问题 3 如何以向量为工具来解决几何问题？

首先应熟悉向量运算与几何概念间的联系,其次要善于将几何问题转化为向量运算,这样就有可能解决所涉及的几何问题.

例 13 已知 $\triangle ABC$ 的边长分别为 $AB=1,BC=2,CA=2$,求 $\overrightarrow{AB}$ 在 $\overrightarrow{BC}$ 上的投影、$\overrightarrow{BC}$ 在 $\overrightarrow{CA}$ 上的投影及 $\overrightarrow{CA}$ 在 $\overrightarrow{AB}$ 上的投影之和.

解 记 $\boldsymbol{a}=\overrightarrow{AB},\boldsymbol{b}=\overrightarrow{BC},\boldsymbol{c}=\overrightarrow{CA}$,则 $\|\boldsymbol{a}\|=1,\|\boldsymbol{b}\|=2,\|\boldsymbol{c}\|=2$,且问题转化为求 $a_b+b_c+c_a$. 又
$$\boldsymbol{a}\cdot\boldsymbol{b}=\|\boldsymbol{b}\|a_b,\quad \boldsymbol{b}\cdot\boldsymbol{c}=\|\boldsymbol{c}\|b_c,\quad \boldsymbol{c}\cdot\boldsymbol{a}=\|\boldsymbol{a}\|c_a,$$
则问题又可转化为求
$$\dfrac{\boldsymbol{a}\cdot\boldsymbol{b}}{\|\boldsymbol{b}\|}+\dfrac{\boldsymbol{b}\cdot\boldsymbol{c}}{\|\boldsymbol{c}\|}+\dfrac{\boldsymbol{c}\cdot\boldsymbol{a}}{\|\boldsymbol{a}\|}=\dfrac{1}{2}\boldsymbol{a}\cdot\boldsymbol{b}+\dfrac{1}{2}\boldsymbol{b}\cdot\boldsymbol{c}+\boldsymbol{c}\cdot\boldsymbol{a}.$$
因为 A,B,C 为三角形的顶点,所以根据向量的加法运算有 $\overrightarrow{AB}+\overrightarrow{BC}=\overrightarrow{AC}$,即
$$\boldsymbol{a}+\boldsymbol{b}=-\boldsymbol{c},\quad \text{也即}\quad \boldsymbol{a}+\boldsymbol{b}+\boldsymbol{c}=\boldsymbol{0},$$
于是有
$$0=\boldsymbol{a}\cdot(\boldsymbol{a}+\boldsymbol{b}+\boldsymbol{c})=\|\boldsymbol{a}\|^2+\boldsymbol{a}\cdot\boldsymbol{b}+\boldsymbol{a}\cdot\boldsymbol{c}=1+\boldsymbol{a}\cdot\boldsymbol{b}+\boldsymbol{c}\cdot\boldsymbol{a},$$
$$0=\boldsymbol{b}\cdot(\boldsymbol{a}+\boldsymbol{b}+\boldsymbol{c})=\|\boldsymbol{b}\|^2+\boldsymbol{b}\cdot\boldsymbol{a}+\boldsymbol{b}\cdot\boldsymbol{c}=4+\boldsymbol{a}\cdot\boldsymbol{b}+\boldsymbol{b}\cdot\boldsymbol{c},$$
$$0=\boldsymbol{c}\cdot(\boldsymbol{a}+\boldsymbol{b}+\boldsymbol{c})=\|\boldsymbol{c}\|^2+\boldsymbol{c}\cdot\boldsymbol{a}+\boldsymbol{c}\cdot\boldsymbol{b}=4+\boldsymbol{c}\cdot\boldsymbol{a}+\boldsymbol{b}\cdot\boldsymbol{c}.$$
上述方程为以 $\boldsymbol{a}\cdot\boldsymbol{b},\boldsymbol{b}\cdot\boldsymbol{c},\boldsymbol{c}\cdot\boldsymbol{a}$ 为未知数的方程组,可解得
$$\boldsymbol{a}\cdot\boldsymbol{b}=-\dfrac{1}{2},\quad \boldsymbol{b}\cdot\boldsymbol{c}=-\dfrac{7}{2},\quad \boldsymbol{c}\cdot\boldsymbol{a}=-\dfrac{1}{2},$$
故所求的三个投影之和为

$$a_b + b_c + c_a = \frac{1}{2}a \cdot b + \frac{1}{2}b \cdot c + c \cdot a = -\frac{5}{2}.$$

例 14　试利用向量证明：平行四边形两条对角线长的平方之和等于四边长的平方之和.

证明　设 A,B,C,D 为平行四边形的四个顶点，其中 $\overrightarrow{AB} /\!/ \overrightarrow{DC}, \overrightarrow{AD} /\!/ \overrightarrow{BC}$，且 $\overrightarrow{AC}$ 和 $\overrightarrow{BD}$ 为对角线向量. 于是根据向量的加减法运算有
$$\overrightarrow{AC} = \overrightarrow{AB} + \overrightarrow{BC}, \quad \overrightarrow{BD} = \overrightarrow{AD} - \overrightarrow{AB}.$$
设 $a = \overrightarrow{AB}, b = \overrightarrow{AD}$，则问题化为证明
$$\|a+b\|^2 + \|a-b\|^2 = 2(\|a\|^2 + \|b\|^2).$$
因为
$$\|a+b\|^2 + \|a-b\|^2 = (a+b) \cdot (a+b) + (a-b) \cdot (a-b)$$
$$= 2a \cdot a + 2b \cdot b = 2(\|a\|^2 + \|b\|^2),$$
所以得证.

例 15　试用向量证明：直径所对的圆周角为直角.

证明　如图 1.1 所示，设圆的圆心为 O，半径为 r，AB 为直径，则问题转化为证明 $\angle ACB$ 为直角，也即证明向量 $\overrightarrow{AC} \perp \overrightarrow{CB}$. 由向量的运算可知
$$\overrightarrow{AC} = \overrightarrow{AO} + \overrightarrow{OC}, \quad \overrightarrow{CB} = \overrightarrow{CO} + \overrightarrow{OB}, \quad \overrightarrow{AO} = \overrightarrow{OB}, \quad \overrightarrow{CO} = -\overrightarrow{OC},$$
所以
$$\overrightarrow{AC} \cdot \overrightarrow{CB} = (\overrightarrow{AO} + \overrightarrow{OC}) \cdot (\overrightarrow{CO} + \overrightarrow{OB})$$
$$= (\overrightarrow{AO} + \overrightarrow{OC}) \cdot (\overrightarrow{AO} - \overrightarrow{OC})$$
$$= |AO|^2 - |OC|^2 = r^2 - r^2 = 0,$$
得证.

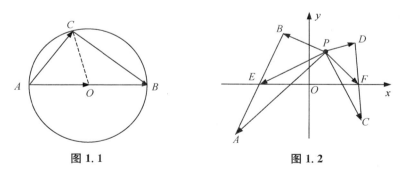

图 1.1　　　　图 1.2

例 16　已知 A, B, C, D 为空间中的 4 个定点，AB 与 CD 的中点分别为 E, F，且 $|EF| = a$（a 为正常数）. 设 P 为空间中的任意一点，求 $(\overrightarrow{PA} + \overrightarrow{PB}) \cdot (\overrightarrow{PC} + \overrightarrow{PD})$ 的最小值.

解 如图1.2所示，在点 E, F, P 所在的平面上建立直角坐标系，并令 EF 的中点 O 为坐标原点，向量 $\overrightarrow{EF}$ 的方向为 x 轴，则 E, F 的坐标分别为 $\left(-\frac{a}{2}, 0\right), \left(\frac{a}{2}, 0\right)$。设点 P 的坐标为 (x, y)，由 E, F 分别为 AB 与 CD 的中点可得

$$\overrightarrow{PA} + \overrightarrow{PB} = 2\overrightarrow{PE}, \quad \overrightarrow{PC} + \overrightarrow{PD} = 2\overrightarrow{PF}.$$

又 $\overrightarrow{PE} = \left(-\frac{a}{2} - x, -y\right), \overrightarrow{PF} = \left(\frac{a}{2} - x, -y\right)$，于是

$$(\overrightarrow{PA} + \overrightarrow{PB}) \cdot (\overrightarrow{PC} + \overrightarrow{PD})$$
$$= 4\overrightarrow{PE} \cdot \overrightarrow{PF} = 4\left(-\frac{a}{2} - x, -y\right) \cdot \left(\frac{a}{2} - x, -y\right)$$
$$= 4\left[\left(-\frac{a}{2} - x\right)\left(\frac{a}{2} - x\right) + y^2\right] = 4(x^2 + y^2) - a^2,$$

由此可得，当 $x = y = 0$ 时，$(\overrightarrow{PA} + \overrightarrow{PB}) \cdot (\overrightarrow{PC} + \overrightarrow{PD})$ 取得最小值为 $-a^2$。

1.3 练习题

1. 设 $a \neq 0, b \neq 0$，问在什么条件下才能保证下列各式成立？
   (1) $\|a+b\| = \|a-b\|$；
   (2) $\|a+b\| = \|a\| + \|b\|$；
   (3) $\|a+b\| = \|a\| - \|b\|$；
   (4) $\|a-b\| = \|a\| + \|b\|$；
   (5) $\|a-b\| = \|a\| - \|b\|$。

2. 选择题.
   (1) 下列命题正确的是 ( )
   (A) 对任意向量 a 和 b，一定有 $a \cdot b = b \cdot a$
   (B) 对任意向量 a 和 b，一定有 $a \times b = b \times a$
   (C) 若 $a \cdot b = a \cdot c$，则一定有 $b = c$
   (D) 对任意向量 a, b, c，一定有 $[a\ b\ c] = [b\ a\ c]$
   (2) 若 $a \cdot b = a \cdot c$，则下面正确的是 ( )
   (A) $b = c$ (B) $a \perp b$ 且 $a \perp c$
   (C) $a = 0$ 或 $b - c = 0$ (D) $a \perp (b - c)$
   (3) 若 $a \cdot b = a \cdot c$，且 $a \neq 0$，则下面正确的是 ( )
   (A) $b = c$ (B) $\|b\| = \|c\|$ (C) $a_c = b_c$ (D) $b_a = c_a$
   (4) 设 $a = \{-1, 2, -1\}, b = \{1, -1, 2\}, c = \{3, -4, 5\}$，则 ( )
   (A) $a \perp b$ (B) $b \perp c$ (C) $c \perp a$ (D) a, b, c 共面
   (5) 设在平行四边形 $ABCD$ 中，点 M 为对角线 AC 和 BD 的交点，则下面关于向量的等式不正确的是 ( )

(A) $\overrightarrow{AD} + \overrightarrow{AB} = \overrightarrow{BD}$ (B) $\overrightarrow{AD} - \overrightarrow{AB} = \overrightarrow{BD}$
(C) $\overrightarrow{BC} = \overrightarrow{AD}$ (D) $\overrightarrow{AB} + \overrightarrow{BC} + \overrightarrow{CD} + \overrightarrow{DA} = \mathbf{0}$

3. 填空题.

(1) 已知向量 $a = m + n, b = m - n$,且 $\|m\| = 2, \|n\| = 3, (m, n) = \frac{\pi}{4}$,则 $\|a \times b\| = $ _____.

(2) 设 u, v, w 满足 $u + v + w = \mathbf{0}, \|u\| = \|v\| = 1, u \cdot v = 0$,则 $\|w\| = $ _____.

(3) 已知 $\|a\| = 1, \|b\| = 2$,且 $\|a \times b\| = \sqrt{3}$,则 $a \cdot b = $ _____.

(4) 设向量 a, b, c 满足 $(a + 2b - c) \cdot ((a - b) \times (a - b - c)) = 1$,则以 a, b, c 为棱的平行六面体的体积为 _____.

(5) 设 $a \parallel b$ 且 $b = \{3, 4, 1\}$,若向量 a 在 x 轴上的投影为 -2,则 $a = $ _____.

(6) 已知向量 $a = \{-1, 3, 0\}, b = \{3, 1, 0\}, \|c\| = r$,且 $a = b \times c$,则 r 的最小值为 _____.

(7) 已知向量 $a = \{1, 2, 3\}, b = \{1, 1, 0\}$,若存在非负实数 β 使得向量 $a + \beta b$ 与向量 $a - \beta b$ 垂直,则 $\beta = $ _____.

4. 已知 a, b 均为非零向量,且 a, b 为平行四边形的邻边,求该平行四边形的垂直于 a 的高向量 h(用 a 和 b 来表示).

5. 证明向量 $a = \{-1, 3, 2\}, b = \{2, -3, -4\}, c = \{-3, 12, 6\}$ 共面,并用向量 a 和 b 表示向量 c.

6. 设 $a = \{2, -3, 1\}, b = \{1, -2, 3\}, c = \{2, 1, 2\}$,若向量 r 满足 $r \perp a, r \perp b$,且 $r_c = 14$,求向量 r 的坐标.

7. 已知向量 $a = \{1, -1, 1\}, b = \{3, -4, 5\}, x = a + \lambda b$,其中 λ 为实数,试证:使模 $\|x\|$ 最小的向量 x 必垂直于向量 b.

8. (1) 非零向量 a 和 b 满足什么条件时,存在 c 使得 $a = b \times c$?

(2) 设 $a = \{1, 0, 2\}, b = \{2, -2, -1\}$,求模长最小的向量 c 使得 $a = b \times c$.

9. 在边长为 1 的立方体中,设 OM 为对角线,OA 为棱,求 $\overrightarrow{OA}$ 在 $\overrightarrow{OM}$ 上的投影.

10. 求长为 14 且同时垂直于向量 $a = \{3, 2, 2\}$ 与 $b = \{18, -22 -5\}$,又与 y 轴的夹角为钝角的向量 r.

11. 证明 $[a\ b\ c] \leqslant \|a\| \|b\| \|c\|$,并说明在什么情况下等号成立.

12. 设 $c = \|a\| b + \|b\| a$,且 a, b, c 均为非零向量,证明:c 平分 a 与 b 的夹角.

13. 对任意向量 a, b, c,证明:向量 $a - b, b - c, c - a$ 共面.

14. 试用向量证明:如果平面上一个四边形的对角线互相平分,则该四边形是平行四边形.

15. 证明:以平行六面体相邻三个面的对角线为棱作一个新的平行六面体,则该平行六面体的体积为原平行六面体的体积的两倍.

第 2 讲　空间解析几何

2.1　内容提要

一、平面的方程

1) **平面的点法式方程**：方程 $A(x-x_0)+B(y-y_0)+C(z-z_0)=0$ 称为平面 Π 的点法式方程，其中 $\boldsymbol{n}=\{A,B,C\}$ 为与平面垂直的非零向量，称之为该平面的**法向量**，点 $M_0(x_0,y_0,z_0)$ 为平面 Π 上的一点.

2) **平面的一般方程**：设 $\{A,B,C\}$ 为平面的法向量，则方程 $Ax+By+Cz+D=0$ 称为平面的一般方程.

说明　在平面解析几何中，一次方程表示一条直线；在空间解析几何中，一次方程表示一个平面.

3) **平面的截距式方程**：形如 $\dfrac{x}{a}+\dfrac{y}{b}+\dfrac{z}{c}=1$ 的方程称为平面的截距式方程，其中 a,b,c 分别称为此平面在 x,y,z 轴上的截距.

4) **平面的三点式方程**：已知 $M_1(x_1,y_1,z_1),M_2(x_2,y_2,z_2),M_3(x_3,y_3,z_3)$ 为平面上不共线的三点，则由三向量共面的充要条件可得该平面的方程为

$$\begin{vmatrix} x-x_1 & y-y_1 & z-z_1 \\ x_2-x_1 & y_2-y_1 & z_2-z_1 \\ x_3-x_1 & y_3-y_1 & z_3-z_1 \end{vmatrix}=0.$$

5) **平面的向量式参数方程**：在空间给定一点 M_0 与两个不共线的向量 $\boldsymbol{a},\boldsymbol{b}$，那么通过点 M_0 且与向量 $\boldsymbol{a},\boldsymbol{b}$ 平行的平面 Π 就被唯一地确定，向量 $\boldsymbol{a},\boldsymbol{b}$ 叫做平面 Π 的**方位向量**. 形如 $\boldsymbol{r}=\boldsymbol{r}_0+u\boldsymbol{a}+v\boldsymbol{b}$ 的方程称为平面的向量式参数方程，其中 u,v 为参数，$\boldsymbol{r}_0=\overrightarrow{OM}$.

二、直线的方程

以下任何一种情形都能唯一地确定一条直线：作为两个相交平面的交线；经过一个点，且平行于一个非零向量；经过两个点.

1) **直线的一般方程**：空间中的一条直线可作为两平面的交线，于是方程组

$$\begin{cases} A_1x+B_1y+C_1z+D_1=0, \\ A_2x+B_2y+C_2z+D_2=0 \end{cases}$$

第 2 讲　空间解析几何

表示了空间直线 L 的一般方程.

　　2) **直线的标准方程(或点向式方程)**：形如 $\dfrac{x-x_0}{l} = \dfrac{y-y_0}{m} = \dfrac{z-z_0}{n}$ 的方程称为直线的标准方程(或点向式方程)，其中 $\boldsymbol{a} = \{l,m,n\}$ 为与直线平行的非零向量，称为直线的**方向向量**，三个坐标 l,m,n 称为直线的一组方向数；点 $M_0(x_0, y_0, z_0)$ 为直线上的一点.

　　说明　一条直线的方向数有无穷多组，其中任意两组方向数都对应成比例. 在直线方程

$$\dfrac{x-x_0}{l} = \dfrac{y-y_0}{m} = \dfrac{z-z_0}{n}$$

中，当 l, m, n 中有一个为零，例如 $l = 0$，而 $m, n \neq 0$ 时，应理解为

$$\begin{cases} x - x_0 = 0, \\ \dfrac{y-y_0}{m} = \dfrac{z-z_0}{n}; \end{cases}$$

当 l, m, n 中有两个为零，例如 $l = m = 0$，而 $n \neq 0$ 时，则应理解为

$$\begin{cases} x = x_0, \\ y = y_0. \end{cases}$$

　　3) **直线的两点式方程**：若直线过点 $M_1(x_1, y_1, z_1)$ 和 $M_2(x_2, y_2, z_2)$，则直线的方程为 $\dfrac{x-x_1}{x_2-x_1} = \dfrac{y-y_1}{y_2-y_1} = \dfrac{z-z_1}{z_2-z_1}$，称之为直线的两点式方程.

　　4) **直线的参数方程**：在直线的标准方程中，设 $\dfrac{x-x_0}{l} = \dfrac{y-y_0}{m} = \dfrac{z-z_0}{n} = t$，则称

$$\begin{cases} x = x_0 + lt, \\ y = y_0 + mt, \\ z = z_0 + nt \end{cases}$$

为直线的坐标式参数方程. 若记 $\boldsymbol{r} = \{x,y,z\}, \boldsymbol{r}_0 = \{x_0, y_0, z_0\}, \boldsymbol{a} = \{l,m,n\}$，则有

$$\boldsymbol{r} = \boldsymbol{r}_0 + \boldsymbol{a}t,$$

称之为直线的向量式参数方程.

　　三、与平面和直线有关的几个基本问题

　　1) **夹角**.

　　(1) 直线与直线的夹角：设两直线 L_1 和 L_2 的方向向量分别为

$$\boldsymbol{a}_1 = \{l_1, m_1, n_1\}, \quad \boldsymbol{a}_2 = \{l_2, m_2, n_2\},$$

称向量 $\boldsymbol{a}_1$ 和 $\boldsymbol{a}_2$ 的夹角为两直线的夹角，并规定该夹角在 0 与 $\dfrac{\pi}{2}$ 之间. 若设两直线

的夹角为 θ,则

$$\cos\theta = |\cos(\boldsymbol{a}_1, \boldsymbol{a}_2)| = \frac{|\boldsymbol{a}_1 \cdot \boldsymbol{a}_2|}{\|\boldsymbol{a}_1\| \cdot \|\boldsymbol{a}_2\|} = \frac{|l_1 l_2 + m_1 m_2 + n_1 n_2|}{\sqrt{l_1^2 + m_1^2 + n_1^2} \cdot \sqrt{l_2^2 + m_2^2 + n_2^2}}.$$

(2) 平面与平面的夹角:设两平面 Π_1 和 Π_2 的法向量分别为

$$\boldsymbol{n}_1 = \{A_1, B_1, C_1\}, \quad \boldsymbol{n}_2 = \{A_2, B_2, C_2\},$$

称此两法向量的夹角为两平面的夹角,通常也规定该夹角在 0 与 $\dfrac{\pi}{2}$ 之间. 若设两平面的夹角为 θ,则

$$\cos\theta = |\cos(\boldsymbol{n}_1, \boldsymbol{n}_2)| = \frac{|\boldsymbol{n}_1 \cdot \boldsymbol{n}_2|}{\|\boldsymbol{n}_1\| \cdot \|\boldsymbol{n}_2\|} = \frac{|A_1 A_2 + B_1 B_2 + C_1 C_2|}{\sqrt{A_1^2 + B_1^2 + C_1^2} \cdot \sqrt{A_2^2 + B_2^2 + C_2^2}}.$$

(3) 直线与平面的夹角:当直线与平面不垂直时,直线与它在平面上的投影直线的夹角 $\varphi\left(0 \leqslant \varphi < \dfrac{\pi}{2}\right)$ 称为直线与平面的夹角;当直线与平面垂直时,规定直线与平面的夹角 $\varphi = \dfrac{\pi}{2}$. 设直线的方向向量为 $\boldsymbol{a} = \{l, m, n\}$,平面的法向量为 $\boldsymbol{n} = \{A, B, C\}$,则

$$\sin\varphi = |\cos(\boldsymbol{a}, \boldsymbol{n})| = \frac{|Al + Bm + Cn|}{\sqrt{l^2 + m^2 + n^2} \cdot \sqrt{A^2 + B^2 + C^2}}.$$

2) **距离**.

(1) 点到平面的距离:设 $P_0(x_0, y_0, z_0)$ 是平面 $Ax + By + Cz + D = 0$ 外的一点,则点 P_0 到这个平面的距离为

$$d = \frac{|Ax_0 + By_0 + Cz_0 + D|}{\sqrt{A^2 + B^2 + C^2}}.$$

(2) 点到直线的距离:设直线 L 的方向向量为 $\boldsymbol{a}$,$M_0(x_0, y_0, z_0)$ 为 L 上任意一点,$M_1(x_1, y_1, z_1)$ 为 L 外一点,则点 M_1 到直线 L 的距离为

$$d = \frac{\|\overrightarrow{M_1 M_0} \times \boldsymbol{a}\|}{\|\boldsymbol{a}\|}.$$

(3) 两直线之间的距离:空间两直线上的点之间的最短距离称为这两条直线之间的距离. 若两直线相交或者重合,则它们的距离为零;若两直线平行,则它们的距离等于其中一直线的任一点到另一直线的距离;若 L_1, L_2 为两异面直线,它们的方向向量分别为 $\boldsymbol{a}_1, \boldsymbol{a}_2$,且 M_1, M_2 分别为直线 L_1, L_2 上的点,则它们之间的距离为

$$d = \frac{|\overrightarrow{M_1 M_2} \cdot (\boldsymbol{a}_1 \times \boldsymbol{a}_2)|}{\|\boldsymbol{a}_1 \times \boldsymbol{a}_2\|} = \frac{|[\overrightarrow{M_1 M_2} \ \boldsymbol{a}_1 \ \boldsymbol{a}_2]|}{\|\boldsymbol{a}_1 \times \boldsymbol{a}_2\|}.$$

3) **与直线和平面相关的位置关系**.

(1) 两平面的位置关系:设平面 Π_1 和 Π_2 的法向量分别为

$$\boldsymbol{n}_1 = \{A_1, B_1, C_1\}, \quad \boldsymbol{n}_2 = \{A_2, B_2, C_2\},$$

则 Π_1 与 Π_2 的位置关系如下：

平面 $\Pi_1 \perp \Pi_2 \Leftrightarrow \boldsymbol{n}_1 \cdot \boldsymbol{n}_2 = 0$，即 $A_1 A_2 + B_1 B_2 + C_1 C_2 = 0$；

平面 $\Pi_1 \mathbin{/\mkern-6mu/} \Pi_2 \Leftrightarrow \boldsymbol{n}_1 \mathbin{/\mkern-6mu/} \boldsymbol{n}_2$，即 $\dfrac{A_1}{A_2} = \dfrac{B_1}{B_2} = \dfrac{C_1}{C_2}$.

（2）两直线的位置关系：设直线 L_1 和 L_2 的方向向量分别为

$$\boldsymbol{a}_1 = \{l_1, m_1, n_1\}, \quad \boldsymbol{a}_2 = \{l_2, m_2, n_2\},$$

且 M_1, M_2 分别为它们上的一点，则 L_1 与 L_2 的位置关系如下：

直线 $L_1 \perp L_2 \Leftrightarrow \boldsymbol{a}_1 \cdot \boldsymbol{a}_2 = 0$，即 $l_1 l_2 + m_1 m_2 + n_1 n_2 = 0$；

直线 $L_1 \mathbin{/\mkern-6mu/} L_2 \Leftrightarrow \boldsymbol{a}_1 \mathbin{/\mkern-6mu/} \boldsymbol{a}_2$，即 $\dfrac{l_1}{l_2} = \dfrac{m_1}{m_2} = \dfrac{n_1}{n_2}$；

直线 L_1 与 L_2 共面 $\Leftrightarrow$ 向量 $\boldsymbol{a}_1, \boldsymbol{a}_2, \overrightarrow{M_1 M_2}$ 共面，即 $[\overrightarrow{M_1 M_2}\ \boldsymbol{a}_1\ \boldsymbol{a}_2] = 0$；

直线 L_1 与 L_2 异面 $\Leftrightarrow [\overrightarrow{M_1 M_2}\ \boldsymbol{a}_1\ \boldsymbol{a}_2] \neq 0$；

直线 L_1 与 L_2 相交 $\Leftrightarrow$ 直线 L_1 与 L_2 共面且 L_1 不平行于 L_2，即

$$[\overrightarrow{M_1 M_2}\ \boldsymbol{a}_1\ \boldsymbol{a}_2] = 0 \quad \text{且} \quad \boldsymbol{a}_1 \times \boldsymbol{a}_2 \neq \boldsymbol{0}.$$

（3）直线与平面的位置关系：设直线 L 的方向向量为 $\boldsymbol{a} = \{l, m, n\}$，平面 Π 的法向量为 $\boldsymbol{n} = \{A, B, C\}$，$M_0(x_0, y_0, z_0)$ 为 L 上的一点，则 L 与 Π 的位置关系如下：

直线 L 与平面 Π 相交 $\Leftrightarrow \boldsymbol{a}$ 与 $\boldsymbol{n}$ 不垂直，即 $Al + Bm + Cn \neq 0$. 特别地，若 $\boldsymbol{a} \mathbin{/\mkern-6mu/} \boldsymbol{n}$，即 $\dfrac{A}{l} = \dfrac{B}{m} = \dfrac{C}{n}$，则 L 与 Π 垂直.

直线 L 与平面 Π 平行且 L 不在 Π 上 $\Leftrightarrow Al + Bm + Cn = 0$ 但 $Ax_0 + By_0 + Cz_0 + D \neq 0$.

直线 L 在平面 Π 上 $\Leftrightarrow Al + Bm + Cn = 0$ 且 $Ax_0 + By_0 + Cz_0 + D = 0$.

4) **过直线的平面束**：通过定直线的所有平面的集合称为（有轴）平面束，这条定直线叫做平面束的轴. 设直线 L 为

$$\begin{cases} A_1 x + B_1 y + C_1 z + D_1 = 0, \\ A_2 x + B_2 y + C_2 z + D_2 = 0, \end{cases}$$

则过 L 的平面束方程为

$$\lambda(A_1 x + B_1 y + C_1 z + D_1) + \mu(A_2 x + B_2 y + C_2 z + D_2) = 0,$$

其中参数 λ, μ 满足 $\lambda^2 + \mu^2 \neq 0$. 若 $\lambda = 1, \mu = 0$，则为平面 $A_1 x + B_1 y + C_1 z + D_1 = 0$；若 $\lambda = 0, \mu = 1$，则为平面 $A_2 x + B_2 y + C_2 z + D_2 = 0$.

四、空间曲面与曲线

1) **球面与柱面**.

（1）**球面**：空间中与一定点等距离的点的轨迹称为球面. 方程

$$(x-x_0)^2 + (y-y_0)^2 + (z-z_0)^2 = R^2$$

表示的是球心坐标为点 $M_0(x_0, y_0, z_0)$, 半径为 R 的球面.

(2) **柱面**: 平行于定直线 L 并沿曲线 C 移动的一族平行直线所形成的曲面称为柱面. 曲线 C 叫做柱面的准线, 这族平行线中的每一条直线都称为柱面的母线. 特殊地, 以二次曲线为准线的柱面称为二次柱面. 例如, 方程 $x^2 + y^2 = a^2$ 表示圆柱面; 方程 $y^2 = 2px$ 表示抛物柱面; 方程 $\dfrac{y^2}{a^2} - \dfrac{x^2}{b^2} = 1$ 表示双曲柱面.

2) 空间曲线.

(1) **空间曲线的一般方程**: 空间曲线 L 可视为两个曲面 Σ_1 与 Σ_2 的交线. 若曲面 Σ_1 与 Σ_2 的方程分别为 $F(x, y, z) = 0$ 与 $G(x, y, z) = 0$, 则称方程组

$$\begin{cases} F(x, y, z) = 0, \\ G(x, y, z) = 0 \end{cases}$$

为空间曲线的一般方程. 需要注意的是, 表示空间曲线的方程组不是唯一的, 用两个方程的组合代替方程之一仍会表示同一曲线. 例如

$$\begin{cases} x^2 + y^2 + z^2 = R^2, \\ z = 0 \end{cases} \quad \text{和} \quad \begin{cases} x^2 + y^2 = R^2, \\ z = 0 \end{cases}$$

表示的是同一条曲线(xOy 平面上的一个圆).

(2) **空间曲线的参数方程**: 若空间曲线 L 上的动点 M 的坐标 x, y, z 都可以用另一个变量 t 的函数来表示, 即

$$\begin{cases} x = x(t), \\ y = y(t), \\ z = z(t), \end{cases}$$

当 t 取定一个定值时, 由上面方程组就得到曲线上一个点的坐标, 从而通过 t 的变动就能得到曲线上所有的点的坐标. 上述关于 t 的方程组称为曲线 L 的参数方程, 其中 t 为参数.

(3) **空间曲线在平面上的投影**: 已知空间曲线 L 和平面 Π, 从 L 上各点向平面 Π 作垂线, 垂足所构成的曲线 L_1 称为曲线 L 在平面 Π 上的投影曲线. 准线为曲线 L 而母线垂直于平面 Π 的柱面称为空间曲线 L 关于平面 Π 的投影柱面. 显然, 投影曲线 L_1 就是投影柱面与平面 Π 的交线. 特殊地, 以曲线 L 为准线, 母线平行于 z 轴的柱面称为空间曲线 L 关于 xOy 面的投影柱面, 此投影柱面与 xOy 面的交线称为曲线 L 在 xOy 面上的投影曲线. 类似可以定义曲线 L 关于 yOz 面、zOx 面的投影柱面和投影曲线.

3) 锥面: 设直线 L 通过定点 M 且和定曲线 C(C 不过定点 M)相交, 这条直线 L 沿曲线 C 移动所生成的曲面称为锥面, 其中动直线 L 称为锥面的母线, 点 M 称为锥

第 2 讲　空间解析几何

面的顶点,曲线 C 称为锥面的准线. 若锥面方程是关于 x,y,z 的二次式,则称之为二次锥面. 例如,方程 $\dfrac{x^2}{a^2}+\dfrac{y^2}{b^2}-\dfrac{z^2}{c^2}=0$ 表示一个二次锥面,称之为椭圆锥面;特别地,当 $a=b$ 时,方程 $x^2+y^2=\dfrac{a^2z^2}{c^2}$ 称为圆锥面.

4) **旋转曲面**:空间中的一条曲线 C 绕着某条直线 l 旋转一周而成的曲面称为旋转曲面,曲线 C 称为该旋转曲面的母线,定直线 l 称为旋转曲面的旋转轴.

结论　(1) yOz 面上的曲线 $\begin{cases}F(y,z)=0,\\ x=0\end{cases}$ 分别绕 z 轴和 y 轴旋转一周而成的旋转曲面的方程为 $F(\pm\sqrt{x^2+y^2},z)=0$ 和 $F(y,\pm\sqrt{z^2+x^2})=0$;

(2) zOx 面上的曲线 $\begin{cases}G(x,z)=0,\\ y=0\end{cases}$ 分别绕 x 轴和 z 轴旋转一周而成的旋转曲面的方程为 $G(x,\pm\sqrt{y^2+z^2})=0$ 和 $G(\pm\sqrt{x^2+y^2},z)=0$;

(3) xOy 面上的曲线 $\begin{cases}H(x,y)=0,\\ z=0\end{cases}$ 分别绕 x 轴和 y 轴旋转一周而成的旋转曲面的方程为 $H(x,\pm\sqrt{y^2+z^2})=0$ 和 $H(\pm\sqrt{x^2+z^2},y)=0$.

5) **常见的二次曲面**.

(1) 椭球面:由方程 $\dfrac{x^2}{a^2}+\dfrac{y^2}{b^2}+\dfrac{z^2}{c^2}=1(a>0,b>0,c>0)$ 所确定的曲面称为椭球面. 该方程为椭球面的标准方程,其中 a,b,c 称为椭球面的半轴.

(2) 单叶双曲面:由方程

$$\dfrac{x^2}{a^2}+\dfrac{y^2}{b^2}-\dfrac{z^2}{c^2}=1 \quad 或 \quad \dfrac{x^2}{a^2}-\dfrac{y^2}{b^2}+\dfrac{z^2}{c^2}=1 \quad 或 \quad -\dfrac{x^2}{a^2}+\dfrac{y^2}{b^2}+\dfrac{z^2}{c^2}=1$$

所确定的曲面称为单叶双曲面.

(3) 双叶双曲面:由方程

$$-\dfrac{x^2}{a^2}-\dfrac{y^2}{b^2}+\dfrac{z^2}{c^2}=1 \quad 或 \quad -\dfrac{x^2}{a^2}+\dfrac{y^2}{b^2}-\dfrac{z^2}{c^2}=1 \quad 或 \quad \dfrac{x^2}{a^2}-\dfrac{y^2}{b^2}-\dfrac{z^2}{c^2}=1$$

所确定的曲面称为双叶双曲面.

(4) 椭圆抛物面:由方程 $z=\dfrac{x^2}{a^2}+\dfrac{y^2}{b^2}$ 或 $y=\dfrac{x^2}{a^2}+\dfrac{z^2}{c^2}$ 或 $x=\dfrac{y^2}{b^2}+\dfrac{z^2}{c^2}$ 所确定的曲面称为椭圆抛物面.

(5) 双曲抛物面:由方程 $z=\dfrac{x^2}{a^2}-\dfrac{y^2}{b^2}$ 或 $y=\dfrac{x^2}{a^2}-\dfrac{z^2}{c^2}$ 或 $x=\dfrac{y^2}{b^2}-\dfrac{z^2}{c^2}$ 所确定的曲面称为双曲抛物面,也称为马鞍面. 特别地,当 $a=b=1$ 时,方程 $z=\dfrac{x^2}{a^2}-\dfrac{y^2}{b^2}$ 通

过将 x 轴和 y 轴在 xOy 面上作 $45°$ 的转轴后变形为 $z=xy$.

6) **曲面的参数方程**：若曲面 Σ 上点的坐标 (x,y,z) 能表示成两个参数 u,v 的函数，即

$$\begin{cases} x=x(u,v), \\ y=y(u,v), \\ z=z(u,v), \end{cases}$$

则此方程组称为曲面 Σ 的参数方程. 例如，圆柱面 $x^2+y^2=a^2$ 的参数方程为

$$\begin{cases} x=a\cos\theta, \\ y=a\sin\theta, \quad (0\leqslant\theta\leqslant 2\pi, -\infty<u<+\infty); \\ z=u \end{cases}$$

球面 $x^2+y^2+z^2=R^2$ 的参数方程为

$$\begin{cases} x=R\sin\varphi\cos\theta, \\ y=R\sin\varphi\sin\theta, \quad (0\leqslant\theta\leqslant 2\pi, 0\leqslant\varphi\leqslant\pi). \\ z=R\cos\varphi \end{cases}$$

2.2 例题与释疑解难

问题 1 如何建立平面方程？

首先应熟悉平面方程的几种形式. 平面方程形式有点法式、一般式、截距式、三点式等，常用的是前两种形式. 其次根据已知条件确定方程形式所需的要素. 例如在点法式方程中，需要确定法向量和平面中某一点的坐标这两个要素.

例 1 求过三点 $P_1(0,1,2), P_2(1,2,1)$ 和 $P_3(3,0,4)$ 的平面方程.

解法 1（利用三点式方程） 由平面的三点式方程，可得所求方程为

$$\begin{vmatrix} x-0 & y-1 & z-2 \\ 1-0 & 2-1 & 1-2 \\ 3-0 & 0-1 & 4-2 \end{vmatrix}=0,$$

即 $x-5y-4z+13=0$.

解法 2（利用点法式方程） 设所求平面的法向量为 $\boldsymbol{n}$，则 $\boldsymbol{n}$ 垂直于 $\overrightarrow{P_1P_2}$ 和 $\overrightarrow{P_1P_3}$. 因为 $\overrightarrow{P_1P_2}=\{1,1,-1\}$，$\overrightarrow{P_1P_3}=\{3,-1,2\}$，所以可取法向量为

$$\boldsymbol{n}=\overrightarrow{P_1P_2}\times\overrightarrow{P_1P_3}=\begin{vmatrix} \boldsymbol{i} & \boldsymbol{j} & \boldsymbol{k} \\ 1 & 1 & -1 \\ 3 & -1 & 2 \end{vmatrix}=\boldsymbol{i}-5\boldsymbol{j}-4\boldsymbol{k}.$$

又因为平面过点 $P_1(0,1,2)$，故所求的平面方程为

$$(x-0)-5(y-1)-4(z-2)=0, \quad 即 \quad x-5y-4z+13=0.$$

说明 求法向量 $\boldsymbol{n}$ 也可用解方程组的方法. 设 $\boldsymbol{n}=\{A,B,C\}$, 则由 $\boldsymbol{n}\perp\overrightarrow{P_1P_2}$ 和 $\boldsymbol{n}\perp\overrightarrow{P_1P_3}$ 可得

$$\begin{cases} A+B-C=0, \\ 3A-B+2C=0, \end{cases}$$

由此解得 $B=-5A, C=-4A$. 故 $\boldsymbol{n}=\{A,-5A,-4A\}\;/\!/\;\{1,-5,-4\}$.

解法 3 (利用一般式方程) 设所求平面方程为 $Ax+By+Cz+D=0$, 由题可知该平面不平行于 x 轴, 所以 $A\neq 0$. 再将点 $P_1(0,1,2), P_2(1,2,1), P_3(3,0,4)$ 代入方程, 得

$$\begin{cases} B+2C+D=0, \\ A+2B+C+D=0, \\ 3A+4C+D=0, \end{cases}$$

解得 $B=-5A, C=-4A, D=13A$, 于是平面方程为

$$Ax-5Ay-4Az+13A=0, \quad \text{即} \quad x-5y-4z+13=0.$$

例 2 求平行于平面 $2x-y+2z+4=0$ 且与此平面的距离为 2 的平面方程.

解法 1 (轨迹法) 设 $M(x,y,z)$ 为所求平面上的任一点, 则由题设知点 M 到平面 $2x-y+2z+4=0$ 的距离为 2, 从而有

$$\frac{|2x-y+2z+4|}{\sqrt{2^2+(-1)^2+2^2}}=2, \quad \text{即} \quad |2x-y+2z+4|=6,$$

故 $2x-y+2z-2=0$ 或 $2x-y+2z+10=0$ 为所求的平面方程.

解法 2 (利用一般式方程) 因为所求平面平行于 $2x-y+2z+4=0$, 所以可设平面为 $2x-y+2z+D=0$, 求出 D 即可. 在已知平面上任选一点 $A(0,0,-2)$, 则由点 A 到已知平面的距离为 2 可得

$$\frac{|2\cdot 0+(-1)\cdot 0+2\cdot(-2)+D|}{\sqrt{2^2+(-1)^2+2^2}}=2,$$

解得 $D=-2$ 或 $D=10$. 故 $2x-y+2z-2=0$ 或 $2x-y+2z+10=0$ 为所求的平面方程.

例 3 已知两平面方程分别为 $\Pi_1: x-2y-2z+1=0, \Pi_2: 3x-4y+5=0$, 求平分 Π_1 与 Π_2 夹角的平面方程.

解法 1 (利用点法式方程) 设所求的平面方程的法向量为 $\boldsymbol{n}$, 平面 Π_1, Π_2 的法向量分别为 $\boldsymbol{n}_1$ 和 $\boldsymbol{n}_2$, 则由题知 $\boldsymbol{n}$ 与由 $\boldsymbol{n}_1$ 与 $\boldsymbol{n}_2$ (或 $\boldsymbol{n}_1$ 与 $-\boldsymbol{n}_2$) 的单位向量构成的平行四边形(即菱形)的对角线向量平行. 又 $\boldsymbol{n}_1=\{1,-2,-2\}, \boldsymbol{n}_2=\{3,-4,0\}$, 所以由向量的加法运算法则知

$$\boldsymbol{n}=\frac{\boldsymbol{n}_1}{\|\boldsymbol{n}_1\|}+\frac{\boldsymbol{n}_2}{\|\boldsymbol{n}_2\|}=\left\{\frac{14}{15},-\frac{22}{15},-\frac{2}{3}\right\}$$

或
$$n = \frac{n_1}{\|n_1\|} - \frac{n_2}{\|n_2\|} = \left\{-\frac{4}{15}, \frac{2}{15}, -\frac{2}{3}\right\}.$$

下面来求平面上的一点. 由题意知,平面 Π_1 和 Π_2 的交线在所求平面上,所以在 Π_1 和 Π_2 的方程中令 $z=0$,可求得交点 $M(-3,-1,0)$. 从而所求平面方程为
$$\frac{14}{15}(x+3) - \frac{22}{15}(y+1) - \frac{2}{3}z = 0 \quad \text{或} \quad -\frac{4}{15}(x+3) + \frac{2}{15}(y+1) - \frac{2}{3}z = 0,$$
化简得
$$7x - 11y - 5z + 10 = 0 \quad \text{或} \quad 2x - y + 5z + 5 = 0.$$

解法 2(轨迹法) 设 (x,y,z) 是所求平面上的任意一点,由题知它到平面 Π_1 和 Π_2 的距离相等,所以
$$\frac{|x - 2y - 2z + 1|}{\sqrt{1^2 + (-2)^2 + (-2)^2}} = \frac{|3x - 4y + 5|}{\sqrt{3^2 + (-4)^2}},$$
化简得所求的平面方程为
$$7x - 11y - 5z + 10 = 0 \quad \text{或} \quad 2x - y + 5z + 5 = 0.$$

问题 2 如何建立直线方程?直线方程不同的形式之间如何进行相互转化?

首先应熟悉直线方程的几种形式,常用的直线方程形式有点向式、两点式、一般式和参数式;其次在建立方程时,需根据已知条件确定方程形式所需的要素,例如在点向式方程中,需确定一定点 (x_0, y_0, z_0) 和方向向量 $a = \{l, m, n\}$.

直线的点向式方程、一般式方程和参数式方程在应用上各有方便之处,因此需掌握它们相互转化的方法. 首先,由直线的点向式方程易导出参数式方程;反之,由参数式方程也能直接写出点向式方程. 其次,将方程 $\frac{x - x_0}{l} = \frac{y - y_0}{m} = \frac{z - z_0}{n}$ 写为两个等式的联立,则得到一般式方程
$$\begin{cases} \dfrac{x - x_0}{l} = \dfrac{y - y_0}{m}, \\ \dfrac{y - y_0}{m} = \dfrac{z - z_0}{n}. \end{cases}$$

最后,如果 n_1, n_2 分别为直线的一般式方程中两个平面的法向量,则直线的方向向量为 $a = n_1 \times n_2$,再在直线上任取一点 (x_0, y_0, z_0),就可将一般式方程转化为点向式方程.

例 4 设直线 L 过点 $M_0(1,2,5)$,且与直线 $L_1: \dfrac{x-1}{2} = \dfrac{y-1}{3} = \dfrac{z-5}{2}$ 相交,并和 y 轴的夹角为 $\dfrac{\pi}{4}$,求直线 L 的方程.

解 设直线 L 的方向向量为 $a = \{l, m, n\}$. 由 L 和 y 轴的夹角为 $\dfrac{\pi}{4}$ 可得

第 2 讲 空间解析几何

$$|\cos(\boldsymbol{a},\boldsymbol{j})|=\frac{|\boldsymbol{a}\cdot\boldsymbol{j}|}{\|\boldsymbol{a}\|\|\boldsymbol{j}\|}=\frac{|m|}{\sqrt{l^2+m^2+n^2}}=\cos\frac{\pi}{4}=\frac{1}{\sqrt{2}},$$

即 $l^2-m^2+n^2=0$. 又直线 L_1 的方向向量为 $\boldsymbol{a}_1=\{2,3,2\}$, 且点 $M_1(1,1,5)\in L_1$, 所以由直线 L 与 L_1 相交可得

$$[\boldsymbol{a}\ \boldsymbol{a}_1\ \overrightarrow{M_0M_1}]=0,\quad 即\quad \begin{vmatrix} l & m & n \\ 2 & 3 & 2 \\ 0 & -1 & 0 \end{vmatrix}=2l-2n=0.$$

再解方程组 $\begin{cases} l^2-m^2+n^2=0, \\ l-n=0, \end{cases}$ 可得 $n=l, m=\pm\sqrt{2}l$, 因此可取直线 L 的方向向量为 $\boldsymbol{a}=\{1,\pm\sqrt{2},1\}$, 从而所求的直线方程为

$$\frac{x-1}{1}=\frac{y-2}{\sqrt{2}}=\frac{z-5}{1} \quad 或 \quad \frac{x-1}{1}=\frac{y-2}{-\sqrt{2}}=\frac{z-5}{1}.$$

例 5 在平面 $\Pi: x+2y-z=20$ 内作一直线 L, 使得该直线通过另一直线 L_1:
$$\begin{cases} x-2y+2z=1, \\ 3x+y-4z=3 \end{cases}$$
与平面 Π 的交点, 且直线 L 与 L_1 垂直, 求直线 L 的参数方程.

解 直线 L_1 为一般式方程, 可求出其方向向量为

$$\boldsymbol{a}_1=\{1,-2,2\}\times\{3,1,-4\}=\{6,10,7\}.$$

设直线 L 的方向向量为 $\boldsymbol{a}$, 则由题知 $\boldsymbol{a}$ 同时垂直于平面 Π 的法向量 $\boldsymbol{n}=\{1,2,-1\}$ 和直线 L_1 的方向向量 $\boldsymbol{a}_1$, 于是可取

$$\boldsymbol{a}=\boldsymbol{n}\times\boldsymbol{a}_1=\{1,2,-1\}\times\{6,10,7\}=\{24,-13,-2\}.$$

下面来求直线 L 上的一点. 显然直线 L_1 与平面 Π 的交点在直线 L 上, 为求该交点, 我们将直线 L_1 化为参数方程. 在 L_1 的方程中, 令 $z=0$, 则由 $\begin{cases} x-2y=1, \\ 3x+y=3 \end{cases}$ 求得 $x=1, y=0$, 即直线 L_1 上有点 $(1,0,0)$, 于是直线 L_1 的参数方程为

$$\begin{cases} x=1+6t, \\ y=10t, \\ z=7t, \end{cases}$$

代入平面 Π 的方程有 $1+6t+20t-7t=20$, 解得 $t=1$. 从而点 $(7,10,7)$ 为所求交点, 即为直线 L 上的一点.

综上, 即得直线 L 的参数方程为

$$\begin{cases} x=7+24t, \\ y=10-13t, \\ z=7-2t. \end{cases}$$

例 6 已知入射线 L 的方程为 $\dfrac{x-1}{4} = \dfrac{y-1}{3} = z-2$，求其在平面 Π：$x + 2y + 5z + 2 = 0$ 上的反射线的方程.

解法 1 将入射线 L 的参数方程 $x = 1+4t, y = 1+3t, z = 2+t$ 代入平面 Π 的方程，可得 $1+4t+2(1+3t)+5(2+t)+2 = 0$，解得 $t = -1$，再代入入射线的参数方程可求得入射点 Q 的坐标为 $(-3, -2, 1)$.

设反射线的一方向向量为 $\boldsymbol{s}_1$，且 $\|\boldsymbol{s}_1\| = \|\boldsymbol{s}\|$（$\boldsymbol{s}$ 为入射线 L 的方向向量），则由入射角等于反射角的光学性质可得 $\boldsymbol{s}_1 + \boldsymbol{s} = \mu \boldsymbol{n}$，其中 $\boldsymbol{n}$ 为平面 Π 的法向量，μ 是待定常数. 于是

$$\boldsymbol{s}_1 = \mu \boldsymbol{n} - \boldsymbol{s} = \{\mu - 4, 2\mu - 3, 5\mu - 1\},$$

再由 $\|\boldsymbol{s}_1\| = \|\boldsymbol{s}\|$，可得

$$(\mu - 4)^2 + (2\mu - 3)^2 + (5\mu - 1)^2 = 4^2 + 3^2 + 1,$$

由此解得 $\mu = 0$ 或 1. 当 $\mu = 0$ 时，$\boldsymbol{s}_1 = -\boldsymbol{s}$，不合题意，故 $\mu = 1$，得 $\boldsymbol{s}_1 = \{-3, -1, 4\}$.

综上，可得反射线方程为

$$\frac{x+3}{3} = y + 2 = \frac{z-1}{-4}.$$

解法 2 直线 L 与平面 Π 交于点 $Q(-3, -2, 1)$. 取点 $A(1, 1, 2) \in L$，过点 A 作平面 Π 的垂线

$$\frac{x-1}{1} = \frac{y-1}{2} = \frac{z-2}{5}, \quad 即 \quad x = 1+t, y = 1+2t, z = 2+5t,$$

再代入平面 Π 的方程解得 $t = -\dfrac{1}{2}$. 于是取 $t = -1$，可得点 A 关于平面 Π 的对称点 $A'(0, -1, -3)$. 从而反射线的方向向量为 $\boldsymbol{s} = \overrightarrow{QA'} = \{3, 1, -4\}$，故所求反射线方程为

$$\frac{x+3}{3} = y + 2 = \frac{z-1}{-4}.$$

问题 3 如何利用平面束方程来确定平面方程？

给定一条直线 L：

$$\begin{cases} A_1 x + B_1 y + C_1 z + D_1 = 0, \\ A_2 x + B_2 y + C_2 z + D_2 = 0, \end{cases}$$

则由定直线 L 确定的平面束中的平面方程具有如下形式：

$$\lambda(A_1 x + B_1 y + C_1 z + D_1) + \mu(A_2 x + B_2 y + C_2 z + D_2) = 0, \quad (*)$$

其中 λ, μ 是实数，且 $\lambda^2 + \mu^2 \neq 0$. 当根据已知条件能知道平面 Π 过定直线 L 时，就可以写出 Π 的方程形式 $(*)$，然后根据已知条件进一步确定出参数 λ, μ 的线性关系，这样就得到了平面 Π 的方程.

(∗)式中含有两个不同时为零的参数,为了解题方便,我们通常使用只含有一个参数的形式. 例如
$$\lambda(A_1x+B_1y+C_1z+D_1)+(A_2x+B_2y+C_2z+D_2)=0,$$
这相当于从(∗)式中去掉了一个平面方程 $A_1x+B_1y+C_1z+D_1=0$;或者
$$A_1x+B_1y+C_1z+D_1+\lambda(A_2x+B_2y+C_2z+D_2)=0,$$
这相当于从(∗)式中去掉了一个平面方程 $A_2x+B_2y+C_2z+D_2=0$. 为了不产生丢失解的情况,必要时应验证去掉的那个平面方程是否符合已知条件.

例 7 设平面 Π 过直线 $L_1:\begin{cases}x-2y+6=0,\\x+y+z+1=0,\end{cases}$ 且与直线 $L_2:\begin{cases}x=1+t,\\y=2+t,\\z=3+2t\end{cases}$ 之间的夹角为 $\dfrac{\pi}{6}$,求平面 Π 的方程.

解 设过 L_1 的平面束为 $\Pi: x-2y+6+\lambda(x+y+z+1)=0$,即
$$(1+\lambda)x+(\lambda-2)y+\lambda z+\lambda+6=0.$$
记 $\boldsymbol{n}=\{1+\lambda,\lambda-2,\lambda\}$,直线 L_2 的方向向量为 $\boldsymbol{a}_2=\{1,1,2\}$,则
$$\sin\frac{\pi}{6}=\frac{|\boldsymbol{n}\cdot\boldsymbol{a}_2|}{\|\boldsymbol{n}\|\|\boldsymbol{a}_2\|}=\frac{|4\lambda-1|}{\sqrt{6}\cdot\sqrt{(1+\lambda)^2+(\lambda-2)^2+\lambda^2}},$$
化简得 $23\lambda^2-10\lambda-13=0$,解得 $\lambda=1$ 或 $\lambda=-\dfrac{13}{23}$,故所求的平面 Π 的方程为
$$2x-y+z+7=0 \quad 或 \quad 10x-59y-13z+125=0.$$

例 8 设直线 L 过点 $A(-3,5,-9)$,且与两直线
$$L_1:\begin{cases}3x-y+5=0,\\2x-z-3=0\end{cases} \quad 及 \quad L_2:\begin{cases}4x-y-7=0,\\5x-z+10=0\end{cases}$$
相交,求直线 L 的方程.

解法 1(利用点向式方程) 设 L 的方向向量为 $\boldsymbol{a}=\{l,m,n\}$. 由已知条件可得 L_1, L_2 分别过点 $B(0,5,-3), C(0,-7,10)$. 将直线 L_1,L_2 的一般式方程转化为点向式方程(过程略),有
$$L_1:\frac{x-0}{1}=\frac{y-5}{3}=\frac{z+3}{2}, \quad L_2:\frac{x-0}{1}=\frac{y+7}{4}=\frac{z-10}{5}.$$
因为直线 L 与 L_1 和 L_2 都相交且点 $A(-3,5,-9)\in L$,所以由两直线相交的充要条件有
$$\begin{vmatrix} l & m & n \\ 1 & 3 & 2 \\ -3-0 & 5-5 & -9+3 \end{vmatrix}=-18l+9n=0,$$

$$\begin{vmatrix} l & m & n \\ 1 & 4 & 5 \\ -3-0 & 5+7 & -9-10 \end{vmatrix} = -136l + 4m + 24n = 0,$$

解得 $n = 2l, m = 22l$. 因此可取 L 的方向向量为 $\boldsymbol{a} = \{1, 22, 2\}$,故所求直线 L 的方程为

$$\frac{x+3}{1} = \frac{y-5}{22} = \frac{z+9}{2}.$$

解法 2(利用平面束方程) 显然点 A 不在 L_1 上,也不在 L_2 上,在过 L_1 的平面束中求出过点 A 的平面 Π_1,在过 L_2 的平面束中求出过点 A 的平面 Π_2,则 Π_1 与 Π_2 的交线就是所求直线 L. 设过 L_1 和 L_2 的平面束方程分别为

$$\Pi_1: \lambda_1(3x - y + 5) + (2x - z - 3) = 0,$$
$$\Pi_2: \lambda_2(4x - y - 7) + (5x - z + 10) = 0.$$

将点 $A(-3, 5, -9)$ 分别代入上面方程,可得 $\lambda_1 = 0, \lambda_2 = \frac{1}{6}$,于是 Π_1 和 Π_2 的方程分别为

$$2x - z - 3 = 0, \quad \frac{1}{6}(4x - y - 7) + (5x - z + 10) = 0,$$

故所求的直线 L 的方程为 $\begin{cases} 2x - z - 3 = 0, \\ 34x - y - 6z + 53 = 0. \end{cases}$

问题 4 如何求柱面方程?如何求一条曲线在给定平面上的投影曲线?

设柱面的母线的方向向量为 $\boldsymbol{a} = \{l, m, n\}$,准线为 $L: \begin{cases} F_1(x, y, z) = 0, \\ F_2(x, y, z) = 0, \end{cases}$ 又设 $M(x, y, z)$ 为柱面上的任一点,过点 M 的母线与准线 L 的交点记为 $M_1(X, Y, Z)$,则 $\overrightarrow{M_1 M} \parallel \boldsymbol{a}$,且点 M_1 满足准线方程,于是有

$$\begin{cases} \dfrac{x-X}{l} = \dfrac{y-Y}{m} = \dfrac{z-Z}{n}, \\ F_1(X, Y, Z) = 0, \\ F_2(X, Y, Z) = 0. \end{cases}$$

从上面的方程组中消去 X, Y, Z 得到关于 x, y, z 的方程 $G(x, y, z) = 0$,即为所求的柱面方程.

特别地,在空间曲面的一般方程 $F(x, y, z) = 0$ 中,只含 x, y 而缺 z 的方程表示母线平行于 z 轴的柱面;只含 y, z 而缺 x 的方程表示母线平行于 x 轴的柱面;只含 x, z 而缺 y 的方程表示母线平行于 y 轴的柱面.

给定空间曲线 $\Gamma: \begin{cases} F_1(x, y, z) = 0, \\ F_2(x, y, z) = 0 \end{cases}$ 和平面 $\Pi: Ax + By + Cz + D = 0$,为求曲

线 Γ 在 Π 上的投影曲线,可以先求以 Γ 为准线,以 Π 的法向量 $\boldsymbol{n} = \{A,B,C\}$ 为母线方向的柱面,则该柱面与平面 Π 的交线即为所求的投影曲线.

特别地,从空间曲线 Γ 的方程中消去 z,所得到的 $\Phi_1(x,y) = 0$ 就是曲线 Γ 关于 xOy 面的投影柱面,而方程组

$$\begin{cases} \Phi_1(x,y) = 0, \\ z = 0 \end{cases}$$

就是曲线 Γ 在 xOy 面上的投影曲线. 类似地,从曲线 Γ 的方程中分别消去 x 与 y,所得到 $\Phi_2(y,z) = 0$ 与 $\Phi_3(x,z) = 0$ 分别为曲线关于 yOz 面和 xOz 面的投影柱面,而方程

$$\begin{cases} \Phi_2(y,z) = 0, \\ x = 0 \end{cases} \quad 与 \quad \begin{cases} \Phi_3(x,z) = 0, \\ y = 0 \end{cases}$$

分别为曲线 Γ 在 yOz 平面和 xOz 平面上的投影曲线.

例 9 求以曲线 $\begin{cases} x^2 + y^2 + z^2 = 2z, \\ x + y - z + 1 = 0 \end{cases}$ 为准线,母线平行于直线 $L: x = y = -z$ 的柱面方程,并求该柱面在 xOy 面上的投影曲线所围成图形的面积.

解 设 (x,y,z) 为柱面上的任意一点,(X,Y,Z) 为过该点的母线与准线的交点. 由题知母线的方向为直线 L 的方向向量 $\boldsymbol{a} = \{1,1,-1\}$,于是有

$$\begin{cases} \dfrac{x-X}{1} = \dfrac{y-Y}{1} = \dfrac{z-Z}{-1}, & \text{①} \\ X^2 + Y^2 + Z^2 = 2z, & \text{②} \\ X + Y - Z + 1 = 0. & \text{③} \end{cases}$$

对 ① 式,令 $\dfrac{x-X}{1} = \dfrac{y-Y}{1} = \dfrac{z-Z}{-1} = t$,即 $X = x-t, Y = y-t, Z = z+t$,代入 ③ 式可得 $t = \dfrac{x+y-z+1}{3}$,则

$$\begin{cases} X = \dfrac{2x - y + z - 1}{3}, \\ Y = \dfrac{-x + 2y + z - 1}{3}, \\ Z = \dfrac{x + y + 2z + 1}{3}. \end{cases}$$

又 ② 式可化为 $X^2 + Y^2 + (Z-1)^2 = 1$,将上式代入消去 X,Y,Z 可得

$$(2x - y + z - 1)^2 + (-x + 2y + z - 1)^2 + (x + y + 2z - 2)^2 = 9,$$

即为所求的柱面方程.

此柱面在 xOy 面上的投影曲线为

$$\begin{cases}(2x-y+z-1)^2+(-x+2y+z-1)^2+(x+y+2z-2)^2=9,\\ z=0,\end{cases}$$

即

$$\begin{cases}(2x-y-1)^2+(x-2y+1)^2+(x+y-2)^2=9,\\ z=0.\end{cases} \quad ④$$

将 ④ 式化简得 $x^2+y^2-xy-x-y=\dfrac{1}{2}$,即

$$(x-1)^2+(y-1)^2-(x-1)(y-1)=\dfrac{3}{2}.$$

显然,这是 xOy 面上的一个椭圆,求出长、短半轴即可得出面积. 令

$$x-1=\rho\cos\theta,\quad y-1=\rho\sin\theta\quad (0\leqslant\theta\leqslant 2\pi),$$

则方程化为

$$\rho^2=\dfrac{3}{2}\cdot\dfrac{1}{1-\dfrac{1}{2}\sin 2\theta}.$$

易知 ρ^2 的最大值为 3,最小值为 1,于是椭圆的长半轴和短半轴分别为 $\sqrt{3}$ 和 1. 故柱面在 xOy 面上的投影曲线所围成图形的面积为 $\sqrt{3}\pi$.

说明 1 上述方法为已知柱面的母线方向和准线方程时的求解方法,有时需要根据题目条件由轨迹法来求解柱面方程.

例 10 已知圆柱面的轴线方程为 $L:\dfrac{x}{1}=\dfrac{y-1}{2}=\dfrac{z+2}{-2}$,点 $P_0(1,-1,0)$ 是圆柱面上的一点,求此圆柱面的方程.

解 直线 L 的方向向量为 $\boldsymbol{a}=\{1,2,-2\}$,且点 $P(0,1,-2)\in L$,则

$$\overrightarrow{P_0P}\times\boldsymbol{a}=\{0,-4,-4\},$$

从而点 P_0 到直线 L 的距离为 $d=\dfrac{\|\overrightarrow{P_0P}\times\boldsymbol{a}\|}{\|\boldsymbol{a}\|}=\dfrac{4\sqrt{2}}{3}$. 设点 $M(x,y,z)$ 为所求圆柱面上的任意一点,则点 M 到直线 L 的距离等于点 P_0 到直线 L 的距离. 于是

$$\dfrac{\|\overrightarrow{PM}\times\boldsymbol{a}\|}{\|\boldsymbol{a}\|}=\dfrac{4\sqrt{2}}{3},\quad\text{即}\quad\|\overrightarrow{PM}\times\boldsymbol{a}\|^2=32.$$

又因为

$$\overrightarrow{PM}\times\boldsymbol{a}=\begin{vmatrix}\boldsymbol{i}&\boldsymbol{j}&\boldsymbol{k}\\x&y-1&z+2\\1&2&-2\end{vmatrix}=\{-2y-2z-2,2x+z+2,2x-y+1\},$$

所以 $(2y+2z+2)^2+(2x+z+2)^2+(2x-y+1)^2=32$ 所求的圆柱面方程.

例 11 求曲线 $\Gamma:\begin{cases}x+y+2z=1,\\ y=x^2+z^2\end{cases}$ 在平面 $\Pi:x+y+z=0$ 上的投影曲线.

解 平面 Π 的法向量为 $(1,1,1)$，则从方程组

$$\begin{cases} \dfrac{x-X}{1} = \dfrac{y-Y}{1} = \dfrac{z-Z}{1}, \\ X+Y+2Z = 1, \\ Y = X^2 + Z^2 \end{cases}$$

中消去 X, Y, Z（类似例 9 的解法），可得方程

$$5x^2 + y^2 + 4z^2 - 2xy - 8xz + 4x - 8y + 4z - 1 = 0,$$

此即为以曲线 Γ 为准线、平面 Π 的法向量为母线方向的柱面. 故 Γ 在平面 Π 上的投影曲线为

$$\begin{cases} 5x^2 + y^2 + 4z^2 - 2xy - 8xz + 4x - 8y + 4z - 1 = 0, \\ x + y + z = 0. \end{cases}$$

说明 2 如果给定的曲线 L 是一条直线，则投影曲线为一条直线，因此可以利用平面束方程来求解. 即在过 L 的平面束中求出和给定平面垂直的平面，则投影曲线就是此平面和已知平面的交线.

例 12 设直线 $L: \dfrac{x+2}{1} = \dfrac{y-2}{7} = \dfrac{z}{5}$.

(1) 求 L 在平面 $z=1$ 上的投影曲线 L_1；
(2) 求 L 在平面 $x+y-z=2$ 上的投影曲线 L_2.

解 将直线 L 化为一般式方程为

$$\begin{cases} 7x - y + 16 = 0, \\ 5x - z + 10 = 0. \end{cases}$$

(1) 因为平面 $z=1$ 与坐标面 xOy 平行，所以 L 在 $z=0$ 上的投影柱面即为 L 在平面 $z=1$ 上的投影柱面. 从 L 的一般式方程中消去 z 可得 $7x-y+16=0$，这就是 L 在 xOy 面上的投影柱面方程. 故所求的投影曲线为

$$L_1: \begin{cases} 7x - y + 16 = 0, \\ z = 1. \end{cases}$$

(2) 设过直线 L 的平面束方程为 $7x-y+16+\lambda(5x-z+10)=0$，即

$$(7+5\lambda)x - y - \lambda z + 16 + 10\lambda = 0,$$

则由 $\{7+5\lambda, -1, -\lambda\} \perp \{1,1,-1\}$ 可得

$$\{7+5\lambda, -1, -\lambda\} \cdot \{1,1,-1\} = 0, \quad 即 \quad 7+5\lambda - 1 + \lambda = 0,$$

解得 $\lambda = -1$. 所以过直线 L 且垂直于平面 $x+y-z=2$ 的平面方程为

$$7x - y + 16 - (5x - z + 10) = 0, \quad 即 \quad 2x - y + z + 6 = 0.$$

故所求的投影曲线为

$$L_2: \begin{cases} 2x - y + z + 6 = 0, \\ x + y - z = 2. \end{cases}$$

说明 3 对于锥面方程,若已知其顶点为 $M_0(x_0,y_0,z_0)$,准线 C 的方程为
$$\begin{cases} F_1(x,y,z) = 0, \\ F_2(x,y,z) = 0, \end{cases}$$
可类似上面求柱面方程的方法,通过消除方程组
$$\begin{cases} \dfrac{x-x_0}{X-x_0} = \dfrac{y-y_0}{Y-y_0} = \dfrac{z-z_0}{Z-z_0}, \\ F_1(X,Y,Z) = 0, \\ F_2(X,Y,Z) = 0 \end{cases}$$
中的 X,Y,Z 得到关于 x,y,z 的方程,此即为所求的锥面方程.

问题 5 如何求旋转曲面的方程?

设旋转曲面的母线方程为 $\begin{cases} F_1(x,y,z) = 0, \\ F_2(x,y,z) = 0, \end{cases}$ 旋转轴为 z 轴,又设点 $M(x,y,z)$ 为旋转曲面上的任一点,过点 M 作垂直于 z 轴的平面,与母线交于点 $M_0(X,Y,Z)$,则点 M 和 M_0 到 z 轴的距离相等,且它们的竖坐标相等.于是从方程组
$$\begin{cases} F_1(X,Y,Z) = 0, \\ F_2(X,Y,Z) = 0, \\ X^2 + Y^2 = x^2 + y^2, \\ Z = z \end{cases}$$
中消除 X,Y,Z 得到的关于 x,y,z 的方程,即为所求的旋转曲面方程. 如果旋转轴为 x 轴或者 y 轴,或者为一般的直线,都可以类似求解.

特殊地,若母线为坐标面上的曲线,旋转轴为坐标面的某个坐标轴,则旋转曲面的方程很容易得到. 例如,设母线为 yOz 面上的曲线 $\begin{cases} F(y,z) = 0, \\ x = 0, \end{cases}$ 旋转轴为 z 轴,则在方程 $F(y,z) = 0$ 中保持 z 固定不动,而将 y 改为 $\pm\sqrt{x^2+y^2}$,所得到的方程 $F(\pm\sqrt{x^2+y^2},z) = 0$ 即为所求旋转曲面方程.

例 13 证明:曲面
$$\Sigma: \begin{cases} x = (b + a\cos\theta)\cos\varphi, \\ y = a\sin\theta, \\ z = (b + a\cos\theta)\sin\varphi \end{cases} \quad (\theta,\varphi \in [0,2\pi], 0 < a < b)$$
为旋转曲面.

证明 为消去曲面 Σ 的方程中的参数 θ 和 φ,由第一个和第三个式子有
$$x^2 + z^2 = (b + a\cos\theta)^2, \quad 即 \quad \sqrt{x^2+z^2} - b = a\cos\theta,$$
再由 $y = a\sin\theta$ 可得 $(\sqrt{x^2+z^2} - b)^2 + y^2 = a^2$,此为曲面 Σ 的一般方程. 显然,它

是 xOy 面上的曲线 $\begin{cases}(x-b)^2+y^2=a^2,\\z=0\end{cases}$ 绕 y 轴旋转一周而成的旋转曲面.

例 14 求直线 $\dfrac{x-1}{2}=\dfrac{y}{1}=\dfrac{z}{-1}$ 绕 y 轴旋转一周所得旋转曲面的方程,并求该曲面与平面 $y=0,y=2$ 所包围的立体的体积.

解 设点 (x,y,z) 为旋转曲面上的任一点,过该点作垂直于 y 轴的平面,该平面与已知直线交于点 (X,Y,Z),则有
$$\begin{cases}\dfrac{X-1}{2}=\dfrac{Y}{1}=\dfrac{Z}{-1},\\ X^2+Z^2=x^2+z^2,\\ Y=y,\end{cases}$$
消除 X,Y,Z 可得方程 $x^2+z^2=1+4y+5y^2$,即为所求的旋转曲面方程.

因为所求立体的边界曲面为绕 y 轴旋转而成的旋转曲面,所以取 y 为积分变量,用平行于 y 轴的平面去截该立体,所得截面的面积为 $\pi(1+4y+5y^2)$. 故由定积分的微元法可得所求立体的体积为
$$V=\pi\int_0^2(1+4y+5y^2)\mathrm{d}y=\pi\left(y+2y^2+\dfrac{5}{3}y^3\right)\Big|_0^2=\dfrac{70}{3}\pi.$$

问题 6 其他与空间曲线和曲面相关的问题.

例 15 求点 $A(3,-1,-1)$ 关于平面 Π:$6x+2y-9z+96=0$ 对称的点的坐标.

解 过点 A 且与 Π 垂直的直线为 $\dfrac{x-3}{6}=\dfrac{y+1}{2}=\dfrac{z+1}{-9}$,将它的参数方程
$$x=6t+3,\quad y=2t-1,\quad z=-9t-1$$
代入平面 Π 的方程,可解得 $t=-1$,于是得到平面 Π 上的点 $B(-3,-3,8)$. 又设对称点为 $A_1(x,y,z)$,则由题意可知点 B 为点 A 和点 A_1 的中点,从而有
$$\dfrac{x+3}{2}=-3,\quad \dfrac{y-1}{2}=-3,\quad \dfrac{z-1}{2}=8,$$
即 $x=-9,y=-5,z=17$. 故所求的点为 $(-9,-5,17)$.

例 16 已知点 $P(1,0,-1)$ 与 $Q(3,1,2)$,在平面 $x-2y+z=12$ 上求一点 M,使得 $|PM|+|MQ|$ 最小.

分析 显然点 P 和 Q 在已知平面的同一侧,所以由距离的三角不等式可知,若点 P 关于平面的对称点为 P_1,则 $|QP_1|$ 为 $|PM|+|MQ|$ 的最小值,即点 M 为由 Q,P_1 两点确定的直线与已知平面的交点.

解 过点 P 作直线 L 垂直于平面 $x-2y+z=12$,则直线 L 的方程为
$$x=1+t,\quad y=-2t,\quad z=t-1,$$

代入平面方程解得 $t=2$,所以直线 L 与平面的交点为 $(3,-4,1)$,因此点 P 关于平面对称的点为 $P_1(5,-8,3)$. 连接 P_1,Q 两点的直线方程为
$$x=3+2t, \quad y=1-9t, \quad z=2+t,$$
代入平面方程解得 $t=\dfrac{3}{7}$,故所求点 M 的坐标为 $\left(\dfrac{27}{7},-\dfrac{20}{7},\dfrac{17}{7}\right)$.

例 17 已知点 $A(-4,0,0),B(0,-2,0),C(0,0,2)$,点 O 为坐标原点,求四面体 $OABC$ 的内切球面的方程.

解 四面体 $OABC$ 的四个面分别为三个坐标面以及由 A,B,C 三点所确定的平面
$$\dfrac{x}{-4}+\dfrac{y}{-2}+\dfrac{z}{2}=1, \quad 即 \quad x+2y-2z+4=0.$$
设内切球的球心为 (x,y,z),则 $-4<x<0,-2<y<0,0<z<2$,且它到四面体的四个面的距离相等,且都等于球面的半径 R. 于是
$$\dfrac{|x+2y-2z+4|}{3}=|x|=|y|=|z|=R.$$
根据 x,y,z 的范围可解得 $x=-\dfrac{1}{2}$,从而圆心为 $\left(-\dfrac{1}{2},-\dfrac{1}{2},\dfrac{1}{2}\right)$,半径为 $R=\dfrac{1}{2}$. 故所求的内切球面的方程为
$$\left(x+\dfrac{1}{2}\right)^2+\left(y+\dfrac{1}{2}\right)^2+\left(z-\dfrac{1}{2}\right)^2=\dfrac{1}{4}.$$

例 18 当 $k(>0)$ 取何值时,曲线 $\begin{cases}z=ky,\\ \dfrac{x^2}{2}+z^2=2y\end{cases}$ 是圆?并求此圆的圆心坐标及它在 xOz 平面和 yOz 平面上的投影.

解 曲线 $\begin{cases}z=ky,\\ \dfrac{x^2}{2}+z^2=2y\end{cases}$ 在平面 xOy 上的投影曲线为
$$\begin{cases}\dfrac{x^2}{2}+k^2y^2-2y=0,\\ z=0,\end{cases} \quad 即 \quad \begin{cases}\dfrac{x^2}{2}+k^2\left(y-\dfrac{1}{k^2}\right)^2=\dfrac{1}{k^2},\\ z=0.\end{cases}$$
此为一椭圆,其中心为点 $\left(0,\dfrac{1}{k^2},0\right)$,该点即为圆心在 xOy 平面的投影点. 由曲线中的方程 $z=ky$ 可得圆心的坐标为 $\left(0,\dfrac{1}{k^2},\dfrac{1}{k}\right)$. 又因为曲线上任一点 (x,y,z) 到圆心的距离为常数,且
$$x^2+\left(y-\dfrac{1}{k^2}\right)^2+\left(z-\dfrac{1}{k}\right)^2=4y-2k^2y^2+y^2-\dfrac{2}{k^2}y+\dfrac{1}{k^4}+k^2y^2-2y+\dfrac{1}{k^2}$$

$$= (1-k^2)y^2 + \left(2-\frac{2}{k^2}\right)y + \frac{1}{k^4} + \frac{1}{k^2},$$

所以
$$1-k^2 = 0, \quad 2-\frac{2}{k^2} = 0,$$

可得 $k=1$. 即 $k=1$ 时曲线为圆,圆心坐标为 $(0,1,1)$.

圆 $\begin{cases} z = y, \\ \frac{x^2}{2} + z^2 = 2y \end{cases}$ 在 xOz 平面上的投影为一个椭圆: $\begin{cases} \frac{x^2}{2} + (z-1)^2 = 1, \\ y = 0, \end{cases}$

在 yOz 平面上的投影为一条线段: $\begin{cases} z = y \ (0 \leqslant z \leqslant 2), \\ x = 0. \end{cases}$

2.3 练习题

1. 选择题.

(1) 直线 $\dfrac{x+2}{2} = \dfrac{y}{-3} = \dfrac{z-1}{4}$ 与直线 $\begin{cases} x = 3t+3, \\ y = 4t+1, \\ z = t+7 \end{cases}$ 的位置关系为 (　　)

(A) 垂直　　　　　　　　(B) 平行

(C) 相交　　　　　　　　(D) 异面但不垂直

(2) 直线 $\begin{cases} x = 2t+3, \\ y = -3t+1, \\ z = 4t+5 \end{cases}$ 与直线 $\dfrac{x-1}{1} = \dfrac{y+2}{2} = \dfrac{z}{1}$ 的位置关系为 (　　)

(A) 平行　　　　　　　　(B) 垂直但不相交

(C) 垂直且相交　　　　　(D) 异面但不垂直

(3) 已知直线 $L: \begin{cases} x+3y+2z-2 = 0, \\ 2x-y-10z+4 = 0 \end{cases}$ 与平面 $\Pi: 4x-2y+z-2 = 0$,则
(　　)

(A) $L \parallel \Pi$　　(B) L 在 Π 上　　(C) L 与 Π 斜交　　(D) $L \perp \Pi$

(4) 直线 $\dfrac{x+3}{-2} = \dfrac{y+4}{-7} = \dfrac{z}{3}$ 与平面 $4x-2y-2z = 3$ 的位置关系为(　　)

(A) 平行但直线不在平面上　　　(B) 直线在平面上

(C) 垂直且相交　　　　　　　　(D) 相交但不垂直

2. 填空题.

(1) 已知直线 $\dfrac{x-a}{3} = \dfrac{y}{-2} = \dfrac{z+1}{a}$ 在平面 $3x+4y-az = 3a-1$ 内,则常数

$a =$ _____.

(2) 当 $\lambda =$ _____ 时，直线
$$\frac{x+2}{2} = \frac{y}{-3} = \frac{z-1}{4} \quad \text{与} \quad \frac{x-3}{\lambda} = \frac{y-1}{4} = \frac{z-7}{2}$$
相交．

(3) 直线 $\dfrac{x-1}{1} = \dfrac{y-5}{-2} = \dfrac{z+8}{1}$ 与 $\begin{cases} x-y=6 \\ 2y+z=3 \end{cases}$ 的夹角为 _____．

(4) 点 $(2,1,-1)$ 关于平面 $x-y+2z=5$ 的对称点的坐标为 _____．

(5) 设直线 $\begin{cases} x+2y-3z=2, \\ 2x-y+z=3 \end{cases}$ 在平面 $z=1$ 上的投影直线为 L，则点 $(1,2,1)$ 到直线 L 的距离为 _____．

(6) 曲线
$$\begin{cases} (z-1)(z+1) = 2y, \\ x = 0 \end{cases}$$
绕 y 轴旋转所得旋转曲面的方程为 _____．

(7) 过曲线
$$C: \begin{cases} x^2 + y^2 + z^2 = 2, \\ z^2 = x^2 + y^2, \end{cases}$$
且母线平行于 z 轴的柱面方程是 _____，曲线 C 在 xOy 坐标面上的投影曲线方程为 _____．

(8) 直线 $\begin{cases} x = 2z, \\ y = 1 \end{cases}$ 绕 z 轴旋转所得旋转曲面的方程为 _____．

(9) 圆 $\begin{cases} x^2 + y^2 + z^2 = a^2 \\ x + y + z = a \end{cases}$ 的面积 $S =$ _____．

3. 设直线 L 过点 $M(-1,2,-3)$，与平面 $\Pi: 6x - 2y - 3z + 10 = 0$ 平行，与直线
$$L_1: \begin{cases} x+y+z-3=0, \\ x+6y+3z-4=0 \end{cases}$$
相交，求直线 L 的方程．

4. 设一平面垂直于平面 $z=0$，并通过从点 $(1,-1,1)$ 到直线 $\begin{cases} x=0, \\ y-z+1=0 \end{cases}$ 的垂线，试求这个平面方程．

5. 求通过直线 $L: \begin{cases} 2x+y-3z+2=0, \\ 5x+5y-4z+3=0 \end{cases}$ 的两个相互垂直的平面 Π_1 和 Π_2，且

使其中一个平面过点$(4,-3,1)$.

6. 已知直线 $L_1: \dfrac{x-3}{1}=\dfrac{y-5}{-2}=\dfrac{z-7}{1}$ 和 $L_2: \dfrac{x+1}{1}=\dfrac{y+1}{-6}=\dfrac{z+1}{1}$,求这两条直线之间的距离.

7. 已知直线 $L_1: \dfrac{x-5}{1}=\dfrac{y+1}{0}=\dfrac{z-3}{2}$ 和 $L_2: \dfrac{x-8}{2}=\dfrac{y-1}{-1}=\dfrac{z-1}{1}$.

(1) 证明 L_1 与 L_2 是异面直线,并求它们之间的距离;

(2) 若直线 L 与 L_1, L_2 皆垂直相交,交点分别为 P 和 Q,求点 P 与 Q 的坐标;

8. 求点 $(2,3,1)$ 在直线 $\dfrac{x+7}{1}=\dfrac{y+2}{2}=\dfrac{z+2}{3}$ 上的投影点的坐标.

9. 求平行于平面 $x+y+z=100$ 且与球面 $x^2+y^2+z^2=4$ 相切的平面方程.

10. 求顶点在原点,准线为 $L:\begin{cases}\dfrac{x^2}{4}+\dfrac{y^2}{8}+\dfrac{z^2}{3}=1\\y=2\end{cases}$ 的锥面方程.

11. 求以直线 $x=y=z$ 为对称轴,半径 $R=1$ 的圆柱面方程.

12. 求直线 $L:\begin{cases}2y+3z-5=0,\\x-2y-z+7=0\end{cases}$ 在平面 $\Pi: x-y+3z+8=0$ 上的投影方程.

13. 设曲线 $\Gamma:\begin{cases}x^2+y^2+z^2+4x-4y+2z=0,\\2x+y-2z=k.\end{cases}$

(1) 若 Γ 为一圆,求常数 k 的取值范围;

(2) 当 $k=6$ 时,求 Γ 的圆心和半径.

14. 已知点 $A(-4,0,0), B(0,-2,0), C(0,0,2), O$ 为原点,求四面体 $OABC$ 的外接球面的方程.

15. 求曲线 $y=\dfrac{x}{2x-1}\left(x>\dfrac{1}{2}\right)$ 绕直线 $y=x$ 旋转的曲面方程.

第3讲 多元数量值函数的极限与连续、偏导数与全微分

3.1 内容提要

一、重极限的概念与性质

设集合 $E \subseteq \mathbf{R}^2$,二元函数 $f(x,y)$ 在 E 上有定义,点 $M_0(x_0,y_0)$ 是 E 的聚点,$a \in \mathbf{R}$ 是常数. 若 $\forall \varepsilon > 0$,都存在常数 $\delta > 0$,使得当 $M(x,y) \in \overset{\circ}{N}(M_0,\delta) \cap E$ 时,恒有 $|f(M) - a| < \varepsilon$,则称二元函数 $f(x,y)$ 在集合 E 上当动点 M 趋向于定点 M_0 时极限存在,并称数 a 为 $f(M)$ 当 M 趋向于 M_0 时的重极限. 通常简称函数 $f(x,y)$ 在点 $M_0(x_0,y_0)$ 处以 a 为极限(也称为**二重极限**),记为

$$f(M) \to a \quad (M \to M_0) \quad \text{或} \quad \lim_{M \to M_0} f(x,y) = a,$$

即

$$\lim_{(x,y) \to (x_0,y_0)} f(x,y) = a \quad \text{或} \quad \lim_{\substack{x \to x_0 \\ y \to y_0}} f(x,y) = a.$$

否则,称 $f(x,y)$ 在集合 E 上当 M 趋向于 M_0 时极限不存在.

上述定义可以推广到 $x \to \infty, y \to \infty$ 的情形. 二重极限的概念还可以推广到任意的 $n(n \geqslant 3)$ 元函数,称之为 n **重极限**.

二、累次极限的概念与性质

1) **累次极限的定义**:设 $E \subseteq \mathbf{R}^2$ 为一开集,$(x_0,y_0) \in E$ 为一定点,$f(x,y)$ 是定义在集合 $D = E \setminus \{(x_0,y_0)\}$ 上的二元函数. 若 $f(x,y)$ 满足以下两个条件:

(1) 对 D 内的每一固定的 $y(y \neq y_0)$,作为 x 的一元函数 $f(x,y)$,它在点 x_0 处的极限存在,即存在函数 $g(y)$,使得 $\lim\limits_{x \to x_0} f(x,y) = g(y)$;

(2) 上面一元函数 $g(y)$ 在点 y_0 处的极限存在,即存在 $a \in \mathbf{R}$,使得

$$\lim_{y \to y_0} g(y) = a,$$

则称 $\lim\limits_{y \to y_0}(\lim\limits_{x \to x_0} f(x,y))$ 为函数 $f(x,y)$ 在点 (x_0,y_0) 处先 x 后 y 的**累次极限**,也称为**二次极限**,简记为 $\lim\limits_{y \to y_0} \lim\limits_{x \to x_0} f(x,y)$.

类似可定义函数 $f(x,y)$ 在点 (x_0,y_0) 处先 y 后 x 的累次极限 $\lim\limits_{x \to x_0} \lim\limits_{y \to y_0} f(x,y)$.

2) 重极限与累次极限的联系.

累次极限存在的充分条件: 设 $E \subseteq \mathbf{R}^2$ 为一开集, $(x_0, y_0) \in E$ 为一定点, $f(x,y)$ 是定义在集合 $D = E \setminus \{(x_0, y_0)\}$ 上的二元函数. 若以下两个条件都成立:

(1) 函数 $f(x,y)$ 在点 (x_0, y_0) 处重极限存在, 即存在常数 a, 使得
$$\lim_{(x,y) \to (x_0, y_0)} f(x,y) = a;$$

(2) 对 D 内每一个固定的 $x(x \neq x_0)$, 作为 y 的一元函数 $f(x,y)$, 它在点 y_0 处的极限存在, 即存在函数 $\varphi(x)$, 使得
$$\lim_{y \to y_0} f(x,y) = \varphi(x),$$

则函数 $f(x,y)$ 在点 (x_0, y_0) 处先 y 后 x 的累次极限存在, 且
$$\lim_{x \to x_0} \lim_{y \to y_0} f(x,y) = \lim_{x \to x_0} \varphi(x) = a.$$

重极限与累次极限相等的充分条件: 设 $E \subseteq \mathbf{R}^2$ 为一开集, $(x_0, y_0) \in E$ 为一定点, $f(x,y)$ 是定义在集合 $D = E \setminus \{(x_0, y_0)\}$ 上的二元函数. 若函数 $f(x,y)$ 在点 (x_0, y_0) 处的重极限和累次极限都存在, 则三者必相等.

重极限不存在的充分条件: 设 $E \subseteq \mathbf{R}^2$ 为一开集, $(x_0, y_0) \in E$ 为一定点, $f(x,y)$ 是定义在集合 $D = E \setminus \{(x_0, y_0)\}$ 上的二元函数. 若 $f(x,y)$ 在点 (x_0, y_0) 处的两个累次极限都存在但不相等, 则二元函数 $f(x,y)$ 在点 (x_0, y_0) 处的重极限一定不存在.

三、连续函数的概念与性质

设二元数量值函数 $f(x,y)$ 定义在 $E \subseteq \mathbf{R}^2$ 上, 点 $(x_0, y_0) \in E$ 为一聚点, 若
$$\lim_{(x,y) \to (x_0, y_0)} f(x,y) = f(x_0, y_0),$$

则称函数 $f(x,y)$ **在点** (x_0, y_0) **处连续**, 并称点 (x_0, y_0) 为函数 $f(x,y)$ 的**连续点**. 若 $(x_0, y_0) \in E'$ 且它不是 $f(x,y)$ 的连续点, 则称点 (x_0, y_0) 为 $f(x,y)$ 的**间断点**. 若函数 $f(x,y)$ 在 E 上每一点处都连续, 则称 $f(x,y)$ **在 E 上连续**, 或称 $f(x,y)$ 是 E 上的连续函数, 记为 $f(x,y) \in C(E)$.

结论 由连续的定义和极限的运算法则可知: 多元连续函数的和、差、积、商 (分母不为零) 均为连续函数; 多元连续函数的复合函数也是连续函数.

四、偏导数的概念与几何意义

1) **偏导数的概念**: 设二元函数 $z = f(x,y)$ 在点 (x_0, y_0) 的某邻域内有定义, 若极限
$$\lim_{\Delta x \to 0} \frac{f(x_0 + \Delta x, y_0) - f(x_0, y_0)}{\Delta x}$$

存在, 则称此极限为函数 $z = f(x,y)$ 在点 (x_0, y_0) 处**对 x 的偏导数**, 记为
$$\left. \frac{\partial z}{\partial x} \right|_{(x_0, y_0)} \quad \text{或} \quad z_x(x_0, y_0) \quad \text{或} \quad f_x(x_0, y_0).$$

类似地，$z = f(x,y)$ 在点 $M_0(x_0, y_0)$ 处对 y 的偏导数定义为
$$\lim_{\Delta y \to 0} \frac{f(x_0, y_0 + \Delta y) - f(x_0, y_0)}{\Delta y},$$
记为 $\left.\dfrac{\partial f}{\partial y}\right|_{(x_0, y_0)}$ 或 $z_y(x_0, y_0)$ 或 $f_y(x_0, y_0)$. 若函数 $z = f(x,y)$ 在点 (x_0, y_0) 处对 x 和 y 的偏导数都存在，则称 $f(x,y)$ 在点 (x_0, y_0) 处**可偏导**.

如果函数 $z = f(x,y)$ 在点集 $E \subseteq \mathbf{R}^2$ 上的每一点 (x,y) 处都存在 $f_x(x,y)$ 和 $f_y(x,y)$，那么这些偏导数仍为 x, y 的二元函数，称它们为函数 $z = f(x,y)$ 在集合 E 上的**偏导函数**. 在不引起混淆情况下，偏导函数也简称为偏导数.

说明 偏导数的概念可以推广到二元以上的多元函数. 例如：三元函数 $u = f(x,y,z)$ 在点 (x,y,z) 处对 x 的偏导数定义为
$$f_x(x,y,z) = \lim_{\Delta x \to 0} \frac{f(x + \Delta x, y, z) - f(x,y,z)}{\Delta x}.$$

2) **偏导数的几何意义**：设二元函数 $z = f(x,y)$ 在点 (x_0, y_0) 处可偏导. 在几何上，方程 $z = f(x,y)$ 表示空间中的一张曲面，记为 Σ，则点 $M_0(x_0, y_0, f(x_0, y_0))$ 为 Σ 上的一点. 过点 M_0 作平面 $y = y_0$，设该平面与 Σ 的交线为 $L_1: \begin{cases} z = f(x,y), \\ y = y_0, \end{cases}$ 则函数 $z = f(x,y)$ 在点 (x_0, y_0) 处对 x 的偏导数 $z_x(x_0, y_0)$ 表示曲线 L_1 在点 M_0 处的切线 T_x 对 x 轴的斜率. 同理，在点 (x_0, y_0) 处对 y 的偏导数 $z_y(x_0, y_0)$ 表示曲线 $L_2: \begin{cases} z = f(x,y), \\ x = x_0 \end{cases}$ 在点 M_0 处的切线 T_y 对 y 轴的斜率.

五、高阶偏导数的概念与性质

设二元函数 $z = f(x,y)$ 的偏导数 $f_x(x,y)$ 在点 (x_0, y_0) 处对 y 的偏导数存在，则称这个偏导数为 $f(x,y)$ 在点 (x_0, y_0) 处先对 x 再对 y 的**二阶偏导数**，记为
$$\left.\frac{\partial^2 z}{\partial x \partial y}\right|_{(x_0, y_0)} \quad \text{或} \quad \left.\frac{\partial}{\partial y}\left(\frac{\partial z}{\partial x}\right)\right|_{(x_0, y_0)} \quad \text{或} \quad f_{xy}(x_0, y_0),$$
即
$$f_{xy}(x_0, y_0) = \lim_{\Delta y \to 0} \frac{f_x(x_0, y_0 + \Delta y) - f_x(x_0, y_0)}{\Delta y}.$$

按照求导的先后不同次序，可以写出另外三种二阶偏导数的极限表达式. 函数 $z = f(x,y)$ 的四种二阶偏导数分别记为
$$\frac{\partial}{\partial x}\left(\frac{\partial z}{\partial x}\right) = \frac{\partial^2 z}{\partial x^2} = f_{xx}(x,y), \quad \frac{\partial}{\partial y}\left(\frac{\partial z}{\partial x}\right) = \frac{\partial^2 z}{\partial x \partial y} = f_{xy}(x,y),$$
$$\frac{\partial}{\partial x}\left(\frac{\partial z}{\partial y}\right) = \frac{\partial^2 z}{\partial y \partial x} = f_{yx}(x,y), \quad \frac{\partial}{\partial y}\left(\frac{\partial z}{\partial y}\right) = \frac{\partial^2 z}{\partial y^2} = f_{yy}(x,y),$$

其中 $f_{xy}(x,y)$ 和 $f_{yx}(x,y)$ 称为**二阶混合偏导数**.

类似地,可由 $n-1$ 阶偏导数来定义 n 阶偏导数. 例如
$$\frac{\partial}{\partial x}\left(\frac{\partial^2 z}{\partial x \partial y}\right) = \frac{\partial^3 z}{\partial x \partial y \partial x} = f_{xyx}(x,y)$$
为函数 $z = f(x,y)$ 的一个三阶偏导数. 二阶及二阶以上的偏导数统称为**高阶偏导数**. 显然,高阶偏导数的运算实质上还是一元函数的导数运算.

混合偏导数与求导次序无关的充分条件:设二阶混合偏导数 $f_{xy}(x,y)$ 与 $f_{yx}(x,y)$ 在点 (x,y) 的某邻域内有定义,且在点 (x,y) 处连续,则必有
$$f_{xy}(x,y) = f_{yx}(x,y).$$
此结论可推广到 n 元函数高阶导数的情形,即高阶混合偏导数在连续的条件下与求导次序无关.

六、全微分的概念与性质

已知函数 $z = f(x,y)$ 和点 (x_0, y_0),则
$$f(x_0 + \Delta x, y_0) - f(x_0, y_0) \quad \text{和} \quad f(x_0, y_0 + \Delta x) - f(x_0, y_0)$$
分别称为函数 $f(x,y)$ 在点 (x_0, y_0) 处对 x 和 y 的**偏增量**. 形如
$$f(x_0 + \Delta x, y_0 + \Delta y) - f(x_0, y_0)$$
的改变量,称为函数 $z = f(x,y)$ 在点 (x_0, y_0) 处的**全增量**,记为 Δz. 在偏导数的定义中用到的是偏增量,但在下面全微分的概念中考虑的是全增量.

设函数 $z = f(x,y)$ 在点 (x_0, y_0) 的某邻域内有定义,若函数 $z = f(x,y)$ 在点 (x_0, y_0) 处的全增量 Δz 可以表示为
$$\Delta z = f(x + \Delta x, y + \Delta y) - f(x,y) = \alpha \Delta x + \beta \Delta y + o(\rho),$$
其中 $\rho = \sqrt{(\Delta x)^2 + (\Delta y)^2}$,$\alpha, \beta$ 都是与 $\Delta x, \Delta y$ 无关的量,则称函数 $f(x,y)$ 在点 (x_0, y_0) 处**可微**,并称 $\alpha \Delta x + \beta \Delta y$ 为 $f(x,y)$ 在点 (x_0, y_0) 处的**全微分**,记为
$$\mathrm{d}z \Big|_{(x_0, y_0)} = \alpha \Delta x + \beta \Delta y.$$
若函数 $f(x,y)$ 在区域 D 内每一点都可微,则称 $f(x,y)$ 为区域 D 内的**可微函数**.

可微的必要条件:若二元函数 $z = f(x,y)$ 在点 (x,y) 处可微,则下列结论成立:

(1) 函数 $f(x,y)$ 在点 (x,y) 处连续;

(2) 函数 $f(x,y)$ 在点 (x,y) 处必可偏导,且(规定 $\mathrm{d}x = \Delta x, \mathrm{d}y = \Delta y$)
$$\mathrm{d}z = f_x(x,y)\mathrm{d}x + f_y(x,y)\mathrm{d}y.$$

可微的充分条件:设二元函数 $z = f(x,y)$ 在点 (x,y) 的某邻域内有定义,且偏导数 $f_x(x,y)$ 与 $f_y(x,y)$ 均在点 (x,y) 处连续,则 $f(x,y)$ 在点 (x,y) 处可微.

说明 二元函数全微分的定义以及可微的必要条件和充分条件,可以完全类似地推广到三元和三元以上的多元函数. 例如,若三元函数 $u = f(x,y,z)$ 的三个

偏导数 $\dfrac{\partial u}{\partial x},\dfrac{\partial u}{\partial y},\dfrac{\partial u}{\partial z}$ 连续，则它可微且全微分为

$$du = \frac{\partial u}{\partial x}dx + \frac{\partial u}{\partial y}dy + \frac{\partial u}{\partial z}dz.$$

全微分的四则运算法则：设函数 $f(x,y)$ 与 $g(x,y)$ 都是可微函数，则有

(1) $d(f(x,y) \pm g(x,y)) = df(x,y) \pm dg(x,y)$；

(2) $d(f(x,y)g(x,y)) = g(x,y)df(x,y) + f(x,y)dg(x,y)$；

(3) $d\dfrac{f(x,y)}{g(x,y)} = \dfrac{g(x,y)df(x,y) - f(x,y)dg(x,y)}{g^2(x,y)}$ $(g(x,y) \neq 0)$.

3.2 例题与释疑解难

问题1 如何计算二重极限？

二重极限的定义与一元函数的极限类似，都是由 ε-δ 语言来描述的，因此它们具有相同的性质和运算法则，比如极限的唯一性、局部有界性、局部保序性、夹逼定理、Heine 定理以及极限的四则运算法则、复合运算法则等等. 计算二重极限的常用方法如下：

(1) 利用不等式，使用夹逼定理；

(2) 利用变量替换，将二重极限转化为一元函数的极限；

(3) 利用多元初等函数的连续性以及极限的四则运算法则；

(4) 利用极坐标换元；

(5) 若能观察出极限值，则可以利用 ε-δ 定义来证明.

例1 设 $\lim\limits_{\substack{x \to x_0 \\ y \to y_0}} f(x,y) = 0$，若函数 $g(x,y)$ 在点 $M_0(x_0, y_0)$ 的某去心邻域内有界，证明：$\lim\limits_{\substack{x \to x_0 \\ y \to y_0}} f(x,y)g(x,y) = 0$.

证明 因为函数 $g(x,y)$ 在点 $M_0(x_0, y_0)$ 的某去心邻域内有界，所以存在常数 $K > 0, \delta_1 > 0$，当 $(x,y) \in \mathring{N}((x_0,y_0), \delta_1)$ 时，有 $|g(x,y)| < K$. 又 $\forall \varepsilon > 0$，由 $\lim\limits_{\substack{x \to x_0 \\ y \to y_0}} f(x,y) = 0$ 可知，存在 $\delta_2 > 0$，当 $(x,y) \in \mathring{N}((x_0, y_0), \delta_2)$ 时，有

$$|f(x,y) - 0| < \varepsilon.$$

因此取 $\delta = \min\{\delta_1, \delta_2\}$，则当 $(x,y) \in \mathring{N}((x_0, y_0), \delta)$ 时，恒有

$$|f(x,y)g(x,y) - 0| = |f(x,y) - 0| \cdot |g(x,y)| < K\varepsilon,$$

再由二重极限的定义即得 $\lim\limits_{\substack{x \to x_0 \\ y \to y_0}} f(x,y)g(x,y) = 0$.

注 在一元函数极限中有结论:无穷小量乘以有界变量仍然为无穷小量. 上述例题说明二重极限中也有类似结论,此结论在求极限时可以直接使用.

例 2 求下列二重极限:

(1) $\lim\limits_{\substack{x\to 0 \\ y\to 0}} \dfrac{xy}{|x|+|y|}$;

(2) $\lim\limits_{\substack{x\to 0 \\ y\to 0}} \dfrac{\sqrt{xy+1}-1}{|x|+|y|}$;

(3) $\lim\limits_{\substack{x\to 0 \\ y\to 0}} \dfrac{x^3 y^3}{x^4+y^8}$;

(4) $\lim\limits_{\substack{x\to 0 \\ y\to 0}} (x^2+y^2)^{x^2 y^2}$;

(5) $\lim\limits_{\substack{x\to +\infty \\ y\to +\infty}} (x^2+y^2) \mathrm{e}^{-(x+y)}$.

解 (1) **(方法 1)** 当 $x \neq 0$ 时,有
$$0 \leqslant \frac{|xy|}{|x|+|y|} \leqslant \frac{|xy|}{|x|} = |y|;$$
当 $x=0$ 时,有 $\dfrac{|xy|}{|x|+|y|} = 0$. 于是 $0 \leqslant \dfrac{|xy|}{|x|+|y|} \leqslant |y|$,且 $\lim\limits_{\substack{x\to 0 \\ y\to 0}} |y|=0$,故原极限 $=0$.

(方法 2) 考虑极坐标换元. 令 $x=\rho\cos\theta, y=\rho\sin\theta$,则
$$0 \leqslant \frac{|xy|}{|x|+|y|} = \frac{\rho^2 |\sin\theta\cos\theta|}{\rho(|\sin\theta|+|\cos\theta|)} = \rho \cdot \frac{|\sin\theta\cos\theta|}{|\sin\theta|+|\cos\theta|}.$$
由 $1 \leqslant |\sin\theta|+|\cos\theta| \leqslant \sqrt{2}$ 可得 $\dfrac{|\sin\theta\cos\theta|}{|\sin\theta|+|\cos\theta|} \leqslant 1$,所以
$$0 \leqslant \frac{|xy|}{|x|+|y|} \leqslant \rho \quad 且 \quad \lim\limits_{\rho \to 0^+} \rho = 0,$$
故原极限 $=0$.

(2) 原式 $= \lim\limits_{\substack{x\to 0 \\ y\to 0}} \dfrac{xy}{(|x|+|y|)(\sqrt{xy+1}+1)} = \lim\limits_{\substack{x\to 0 \\ y\to 0}} \dfrac{xy}{|x|+|y|} \cdot \dfrac{1}{\sqrt{xy+1}+1}$
$= 0 \cdot \dfrac{1}{2} = 0.$

(3) 当 $x \neq 0$ 时,有
$$0 \leqslant \frac{|x^3 y^3|}{x^4+y^8} = \frac{\left|\dfrac{y^2}{x}\right|}{1+\left(\dfrac{y^2}{x}\right)^4} \cdot |y| \leqslant |y|;$$
当 $x=0$ 时,有 $\dfrac{|x^3 y^3|}{x^4+y^8} = 0$. 于是
$$0 \leqslant \frac{|x^3 y^3|}{x^4+y^8} \leqslant |y|, \quad 且 \quad \lim\limits_{\substack{x\to 0 \\ y\to 0}} |y| = 0,$$
故原极限 $=0$.

(4) 因为

$$\ln(x^2+y^2)^{x^2y^2} = x^2y^2\ln(x^2+y^2) = \frac{x^2y^2}{x^2+y^2} \cdot (x^2+y^2)\ln(x^2+y^2),$$

$$0 \leqslant \frac{x^2y^2}{x^2+y^2} \leqslant \frac{(x^2+y^2)^2}{x^2+y^2} = x^2+y^2 \to 0, \quad (x,y) \to (0,0),$$

$$\lim_{\substack{x\to 0\\y\to 0}}(x^2+y^2)\ln(x^2+y^2) \xrightarrow{\diamondsuit x^2+y^2=t} \lim_{t\to 0^+} t\ln t = 0,$$

所以原极限 $= e^0 = 1$.

(5) 不妨设 $x > 0, y > 0$,则 $0 \leqslant (x^2+y^2)e^{-(x+y)} \leqslant (x+y)^2 e^{-(x+y)}$,且

$$\lim_{\substack{x\to +\infty\\y\to +\infty}} (x+y)^2 e^{-(x+y)} \xrightarrow{\diamondsuit x+y=t} \lim_{t\to +\infty} t^2 e^{-t} = 0,$$

故原极限 $= 0$.

问题 2 一元函数的极限和二重极限有什么区别?如何证明二重极限不存在?

一元函数的极限和二重极限的不同点在于自变量在趋向于一点时,需要考虑的路径不同. 对于一元函数,当自变量 x 趋向于点 x_0 时仅需要考虑两条路径,即是从点 x_0 的左侧还是右侧趋向于 x_0. 但是对于二重极限,所谓 (x,y) 趋向于 (x_0,y_0) 时的二重极限存在,是指点 (x,y) **以任何方式**趋向于点 (x_0,y_0) 时函数都无限接近于某个确定的常数. 若点 (x,y) 仅以某一种特殊方式,如沿一条定直线或一条定曲线趋向于点 (x_0,y_0) 时函数无限趋向于某一确定值,则**不能**断定函数的极限存在. 由此得到判定二重极限不存在的一个方法:如果点 (x,y) 以两种不同的路径趋向于 (x_0,y_0) 时函数趋向于不同的数,或者点 (x,y) 按照某一种路径趋向于 (x_0,y_0) 时函数不趋向于一个确定的数,则可断定函数在点 (x_0,y_0) 处的极限不存在.

利用累次极限的结论可得证明二重极限不存在的第二种方法:若函数 $f(x,y)$ 在点 (x_0,y_0) 处的两个累次极限都存在但不相等,则函数 $f(x,y)$ 在点 (x_0,y_0) 处的二重极限一定不存在.

例 3 证明:下列函数在点 $(0,0)$ 处的二重极限不存在.

(1) $f(x,y) = \dfrac{x^2y^2}{x^2y^2+(x-y)^2}$; (2) $f(x,y) = \dfrac{x^4+y^4}{x^3-y^3}$;

(3) $f(x,y) = \dfrac{xy}{\sqrt{x+y+1}-1}$; (4) $f(x,y) = \dfrac{x^2-y^2+x^3+y^3}{x^2+y^2}$.

证明 (1) 因为

$$\lim_{\substack{x\to 0\\y=x}} \frac{x^2y^2}{x^2y^2+(x-y)^2} = 1, \quad \lim_{\substack{x\to 0\\y=-x}} \frac{x^2y^2}{x^2y^2+(x-y)^2} = \lim_{x\to 0} \frac{x^2}{x^2+4} = 0,$$

所以 $f(x,y)$ 在点 $(0,0)$ 处的二重极限不存在.

(2) 因为 $\lim\limits_{\substack{x\to 0\\y=0}} \dfrac{x^4+y^4}{x^3-y^3} = 0$,又

第 3 讲　多元数量值函数的极限与连续、偏导数与全微分

$$\lim_{\substack{x\to 0 \\ y^3=x^3-x^4}}\frac{x^4+y^4}{x^3-y^3}=\lim_{x\to 0}\frac{x^4+(\sqrt[3]{x^3-x^4})^4}{x^4}=\lim_{x\to 0}\frac{x^4+x^4\cdot(\sqrt[3]{1-x})^4}{x^4}=2,$$

所以 $f(x,y)$ 在点 $(0,0)$ 处的二重极限不存在.

说明　对于此题,若进行极坐标换元,则有

$$f(x,y)=\frac{x^4+y^4}{x^3-y^3}=\rho\cdot\frac{\cos^4\theta+\sin^4\theta}{\cos^3\theta-\sin^3\theta},$$

不能认为由 $\lim\limits_{\rho\to 0^+}\rho=0$ 就得到二重极限 $\lim\limits_{\substack{x\to 0\\y\to 0}}f(x,y)=0$.

(3) 因为 $f(x,y)=\dfrac{xy}{\sqrt{x+y+1}-1}=\dfrac{xy(\sqrt{x+y+1}+1)}{x+y}$,所以

$$\lim_{\substack{x\to 0\\y=x}}f(x,y)=0,\quad \lim_{\substack{x\to 0\\y=-x+x^2}}f(x,y)=\lim_{x\to 0}\frac{x(-x+x^2)(\sqrt{x^2+1}+1)}{x^2}=-2,$$

故 $f(x,y)$ 在点 $(0,0)$ 处的二重极限不存在.

(4) (**方法 1**) 考虑两个累次极限,有

$$\lim_{x\to 0}\lim_{y\to 0}f(x,y)=\lim_{x\to 0}\frac{x^2+x^3}{x^2}=1,$$

$$\lim_{y\to 0}\lim_{x\to 0}f(x,y)=\lim_{y\to 0}\frac{-y^2+y^3}{y^2}=-1,$$

显然两个累次极限不相等,故 $f(x,y)$ 在点 $(0,0)$ 处的二重极限不存在.

(**方法 2**) 可通过取两条路径 $y=x^2,x\to 0$ 和 $x=y^2,y\to 0$ 得到两个不相等的极限值来证明,过程请读者自己完成.

问题 3　如何讨论多元函数的连续性?多元连续函数有什么性质?

由基本初等函数经过有限次四则运算和复合步骤所构成的,并能用一个解析式子所表示的多元函数称为多元初等函数. 根据连续的运算法则可知,多元初等函数在其定义区域内都是连续的,于是求一个多元初等函数的连续区间,只要求其定义区间即可. 对于分段初等函数,除考虑定义区间外,分段点处需要用重极限来讨论该点处的极限值是否等于函数值.

和一元函数类似,闭区域上的多元连续函数也满足有界性定理和最大、最小值存在定理.

例 4　讨论下列函数的连续性:

(1) $f(x,y)=\begin{cases}\dfrac{(y-x)x}{\sqrt{x^2+y^2}},&(x,y)\ne(0,0),\\ 0,&(x,y)=(0,0);\end{cases}$

(2) $f(x,y)=\begin{cases}\dfrac{x}{y^2}\mathrm{e}^{-\frac{x^2}{y^2}},&y\ne 0,\\ 0,&y=0.\end{cases}$

解 (1) 显然 $f(x,y)$ 在 $\mathbf{R}^2\setminus\{(0,0)\}$ 上连续. 对于点 $(0,0)$,考虑二重极限

$$\lim_{\substack{x\to 0\\y\to 0}}f(x,y) = \lim_{\substack{x\to 0\\y\to 0}}\frac{(y-x)x}{\sqrt{x^2+y^2}}.$$

设 $x=\rho\cos\theta, y=\rho\sin\theta$,则

$$0\leqslant \left|\frac{(y-x)x}{\sqrt{x^2+y^2}}\right| \leqslant |\rho(\sin\theta-\cos\theta)| \leqslant \sqrt{2}\rho,$$

且 $\lim\limits_{\rho\to 0^+}\sqrt{2}\rho=0$,于是由夹逼定理知 $\lim\limits_{\substack{x\to 0\\y\to 0}}f(x,y)=0=f(0,0)$,故 $f(x,y)$ 在点 $(0,0)$ 处连续. 所以 $f(x,y)$ 在 $\mathbf{R}^2$ 上连续.

(2) 直线 $y=0$ 上的点均为间断点,即要考虑点 $(x_0,0)$ 处的二重极限.

当 $x_0=0$ 时,因为

$$\lim_{\substack{y\to 0\\x=ky^2}}\frac{x}{y^2}\mathrm{e}^{-\frac{x^2}{y^2}} = \lim_{y\to 0}k\mathrm{e}^{-k^2y^2} = k,$$

极限值与常数 k 有关,所以 $f(x,y)$ 在点 $(0,0)$ 处的极限不存在.

当 $x_0\neq 0$ 时,因为

$$\lim_{\substack{x\to x_0\\y\to 0}}\frac{x}{y^2}\mathrm{e}^{-\frac{x^2}{y^2}} = \lim_{\substack{x\to x_0\\y\to 0}}\frac{1}{x}\cdot\lim_{\substack{x\to x_0\\y\to 0}}\frac{x^2}{y^2}\mathrm{e}^{-\frac{x^2}{y^2}} = \frac{1}{x_0}\cdot 0 = 0 = f(x_0,0),$$

所以 $f(x,y)$ 在点 $(x_0,0)$ 处连续.

综上,可得函数 $f(x,y)$ 在 $\mathbf{R}^2\setminus\{(0,0)\}$ 上连续.

问题 4 多元函数可偏导和一元函数的可导有什么区别?如何求多元函数的偏导数和高阶偏导数?

多元函数可偏导是指对自变量的偏导数都存在. 偏导数的定义和一元函数的导数思想完全相同,对于初等函数来说,求偏导数实质上就是求导数,只不过在求偏导数时需要将其他变量视为常量. 例如,求初等函数 $f(x,y)$ 在点 (x_0,y_0) 处对 x(或 y) 的偏导数,实际上就是求一元函数 $f(x,y_0)$(或 $f(x_0,y)$) 在点 x_0(或 y_0) 处对 x(或 y) 的导数. 另外,高阶偏导数的运算实质上还是一元函数的导数运算. 对于分段初等函数,其分段点是否可偏导,或者求其高阶偏导数,都需要根据定义进行讨论.

对于多元函数的偏导数和一元函数的导数,需要注意下面两点:

(1) 偏导数 $\dfrac{\partial z}{\partial x}$ 要当做一个整体来对待,不能像 $\dfrac{\mathrm{d}y}{\mathrm{d}x}$ 一样看作是 $\mathrm{d}y$ 与 $\mathrm{d}x$ 的微商,单独看 ∂z 或 ∂x 是没有意义的;

(2) 在一元函数中,若函数在某点可导,则它在该点必连续,而这个结论对二元函数来说不一定成立.

第3讲 多元数量值函数的极限与连续、偏导数与全微分

例5 设 $f(x,y) = \begin{cases} \dfrac{xy^2}{x^2+y^4}, & x^2+y^2 \neq 0, \\ 0, & x^2+y^2 = 0, \end{cases}$ 则在点$(0,0)$处$f(x,y)$

( )

(A) 连续且偏导数存在 (B) 连续但偏导数不存在
(C) 不连续但偏导数存在 (D) 不连续且偏导数不存在

解 点$(0,0)$为分段点，需要用定义来讨论是否可偏导. 由

$$\lim_{\Delta x \to 0} \frac{f(0+\Delta x, 0) - f(0,0)}{\Delta x} = \lim_{\Delta x \to 0} \frac{\Delta x \cdot 0}{(\Delta x)^3} = 0$$

可得 $f_x(0,0) = 0$, 同理有 $f_y(0,0) = 0$.

再取路径 $x = ky^2$ 趋向于点$(0,0)$，有

$$\lim_{\substack{x \to 0 \\ y \to 0}} f(x,y) = \lim_{\substack{x = ky^2 \\ y \to 0}} \frac{xy^2}{x^2+y^4} = \lim_{y \to 0} \frac{ky^4}{k^2 y^4 + y^4} = \frac{k}{k^2+1},$$

极限值与k有关，所以二重极限不存在，因此$f(x,y)$在点$(0,0)$处不连续.

故选(C).

例6 求下列函数的偏导数：

(1) 设 $f(x,y) = \ln\left(x + \dfrac{y}{2x}\right)$, 求 $f_x(1,0), f_y(1,1)$；

(2) 设 $f(x,y) = (1+xy)^y$, 求 $f_x(1,1), f_y(1,1)$.

解 (1) 因为

$$f_x(x,y) = \left(x + \frac{y}{2x}\right)^{-1} \cdot \left(1 - \frac{y}{2x^2}\right), \quad f_y(x,y) = \left(x + \frac{y}{2x}\right)^{-1} \cdot \frac{1}{2x},$$

所以 $f_x(1,0) = 1, f_y(1,1) = \dfrac{1}{3}$.

(2) 视y为常量时，函数为幂函数，所以

$$f_x(x,y) = y(1+xy)^{y-1} \cdot x,$$

从而 $f_x(1,1) = 1$；视x为常量时，函数为幂指函数，所以

$$f_y(x,y) = (1+xy)^y \cdot \left(\ln(1+xy) + \frac{xy}{1+xy}\right),$$

从而 $f_y(1,1) = 2\ln 2 + 1$.

例7 设 $z = \displaystyle\int_0^1 f(t) |xy - t| \, dt$, 其中 $x, y \in [0,1]$, 函数f在区间$[0,1]$上连续，求 $\dfrac{\partial^2 z}{\partial x^2}$.

解 因为

$$z = \int_0^{xy} f(t)(xy-t)\,\mathrm{d}t + \int_{xy}^1 f(t)(t-xy)\,\mathrm{d}t$$
$$= xy\int_0^{xy} f(t)\,\mathrm{d}t - \int_0^{xy} tf(t)\,\mathrm{d}t + \int_{xy}^1 tf(t)\,\mathrm{d}t - xy\int_{xy}^1 f(t)\,\mathrm{d}t,$$

所以
$$\frac{\partial z}{\partial x} = y\int_0^{xy} f(t)\,\mathrm{d}t + xyf(xy)\cdot y - xyf(xy)\cdot y$$
$$- xyf(xy)\cdot y - y\int_{xy}^1 f(t)\,\mathrm{d}t + xyf(xy)\cdot y$$
$$= y\int_0^{xy} f(t)\,\mathrm{d}t - y\int_{xy}^1 f(t)\,\mathrm{d}t,$$

故 $\dfrac{\partial^2 z}{\partial x^2} = y^2 f(xy) + y^2 f(xy) = 2y^2 f(xy)$.

例 8 设 $z = \dfrac{2x}{x^2 - y^2}$, 求 $\left.\dfrac{\partial^n z}{\partial y^n}\right|_{(2,1)}$.

解 我们知道, 求偏导数本质上就是求导数, 所以本题只要视 x 为常数, 对 y 求 n 阶导数即可. 因为 $z = \dfrac{1}{x-y} + \dfrac{1}{x+y}$, 所以由高阶导数公式可得

$$\frac{\partial^n z}{\partial y^n} = \frac{(-1)^n n!\cdot(-1)^n}{(x-y)^{n+1}} + \frac{(-1)^n n!}{(x+y)^{n+1}} = \frac{n!}{(x-y)^{n+1}} + \frac{(-1)^n n!}{(x+y)^{n+1}},$$

故 $\left.\dfrac{\partial^n z}{\partial y^n}\right|_{(2,1)} = n!\left(1 + \dfrac{(-1)^n}{3^{n+1}}\right)$.

例 9 设 $u(r,t) = t^n \mathrm{e}^{-\frac{r^2}{4t}}$ 满足方程 $\dfrac{\partial u}{\partial t} = \dfrac{1}{r^2}\dfrac{\partial}{\partial r}\left(r^2\dfrac{\partial u}{\partial r}\right)$, 求常数 n 的值.

解 因为 $\dfrac{\partial u}{\partial r} = -\dfrac{1}{2}t^{n-1}r\mathrm{e}^{-\frac{r^2}{4t}}$, 所以

$$\frac{\partial}{\partial r}\left(r^2\frac{\partial u}{\partial r}\right) = \frac{\partial}{\partial r}\left(-\frac{1}{2}t^{n-1}r^3\mathrm{e}^{-\frac{r^2}{4t}}\right) = -\frac{1}{2}t^{n-1}\frac{\partial}{\partial r}(r^3\mathrm{e}^{-\frac{r^2}{4t}})$$
$$= -\frac{1}{2}t^{n-1}\left(3r^2\mathrm{e}^{-\frac{r^2}{4t}} - \frac{r^4}{2t}\mathrm{e}^{-\frac{r^2}{4t}}\right) = \left(\frac{r^4}{4}t^{n-2} - \frac{3}{2}r^2 t^{n-1}\right)\mathrm{e}^{-\frac{r^2}{4t}}.$$

又 $\dfrac{\partial u}{\partial t} = \left(nt^{n-1} + \dfrac{1}{4}r^2 t^{n-2}\right)\mathrm{e}^{-\frac{r^2}{4t}}$, 于是由已知条件 $\dfrac{\partial u}{\partial t} = \dfrac{1}{r^2}\dfrac{\partial}{\partial r}\left(r^2\dfrac{\partial u}{\partial r}\right)$ 可得

$$\left(nt^{n-1} + \frac{1}{4}r^2 t^{n-2}\right)\mathrm{e}^{-\frac{r^2}{4t}} = \frac{1}{r^2}\left(\frac{r^4}{4}t^{n-2} - \frac{3}{2}r^2 t^{n-1}\right)\mathrm{e}^{-\frac{r^2}{4t}},$$

故 $n = -\dfrac{3}{2}$.

例 10 设函数 $f(x,y)$ 满足 $f_{xy}(x,y) = x+y$, 且 $f(x,0) = x^2, f(0,y) = y$, 求 $f(x,y)$.

解 由 $f_{xy} = x + y$ 可得 $f_x(x,y) = xy + \frac{1}{2}y^2 + g(x)$，于是

$$f(x,y) = \frac{1}{2}x^2 y + \frac{1}{2}xy^2 + G(x) + H(y) + C,$$

其中 $G(x)$ 为 $g(x)$ 的一个原函数，C 为任意常数. 又 $f(x,0) = x^2, f(0,y) = y$，则

$$x^2 = G(x) + H(0) + C, \quad y = G(0) + H(y) + C,$$

可得 $G(x) = x^2, H(y) = y, C = 0$. 故 $f(x,y) = \frac{1}{2}x^2 y + \frac{1}{2}xy^2 + x^2 + y$.

问题 5 多元函数的微分和一元函数的微分有什么区别？如何讨论多元函数是否可微？

多元函数的微分和一元函数的微分思想上是一样的. 对函数 $z = f(x,y)$ 以及关于 x 和 y 的增量 $\Delta x, \Delta y$，若

$$\Delta z = f(x + \Delta x, y + \Delta y) - f(x,y) = \alpha \Delta x + \beta \Delta y + o(\sqrt{(\Delta x)^2 + (\Delta y)^2}),$$

其中 α, β 与 $\Delta x, \Delta y$ 无关，则函数 f 在点 (x,y) 处可微，且 $\mathrm{d}z = \alpha \Delta x + \beta \Delta y$ 为 f 在点 (x,y) 处的全微分. 当 ρ 充分小且 α, β 不全为零时，全微分 $\mathrm{d}z$ 就是函数 f 在点 (x,y) 处全增量的线性主部. 由定义可以看出，全微分具有以下两个性质：

（1）$\mathrm{d}z$ 是 Δx 和 Δy 的线性函数；

（2）Δz 与 $\mathrm{d}z$ 之差是比 $\rho = \sqrt{(\Delta x)^2 + (\Delta y)^2}$ 高阶的无穷小.

注 （1）一元函数的可导和可微是等价，即可导是可微的充要条件；但对多元函数而言，可导只是可微的必要条件. 也就是说，可微可得到可偏导，但偏导数存在却不一定可微. 即若 $z = f(x,y)$ 可微，则 $\mathrm{d}z = f_x(x,y)\mathrm{d}x + f_y(x,y)\mathrm{d}y$；但如果偏导数都存在，表达式 $f_x(x,y)\mathrm{d}x + f_y(x,y)\mathrm{d}y$ 不一定等于全微分 $\mathrm{d}z$. 由全微分的定义可知，只有在"$\Delta z - (f_x(x,y)\Delta x + f_y(x,y)\Delta y)$ 是比 ρ 高阶的无穷小"这一条件的保证下，即二重极限

$$\lim_{\substack{\Delta x \to 0 \\ \Delta y \to 0}} \frac{f(x + \Delta x, y + \Delta y) - f(x,y) - f_x(x,y)\Delta x - f_y(x,y)\Delta y}{\sqrt{(\Delta x)^2 + (\Delta y)^2}} = 0,$$

才有 $f_x(x,y)\mathrm{d}x + f_y(x,y)\mathrm{d}y = \mathrm{d}z$.

（2）由全微分的必要条件和充分条件，对多元函数有下面的关系图：

$$\boxed{\begin{array}{c} \text{偏导数连续} \Rightarrow \text{函数可微} \Rightarrow \text{偏导数存在} \\ \Downarrow \\ \text{函数连续} \end{array}}$$

图中，"$\Rightarrow$"都是单方向的，也就是说函数可微可以推出偏导数存在和连续，而函数连续或者偏导数存在不一定可微；偏导数连续可以推出函数可微，但是函数可微不一定能得到偏导数连续.

例 11　设 $f(x,y)$ 在点 $(0,0)$ 处连续,则下面命题正确的是　　　　(　　)

(A) 极限 $\lim\limits_{\substack{x\to 0\\y\to 0}}\dfrac{f(x,y)}{|x|+|y|}$ 存在

(B) 极限 $\lim\limits_{\substack{x\to 0\\y\to 0}}\dfrac{f(x,y)}{x^2+y^2}$ 存在

(C) 若极限 $\lim\limits_{\substack{x\to 0\\y\to 0}}\dfrac{f(x,y)}{|x|+|y|}$ 存在,则 $f(x,y)$ 在点 $(0,0)$ 处可微

(D) 若极限 $\lim\limits_{\substack{x\to 0\\y\to 0}}\dfrac{f(x,y)}{x^2+y^2}$ 存在,则 $f(x,y)$ 在点 $(0,0)$ 处可微

解　取函数 $f(x,y)=x$,可得选项(A)不正确;取函数 $f(x,y)=xy$,可以得到选项(B)不正确;取函数 $f(x,y)=|x|+|y|$,可得选项(C)不正确. 下面来证明选项(D)是正确的.

因为 $f(x,y)$ 在点 $(0,0)$ 处连续,且极限 $\lim\limits_{\substack{x\to 0\\y\to 0}}\dfrac{f(x,y)}{x^2+y^2}$ 存在,所以有 $f(0,0)=0$,且当沿直线 $y=0$ 趋向于 $(0,0)$ 点时,极限 $\lim\limits_{\substack{x\to 0\\y=0}}\dfrac{f(x,y)}{x^2+y^2}=\lim\limits_{x\to 0}\dfrac{f(x,0)}{x^2}$ 存在,进而可得

$$\lim_{x\to 0}\dfrac{f(x,0)-f(0,0)}{x}=\lim_{x\to 0}\dfrac{f(x,0)}{x^2}\cdot x=0,$$

于是 $f_x(0,0)=0$;同理 $f_y(0,0)=0$. 又

$$\lim_{\substack{x\to 0\\y\to 0}}\dfrac{f(x,y)-f(0,0)-f_x(0,0)x-f_y(0,0)y}{\sqrt{x^2+y^2}}$$

$$=\lim_{\substack{x\to 0\\y\to 0}}\dfrac{f(x,y)}{\sqrt{x^2+y^2}}=\lim_{\substack{x\to 0\\y\to 0}}\dfrac{f(x,y)}{x^2+y^2}\cdot\sqrt{x^2+y^2}=0,$$

故由可微的定义可知 $f(x,y)$ 在点 $(0,0)$ 处可微.

例 12　已知函数 $f(x,y)$ 在点 $(0,1)$ 处可微,且

$$\lim_{h\to 0}\dfrac{f(h,1+h)-f(-h,1+2h)}{h}=1,$$

$$\lim_{h\to 0}\dfrac{f(2h,1+h)-f(h,1-h)}{h}=8,$$

则该函数在点 $(0,1)$ 处的全微分 $\mathrm{d}f(x,y)\Big|_{(0,1)}=$ ＿＿＿＿.

解　因为函数 $f(x,y)$ 在点 $(0,1)$ 可微,所以由可微的定义可得

$$f(0+\Delta x,1+\Delta y)=f_x(0,1)\Delta x+f_y(0,1)\Delta y.$$

分别取 $\Delta x=\Delta y=h$ 以及 $\Delta x=-h,\Delta y=2h$,有

$$f(h,1+h)=f_x(0,1)h+f_y(0,1)h,$$

$$f(-h,1+2h) = f_x(0,1) \cdot (-h) + f_y(0,1) \cdot 2h,$$

于是

$$\lim_{h \to 0} \frac{f(h,1+h) - f(-h,1+2h)}{h} = 2f_x(0,1) - f_y(0,1).$$

同理,有

$$\lim_{h \to 0} \frac{f(2h,1+h) - f(h,1-h)}{h} = f_x(0,1) + 2f_y(0,1).$$

由此得到方程组 $\begin{cases} 2f_x(0,1) - f_y(0,1) = 1, \\ f_x(0,1) + 2f_y(0,1) = 8, \end{cases}$ 解得 $f_x(0,1) = 2, f_y(0,1) = 3.$ 故

$$\mathrm{d}f(x,y)\Big|_{(0,1)} = 2\mathrm{d}x + 3\mathrm{d}y.$$

例 13 设 $f(x,y) = \begin{cases} y\arctan \dfrac{1}{\sqrt{x^2+y^2}}, & (x,y) \ne (0,0), \\ 0, & (x,y) = (0,0), \end{cases}$ 讨论 $z = f(x,y)$ 在点 $(0,0)$ 处的连续性、可偏导性和可微性.

解 因为 $\left|\arctan \dfrac{1}{\sqrt{x^2+y^2}}\right| \leqslant \dfrac{\pi}{2}$,所以

$$\lim_{\substack{x \to 0 \\ y \to 0}} y\arctan \frac{1}{\sqrt{x^2+y^2}} = 0 = f(0,0),$$

从而函数 $f(x,y)$ 在点 $(0,0)$ 处连续. 又

$$\lim_{\Delta x \to 0} \frac{f(0+\Delta x,0) - f(0,0)}{\Delta x} = \lim_{\Delta x \to 0} \frac{0}{\Delta x} = 0,$$

$$\lim_{\Delta y \to 0} \frac{f(0,0+\Delta y) - f(0,0)}{\Delta y} = \lim_{\Delta y \to 0} \arctan \frac{1}{|\Delta y|} = \frac{\pi}{2},$$

所以函数 $f(x,y)$ 在点 $(0,0)$ 处可偏导,且 $f_x(0,0) = 0, f_y(0,0) = \dfrac{\pi}{2}.$

下面讨论可微性. 因为

$$\Delta z - (f_x(0,0)\Delta x + f_y(0,0)\Delta y)$$

$$= f(0+\Delta x, 0+\Delta y) - f(0,0) - \left(0 \cdot \Delta x + \frac{\pi}{2} \cdot \Delta y\right)$$

$$= \Delta y \arctan \frac{1}{\sqrt{(\Delta x)^2 + (\Delta y)^2}} - \frac{\pi}{2} \cdot \Delta y$$

$$= \Delta y \left(\arctan \frac{1}{\sqrt{(\Delta x)^2 + (\Delta y)^2}} - \frac{\pi}{2}\right),$$

所以需要考虑二重极限

$$\lim_{\substack{\Delta x \to 0 \\ \Delta y \to 0}} \frac{\Delta y}{\sqrt{(\Delta x)^2 + (\Delta y)^2}} \left(\arctan \frac{1}{\sqrt{(\Delta x)^2 + (\Delta y)^2}} - \frac{\pi}{2}\right).$$

令 $\sqrt{(\Delta x)^2+(\Delta y)^2}=\rho$,可得

$$\lim_{\substack{\Delta x\to 0\\ \Delta y\to 0}}\left(\arctan\frac{1}{\sqrt{(\Delta x)^2+(\Delta y)^2}}-\frac{\pi}{2}\right)=\lim_{\rho\to 0^+}\left(\arctan\frac{1}{\rho}-\frac{\pi}{2}\right)=0,$$

又 $\left|\dfrac{\Delta y}{\sqrt{(\Delta x)^2+(\Delta y)^2}}\right|\leqslant 1$,所以上述二重极限存在且为 0,即

$$\Delta z-(f_x(0,0)\Delta x+f_y(0,0)\Delta y)=o(\sqrt{(\Delta x)^2+(\Delta y)^2}),$$

因此函数 $z=f(x,y)$ 在点 $(0,0)$ 处可微.

例 14 设 $f(x,y)=\begin{cases}(x^2+y^2)\cos\dfrac{1}{\sqrt{x^2+y^2}}, & x^2+y^2\neq 0,\\ 0, & x^2+y^2=0,\end{cases}$ 问 $z=f(x,y)$ 在点 $(0,0)$ 处偏导数是否存在?是否可微?偏导数是否连续?

解 由偏导数的定义,有

$$f_x(0,0)=\lim_{\Delta x\to 0}\frac{f(0+\Delta x,0)-f(0,0)}{\Delta x}=\lim_{\Delta x\to 0}\Delta x\cos\frac{1}{|\Delta x|}=0,$$

同理可得 $f_y(0,0)=0$,所以函数 $f(x,y)$ 在点 $(0,0)$ 处的偏导数都存在.

下面考虑是否可微. 因为

$$\begin{aligned}&\Delta z-(f_x(0,0)\Delta x+f_y(0,0)\Delta y)\\ &=f(0+\Delta x,0+\Delta y)-f(0,0)-(0\cdot\Delta x+0\cdot\Delta y)\\ &=((\Delta x)^2+(\Delta y)^2)\cos\frac{1}{\sqrt{(\Delta x)^2+(\Delta y)^2}},\end{aligned}$$

所以设 $\rho=\sqrt{(\Delta x)^2+(\Delta y)^2}$,则有

$$\lim_{\substack{\Delta x\to 0\\ \Delta y\to 0}}\frac{((\Delta x)^2+(\Delta y)^2)\cos\dfrac{1}{\sqrt{(\Delta x)^2+(\Delta y)^2}}}{\sqrt{(\Delta x)^2+(\Delta y)^2}}=\lim_{\rho\to 0^+}\frac{\rho^2\cos\dfrac{1}{\rho}}{\rho}=\lim_{\rho\to 0^+}\rho\cos\frac{1}{\rho}=0,$$

故 $f(x,y)$ 在点 $(0,0)$ 处可微.

最后来看偏导数在点 $(0,0)$ 处是否连续. 前面已求得 $f_x(0,0)=f_y(0,0)=0$,而当 $x^2+y^2\neq 0$ 时,有

$$f_x(x,y)=2x\cos\frac{1}{\sqrt{x^2+y^2}}+\frac{x}{\sqrt{x^2+y^2}}\sin\frac{1}{\sqrt{x^2+y^2}},$$

$$f_y(x,y)=2y\cos\frac{1}{\sqrt{x^2+y^2}}+\frac{y}{\sqrt{x^2+y^2}}\sin\frac{1}{\sqrt{x^2+y^2}}.$$

因为当点 (x,y) 沿直线 $y=0$ 的右侧趋于点 $(0,0)$ 时,有

$$\lim_{\substack{x\to 0^+\\ y=0}}2x\cos\frac{1}{\sqrt{x^2+y^2}}=\lim_{x\to 0^+}2x\cos\frac{1}{x}=0,$$

$$\lim_{\substack{x\to 0^+ \\ y=0}} \frac{x}{\sqrt{x^2+y^2}} \sin\frac{1}{\sqrt{x^2+y^2}} = \lim_{x\to 0^+}\sin\frac{1}{x} \text{ 不存在},$$

所以 $\lim\limits_{\substack{x\to 0 \\ y\to 0}} f_x(x,y)$ 不存在;同理 $\lim\limits_{\substack{x\to 0 \\ y\to 0}} f_y(x,y)$ 也不存在. 故 $f(x,y)$ 在点 $(0,0)$ 处的偏导数存在,但是不连续.

3.3 练习题

1. 选择题.

(1) 二重极限 $\lim\limits_{\substack{x\to 0 \\ y\to 0}} \dfrac{\sin(x+y)}{x-y}$ ( )

(A) 等于 1　　　(B) 等于 0　　　(C) 等于 -1　　　(D) 不存在

(2) 若函数 $f(x,y)$ 在点 (x_0,y_0) 处不连续,则 ( )

(A) $\lim\limits_{\substack{x\to x_0 \\ y\to y_0}} f(x,y)$ 必不存在　　　(B) $f(x_0,y_0)$ 必不存在

(C) $f(x,y)$ 在点 (x_0,y_0) 处不可微　(D) $f_x(x_0,y_0), f_y(x_0,y_0)$ 必不存在

(3) 函数 $f(x,y) = \sqrt{|xy|}$ 在点 $(0,0)$ 处 ( )

(A) 不连续　　　　　　　　(B) 连续但偏导数不存在

(C) 偏导数存在但不可微　　(D) 可微

(4) 设 $\lim\limits_{(x,y)\to(0,0)} \dfrac{f(x,y)-f(0,0)+3x-2y}{\sqrt{x^2+y^2}} = 0$,则 ( )

(A) $df(0,0) = 0$　　　　　(B) $df(0,0)$ 不存在

(C) $df(0,0) = 3dx - 2dy$　(D) $df(0,0) = -3dx + 2dy$

2. 填空题.

(1) 若 $f(x,y) = \begin{cases} \sin\left(\dfrac{x^3 e^y - 2y}{x^2+y^2}\right), & x^2+y^2 \neq 0, \\ 0, & x^2+y^2 = 0, \end{cases}$ 则 $f_x(0,0) = $ _____.

(2) 设 $z = x^y + y^x$,则 $\dfrac{\partial^2 z}{\partial x \partial y} = $ _____.

(3) 设 $z = \dfrac{x}{x-y}$,则 $\left.\dfrac{\partial^n z}{\partial y^n}\right|_{(2,1)} = $ _____.

(4) 设 $z = (x^2+y^2)e^{-\arctan\frac{y}{x}}$,且 $\Delta x = \Delta y = 0.1$,则 $\left. dz \right|_{(1,0)} = $ _____.

(5) 设 $u = xe^{\cos\frac{y}{x}}$,则 $\left. du \right|_{(1,\frac{\pi}{2})} = $ _____.

(6) 已知 $(ax\sin y + bx^2 y)dx + (x^3 + x^2\cos y)dy$ 为某函数 $z(x,y)$ 的全微分,

则 $a = $ _____ , $b = $ _____ .

3. 求下列二重极限：

(1) $\lim\limits_{\substack{x \to 0 \\ y \to 0}} \dfrac{x-y}{x+y} \tan(x^2+y^2)$;

(2) $\lim\limits_{\substack{x \to 0 \\ y \to 0}} (1+xy)^{\frac{1}{|x|+|y|}}$;

(3) $\lim\limits_{\substack{x \to \infty \\ y \to \infty}} \left(\dfrac{xy}{x^2+y^2}\right)^{x^2}$.

4. 证明下列函数在点 $(0,0)$ 处的二重极限不存在：

(1) $f(x,y) = \sqrt{x^2+y^2} + \dfrac{x^2 y}{x^4+y^2}$;

(2) $f(x,y) = \dfrac{x^3-y^3}{x^3+y^3}$;

(3) $f(x,y) = \dfrac{x^6 y^8}{(x^2+y^4)^5}$;

(4) $f(x,y) = \dfrac{x^2 y^2}{x^3+y^3}$.

5. 设 $u = \dfrac{ax+by}{cx+dy}$ (a,b,c,d 为常数)，证明：若 $ad = bc$，则 u 为常数．

6. 设函数 f 连续，且 $z(x,y) = \displaystyle\int_0^y e^y f(x-t) \mathrm{d}t$，求 $\dfrac{\partial z}{\partial x}$ 和 $\dfrac{\partial z}{\partial y}$．

7. 设 $z = u(x,y) e^{ax+by}$，且函数 u 满足 $\dfrac{\partial^2 u}{\partial x \partial y} = 0$，求常数 a 和 b 的值，使得

$$\dfrac{\partial^2 z}{\partial x \partial y} - \dfrac{\partial z}{\partial x} - \dfrac{\partial z}{\partial y} + z = 0.$$

8. 讨论下列函数在点 $(0,0)$ 处的连续性、可偏导性和可微性：

(1) $f(x,y) = \begin{cases} 1, & xy = 0, \\ 0, & xy \neq 0; \end{cases}$

(2) $f(x,y) = \begin{cases} \dfrac{\sin(xy)}{xy}, & xy \neq 0, \\ 1, & xy = 0; \end{cases}$

(3) $f(x,y) = \begin{cases} \sqrt{xy} \sin \dfrac{1}{x+y}, & x^2+y^2 \neq 0, \\ 0, & x^2+y^2 = 0. \end{cases}$

9. 设 $f(x,y)$ 在点 $(0,0)$ 处连续，且

$$\lim_{(x,y)\to(0,0)} \dfrac{f(x,y)-1-3x-4y}{\ln(1+x^2+y^2)} = 1,$$

问 $z = f(x,y)$ 在点 $(0,0)$ 处是否可微？若可微，求出 $\mathrm{d}z \Big|_{(0,0)}$．

第4讲 多元函数微分法及方向导数与梯度

4.1 内容提要

一、复合函数微分法

1) **中间变量均为一元函数的链式法则**：设函数 $u=\varphi(x)$ 及 $v=\psi(x)$ 都在点 x 处可导，若函数 $z=f(u,v)$ 在对应点 (u,v) 处可微，则复合函数 $z=f(\varphi(x),\psi(x))$ 必在点 x 处可导，且

$$\frac{\mathrm{d}z}{\mathrm{d}x}=\frac{\partial z}{\partial u}\cdot\frac{\mathrm{d}u}{\mathrm{d}x}+\frac{\partial z}{\partial v}\cdot\frac{\mathrm{d}v}{\mathrm{d}x}.$$

上式称为**全导数公式**.

说明 上述结论中的条件"$z=f(u,v)$ 在对应点 (u,v) 处可微"必不可少. 例如函数

$$z=f(u,v)=\begin{cases}\dfrac{u^2v}{u^2+v^2},&u^2+v^2\neq 0,\\0,&u^2+v^2=0,\end{cases}$$

若设 $u=x,v=x$，则在 $x=0$ 处不满足全导数公式.

2) **中间变量为多元函数的链式法则**：设函数 $u=\varphi(x,y)$ 与函数 $v=\psi(x,y)$ 都在点 (x,y) 处可偏导，且函数 $z=f(u,v)$ 在对应点 (u,v) 处可微，则复合函数 $z=f(\varphi(x,y),\psi(x,y))$ 必在点 (u,v) 处可偏导，且

$$\frac{\partial z}{\partial x}=\frac{\partial z}{\partial u}\cdot\frac{\partial u}{\partial x}+\frac{\partial z}{\partial v}\cdot\frac{\partial v}{\partial x},\quad\frac{\partial z}{\partial y}=\frac{\partial z}{\partial u}\cdot\frac{\partial u}{\partial y}+\frac{\partial z}{\partial v}\cdot\frac{\partial v}{\partial y}.$$

在上面的结论中，若将条件"u 和 v 可偏导"改为"$u=\varphi(x,y)$ 与 $v=\psi(x,y)$ 都在点 (x,y) 处可微"，则可得复合函数 $z=f(\varphi(x,y),\psi(x,y))$ 在点 (u,v) 处可微.

3) **一阶全微分的形式不变性**：设函数 $z=f(u,v)$ 可微.

(1) 若 u,v 均为自变量，则 $\mathrm{d}z=\dfrac{\partial z}{\partial u}\mathrm{d}u+\dfrac{\partial z}{\partial v}\mathrm{d}v$；

(2) 若 u,v 是中间变量，即 $z=f(u(x,y),v(x,y))$，则全微分为

$$\mathrm{d}z=\frac{\partial z}{\partial x}\mathrm{d}x+\frac{\partial z}{\partial y}\mathrm{d}y=\left(\frac{\partial z}{\partial u}\cdot\frac{\partial u}{\partial x}+\frac{\partial z}{\partial v}\cdot\frac{\partial v}{\partial x}\right)\mathrm{d}x+\left(\frac{\partial z}{\partial u}\cdot\frac{\partial u}{\partial y}+\frac{\partial z}{\partial v}\cdot\frac{\partial v}{\partial y}\right)\mathrm{d}y$$

$$= \frac{\partial z}{\partial u}\left(\frac{\partial u}{\partial x}\mathrm{d}x + \frac{\partial u}{\partial y}\mathrm{d}y\right) + \frac{\partial z}{\partial v}\left(\frac{\partial v}{\partial x}\mathrm{d}x + \frac{\partial v}{\partial y}\mathrm{d}y\right) = \frac{\partial z}{\partial u}\mathrm{d}u + \frac{\partial z}{\partial v}\mathrm{d}v.$$

由此可见，若 z 是变量 u,v 的函数，则无论 u,v 是自变量还是中间变量，函数 z 的全微分形式是一样的，这就是多元函数的一阶全微分的形式不变性. 由此性质易得以下的全微分有理运算法则：

(1) $\mathrm{d}(u \pm v) = \mathrm{d}u \pm \mathrm{d}v$；   (2) $\mathrm{d}(u \cdot v) = v\mathrm{d}u + u\mathrm{d}v$；

(3) $\mathrm{d}\left(\dfrac{u}{v}\right) = \dfrac{1}{v^2}(v\mathrm{d}u - u\mathrm{d}v)$.

二、隐函数微分法

1) 由一个方程所确定的隐函数.

设有方程 $F(x_1, x_2, \cdots, x_n, y) = 0$，$\Omega \subseteq \mathbf{R}^n$ 为一集合. 若存在一个 n 元函数
$$\varphi(x_1, x_2, \cdots, x_n) \quad ((x_1, x_2, \cdots, x_n) \in \Omega),$$
使得 $y = \varphi(x_1, x_2, \cdots, x_n)$ 满足上述方程，则称函数 $y = \varphi(x_1, x_2, \cdots, x_n)$ 是由方程 $F(x_1, x_2, \cdots, x_n, y) = 0$ 确定的**隐函数**.

隐函数的存在定理及导数公式：如果设二元函数 $F(x,y)$ 点 $M(x_0, y_0)$ 的某邻域 $N(M, \delta_0)$ 内具有连续的一阶偏导数，且
$$F(x_0, y_0) = 0 \quad \text{以及} \quad F_y(x_0, y_0) \neq 0,$$
则存在 $\delta \leqslant \delta_0$，使得方程 $F(x, y) = 0$ 在 $N(x_0, \delta)$ 内唯一确定了一个连续可微的函数 $y = f(x)$，它满足
$$y_0 = f(x_0), \quad F(x, f(x)) \equiv 0 \quad (\forall x \in N(x_0, \delta)),$$
并且有 $\dfrac{\mathrm{d}y}{\mathrm{d}x} = -\dfrac{F_x}{F_y}$.

上述结论可以进行推广：设 $n+1$ 元函数 $F(x_1, \cdots, x_n, y)$ 在点 $M_0(x_1^0, \cdots, x_n^0, y_0)$ 的某邻域 $N(M_0, \delta_0)$ 内具有连续的一阶偏导数且
$$F(x_1^0, \cdots, x_n^0, y_0) = 0, \quad F_y(x_1^0, \cdots, x_n^0, y_0) \neq 0,$$
则存在 $\delta \leqslant \delta_0$，使方程 $F(x_1, \cdots, x_n, y) = 0$ 在点 $P_0(x_1^0, \cdots, x_n^0)$ 的某邻域 $N(P_0, \delta)$ 内唯一确定了一个具有连续一阶偏导数的函数 $y = f(x_1, \cdots, x_n)$，它满足
$$y_0 = f(x_1^0, \cdots, x_n^0),$$
$$F(x_1, \cdots, x_n, f(x_1, \cdots, x_n)) \equiv 0 \quad (\forall (x_1, \cdots, x_n) \in N(P_0, \delta)),$$
并且有
$$\frac{\partial y}{\partial x_i} = -\frac{F_{x_i}}{F_y} \quad (i = 1, 2, \cdots, n).$$

2) 由方程组确定的隐函数.

设三元函数 $F(x, y, z)$ 与 $G(x, y, z)$ 满足下列三个条件：

(1) $F(x, y, z)$ 和 $G(x, y, z)$ 都在点 $M_0(x_0, y_0, z_0)$ 的某邻域 $N(M_0, \delta_0)$ 内有连

续的一阶偏导数；

(2) $F(x_0,y_0,z_0) = G(x_0,y_0,z_0) = 0$；

(3) 在点 M_0 处的 Jacobi(雅可比)行列式 $J = \dfrac{\partial(F,G)}{\partial(y,z)}$ 满足

$$J\Big|_{M_0} = \dfrac{\partial(F,G)}{\partial(y,z)}\Big|_{M_0} = \begin{vmatrix} F_y & F_z \\ G_y & G_z \end{vmatrix}\Big|_{M_0} \neq 0,$$

则存在正数 $\delta \leqslant \delta_0$，使得方程组 $\begin{cases} F(x,y,z) = 0 \\ G(x,y,z) = 0 \end{cases}$ 在 $N(x_0,\delta)$ 内唯一确定了一组连续可导的函数 $\begin{cases} y = y(x) \\ z = z(x) \end{cases}$，它们满足

$$\begin{cases} y_0 = y(x_0), \\ z_0 = z(x_0) \end{cases} \quad \text{及} \quad \begin{cases} F(x,y(x),z(x)) \equiv 0, \\ G(x,y(x),z(x)) \equiv 0 \end{cases} \quad (\forall x \in N(x_0,\delta)),$$

并且有

$$\dfrac{\mathrm{d}y}{\mathrm{d}x} = -\dfrac{1}{J}\dfrac{\partial(F,G)}{\partial(x,z)}, \quad \dfrac{\mathrm{d}z}{\mathrm{d}x} = -\dfrac{1}{J}\dfrac{\partial(F,G)}{\partial(y,x)}.$$

说明 上述结论不难推广到一般的 m 个 $n+m$ 元方程式所组成的方程组的情形，读者可以自己完成导数公式的推导.

三、方向导数

设二元函数 $z = f(x,y)$ 在点 $M_0(x_0,y_0)$ 的某邻域内有定义，平面上向量 $\boldsymbol{l}$ 的方向余弦为 $\cos\alpha, \cos\beta$. 若极限

$$\lim_{t \to 0^+} \dfrac{f(x_0 + t\cos\alpha, y_0 + t\cos\beta) - f(x_0,y_0)}{t}$$

存在，则称此极限值为 $z = f(x,y)$ 在点 M_0 处沿方向 $\boldsymbol{l}$ 的**方向导数**，记为 $\dfrac{\partial z}{\partial \boldsymbol{l}}\Big|_{M_0}$，即

$$\dfrac{\partial z}{\partial \boldsymbol{l}}\Big|_{M_0} = \lim_{t \to 0^+} \dfrac{f(x_0 + t\cos\alpha, y_0 + t\cos\beta) - f(x_0,y_0)}{t}.$$

方向导数存在的充分条件及计算公式：设函数 $z = f(x,y)$ 在点 $M_0(x_0,y_0)$ 处可微，则 $f(x,y)$ 在点 M_0 处沿平面上任一方向 $\boldsymbol{l}$ 的方向导数都存在，且有

$$\dfrac{\partial z}{\partial \boldsymbol{l}}\Big|_{(x_0,y_0)} = f_x(x_0,y_0)\cos\alpha + f_y(x_0,y_0)\cos\beta,$$

其中 $\cos\alpha, \cos\beta$ 为方向 $\boldsymbol{l}$ 的方向余弦.

说明 (1) 方向导数 $\dfrac{\partial z}{\partial \boldsymbol{l}}\Big|_{M_0}$ 是函数 $z = f(x,y)$ 在点 $M_0(x_0,y_0)$ 处沿方向 $\boldsymbol{l}$ 的变化率.

(2) 若取 $\boldsymbol{l} = \boldsymbol{i} = \{1,0\}$，即沿 x 轴的正向时，有

$$\left.\frac{\partial z}{\partial i}\right|_{M_0} = \lim_{t \to 0^+} \frac{f(x_0+t, y_0) - f(x_0, y_0)}{t} = \lim_{\Delta x \to 0^+} \frac{f(x_0+\Delta x, y_0) - f(x_0, y_0)}{\Delta x};$$

若取 $l = -i = \{-1, 0\}$,即沿 x 轴的负向时,有

$$\left.\frac{\partial z}{\partial (-i)}\right|_{M_0} = \lim_{t \to 0^+} \frac{f(x_0-t, y_0) - f(x_0, y_0)}{t}$$

$$= -\lim_{\Delta x \to 0^-} \frac{f(x_0+\Delta x, y_0) - f(x_0, y_0)}{\Delta x}.$$

由此可得,$f(x, y)$ 在点 $M_0(x_0, y_0)$ 处对 x 的一阶偏导数存在的充要条件是 $f(x, y)$ 在点 $M_0(x_0, y_0)$ 处分别沿方向 i 和反方向 $-i$ 的方向导数都存在且互为相反数. 同理可得 $f(x, y)$ 在点 $M_0(x_0, y_0)$ 处对 y 的一阶偏导数存在的充要条件.

(3) 方向导数的定义及相关结论可推广到 n 元函数.

四、梯度

设函数 $z = f(x, y)$ 在点 $M_0(x_0, y_0)$ 处存在一阶偏导数,则向量

$$\{f_x(x_0, y_0), f_y(x_0, y_0)\}$$

称为 $f(x, y)$ 在点 M_0 处的**梯度**,记为 $\mathbf{grad} f(x_0, y_0)$ 或 $\nabla f(x_0, y_0)$,即

$$\mathbf{grad} f(x_0, y_0) = \nabla f(x_0, y_0) = \{f_x(x_0, y_0), f_y(x_0, y_0)\}.$$

其中,**grad** 是英文 gradient 的简写;∇ 是 Nabla 算符,也称为 Hamilton(**哈密顿**)算子或向量微分算子,即 $\nabla = \left\{\dfrac{\partial}{\partial x}, \dfrac{\partial}{\partial y}\right\}$.

梯度的运算法则:设 C_1, C_2 为任意常数,函数 u, v 及 f 均可微,则

(1) $\mathbf{grad}(C_1 u + C_2 v) = C_1 \mathbf{grad} u + C_2 \mathbf{grad} v$;

(2) $\mathbf{grad}(uv) = u\, \mathbf{grad} v + v\, \mathbf{grad} u$;

(3) $\mathbf{grad}\left(\dfrac{u}{v}\right) = \dfrac{1}{v^2}(v\, \mathbf{grad} u - u\, \mathbf{grad} v) \ (v \neq 0)$;

(4) $\mathbf{grad} f(u) = f'(u) \mathbf{grad} u$.

说明 (1) 向量微分算子 ∇ 本身没有意义,将 ∇ 作用于函数 $f(x, y)$ 后得到一向量,即

$$\nabla f(x_0, y_0) = \left.\left\{\frac{\partial f}{\partial x}, \frac{\partial f}{\partial y}\right\}\right|_{(x_0, y_0)}.$$

(2) 借助梯度概念,当函数 $z = f(x, y)$ 在点 $M_0(x_0, y_0)$ 可微时,$f(x, y)$ 在点 M_0 处沿方向 l 的方向导数可以表示为

$$\left.\frac{\partial z}{\partial l}\right|_{M_0} = \left.\frac{\partial z}{\partial x}\right|_{M_0} \cos\alpha + \left.\frac{\partial z}{\partial y}\right|_{M_0} \cos\beta$$

$$= \mathbf{grad} f(x_0, y_0) \cdot l^\circ = \nabla f(x_0, y_0) \cdot l^\circ,$$

即方向导数可以表示成梯度与该方向的单位向量 l° 的内积.

(3) 由(2)及内积的计算公式,有
$$\left.\frac{\partial z}{\partial l}\right|_{M_0} = \|\mathbf{grad}f(M_0)\|\cos(\mathbf{grad}f(M_0),l^\circ),$$
故 $\left.\frac{\partial z}{\partial l}\right|_{M_0}$ 是函数 $f(x,y)$ 在点 M_0 处的梯度 $\mathbf{grad}f(x_0,y_0)$ 在方向 l 上的投影.

设 $\theta = (\mathbf{grad}f(M_0),l^\circ)$,有如下结论:

① 当 $\theta = 0$ 时,即 l 的方向与 $\mathbf{grad}f(x_0,y_0)$ 的方向一致时,方向导数取得最大值,且最大值为 $\|\mathbf{grad}f(x_0,y_0)\|$,即梯度方向是函数 $z = f(x,y)$ 在点 M_0 处增长最快的方向;

② 当 $\theta = \pi$ 时,即 l 的方向与 $\mathbf{grad}f(x_0,y_0)$ 的方向相反时,方向导数取得最小值,且最小值为 $-\|\mathbf{grad}f(x_0,y_0)\|$;

③ 当 $\theta = \frac{\pi}{2}$ 时,即 l 的方向与 $\mathbf{grad}f(x_0,y_0)$ 的方向垂直时,方向导数为零,这说明沿与梯度垂直的方向时函数的值在点 M_0 处无变化.

(4) 梯度的概念和相关结论可推广到 n 元函数. 设函数 $u = f(x_1,x_2,\cdots,x_n)$,若它在点 $M(x_1,x_2,\cdots,x_n)$ 处可微,则在点 M 的全微分可表示为
$$du = \frac{\partial u}{\partial x_1}dx_1 + \frac{\partial u}{\partial x_2}dx_2 + \cdots + \frac{\partial u}{\partial x_n}dx_n = \mathbf{grad}u \cdot \overrightarrow{dM},$$
其中 $\mathbf{grad}u = \left\{\frac{\partial u}{\partial x_1},\frac{\partial u}{\partial x_2},\cdots,\frac{\partial u}{\partial x_n}\right\}, \overrightarrow{dM} = \{dx_1,dx_2,\cdots,dx_n\}$.

4.2 例题与释疑解难

问题 1 在复合函数求导的链式法则中,怎样正确使用 $\frac{\partial u}{\partial x}$ 与 $\frac{du}{dx}$ 等符号?

若 u 是 x,y 的函数,则对 x 求偏导时应该用符号 $\frac{\partial u}{\partial x}$ 或 u_x;若 u 只是 x 的函数,则对 x 求导时应该用符号 $\frac{du}{dx}$ 或 u'.

例 1 设 $z = \varphi(x^2+y^2), u = x^2+y^2$,问下面四个式子中哪个写法正确?

(1) $\frac{\partial z}{\partial x} = \frac{\partial \varphi}{\partial u}\frac{\partial u}{\partial x}$; (2) $\frac{\partial z}{\partial x} = \frac{d\varphi}{du}\frac{du}{dx}$;

(3) $\frac{\partial z}{\partial x} = \frac{d\varphi}{du}\frac{\partial u}{\partial x}$; (4) $\frac{\partial z}{\partial x} = \frac{\partial \varphi}{\partial u}\frac{du}{dx}$.

解 第(3)个正确. 因为函数 φ 只有一个变量 u,而 $u = x^2+y^2$ 有两个自变量.

例 2 设 $z = \varphi(e^{x^2+x+1},x^2-y) + f(x^2y^3)$,求 $\frac{\partial z}{\partial x}$ 及 $\frac{\partial z}{\partial y}$.

解 令 $u = e^{x^2+x+1}, v = x^2 - y, w = x^2 y^3$，则

$$\frac{\partial z}{\partial x} = \frac{\partial \varphi}{\partial u}\frac{du}{dx} + \frac{\partial \varphi}{\partial v}\frac{\partial v}{\partial x} + \frac{df}{dw}\frac{\partial w}{\partial x} \quad ①$$

$$= \frac{\partial \varphi}{\partial u} e^{x^2+x+1}(2x+1) + \frac{\partial \varphi}{\partial v}(2x) + \frac{df}{dw}(2xy^3).$$

为了表述更加清晰，我们一般将上式简记为

$$\frac{\partial z}{\partial x} = \varphi_1 e^{x^2+x+1}(2x+1) + \varphi_2 \cdot 2x + f' \cdot 2xy^3,$$

其中 $\varphi_i (i = 1,2)$ 表示函数 φ 对第 i 个变量的偏导数. 同理，有

$$\frac{\partial z}{\partial y} = \frac{\partial \varphi}{\partial v}\frac{\partial v}{\partial y} + \frac{df}{dw}\frac{\partial w}{\partial y} = -\varphi_2 + f' \cdot 3x^2 y^2.$$

注 上面 ① 式不能写作 $\frac{\partial z}{\partial x} = \frac{\partial \varphi}{\partial u}\frac{\partial u}{\partial x} + \frac{\partial \varphi}{\partial v}\frac{\partial v}{\partial x} + \frac{\partial f}{\partial w}\frac{\partial w}{\partial x}.$

问题 2 怎样正确使用 $z = f(u,v), u = \varphi(x,y), v = \psi(x,y)$ 的偏导数公式

$$\frac{\partial z}{\partial x} = \frac{\partial f}{\partial u}\frac{\partial u}{\partial x} + \frac{\partial f}{\partial v}\frac{\partial v}{\partial x}, \quad \frac{\partial z}{\partial y} = \frac{\partial z}{\partial u}\frac{\partial u}{\partial y} + \frac{\partial f}{\partial v}\frac{\partial v}{\partial y} \quad ①$$

或 $z = f(u,v,w)(w = \omega(x,y))$ 的偏导数公式

$$\frac{\partial z}{\partial x} = \frac{\partial f}{\partial u}\frac{\partial u}{\partial x} + \frac{\partial f}{\partial v}\frac{\partial v}{\partial x} + \frac{\partial f}{\partial w}\frac{\partial w}{\partial x} \quad ②$$

等公式？以及如何形象地、统一地记忆这些公式？

公式 ① 和公式 ② 中的函数关系可分别形象地用图 4.1 和图 4.2 来表示. 比如 "$z \to u$" 表示 z 对 u 的偏导数，每一条带箭头的 z 与 x 的连线则表示公式的一项，其中每一个箭头对应该项中的一个偏导数因子，再将不同路线的结果相加即得最后的公式. 它也可用"按线相乘，分线相加"来概括.

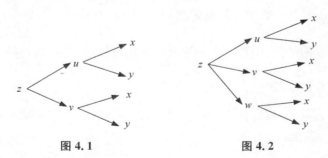

图 4.1   图 4.2

例 3 设 $z = x^2 f\left(\frac{y}{x}, \frac{x}{y} + 1\right)$，求 $\frac{\partial z}{\partial x}, \frac{\partial z}{\partial y}$.

解法 1 由乘法运算法则，可得

$$\frac{\partial z}{\partial x} = (x^2)' f\left(\frac{y}{x}, \frac{x}{y} + 1\right) + x^2 \frac{\partial}{\partial x}\left(f\left(\frac{y}{x}, \frac{x}{y} + 1\right)\right).$$

对$\frac{\partial}{\partial x}\left(f\left(\frac{y}{x},\frac{x}{y}+1\right)\right)$用图 4.1 所示的公式计算，有

$$\begin{aligned}\frac{\partial z}{\partial x}&=2xf\left(\frac{y}{x},\frac{x}{y}+1\right)+x^2\left(f_1\cdot\frac{-y}{x^2}+f_2\cdot\frac{1}{y}\right)\\&=2xf\left(\frac{y}{x},\frac{x}{y}+1\right)-yf_1+\frac{x^2}{y}f_2,\end{aligned}$$

其中 $f_i=f_i\left(\frac{y}{x},\frac{x}{y}+1\right)(i=1,2)$ 表示 f 对第 i 个变量的偏导（在不引起混淆的情况下，下面我们都将采用这种省略复合关系和下标为数字的表示方式）.

同理，对 y 的偏导数为

$$\frac{\partial z}{\partial y}=x^2\frac{\partial}{\partial y}\left(f\left(\frac{y}{x},\frac{x}{y}+1\right)\right)=x^2\left(f_1\cdot\frac{1}{x}+f_2\cdot\frac{-x}{y^2}\right)=xf_1-\frac{x^3}{y^2}f_2.$$

解法 2　令 $u=\frac{y}{x},v=\frac{x}{y}+1$，另外 z 的表达式中还有 x^2，故函数关系如图 4.3 所示，从而

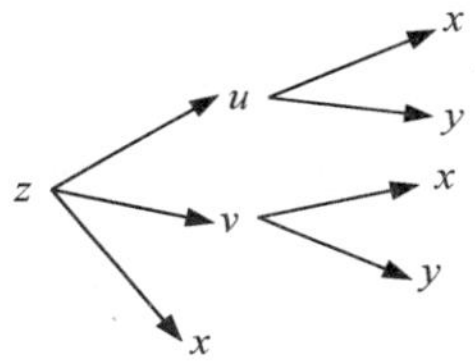

图 4.3

$$\begin{aligned}\frac{\partial z}{\partial x}&=\frac{\partial z}{\partial u}\frac{\partial u}{\partial x}+\frac{\partial z}{\partial v}\frac{\partial v}{\partial x}+\left[\frac{\partial z}{\partial x}\right]\\&=x^2f_1\cdot\frac{-y}{x^2}+x^2f_2\cdot\frac{1}{y}+2xf\\&=-yf_1+\frac{x^2}{y}f_2+2xf,\end{aligned}$$

$$\begin{aligned}\frac{\partial z}{\partial y}&=\frac{\partial z}{\partial u}\frac{\partial u}{\partial y}+\frac{\partial z}{\partial v}\frac{\partial v}{\partial y}=x^2f_1\cdot\frac{1}{x}+x^2f_2\cdot\frac{-x}{y^2}\\&=xf_1-\frac{x^3}{y^2}f_2.\end{aligned}$$

注　在解法 2 中，为了有所区别，我们用符号$\left[\frac{\partial z}{\partial x}\right]$来表示将 u,v 视为常数时 z 对 x 的偏导数，它与等式左边的$\frac{\partial z}{\partial x}$的意义不同. 在熟悉了复合函数偏导数公式的使用后，可以不需要将中间变量设为 u 或者 v.

问题 3　如何正确地求出带有抽象函数记号的复合函数的二阶偏导数？

对于带有抽象函数记号的 f 函数，其偏导数中可能会有符号 f_1,f_2 等，那么在求二阶偏导数时，需要注意 f_1 和 f_2 的复合关系和 f 是一样的，仍然需要利用复合函数的偏导数公式，求导时会出现类似于 $f_{11},f_{12},f_{21},f_{22}$ 等符号，它们表示 f 对中间变量的二阶偏导，例如 f_{12} 表示 f 对复合关系中第一个变量求偏导后再对第二个变量求偏导. 如果已知 f 具有二阶连续偏导数，那么就有 $f_{12}=f_{21}$，此时可以将这两项合并起来.

例 4 设 $z = x^2 f\left(\dfrac{y}{x}, \dfrac{x}{y} + 1\right)$，其中 f 具有二阶连续偏导数，求 $\dfrac{\partial^2 z}{\partial y \partial x}$.

解 由例 3 知 $\dfrac{\partial z}{\partial y} = xf_1 - \dfrac{x^3}{y^2}f_2$. 注意 f_1 和 f_2 的中间变量仍然为 $\dfrac{y}{x}$ 和 $\dfrac{x}{y} + 1$，所以由四则运算法则和链式法则可得

$$\dfrac{\partial^2 z}{\partial y \partial x} = \dfrac{\partial f}{\partial x}\left(\dfrac{\partial z}{\partial y}\right) = f_1 + x \cdot \dfrac{\partial f_1}{\partial x} - \dfrac{3x^2}{y^2}f_2 - \dfrac{x^3}{y^2} \cdot \dfrac{\partial f_2}{\partial x}$$

$$= f_1 + x\left(f_{11} \cdot \dfrac{-y}{x^2} + f_{12} \cdot \dfrac{1}{y}\right) - \dfrac{3x^2}{y^2}f_2 - \dfrac{x^3}{y^2}\left(f_{21} \cdot \dfrac{-y}{x^2} + f_{22} \cdot \dfrac{1}{y}\right).$$

由于 f 具有二阶连续偏导数，所以 $f_{12} = f_{21}$，故

$$\dfrac{\partial^2 z}{\partial y \partial x} = f_1 - \dfrac{3x^2}{y^2}f_2 - \dfrac{y}{x}f_{11} + 2\dfrac{x}{y}f_{12} - \dfrac{x^3}{y^3}f_{22}.$$

例 5 设 $z = xy + xF\left(\dfrac{y}{x}\right)$，其中 $F(u)$ 为可微函数，求 $\dfrac{\partial^2 z}{\partial x^2}$.

解 由四则运算法则及链式法则可得

$$\dfrac{\partial z}{\partial x} = \dfrac{\partial(xy)}{\partial x} + \dfrac{\partial(xF)}{\partial x} = y + F + xF' \cdot \dfrac{-y}{x^2} = y + F - \dfrac{y}{x}F',$$

则

$$\dfrac{\partial^2 z}{\partial x^2} = 0 + F' \cdot \dfrac{-y}{x^2} + \dfrac{y}{x^2}F' - \dfrac{y}{x}F'' \cdot \dfrac{-y}{x^2} = \dfrac{y^2}{x^3}F''.$$

注 上面 F' 和 F'' 分别表示 $F'\left(\dfrac{y}{x}\right)$ 和 $F''\left(\dfrac{y}{x}\right)$，省略了中间变量；另外，因为函数 F 和 F' 只有一个中间变量，所以要用导数的符号，不能出现类似 F_1, F_{11} 这样的符号.

例 6 设 $f(x, y)$ 可微，$f(1, 2) = 1, f_x(1, 2) = 2, f_y(1, 2) = 3$，若

$$\varphi(x) = f(f(x, 2x), 2f(x, 2x)),$$

求 $\varphi'(1)$.

解 由全导数公式，可得

$$\varphi'(x) = f_1(f(x, 2x), 2f(x, 2x)) \cdot (f_1(x, 2x) + 2f_2(x, 2x))$$
$$+ f_2(f(x, 2x), 2f(x, 2x)) \cdot 2(f_1(x, 2x) + 2f_2(x, 2x)),$$

又 $f(1, 2) = 1, f_1 = f_x, f_2 = f_y$，于是

$$\varphi'(1) = f_1(1, 2) \cdot (f_1(1, 2) + 2f_2(1, 2)) + f_2(1, 2) \cdot 2(f_1(1, 2) + 2f_2(1, 2))$$
$$= 2 \cdot (2 + 2 \cdot 3) + 3 \cdot 2 \cdot (2 + 2 \cdot 3) = 64.$$

注 因为复合关系不同，所以这里 $\varphi'(x)$ 的表达式中不建议省略复合关系；另外，$f_i(i = 1, 2)$ 表示 f 对第 i 个变量求偏导，而 x, y 在函数 $f(x, y)$ 中分别表示第一个和第二个变量，于是有 $f_1 = f_x, f_2 = f_y$.

例 7 已知函数 $f(x,y)$ 具有二阶连续偏导数，且
$$f_{xx}(x,y) = f_{yy}(x,y), \quad f(x,2x) = x^2, \quad f_x(x,2x) = x,$$
求 $f_{xx}(x,2x)$ 和 $f_{xy}(x,2x)$.

解 在等式 $f(x,2x) = x^2$ 两端同时对 x 求导，可得
$$f_1(x,2x) + 2f_2(x,2x) = 2x,$$
再对 x 求导，则有
$$f_{11}(x,2x) + 2f_{12}(x,2x) + 2(f_{21}(x,2x) + 2f_{22}(x,2x)) = 2. \qquad ①$$
又在等式 $f_x(x,2x) = x$，即 $f_1(x,2x) = x$ 两端同时对 x 求导，可得
$$f_{11}(x,2x) + 2f_{12}(x,2x) = 1. \qquad ②$$
因为 $f_{11} = f_{xx}, f_{12} = f_{21} = f_{xy}, f_{22} = f_{yy}$，则由①②两式联立已知条件 $f_{xx} = f_{yy}$，可解得
$$f_{xx}(x,2x) = 0, \quad f_{xy}(x,2x) = \frac{1}{2}.$$

例 8 已知函数 $f(u,v)$ 具有连续偏导数，且满足
$$f(0,0) = 1, \quad \frac{\partial f(u,v)}{\partial u} + \frac{\partial f(u,v)}{\partial v} = \frac{u+v}{2}.$$
设 $\varphi(x) = e^x f(x,x)$，求 $\varphi(x)$.

解 由 $\varphi(x) = e^x f(x,x)$ 可得
$$\varphi'(x) = e^x f(x,x) + e^x (f_x(x,x) + f_y(x,x)).$$
因为函数 $f(u,v)$ 满足 $\dfrac{\partial f(u,v)}{\partial u} + \dfrac{\partial f(u,v)}{\partial v} = \dfrac{u+v}{2}$，所以
$$f_x(x,x) + f_y(x,x) = \frac{x+x}{2} = x,$$
于是得到关于 $\varphi(x)$ 的一阶线性非齐次微分方程
$$\varphi'(x) = \varphi(x) + xe^x, \quad \text{即} \quad \varphi'(x) - \varphi(x) = xe^x,$$
解得
$$\varphi(x) = e^{\int dx}\left(\int xe^x e^{-\int dx} dx\right) = e^x\left(\frac{1}{2}x^2 + C\right).$$
又 $\varphi(0) = f(0,0) = 1$，所以 $C = 1$，故 $\varphi(x) = e^x\left(\dfrac{1}{2}x^2 + 1\right)$.

例 9 已知 $u = u(x,y)$ 满足
$$\frac{\partial^2 u}{\partial x^2} - \frac{\partial^2 u}{\partial y^2} + A\left(\frac{\partial u}{\partial x} + \frac{\partial u}{\partial y}\right) = 0,$$
其中 A 为常数，问参数 α 和 β 为何值时，变换 $u(x,y) = v(x,y)e^{\alpha x + \beta y}$ 将原方程变形，使得新方程中不含一阶偏导数项？

解 由 $u(x,y) = v(x,y)e^{\alpha x + \beta y}$ 可得

$$\frac{\partial u}{\partial x} = \frac{\partial v}{\partial x}e^{\alpha x+\beta y} + \alpha v e^{\alpha x+\beta y} = \left(\frac{\partial v}{\partial x} + \alpha v\right)e^{\alpha x+\beta y},$$

$$\frac{\partial u}{\partial y} = \frac{\partial v}{\partial y}e^{\alpha x+\beta y} + \beta v e^{\alpha x+\beta y} = \left(\frac{\partial v}{\partial y} + \beta v\right)e^{\alpha x+\beta y},$$

$$\frac{\partial^2 u}{\partial x^2} = \left(\frac{\partial^2 v}{\partial x^2} + \alpha \frac{\partial v}{\partial x}\right)e^{\alpha x+\beta y} + \alpha\left(\frac{\partial v}{\partial x} + \alpha v\right)e^{\alpha x+\beta y} = \left(\frac{\partial^2 v}{\partial x^2} + 2\alpha \frac{\partial v}{\partial x} + \alpha^2 v\right)e^{\alpha x+\beta y},$$

$$\frac{\partial^2 u}{\partial y^2} = \left(\frac{\partial^2 v}{\partial y^2} + \beta \frac{\partial v}{\partial y}\right)e^{\alpha x+\beta y} + \beta\left(\frac{\partial v}{\partial y} + \beta v\right)e^{\alpha x+\beta y} = \left(\frac{\partial^2 v}{\partial y^2} + 2\beta \frac{\partial v}{\partial y} + \beta^2 v\right)e^{\alpha x+\beta y}.$$

将上面四式代入已知方程得

$$0 = \frac{\partial^2 u}{\partial x^2} - \frac{\partial^2 u}{\partial y^2} + A\left(\frac{\partial u}{\partial x} + \frac{\partial u}{\partial y}\right)$$

$$= \left(\frac{\partial^2 v}{\partial x^2} - \frac{\partial^2 v}{\partial y^2} + (2\alpha + A)\frac{\partial v}{\partial x} + (-2\beta + A)\frac{\partial v}{\partial y} + (\alpha^2 - \beta^2 + A\alpha + A\beta)v\right)e^{\alpha x+\beta y},$$

所以要使该方程中不含一阶偏导数项,只需令

$$2\alpha + A = 0, \quad -2\beta + A = 0,$$

解得 $\alpha = \dfrac{-A}{2}, \beta = \dfrac{A}{2}$,此时 $\alpha^2 - \beta^2 + A\alpha + A\beta = 0$.

故当令 $u(x,y) = v(x,y)e^{-\frac{A}{2}x+\frac{A}{2}y}$ 时,原方程变形为

$$\frac{\partial^2 v}{\partial x^2} - \frac{\partial^2 v}{\partial y^2} = 0,$$

该方程不含有一阶偏导数项.

例 10 设变换 $\begin{cases} u = x - 2y, \\ v = x + ay, \end{cases}$ 可把方程 $6\dfrac{\partial^2 z}{\partial x^2} + \dfrac{\partial^2 z}{\partial x \partial y} - \dfrac{\partial^2 z}{\partial y^2} = 0$(其中 z 有二阶连续偏导数)简化为 $\dfrac{\partial^2 z}{\partial u \partial v} = 0$,求常数 a 的值.

解法 1 根据变换式及所给方程中的偏导数形式,可选 x 和 y 为自变量,u 和 v 为中间变量,则 $z = z(u,v) = z(x-2y, x+ay)$,可得

$$\frac{\partial z}{\partial x} = \frac{\partial z}{\partial u} + \frac{\partial z}{\partial v}, \quad \frac{\partial z}{\partial y} = -2\frac{\partial z}{\partial u} + a\frac{\partial z}{\partial v},$$

$$\frac{\partial^2 z}{\partial x^2} = \frac{\partial^2 z}{\partial u^2} + 2\frac{\partial^2 z}{\partial u \partial v} + \frac{\partial^2 z}{\partial v^2},$$

$$\frac{\partial^2 z}{\partial x \partial y} = -2\frac{\partial^2 z}{\partial u^2} + (a-2)\frac{\partial^2 z}{\partial u \partial v} + a\frac{\partial^2 z}{\partial v^2},$$

$$\frac{\partial^2 z}{\partial y^2} = 4\frac{\partial^2 z}{\partial u^2} - 4a\frac{\partial^2 z}{\partial u \partial v} + a^2\frac{\partial^2 z}{\partial v^2}.$$

将上面的二阶偏导数代入方程,得

$$6\frac{\partial^2 z}{\partial x^2} + \frac{\partial^2 z}{\partial x \partial y} - \frac{\partial^2 z}{\partial y^2} = (10 + 5a)\frac{\partial^2 z}{\partial u \partial v} + (6 + a - a^2)\frac{\partial^2 z}{\partial v^2} = 0.$$

依题意应有 $10+5a\neq 0, 6+a-a^2=0$,解得 $a=3$.

解法 2　由所给变换可得 $\begin{cases} x=\dfrac{au+2v}{a+2}, \\ y=\dfrac{v-u}{a+2}, \end{cases}$ 于是选 u,v 为自变量,有

$$\frac{\partial z}{\partial u}=\frac{\partial z}{\partial x}\frac{\partial x}{\partial u}+\frac{\partial z}{\partial y}\frac{\partial y}{\partial u}=\frac{a}{a+2}\frac{\partial z}{\partial x}-\frac{1}{a+2}\frac{\partial z}{\partial y},$$

$$\frac{\partial^2 z}{\partial u\partial v}=\frac{1}{(a+2)^2}\left(2a\frac{\partial^2 z}{\partial x^2}+(a-2)\frac{\partial^2 z}{\partial x\partial y}-\frac{\partial^2 z}{\partial y^2}\right),$$

再将上面 $\dfrac{\partial^2 z}{\partial u\partial v}$ 的表达式与原方程相比较即得 $a=3$.

注　上面两道例题中的方程称为偏微分方程,通过变量代换(例 9 中是因变量的代换,例 10 中是自变量的代换)可变形或化简原方程,其本质都是复合函数求偏导数问题.

问题 4　如何求隐函数的一阶偏导数和二阶偏导数?

对于由一个方程所确定的隐函数,例如函数 $z=z(x,y)$ 由 $F(x,y,z)=0$ 所确定,可以用以下方法求一阶偏导数:

(1) 在方程的两端分别对 x 或 y 求偏导,此时 z 要视为 x,y 的函数.

(2) 利用隐函数存在定理中的公式来求,即

$$\frac{\partial z}{\partial x}=-\frac{F_x}{F_z},\quad \frac{\partial z}{\partial y}=-\frac{F_y}{F_z}.$$

此时要注意 z 是三元函数 $F(x,y,z)$ 的一个自变量,在求 F_x 或 F_y 时要将 z 视为常量.

(3) 利用一阶微分的形式不变性来求解. 即在方程两端同时求全微分,解出 $\mathrm{d}z$ 的表达式,从而得到 $\dfrac{\partial z}{\partial x}$ 和 $\dfrac{\partial z}{\partial y}$.

隐函数的二阶偏导数需在一阶偏导数的基础上进行求解,一般来说形式会比较复杂. 因为一阶偏导数仍会含有函数符号 z,此时对 z 求偏导会出现一阶偏导数,所以需代入一阶偏导数而得到二阶偏导数.

对于由方程组确定的隐函数(组),可以利用在每个方程两端同时对某个变量求偏导,然后解方程组的方法来求解. 此时要正确理解题目中哪些符号为因变量,哪些符号为自变量.

例 11　求由 $z=\varphi(xy^2,zy)$ 确定的隐函数 $z=f(x,y)$ 的偏导数 $\dfrac{\partial z}{\partial x}$ 和 $\dfrac{\partial z}{\partial y}$.

解法 1　令 $F(x,y,z)=z-\varphi(xy^2,zy)$,则

$$F_x=-\varphi_1\cdot y^2,\quad F_y=-(\varphi_1\cdot 2xy+\varphi_2\cdot z),\quad F_z=1-\varphi_2\cdot y,$$

故
$$\frac{\partial z}{\partial x} = -\frac{F_x}{F_z} = \frac{y^2\varphi_1}{1-y\varphi_2}, \qquad \frac{\partial z}{\partial y} = -\frac{F_y}{F_z} = \frac{2xy\varphi_1+z\varphi_2}{1-y\varphi_2}.$$

解法 2 方程 $z = \varphi(xy^2, zy)$ 两边对 x 求偏导可得

$$\frac{\partial z}{\partial x} = \varphi_1 \cdot y^2 + \varphi_2 \frac{\partial(yz)}{\partial x} = \varphi_1 \cdot y^2 + \varphi_2 \cdot y \cdot \frac{\partial z}{\partial x},$$

于是

$$\frac{\partial z}{\partial x}(1-y\varphi_2) = y^2\varphi_1, \qquad 即 \qquad \frac{\partial z}{\partial x} = \frac{y^2\varphi_1}{1-y\varphi_2}.$$

类似可求得 $\dfrac{\partial z}{\partial y} = \dfrac{2xy\varphi_1+z\varphi_2}{1-y\varphi_2}$.

解法 3 利用微分形式不变性来求解. 方程 $z = \varphi(xy^2, zy)$ 两边求全微分得

$$\mathrm{d}z = \varphi_1 \mathrm{d}(xy^2) + \varphi_2 \mathrm{d}(zy) = \varphi_1(y^2\mathrm{d}x + 2xy\mathrm{d}y) + \varphi_2(y\mathrm{d}z + z\mathrm{d}y)$$
$$= \varphi_1 y^2 \mathrm{d}x + (2xy\varphi_1 + z\varphi_2)\mathrm{d}y + \varphi_2 y \mathrm{d}z,$$

由此可得

$$\mathrm{d}z = \frac{y^2\varphi_1}{1-y\varphi_2}\mathrm{d}x + \frac{2xy\varphi_1+z\varphi_2}{1-y\varphi_2}\mathrm{d}y,$$

故有

$$\frac{\partial z}{\partial x} = \frac{y^2\varphi_1}{1-y\varphi_2}, \qquad \frac{\partial z}{\partial y} = \frac{2xy\varphi_1+z\varphi_2}{1-y\varphi_1}.$$

例 12 设 $z = z(x,y)$ 由方程 $F\left(x+\dfrac{z}{y}, y+\dfrac{z}{x}\right) = 0$ 给出,证明:

$$x\frac{\partial z}{\partial x} + y\frac{\partial z}{\partial y} + xy = z.$$

证法 1 在方程 $F\left(x+\dfrac{z}{y}, y+\dfrac{z}{x}\right) = 0$ 两边分别对 x, y 求偏导,可得

$$F_1 \cdot \left(1 + \frac{1}{y}\frac{\partial z}{\partial x}\right) + F_2 \cdot \frac{x\dfrac{\partial z}{\partial x} - z}{x^2} = 0,$$

$$F_1 \cdot \frac{y\dfrac{\partial z}{\partial y} - z}{y^2} + F_2 \cdot \left(1 + \frac{1}{x}\frac{\partial z}{\partial y}\right) = 0,$$

由此解得

$$\frac{\partial z}{\partial x} = \frac{yzF_2 - x^2yF_1}{x^2F_1 + xyF_2}, \qquad \frac{\partial z}{\partial y} = \frac{xzF_1 - xy^2F_2}{xyF_1 + y^2F_2}.$$

因此

$$x\frac{\partial z}{\partial x} + y\frac{\partial z}{\partial y} + xy = x \cdot \frac{yzF_2 - x^2yF_1}{x^2F_1 + xyF_2} + y \cdot \frac{xzF_1 - xy^2F_2}{xyF_1 + y^2F_2} + xy$$

$$= \frac{(xz - x^2 y)F_1 + (yz - xy^2)F_2}{xF_1 + yF_2} + xy$$
$$= z - xy + xy = z,$$

得证.

证法 2 利用一阶微分的形式不变性,在方程 $F\left(x + \dfrac{z}{y}, y + \dfrac{z}{x}\right) = 0$ 两边求全微分,得

$$0 = F_1 \mathrm{d}\left(x + \frac{z}{y}\right) + F_2 \mathrm{d}\left(y + \frac{z}{x}\right)$$
$$= F_1\left(\mathrm{d}x + \frac{y\mathrm{d}z - z\mathrm{d}y}{y^2}\right) + F_2\left(\mathrm{d}y + \frac{x\mathrm{d}z - z\mathrm{d}x}{x^2}\right)$$
$$= \left(F_1 - \frac{z}{x^2}F_2\right)\mathrm{d}x + \left(F_2 - \frac{z}{y^2}F_1\right)\mathrm{d}y + \left(\frac{F_1}{y} + \frac{F_2}{x}\right)\mathrm{d}z,$$

于是

$$\frac{\partial z}{\partial x} = \frac{\frac{z}{x^2}F_2 - F_1}{\frac{F_1}{y} + \frac{F_2}{x}} = \frac{yzF_2 - x^2 yF_1}{x^2 F_1 + xyF_2}, \quad \frac{\partial z}{\partial y} = \frac{\frac{z}{y^2}F_1 - F_2}{\frac{F_1}{y} + \frac{F_2}{x}} = \frac{xzF_1 - xy^2 F_2}{xyF_1 + y^2 F_2}.$$

再将 $\dfrac{\partial z}{\partial x}, \dfrac{\partial z}{\partial y}$ 代入要证的等式验证即可.

例 13 设 $z = z(u)$,且 $u = \varphi(u) + \displaystyle\int_y^x f(t)\mathrm{d}t$,其中 $z(u)$ 可微,$f(t)$ 和 $\varphi'(u)$ 连续,且 $\varphi'(u) \neq 1$,求 $f(y)\dfrac{\partial z}{\partial x} + f(x)\dfrac{\partial z}{\partial y}$.

解 在等式 $u = \varphi(u) + \displaystyle\int_y^x f(t)\mathrm{d}t$ 两端同时对 x 求偏导数,可得

$$\frac{\partial u}{\partial x} = \varphi'(u)\frac{\partial u}{\partial x} + f(x), \quad 即 \quad \frac{\partial u}{\partial x} = \frac{f(x)}{1 - \varphi'(u)}.$$

同理,对 y 求偏导数,有 $\dfrac{\partial u}{\partial y} = -\dfrac{f(y)}{1 - \varphi'(u)}$. 又

$$\frac{\partial z}{\partial x} = z'(u) \cdot \frac{\partial u}{\partial x} = \frac{f(x)z'(u)}{1 - \varphi'(u)}, \quad \frac{\partial z}{\partial y} = z'(u) \cdot \frac{\partial u}{\partial y} = -\frac{f(y)z'(u)}{1 - \varphi'(u)},$$

于是 $f(y)\dfrac{\partial z}{\partial x} + f(x)\dfrac{\partial z}{\partial y} = 0$.

例 14 设 $z = f(x, y)$,其中 $x = \varphi(y)$,函数 f 具有二阶连续偏导数,φ 二阶可导,且 $\varphi'(y) \neq 0$,求 $\dfrac{\mathrm{d}^2 z}{\mathrm{d}x^2}$.

解 由 $x = \varphi(y)$ 且 $\varphi'(y) \neq 0$ 可知 $\dfrac{\mathrm{d}y}{\mathrm{d}x} = \dfrac{1}{\dfrac{\mathrm{d}x}{\mathrm{d}y}} = \dfrac{1}{\varphi'(y)}$,于是

$$\frac{\mathrm{d}z}{\mathrm{d}x} = f_1 + f_2 \cdot \frac{\mathrm{d}y}{\mathrm{d}x} = f_1 + f_2 \cdot \frac{1}{\varphi'(y)},$$

从而可得

$$\frac{\mathrm{d}^2 z}{\mathrm{d}x^2} = f_{11} + f_{12} \cdot \frac{\mathrm{d}y}{\mathrm{d}x} + \left(f_{21} + f_{22} \cdot \frac{\mathrm{d}y}{\mathrm{d}x}\right)\frac{1}{\varphi'(y)} + f_2 \cdot \left[-\frac{\varphi''(y) \cdot \frac{\mathrm{d}y}{\mathrm{d}x}}{(\varphi'(y))^2}\right]$$

$$= f_{11} + \frac{f_{12}}{\varphi'(y)} + \frac{f_{21}}{\varphi'(y)} + \frac{f_{22}}{(\varphi'(y))^2} - \frac{f_2 \cdot \varphi''(y)}{(\varphi'(y))^3}$$

$$= f_{11} + \frac{2f_{12}}{\varphi'(y)} + \frac{f_{22}}{(\varphi'(y))^2} - \frac{f_2 \cdot \varphi''(y)}{(\varphi'(y))^3}.$$

例 15 设 $y = y(x), z = z(x)$ 是由方程组 $\begin{cases} z = xf(x+y), \\ F(x,y,z) = 0 \end{cases}$ 所确定的函数，其中 f 和 F 分别具有连续导数和连续的偏导数，求 $\dfrac{\mathrm{d}y}{\mathrm{d}x}$ 和 $\dfrac{\mathrm{d}z}{\mathrm{d}x}$.

解 方程组中两个方程分别对 x 求偏导，可得

$$\begin{cases} \dfrac{\mathrm{d}z}{\mathrm{d}x} = f + xf' \cdot \left(1 + \dfrac{\mathrm{d}y}{\mathrm{d}x}\right), \\ F_x + F_y \cdot \dfrac{\mathrm{d}y}{\mathrm{d}x} + F_z \cdot \dfrac{\mathrm{d}z}{\mathrm{d}x} = 0, \end{cases} \quad 即 \quad \begin{cases} xf' \cdot \dfrac{\mathrm{d}y}{\mathrm{d}x} - \dfrac{\mathrm{d}z}{\mathrm{d}x} = -f - xf', \\ F_y \cdot \dfrac{\mathrm{d}y}{\mathrm{d}x} + F_z \cdot \dfrac{\mathrm{d}z}{\mathrm{d}x} = -F_x, \end{cases}$$

再由线性方程组的 Cramer（克莱姆）法则或者消元法可以解得

$$\begin{cases} \dfrac{\mathrm{d}y}{\mathrm{d}x} = -\dfrac{F_x + F_z(f + xf')}{F_y + xf' \cdot F_z}, \\ \dfrac{\mathrm{d}z}{\mathrm{d}x} = \dfrac{(f + xf')F_y - xf' \cdot F_x}{F_y + xf' \cdot F_z}. \end{cases}$$

问题 5 如何求函数沿着某一方向的方向导数？方向导数和函数可微有什么关系？梯度和方向导数又有什么关系？

对于二元函数 $z = f(x,y)$，若它在点 (x_0, y_0) 处可微，则该函数在此点沿任一方向 $\boldsymbol{l}$ 的方向导数都存在，且方向导数的计算公式为

$$\left.\frac{\partial z}{\partial \boldsymbol{l}}\right|_{(x_0, y_0)} = f_x(x_0, y_0)\cos\alpha + f_y(x_0, y_0)\cos\beta = \mathbf{grad} f(x_0, y_0) \cdot \boldsymbol{l}^\circ,$$

其中 $\cos\alpha, \cos\beta$ 为方向 $\boldsymbol{l}$ 的方向余弦.

说明 （1）函数可微可以得到方向导数存在，但反之不成立. 因此，在分段连续函数的分段点处不能直接由公式来计算方向导数，而需要用定理中的极限式子讨论，即判断极限

$$\lim_{t \to 0^+} \frac{f(x_0 + t\cos\alpha, y_0 + t\cos\beta) - f(x_0, y_0)}{t}$$

是否存在.

第 4 讲　多元函数微分法及方向导数与梯度

（2）多元函数的梯度为一个向量,由方向导数的计算公式可知,方向导数可表示成梯度与给定方向的单位向量的内积,由此可得某点的梯度方向是函数在该点增长最快的方向.

例 16　设 $f(x,y) = \begin{cases} \dfrac{xy^3}{x^2+y^6}, & x^2+y^2 \neq 0, \\ 0, & x^2+y^2 = 0. \end{cases}$

（1）问函数 $f(x,y)$ 在点 $(0,0)$ 处沿什么方向的方向导数存在?若存在,则求出此方向导数.

（2）函数 $f(x,y)$ 在点 $(0,0)$ 处是否可微?并证明你的结论.

解　（1）先假定方向为 l,下面讨论函数 $f(x,y)$ 在点 $(0,0)$ 处沿 l 的方向导数. 令 $l^\circ = \{\cos\theta, \sin\theta\}(\theta \in [0, 2\pi))$,则有

$$\lim_{t \to 0^+} \frac{f(t\cos\theta, t\sin\theta) - f(0,0)}{t} = \lim_{t \to 0^+} \frac{t\cos\theta\sin^3\theta}{\cos^2\theta + t^4\sin^6\theta}.$$

若 $\cos\theta = 0$,即 $l^\circ = \pm\{0,1\}$,此时

$$\lim_{t \to 0^+} \frac{f(t\cos\theta, t\sin\theta) - f(0,0)}{t} = 0,$$

即方向导数存在,且为 0. 若 $\cos\theta \neq 0$,则由

$$\left|\frac{\cos\theta\sin^3\theta}{\cos^2\theta + t^4\sin^6\theta}\right| \leqslant \left|\frac{\sin^3\theta}{\cos\theta}\right| \quad \text{以及} \quad \lim_{t \to 0^+} t = 0,$$

可得

$$\lim_{t \to 0^+} \frac{f(t\cos\theta, t\sin\theta) - f(0,0)}{t} = 0,$$

于是方向导数也存在,且为 0. 故函数 $f(x,y)$ 在点 $(0,0)$ 处沿任意方向的方向导数都存在,且皆等于 0.

（2）**(方法 1)** 因为当点 (x,y) 沿曲线 $x = y^3$ 趋向于点 $(0,0)$ 时,有

$$\lim_{\substack{x=y^3 \\ y \to 0}} \frac{xy^3}{x^2+y^6} = \lim_{y \to 0} \frac{y^6}{y^6+y^6} = \frac{1}{2} \neq 0,$$

所以 $f(x,y)$ 在点 $(0,0)$ 处不连续,从而 $f(x,y)$ 在点 $(0,0)$ 处不可微.

(方法 2) 由偏导数的定义易得 $f_x(0,0) = 0, f_y(0,0) = 0$. 考虑极限

$$\lim_{\substack{x \to 0 \\ y \to 0}} \frac{f(0+x, 0+y) - f(0,0) - (f_x(0,0)x + f_y(0,0)y)}{\sqrt{x^2+y^2}}$$

$$= \lim_{\substack{x \to 0 \\ y \to 0}} \frac{xy^3}{(x^2+y^6)\sqrt{x^2+y^2}},$$

取路径 $x = y^2$ 且 $y \to 0^+$,则

$$\lim_{y \to 0^+} \frac{y^5}{(y^4+y^6)\sqrt{y^4+y^2}} = \lim_{y \to 0^+} \frac{1}{(1+y^2)\sqrt{y^2+1}} = 1 \neq 0,$$

从而由二元函数可微的定义可知 $f(x,y)$ 在点 $(0,0)$ 处不可微.

例 17 设三元函数 $u(x,y,z) = x^2 + 2y^2 + 3z^2 + xy + 3x - 2y - 6z$.

(1) 求使得梯度为零向量的点.

(2) 问在点 $(2,0,1)$ 处沿哪一个方向函数的变化率最大?并求出最大变化率.

(3) 求使得梯度垂直于 z 轴的点.

解 显然,函数 u 的梯度为
$$\mathbf{grad}u = \{2x + y + 3, 4y + x - 2, 6z - 6\}.$$

(1) 令 $\mathbf{grad}u = \mathbf{0}$,即
$$\begin{cases} 2x + y + 3 = 0, \\ 4y + x - 2 = 0, \\ 6z - 6 = 0, \end{cases}$$

解得 $x = -2, y = 1, z = 1$,故在点 $(-2,1,1)$ 处梯度为零向量.

(2) 因为使得函数的变化率最大的方向为梯度方向,又
$$\mathbf{grad}u\Big|_{(2,0,1)} = \{7,0,0\}, \quad \|\mathbf{grad}u\|\Big|_{(2,0,1)} = 7,$$

所以在点 $(2,0,1)$ 处沿 x 轴正向函数的变化率最大,且最大变化率为 7.

(3) 由
$$\mathbf{grad}u \cdot \mathbf{k} = 6z - 6 = 0,$$

可解得 $z = 1$,故在平面 $z = 1$ 上点的梯度都垂直于 z 轴.

4.3 练习题

1. 填空题.

(1) 设 $f(x,y)$ 具有一阶连续偏导数,且
$$f(1,1) = 2, \quad f_x(m,n) = m + n, \quad f_y(m,n) = m \cdot n,$$
若 $g(x) = f(x, f(x,x))$,则 $g'(1) = $ _____.

(2) 设 $z = \dfrac{1}{x}f(xy) + yg(x+y)$,且 f,g 具有二阶导数,则 $\dfrac{\partial^2 z}{\partial x \partial y} = $ _____.

(3) 设函数 $y = y(x)$ 由方程 $f(xy, x^2 - y^2) = 0$ 确定,其中 $f(u,v)$ 具有连续偏导数,则 $\dfrac{\mathrm{d}y}{\mathrm{d}x} = $ _____.

(4) 设函数 $z = f(x,y)$ 由方程 $F(x,y,z) = 0$ 所确定,且
$$F_x\Big|_{(1,1,1)} = -1, \quad F_y\Big|_{(1,1,1)} = 2, \quad \dfrac{\partial z}{\partial y}\Big|_{(1,1,1)} = 1,$$
则 $\dfrac{\partial z}{\partial x}\Big|_{(1,1,1)} = $ _____.

(5) 设 $z=z(x,y)$ 由方程 $z^5=xz^4+yz^3+1$ 所确定,则 $\left.\dfrac{\partial^2 z}{\partial x^2}\right|_{(0,0)} = $ _____.

(6) 函数 $u=xy^2z^3$ 在点 $A(2,-1,1)$ 处沿方向 $\boldsymbol{l}=\{2,1,-2\}$ 的方向导数为 _____;函数 u 在点 $A(2,-1,1)$ 处沿方向 _____ 增加最快.

2. 设 $z(x,y)=xyf\left(\dfrac{x+y}{xy}\right)$,且 f 可微,证明 z 满足形如

$$x^2\dfrac{\partial z}{\partial x}-y^2\dfrac{\partial z}{\partial y}=zg(x,y)$$

的方程,并求函数 $g(x,y)$.

3. 设 $f(x,y)$ 具有连续偏导数,且 $f(1,1)=1, f_x(1,1)=a, f_y(1,1)=b$. 令

$$\varphi(x)=f(x,f(x,f(x,x))),$$

求 $\varphi(1)$ 和 $\varphi'(1)$.

4. 设 $z=f\left(x^2y^2,\dfrac{y}{x}\right)$,其中 f 有二阶连续偏导数,求 $\dfrac{\partial^2 z}{\partial x\partial y}$.

5. 设 $z=f(t), t=g(xy,x^2+y^2)$,其中函数 f 有二阶导数,函数 g 有二阶连续偏导数,求 $\dfrac{\partial^2 z}{\partial x^2}$.

6. 设 $z=f(x\varphi(y),x-y)$,其中函数 f 具有二阶连续偏导数,函数 φ 具有连续导数,计算 $\dfrac{\partial z}{\partial x}$ 和 $\dfrac{\partial^2 z}{\partial x\partial y}$.

7. 设

$$u(x,t)=\dfrac{1}{2}(\varphi(x+at)+\varphi(x-at))+\dfrac{1}{2a}\int_{x-at}^{x+at}\psi(\xi)\mathrm{d}\xi,$$

其中 φ,ψ 二阶可导,求 $\dfrac{\partial^2 u}{\partial t^2}-a^2\dfrac{\partial^2 u}{\partial x^2}$.

8. 设函数 $f(u,v)$ 具有二阶连续偏导数,且

$$f_u(1,1)=1,\quad f_{uv}(1,1)=2,\quad f_{uu}(1,1)=3,$$

若 $z=f(\mathrm{e}^{x-y},(y+1)\cos x)$,求 $\left.\dfrac{\partial z}{\partial x}\right|_{\substack{x=0\\y=0}}$ 和 $\left.\dfrac{\partial^2 z}{\partial x\partial y}\right|_{\substack{x=0\\y=0}}$.

9. 设 $u=f(x,y,z)$,其中 u 可偏导,且满足 $xu_x+yu_y+zu_z=0$,试用球面坐标变换

$$x=r\sin\varphi\cos\theta,\quad y=r\sin\varphi\sin\theta,\quad z=r\cos\varphi$$

将该方程变换为 $u(r,\theta,\varphi)$ 满足的方程.

10. 已知函数 $u(x,y)$ 具有连续的二阶偏导数,定义算子 $A(u)=x\dfrac{\partial u}{\partial x}+y\dfrac{\partial u}{\partial y}$.

(1) 求 $A(u-A(u))$;

(2) 利用(1)的结论,以 $\xi = \dfrac{y}{x}, \eta = x - y$ 为新的自变量,改变方程
$$x^2 \dfrac{\partial^2 u}{\partial x^2} + 2xy \dfrac{\partial^2 u}{\partial x \partial y} + y^2 \dfrac{\partial^2 u}{\partial y^2} = 0$$
的形式.

11. 设 $z = z(x,y)$ 是由方程 $F(xy, z - 2x) = 0$ 所确定的隐函数,其中 F 具有连续偏导数,计算 $x\dfrac{\partial z}{\partial x} - y\dfrac{\partial z}{\partial y}$.

12. 设 $z = z(x,y)$ 由方程 $z + \ln z - \displaystyle\int_y^x e^{-t^2}\,dt = 0$ 确定,求 $\dfrac{\partial^2 z}{\partial x \partial y}$.

13. 设 $z = z(x,y)$ 由方程 $z = \displaystyle\int_{xy}^z f(t)\,dt$ 确定,求 dz 和 $\dfrac{\partial^2 z}{\partial y^2}$.

14. 设 $z(x,y), t(x,y)$ 是由 $\begin{cases} x = (t+1)\cos z, \\ y = t\sin z \end{cases}$ 确定的隐函数,求 $\dfrac{\partial z}{\partial x}$ 和 $\dfrac{\partial z}{\partial y}$.

15. 设 $f(t)$ 在区间 $[1, +\infty)$ 上有连续的二阶导数, $f(1) = 0, f'(1) = 1$,且函数 $z = (x^2 + y^2)f(x^2 + y^2)$ 满足方程
$$\dfrac{\partial^2 z}{\partial x^2} + \dfrac{\partial^2 z}{\partial y^2} = 0,$$
求 $f(t)$ 在 $[1, +\infty)$ 上的最大值.

第 5 讲　　多元函数的 Taylor 公式与极值

5.1　内容提要

一、二元函数的 Taylor 公式

引进记号：

$$\left(\Delta x \frac{\partial}{\partial x} + \Delta y \frac{\partial}{\partial y}\right) f(x,y) = \frac{\partial f}{\partial x}\Delta x + \frac{\partial f}{\partial y}\Delta y,$$

$$\left(\Delta x \frac{\partial}{\partial x} + \Delta y \frac{\partial}{\partial y}\right)^2 f(x,y) = \frac{\partial^2 f}{\partial x^2}(\Delta x)^2 + 2\frac{\partial^2 f}{\partial x \partial y}\Delta x \Delta y + \frac{\partial^2 f}{\partial y^2}(\Delta y)^2,$$

$$\vdots$$

$$\left(\Delta x \frac{\partial}{\partial x} + \Delta y \frac{\partial}{\partial y}\right)^m f(x,y) = \sum_{k=0}^{m} C_m^k \frac{\partial^m f(x,y)}{\partial x^k \partial y^{m-k}} (\Delta x)^k (\Delta y)^{m-k}, \quad m=1,2,\cdots.$$

带 Lagrange 型余项的 n 阶 Taylor 公式：设函数 $f(x,y)$ 的 $n+1$ 阶偏导数都在点 $M_0(x_0, y_0)$ 的某邻域 $N(M_0)$ 内连续，则 $\forall M(x_0+\Delta x, y_0+\Delta y) \in N(M_0)$，均有

$$f(x_0+\Delta x, y_0+\Delta y)$$
$$= f(x_0, y_0) + \left(\Delta x \frac{\partial}{\partial x} + \Delta y \frac{\partial}{\partial y}\right) f(x_0, y_0) + \frac{1}{2!}\left(\Delta x \frac{\partial}{\partial x} + \Delta y \frac{\partial}{\partial y}\right)^2 f(x_0, y_0)$$
$$+ \cdots + \frac{1}{n!}\left(\Delta x \frac{\partial}{\partial x} + \Delta y \frac{\partial}{\partial y}\right)^n f(x_0, y_0)$$
$$+ \frac{1}{(n+1)!}\left(\Delta x \frac{\partial}{\partial x} + \Delta y \frac{\partial}{\partial y}\right)^{n+1} f(x_0+\theta\Delta x, y_0+\theta\Delta y),$$

其中 $0 < \theta < 1$.

带 Peano 型余项的 n 阶 Taylor 公式：设 $f(x,y)$ 的 n 阶偏导数都在点 $M_0(x_0, y_0)$ 的某邻域 $N(M_0)$ 内连续，则 $\forall M(x_0+\Delta x, y_0+\Delta y) \in N(M_0)$，均有

$$f(x_0+\Delta x, y_0+\Delta y)$$
$$= f(x_0, y_0) + \left(\Delta x \frac{\partial}{\partial x} + \Delta y \frac{\partial}{\partial y}\right) f(x_0, y_0) + \frac{1}{2!}\left(\Delta x \frac{\partial}{\partial x} + \Delta y \frac{\partial}{\partial y}\right)^2 f(x_0, y_0)$$
$$+ \cdots + \frac{1}{n!}\left(\Delta x \frac{\partial}{\partial x} + \Delta y \frac{\partial}{\partial y}\right)^n f(x_0, y_0) + o(\rho^n),$$

其中 $\rho = \sqrt{(\Delta x)^2 + (\Delta y)^2}$.

称矩阵

$$\begin{bmatrix} \dfrac{\partial^2 f}{\partial x^2} & \dfrac{\partial^2 f}{\partial x \partial y} \\ \dfrac{\partial^2 f}{\partial y \partial x} & \dfrac{\partial^2 f}{\partial y^2} \end{bmatrix}$$

为函数 $f(x,y)$ 在点 $M(x,y)$ 处的 **Hessian**(黑塞)矩阵,记为 $\boldsymbol{H}_f(M)$.

二、极值

设 $f(x,y)$ 在点 $M_0(x_0,y_0)$ 的某邻域 $N(M_0)$ 内有定义,若 $\forall (x,y) \in N(M_0)$,都有

$$f(x,y) \leqslant f(x_0,y_0) \quad (f(x,y) \geqslant f(x_0,y_0)),$$

则称函数 $f(x,y)$ 在点 M_0 处取得**极大值**(**极小值**)$f(x_0,y_0)$,点 M_0 称为 $f(x,y)$ 的**极大值点**(**极小值点**). 极大值与极小值统称为**极值**,极大值点与极小值点统称为**极值点**.

极值存在的必要条件:设函数 $f(x,y)$ 在点 $M_0(x_0,y_0)$ 处的一阶偏导数都存在,若 $f(x,y)$ 在点 M_0 处取得极值,则必有 $\mathbf{grad}\, f(x_0,y_0) = \boldsymbol{0}$,即

$$f_x(x_0,y_0) = f_y(x_0,y_0) = 0.$$

称使得 $\mathbf{grad}\, f(\boldsymbol{x}) = \boldsymbol{0}$ 的点 M_0 为多元函数 $f(\boldsymbol{x})$ 的**驻点**(或**稳定点**).

驻点为极值点的充分条件:设点 M_0 为 $n(n \geqslant 2)$ 元函数 $f(\boldsymbol{x})$ 的驻点,若函数 $f(\boldsymbol{x})$ 在点 M_0 的某邻域 $N(M_0,\delta_0)$ 内有连续的二阶偏导数,则以下结论成立:

(1) 当 Hessian 矩阵 $\boldsymbol{H}_f(M_0)$ 为正定矩阵时,$f(M_0)$ 为 $f(\boldsymbol{x})$ 的极小值;

(2) 当 Hessian 矩阵 $\boldsymbol{H}_f(M_0)$ 为负定矩阵时,$f(M_0)$ 为 $f(\boldsymbol{x})$ 的极大值;

(3) 当 Hessian 矩阵 $\boldsymbol{H}_f(M_0)$ 为不定矩阵时,$f(M_0)$ 不是 $f(\boldsymbol{x})$ 的极值.

对于二元函数 $z = f(x,y)$,记

$$A = f_{xx}(x_0,y_0), \quad B = f_{xy}(x_0,y_0), \quad C = f_{yy}(x_0,y_0),$$

则有以下结论成立:

(1) 若 $A > 0$ 且 $AC - B^2 > 0$,则 $f(x_0,y_0)$ 为 $f(x,y)$ 的极小值;

(2) 若 $A < 0$ 且 $AC - B^2 > 0$,则 $f(x_0,y_0)$ 为 $f(x,y)$ 的极大值;

(3) 若 $AC - B^2 < 0$,则 $f(x_0,y_0)$ 不是 $f(x,y)$ 的极值;

(4) 当 $AC - B^2 = 0$ 时,不能判定 $f(x_0,y_0)$ 是否为 $f(x,y)$ 的极值.

三、最值

设 n 元函数 $f(\boldsymbol{x})$ 在有界闭区域 $D \subset \mathbf{R}^n$ 上连续,则 $f(\boldsymbol{x})$ 在 D 上必有最大值与最小值. 可以先求出多元函数 $f(\boldsymbol{x})$ 在 D 内的一切驻点和所有一阶偏导数不存在的点处的函数值以及 $f(\boldsymbol{x})$ 在区域 D 的边界上的最大值(最小值),再比较这些值的大小,其中最大(最小)的一个即为函数 $f(\boldsymbol{x})$ 的最大值(最小值).

四、条件极值

Lagrange 乘数法：求 $u=f(x,y,z)$ 在条件 $\varphi(x,y,z)=0$ 下的极值,可作函数
$$L(x,y,z,\lambda)=f(x,y,z)+\lambda\varphi(x,y,z),$$
解方程组
$$\begin{cases} L_x(x,y,z,\lambda)=f_x(x,y,z)+\lambda\varphi_x(x,y,z)=0,\\ L_y(x,y,z,\lambda)=f_y(x,y,z)+\lambda\varphi_y(x,y,z)=0,\\ L_z(x,y,z,\lambda)=f_z(x,y,z)+\lambda\varphi_z(x,y,z)=0,\\ L_\lambda(x,y,z,\lambda)=\varphi(x,y,z)=0 \end{cases}$$
求得 (x,y,z) 及 λ 的值,则点 (x,y,z) 可能是极值点.

求 n 元目标函数 $f(x_1,\cdots,x_n)$ 在如下 m $(m<n)$ 个约束条件
$$\varphi_1(x_1,\cdots,x_n)=0,\quad \varphi_2(x_1,\cdots,x_n)=0,\quad \cdots,\quad \varphi_m(x_1,\cdots,x_n)=0$$
下的极值,可以构造 Lagrange 函数
$$L(x_1,\cdots,x_n,\lambda_1,\cdots,\lambda_m)=f(x_1,\cdots,x_n)+\sum_{k=1}^{m}\lambda_k\varphi_k(x_1,\cdots,x_n),$$
通过求 $L(x_1,\cdots,x_n,\lambda_1,\cdots,\lambda_m)$ 的驻点得到目标函数 $f(x_1,\cdots,x_n)$ 的可能极值点.

5.2 例题与释疑解难

问题 1 如何求多元函数在某一点处的 Taylor 公式?

最直接的方法是求出各阶导数,然后代入 Taylor 公式中;对于求带 Peano 余项的 Taylor 公式,也可以用间接方法来解,或者利用已知初等函数的 Taylor 公式通过换元法得到.

例 1 求函数 $f(x,y)=\sin(x+2y)$ 在点 $\left(\dfrac{\pi}{4},0\right)$ 处的带 Lagrange 余项的 1 阶 Taylor 公式.

解 由 $f(x,y)=\sin(x+2y)$ 可得
$$f_x(x,y)=\cos(x+2y),\quad f_y(x,y)=2\cos(x+2y),$$
$$f_{xx}(x,y)=-\sin(x+2y),\quad f_{yy}(x,y)=-4\sin(x+2y),$$
$$f_{xy}(x,y)=f_{yx}(x,y)=-2\sin(x+2y),$$
所以
$$f\left(\dfrac{\pi}{4},0\right)=\dfrac{\sqrt{2}}{2},\quad f_x\left(\dfrac{\pi}{4},0\right)=\dfrac{\sqrt{2}}{2},\quad f_y\left(\dfrac{\pi}{4},0\right)=\sqrt{2}.$$

从而函数 $f(x,y)$ 在点 $\left(\dfrac{\pi}{4},0\right)$ 处带 Lagranga 余项的 1 阶 Taylor 公式为

$$f(x,y) = f\left(\frac{\pi}{4},0\right) + f_x\left(\frac{\pi}{4},0\right)\left(x-\frac{\pi}{4}\right) + f_y\left(\frac{\pi}{4},0\right)y$$
$$+ \frac{1}{2!}\left(f_{xx}(\xi,\eta)\left(x-\frac{\pi}{4}\right)^2 + 2f_{xy}(\xi,\eta)\left(x-\frac{\pi}{4}\right)y + f_{yy}(\xi,\eta)y^2\right)$$
$$= \frac{\sqrt{2}}{2} + \frac{\sqrt{2}}{2}\left(x-\frac{\pi}{4}\right) + \sqrt{2}y$$
$$- \frac{1}{2!}\left(\sin(\xi+2\eta)\left(x-\frac{\pi}{4}\right)^2 + 4\sin(\xi+2\eta)\left(x-\frac{\pi}{4}\right)y + 4\sin(\xi+2\eta)y^2\right),$$

其中 $\xi \in \left(\frac{\pi}{4},x\right)$(或$\left(x,\frac{\pi}{4}\right)$), $\eta \in (0,y)$(或$(y,0)$).

例 2 求函数 $f(x,y) = e^{xy}$ 的带 Peano 余项的 2 阶 Maclaurin 公式.

解法 1(用直接法求解) 由于
$$f(x,y) = e^{xy}, \quad f_x(x,y) = ye^{xy}, \quad f_y(x,y) = xe^{xy}, \quad f_{xx}(x,y) = y^2 e^{xy},$$
$$f_{xy}(x,y) = f_{yx}(x,y) = e^{xy} + yxe^{xy}, \quad f_{yy}(x,y) = x^2 e^{xy},$$

所以
$$f(0,0) = 1, \quad f_x(0,0) = 0, \quad f_y(0,0) = 0,$$
$$f_{xx}(0,0) = 0, \quad f_{xy}(0,0) = f_{yx}(0,0) = 1, \quad f_{yy}(0,0) = 0,$$

从而函数 $f(x,y)$ 带 Peano 余项的 2 阶 Maclaurin 公式为
$$f(x,y) = f(0,0) + f_x(0,0)x + f_y(0,0)y$$
$$+ \frac{1}{2!}(f_{xx}(0,0)x^2 + 2f_{xy}(0,0)xy + f_{yy}(0,0)y^2) + o(x^2+y^2)$$
$$= 1 + xy + o(x^2+y^2).$$

解法 2(利用间接法求解) 由 $e^x = 1 + x + o(x)$ 可得
$$e^{xy} = 1 + xy + o(xy),$$
而 $o(xy) = o(x^2+y^2)$, 于是得到 $f(x,y)$ 带 Peano 余项的 2 阶 Maclaurin 公式为
$$e^{xy} = 1 + xy + o(x^2+y^2).$$

例 3 证明: 当 $|x|$ 和 $|y|$ 充分小时, 有近似式 $\frac{\cos x}{\cos y} \approx 1 - \frac{1}{2}x^2 + \frac{1}{2}y^2$.

证明 设 $f(x,y) = \frac{\cos x}{\cos y}$, 则 $f(x,y)$ 在原点附近无穷次可微, 且
$$f(0,0) = 1, \quad f_x(0,0) = 0, \quad f_y(0,0) = 0,$$
$$f_{xx}(0,0) = -1, \quad f_{yy}(0,0) = 1, \quad f_{xy}(0,0) = 0.$$

由 Taylor 公式, 当 $|x|$ 和 $|y|$ 充分小时, 有
$$\frac{\cos x}{\cos y} = 1 - \frac{1}{2}x^2 + \frac{1}{2}y^2 + o(x^2+y^2),$$

得证.

例 4 设 $f(x,y)$ 在区域 $D = \{(x,y) \mid x^2 + y^2 \leqslant 5\}$ 上连续可微，$f(0,0) = 0$，且对任意 $(x,y) \in D$，有 $|\mathbf{grad} f(x,y)| \leqslant 1$，证明：$|f(1,2)| \leqslant \sqrt{5}$.

证明 利用带 Lagrange 余项的 0 阶 Taylor 公式，可得
$$f(x,y) = f(0,0) + f_x(\theta x, \theta y)x + f_y(\theta x, \theta y)y,$$
即
$$f(x,y) - f(0,0) = f_x(\theta x, \theta y)x + f_y(\theta x, \theta y)y \quad (0 < \theta < 1)$$
（此公式称为 Lagrange 中值定理）. 于是
$$|f(1,2)| = |f(1,2) - f(0,0)| = |f_x(\theta, 2\theta) \cdot 1 + f_y(\theta, 2\theta) \cdot 2|$$
$$\leqslant \sqrt{1^2 + 2^2} \sqrt{f_x^2(\theta, 2\theta) + f_y^2(\theta, 2\theta)}$$
$$= \sqrt{5} |\mathbf{grad} f(\theta, 2\theta)| \leqslant \sqrt{5}.$$

注 二元函数 Lagrange 中值定理的一般形式：设函数 $f(x,y)$ 在区域 D 上可微，若点 $(x_1, y_1) \in D$，$(x_2, y_2) \in D$，且
$$(x_1 + t(x_2 - x_1), y_1 + t(y_2 - y_1)) \in D \quad (\forall t \in (0,1)),$$
则至少存在一点 $\theta \in (0,1)$，使得
$$f(x_2, y_2) - f(x_1, y_1) = f_x(x_1 + \theta(x_2 - x_1), y_1 + \theta(y_2 - y_1))(x_2 - x_1)$$
$$+ f_y(x_1 + \theta(x_2 - x_1), y_1 + \theta(y_2 - y_1))(y_2 - y_1).$$

问题 2 如何求多元函数的极值？

一般先令所有偏导函数等于 0，通过联立方程组解出驻点，然后根据驻点处的 Hessian 矩阵是否正定来判断是否为极值点. 对于 Hessian 矩阵是半正定或半负定情形以及某些不可导点处，可以考虑用极值的定义判断.

例 5 证明：$f(x,y) = (1 + e^y)\cos x - y e^y$ 有无穷多个极大值，但无极小值.

证明 解方程组 $\begin{cases} f_x = -(1 + e^y)\sin x = 0, \\ f_y = (\cos x - 1 - y)e^y = 0, \end{cases}$ 可得驻点
$$(x_n, y_n) = (n\pi, \cos n\pi - 1) \quad (n \in \mathbf{Z}).$$

又
$$f_{xx} = -(1 + e^y)\cos x, \quad f_{yy} = (\cos x - 2 - y)e^y, \quad f_{xy} = -e^y \sin x.$$

当 n 为偶数时，点 $(x_n, y_n) = (n\pi, 0)$，此时
$$f_{xx} = -2 < 0, \quad f_{yy} = -1, \quad f_{xy} = 0, \quad f_{xx}f_{yy} - f_{xy}^2 = 2 > 0,$$
故 $f(x,y)$ 在点 $(n\pi, 0)$ 处取极大值.

当 n 为奇数时，点 $(x_n, y_n) = (n\pi, -2)$，此时
$$f_{xx} = 1 + e^{-2}, \quad f_{yy} = -e^{-2}, \quad f_{xy} = 0, \quad f_{xx}f_{yy} - f_{xy}^2 = -(1 + e^{-2})e^{-2} < 0,$$
故点 $(n\pi, -2)$ 不是函数的极值点.

综上，函数 $f(x,y)$ 有无穷多个极大值，但无极小值.

例 6 设 $f(x,y) = 2(y-x^2)^2 - \frac{1}{7}x^7 - y^2$,求 $f(x,y)$ 的极值.

解 由 $\begin{cases} f_x = -8x(y-x^2) - x^6 = 0, \\ f_y = 4(y-x^2) - 2y = 0 \end{cases}$ 可得驻点 $(0,0), (-2,8)$. 又

$$f_{xx} = -8y + 24x^2 - 6x^5, \quad f_{xy} = -8x, \quad f_{yy} = 2,$$

所以点 $(-2,8)$ 的 Hessian 矩阵为

$$\boldsymbol{H}_f(-2,8) = \begin{bmatrix} 224 & 16 \\ 16 & 2 \end{bmatrix}.$$

这是正定矩阵,所以 $(-2,8)$ 为函数的极小值点,极小值为 $f(-2,8) = -\frac{96}{7}$.

点 $(0,0)$ 的 Hessian 矩阵为

$$\boldsymbol{H}_f(0,0) = \begin{bmatrix} 0 & 0 \\ 0 & 2 \end{bmatrix}, \quad 即 \quad f_{xx}f_{yy} - f_{xy}^2 = 0.$$

这是半正定矩阵,属于临界情形,需要考虑用极值的定义来判断.

令 $x=0$,则 $f(0,y) = y^2$,这说明原点邻域中 y 轴上点的函数值比原点的函数值大;又令 $y=x^2$,则 $f(x,x^2) = -\frac{1}{7}x^7 - x^4$,这说明原点邻域中抛物线 $y=x^2$ 上点的函数值比原点的函数值小. 所以原点不是极值点.

例 7 已知函数 $z = z(x,y)$ 由方程 $(x^2+y^2)z + \ln z + 2(x+y+1) = 0$ 所确定,求 $z = z(x,y)$ 的极值.

解 原方程两边对 x 求偏导数,可得

$$2xz + (x^2+y^2)z_x + \frac{1}{z}z_x + 2 = 0,$$

则 $z_x = -\dfrac{2xz+2}{x^2+y^2+\dfrac{1}{z}} = -\dfrac{2xz^2+2z}{z(x^2+y^2)+1}.$

原方程两边再对 y 求偏导数,可得

$$2yz + (x^2+y^2)z_y + \frac{1}{z}z_y + 2 = 0,$$

则 $z_y = -\dfrac{2yz+2}{x^2+y^2+\dfrac{1}{z}} = -\dfrac{2yz^2+2z}{z(x^2+y^2)+1}.$

令

$$\begin{cases} z_x(x,y) = -\dfrac{2xz^2+2z}{z(x^2+y^2)+1} = 0, \\ z_y(x,y) = -\dfrac{2yz^2+2z}{z(x^2+y^2)+1} = 0, \end{cases} \quad 得 \quad \begin{cases} x = -\dfrac{1}{z}, \\ y = -\dfrac{1}{z}, \end{cases}$$

代入原方程,则由 $\ln z - \dfrac{2}{z} + 2 = 0$ 可得 $z = 1$,从而驻点为 $(-1, -1)$. 又

$$z_{xx} = -\frac{(2z^2 + 4xzz_x + 2z_x)(z(x^2+y^2)+1) - (2xz^2+2z)(z_x(x^2+y^2)+2xz)}{(z(x^2+y^2)+1)^2},$$

$$z_{xy} = -\frac{(4xzz_y + 2z_y)(z(x^2+y^2)+1) - (2xz^2+2z)(z_y(x^2+y^2)+2yz)}{(z(x^2+y^2)+1)^2},$$

$$z_{yy} = -\frac{(2z^2 + 4yzz_y + 2z_y)(z(x^2+y^2)+1) - (2yz^2+2z)(z_y(x^2+y^2)+2yz)}{(z(x^2+y^2)+1)^2},$$

于是在点 $(-1, -1)$ 处,有

$$A = z_{xx}\Big|_{(-1,-1)} = -\frac{2}{3}, \quad B = z_{xy}\Big|_{(-1,-1)} = 0, \quad C = z_{yy}\Big|_{(-1,-1)} = -\frac{2}{3}.$$

由于 $A = -\dfrac{2}{3} < 0, AC - B^2 = \dfrac{4}{9} > 0$,故 $z(-1, -1) = 1$ 是极大值.

例 8 设 $g(x, y) = f(e^{xy}, x^2 + y^2)$,其中 $f(x, y)$ 有二阶连续偏导数,且

$$\lim_{(x,y) \to (1,0)} \frac{f(x,y) + x + y - 1}{\sqrt{(x-1)^2 + y^2}} = 0,$$

证明:函数 $g(x, y)$ 在点 $(0, 0)$ 处取得极值. 判断此极值是极大值还是极小值,并求出此极值.

解 由 $\lim\limits_{(x,y) \to (1,0)} \dfrac{f(x,y) + x + y - 1}{\sqrt{(x-1)^2 + y^2}} = 0$ 可得

$$f(x, y) = -(x-1) - y + o(\sqrt{(x-1)^2 + y^2}),$$

从而由全微分的定义可知 $f(1, 0) = 0, f_x(1, 0) = -1, f_y(1, 0) = -1$.

因为

$$g_x = f_1 e^{xy} y + f_2 2x, \quad g_y = f_1 e^{xy} x + f_2 2y,$$

所以 $g_x(0, 0) = 0, g_y(0, 0) = 0$,即点 $(0, 0)$ 是 $g(x, y)$ 的一个驻点. 又

$$g_{xx} = (f_{11} e^{xy} y + f_{12} 2x) e^{xy} y + f_1 e^{xy} y^2 + (f_{21} e^{xy} y + f_{22} 2x) 2x + 2f_2,$$

$$g_{xy} = (f_{11} e^{xy} x + f_{12} 2y) e^{xy} y + f_1 (e^{xy} xy + e^{xy}) + (f_{21} e^{xy} x + f_{22} 2y) 2x,$$

$$g_{yy} = (f_{11} e^{xy} x + f_{12} 2y) e^{xy} x + f_1 e^{xy} x^2 + (f_{21} e^{xy} x + f_{22} 2y) 2y + 2f_2,$$

所以

$$A = g_{xx}(0, 0) = 2f_2(1, 0) = -2, \quad B = g_{xy}(0, 0) = f_1(1, 0) = -1,$$

$$C = g_{yy}(0, 0) = 2f_2(1, 0) = -2.$$

由于 $A < 0, AC - B^2 = 3 > 0$,因此 $g(x, y)$ 在点 $(0, 0)$ 的 Hessian 矩阵

$$\begin{bmatrix} A & B \\ B & C \end{bmatrix} = \begin{bmatrix} -2 & -1 \\ -1 & -2 \end{bmatrix}$$

是负定的. 故 $g(0, 0) = 0$ 为 $g(x, y)$ 的极大值.

例 9 已知函数 $f(x,y)$ 在 $\mathbf{R}^2$ 上二阶偏导数连续,并且对任意 $(x,y) \in \mathbf{R}^2$,有 $f_{xx}(x,y) + f_{yy}(x,y) > 0$,证明:函数 $f(x,y)$ 没有极大值点.

证明 假设 $f(x,y)$ 在点 (a,b) 处取得极大值,则 $f_x(a,b) = 0, f_y(a,b) = 0$. 令 $\varphi(x) = f(x,b)$,则 $\varphi(x)$ 在 $x = a$ 处取得极大值,于是

$$\varphi'(a) = f_x(a,b) = 0, \quad \varphi''(a) = f_{xx}(a,b) \leqslant 0.$$

同理,令 $\psi(y) = f(a,y)$,则 $\psi(y)$ 在 $y = b$ 处取得极大值,于是

$$\psi'(b) = f_y(a,b) = 0, \quad \psi''(b) = f_{yy}(a,b) \leqslant 0.$$

因此 $f_{xx}(a,b) + f_{yy}(a,b) \leqslant 0$,与已知条件矛盾. 故 $f(x,y)$ 没有极大值点.

问题 3 如何求函数的最大值?

若函数定义在闭区域上,可以先求出内部可能的极值,再与边界上的最大、最小值比较,从而得到整体的最值(边界上的最值可用条件极值方法求得). 若函数定义在开区域或无界区域内,一般需要取无穷远处的极限与有限点处的值比较大小. 也可利用

$$\max f(x,y) = \max_x (\max_y f(x,y)) \quad \text{或} \quad \max f(x,y) = \max_y (\max_x f(x,y)),$$
$$\min f(x,y) = \min_x (\min_y f(x,y)) \quad \text{或} \quad \min f(x,y) = \min_y (\min_x f(x,y))$$

来求解.

例 10 证明: $\sin x \cdot \sin y \cdot \sin(x+y) \leqslant \dfrac{3\sqrt{3}}{8}$,其中 $0 \leqslant x, y \leqslant \pi$.

证明 题设的不等式可以转化为求函数

$$f(x,y) = \sin x \cdot \sin y \cdot \sin(x+y)$$

在区域 $D = \{(x,y) \mid 0 \leqslant x, y \leqslant \pi\}$ 上的最大值. 解方程组

$$\begin{cases} f_x = \sin y(\cos x \sin(x+y) + \sin x \cos(x+y)) = \sin y \sin(2x+y) = 0, \\ f_y = \sin x(\cos y \sin(x+y) + \sin y \cos(x+y)) = \sin x \sin(x+2y) = 0, \end{cases}$$

得到函数 $f(x,y)$ 在区域 D 内部的驻点 $\left(\dfrac{\pi}{3}, \dfrac{\pi}{3}\right), \left(\dfrac{2\pi}{3}, \dfrac{2\pi}{3}\right)$,且

$$f\left(\dfrac{\pi}{3}, \dfrac{\pi}{3}\right) = \dfrac{3\sqrt{3}}{8}, \quad f\left(\dfrac{2\pi}{3}, \dfrac{2\pi}{3}\right) = -\dfrac{3\sqrt{3}}{8}.$$

又因为 $f(x,y)$ 在边界上的值均为零,所以在点 $\left(\dfrac{\pi}{3}, \dfrac{\pi}{3}\right)$ 处取得最大值 $\dfrac{3\sqrt{3}}{8}$,从而

$$\sin x \cdot \sin y \cdot \sin(x+y) \leqslant \dfrac{3\sqrt{3}}{8}.$$

例 11 已知函数 $z = f(x,y)$ 的全微分为

$$\mathrm{d}z = (2x + 2\sqrt{3}\,y)\mathrm{d}x - (2y - 2\sqrt{3}\,x)\mathrm{d}y,$$

且 $f(1,1) = 2\sqrt{3} + 1$,求 $f(x,y)$ 在圆域 $D = \{(x,y) \mid x^2 + y^2 \leqslant 1\}$ 上的最大值

与最小值.

解 由 $dz = (2x + 2\sqrt{3}y)dx + (2\sqrt{3}x - 2y)dy$ 可知
$$z_x = 2x + 2\sqrt{3}y, \quad z_y = 2\sqrt{3}x - 2y.$$

根据 z_x 的表达式可得
$$z = x^2 + 2\sqrt{3}xy + \varphi(y),$$

从而 $z_y = 2\sqrt{3}x + \varphi'(y) = 2\sqrt{3}x - 2y$,由此可得
$$\varphi'(y) = -2y \Rightarrow \varphi(y) = -y^2 + C.$$

因此 $z = x^2 - y^2 + 2\sqrt{3}xy + C$. 又 $z(1,1) = 2\sqrt{3} + 1$,所以在 $C = 1$,从而
$$z = x^2 - y^2 + 2\sqrt{3}xy + 1.$$

由 $\begin{cases} z_x = 2x + 2\sqrt{3}y = 0, \\ z_y = 2\sqrt{3}x - 2y = 0 \end{cases}$ 解得内部驻点为 $(0,0)$.

下面来求 $z = x^2 - y^2 + 2\sqrt{3}xy + 1$ 在 D 的边界上的极值点. 设
$$L(x,y,\lambda) = x^2 - y^2 + 2\sqrt{3}xy + 1 + \lambda(x^2 + y^2 - 1),$$

解方程组
$$\begin{cases} L_x = 2x + 2\sqrt{3}y + 2\lambda x = 0, \\ L_y = 2\sqrt{3}x - 2y + 2\lambda y = 0, \\ L_\lambda = x^2 + y^2 - 1 = 0, \end{cases}$$

得到可能极值点为
$$\left(\frac{\sqrt{3}}{2}, \frac{1}{2}\right), \quad \left(-\frac{\sqrt{3}}{2}, -\frac{1}{2}\right), \quad \left(\frac{1}{2}, -\frac{\sqrt{3}}{2}\right), \quad \left(-\frac{1}{2}, \frac{\sqrt{3}}{2}\right).$$

因为 $z(0,0) = 1$,且
$$z\left(\frac{\sqrt{3}}{2}, \frac{1}{2}\right) = z\left(-\frac{\sqrt{3}}{2}, -\frac{1}{2}\right) = 3, \quad z\left(\frac{1}{2}, -\frac{\sqrt{3}}{2}\right) = z\left(-\frac{1}{2}, \frac{\sqrt{3}}{2}\right) = -1,$$

所以 $\max_D f(x,y) = 3, \min_D f(x,y) = -1$.

例 12 求函数 $f(x,y) = (x+y)e^{-x^2-y^2}$ 在 $\mathbf{R}^2$ 上的最大值与最小值.

解 解方程组
$$\begin{cases} f_x(x,y) = (1 - 2x^2 - 2xy)e^{-x^2-y^2} = 0, \\ f_y(x,y) = (1 - 2y^2 - 2xy)e^{-x^2-y^2} = 0, \end{cases}$$

得函数 $f(x,y)$ 的驻点为 $\left(\frac{1}{2}, \frac{1}{2}\right)$ 与 $\left(-\frac{1}{2}, -\frac{1}{2}\right)$,则
$$f\left(\frac{1}{2}, \frac{1}{2}\right) = e^{-\frac{1}{2}}, \quad f\left(-\frac{1}{2}, -\frac{1}{2}\right) = -e^{-\frac{1}{2}}.$$

而
$$|f(\rho\cos\theta,\rho\sin\theta)|=|\rho(\sin\theta+\cos\theta)\mathrm{e}^{-\rho^2}|\leqslant 2\rho\mathrm{e}^{-\rho^2}\to 0\quad(\rho\to+\infty),$$
所以存在 $\rho_0>0$，当 $\rho>\rho_0$ 时，有
$$|f(\rho\cos\theta,\rho\sin\theta)|<\frac{1}{2}\mathrm{e}^{-\frac{1}{2}},$$
因此 $f(x,y)$ 在 $\mathbf{R}^2$ 上的最大值和最小值只能在区域 $D=\{(x,y)\mid x^2+y^2\leqslant\rho_0^2\}$ 内取得. 故
$$\max_{\mathbf{R}^2}f(x,y)=f\left(\frac{1}{2},\frac{1}{2}\right)=\mathrm{e}^{-\frac{1}{2}},\quad \min_{\mathbf{R}^2}f(x,y)=f\left(-\frac{1}{2},-\frac{1}{2}\right)=-\mathrm{e}^{-\frac{1}{2}}.$$

例 13 证明：$xy\leqslant x\ln x-x+\mathrm{e}^y$，其中 $x\geqslant 1,y\geqslant 0$.

证明 设 $D=\{(x,y)\mid 1\leqslant x<+\infty,0\leqslant y<+\infty\}$，并令
$$f(x,y)=x\ln x-x+\mathrm{e}^y-xy,$$
问题化为证明对任意 $(x,y)\in D$，都有 $f(x,y)\geqslant 0$.

对每个 $x_0\geqslant 1$，在半直线 $x=x_0(y\geqslant 0)$ 上，$f(x,y)$ 化为一元函数 $f(x_0,y)$. 由
$$\frac{\mathrm{d}(f(x_0,y))}{\mathrm{d}y}=f_y(x_0,y)=\mathrm{e}^y-x_0=0,$$
解得 $y_0=\ln x_0$. 当 $0\leqslant y<\ln x_0$ 时，$f_y(x_0,y)<0$；当 $y>\ln x_0$ 时，$f_y(x_0,y)>0$. 因此在半直线 $x=x_0(y\geqslant 0)$ 上，函数 $f(x_0,y)$ 在 $y_0=\ln x_0$ 处取到最小值. 又因为在曲线 $y=\ln x(x\geqslant 1)$ 上，$f(x,y)$ 满足
$$f(x,\ln x)=x\ln x-x+\mathrm{e}^{\ln x}-x\ln x=0,$$
因此在区域 D 上总成立 $f(x,y)\geqslant 0$，即
$$xy\leqslant x\ln x-x+\mathrm{e}^y,\quad x\geqslant 1,y\geqslant 0,$$
且等号仅在曲线 $y=\ln x(x\geqslant 1)$ 上成立.

例 14 设 D 是 xOy 平面上的一个有界闭区域，$u=u(x,y)$ 在 D 上连续，在 D 内有偏导数，在 D 的边界上 $u=0$，且 u 在 D 的内部满足
$$\frac{\partial u}{\partial x}+\frac{\partial u}{\partial y}=u,$$
证明：$u\equiv 0,\forall(x,y)\in D$.

证明 假设函数 $u(x,y)$ 在 D 上不恒等于 0. 由于 $u(x,y)$ 在有界闭区域上连续，所以函数一定有最大值与最小值，且最大值与最小值中至少有一个不等于零. 不妨设
$$\max_D u(x,y)=u(x_0,y_0)>0,$$
则 (x_0,y_0) 一定在 D 的内部，故此点必为函数 $u(x,y)$ 的驻点，从而
$$u_x(x_0,y_0)=u_y(x_0,y_0)=0.$$
这表明题设中的条件 $\frac{\partial u}{\partial x}+\frac{\partial u}{\partial y}=u$ 在 (x_0,y_0) 处不成立. 故 $u\equiv 0,\forall(x,y)\in D$.

第5讲 多元函数的 Taylor 公式与极值

问题 4 如何求函数在约束条件下的极值?

一般可用 Lagrange 乘数法,有些特殊场合也可以把约束条件代入目标函数变成无条件极值问题.

例 15 求中心在原点的椭圆 $5x^2+4xy+8y^2=1$ 的长半轴与短半轴的长度.

解 设 $M(x,y)$ 为椭圆上的任一点,点 M 到原点的距离为 $d=\sqrt{x^2+y^2}$,则函数 d 的最大值即为椭圆的长半轴 a,最小值即为椭圆的短半轴 b. 令

$$L(x,y,\lambda) = d^2 + \lambda(5x^2+4xy+8y^2-1)$$
$$= x^2+y^2+\lambda(5x^2+4xy+8y^2-1),$$

解方程组

$$\begin{cases} L_x = 2x+10\lambda x+4\lambda y=0, & \text{①} \\ L_y = 2y+4\lambda x+16\lambda y=0, & \text{②} \\ L_\lambda = 5x^2+4xy+8y^2-1=0, & \text{③} \end{cases}$$

由 ①② 两式可得 $y=2x$ 或 $y=-\dfrac{1}{2}x$,再代入 ③ 式可得

$$x^2+y^2=\frac{1}{9} \quad \text{或} \quad x^2+y^2=\frac{1}{4}.$$

由于最值必存在,所以 $d_{\min}=\dfrac{1}{3}$,$d_{\max}=\dfrac{1}{2}$,即长半轴 $a=\dfrac{1}{2}$,短半轴 $b=\dfrac{1}{3}$.

例 16 求椭球面 $x^2+2y^2+4z^2=1$ 与平面 $x+y+z=\sqrt{7}$ 之间的最短距离.

解法 1(利用极值求解) 设 $M(x,y,z)$ 为椭球面上任一点,它到已知平面的距离为 $d=\dfrac{1}{\sqrt{3}}|x+y+z-\sqrt{7}|$. 令

$$L(x,y,z,\lambda) = \frac{1}{3}(x+y+z-\sqrt{7})^2+\lambda(x^2+2y^2+4z^2-1),$$

解方程组

$$\begin{cases} L_x = \dfrac{2}{3}(x+y+z-\sqrt{7})+2\lambda x=0, \\ L_y = \dfrac{2}{3}(x+y+z-\sqrt{7})+4\lambda y=0, \\ L_z = \dfrac{2}{3}(x+y+z-\sqrt{7})+8\lambda z=0, \\ L_\lambda = x^2+2y^2+4z^2-1=0, \end{cases}$$

可得两个点 $M_1\left(\dfrac{2}{\sqrt{7}},\dfrac{1}{\sqrt{7}},\dfrac{1}{2\sqrt{7}}\right)$ 和 $M_2\left(-\dfrac{2}{\sqrt{7}},-\dfrac{1}{\sqrt{7}},-\dfrac{1}{2\sqrt{7}}\right)$. 因为椭球面是一个有界闭集,所以椭球面上的点到平面的距离的最值一定存在,于是所求出的两个点到

平面的距离中最小的那个就是所求距离. 由于距离 $d_1 = \frac{\sqrt{21}}{6}, d_2 = \frac{\sqrt{21}}{2}$, 故最短距离为 $d_1 = \frac{\sqrt{21}}{6}$.

解法 2(利用几何方法求解) 由于椭球面与平面不相交(请读者自证), 当椭球面上某些点处的切平面与已知平面平行时, 其中一个切点与平面的距离即为所求的最短距离.

因为椭球面上任一点 $M(x,y,z)$ 处的法向量为 $\boldsymbol{n} = \{2x, 4y, 8z\}$, 且过点 M 的切平面平行于已知平面, 则

$$\frac{2x}{1} = \frac{4y}{1} = \frac{8z}{1} = t, \quad 即 \quad x = \frac{1}{2}t, y = \frac{1}{4}t, z = \frac{1}{8}t,$$

将它们代入椭球面方程, 得

$$\frac{1}{4}t^2 + \frac{1}{8}t^2 + \frac{1}{16}t^2 = 1,$$

解得 $t = \pm \frac{4}{\sqrt{7}}$, 故切点为 $\left(\pm \frac{2}{\sqrt{7}}, \pm \frac{1}{\sqrt{7}}, \pm \frac{1}{2\sqrt{7}}\right)$, 从而 $d_{\min} = \frac{\sqrt{21}}{6}$.

例 17 已知平面上两条不相交的光滑曲线为 $f(x,y) = 0, g(x,y) = 0$, 设 (α, β) 和 (ξ, η) 分别为两曲线上的点, 试证: 若这两点是两曲线上相距最近的点, 则必有

$$\frac{\alpha - \xi}{\beta - \eta} = \frac{f_x(\alpha, \beta)}{f_y(\alpha, \beta)} = \frac{g_x(\xi, \eta)}{g_y(\xi, \eta)}.$$

证明 设 $(x_1, y_1), (x_2, y_2)$ 分别是曲线 $f(x,y) = 0$ 和 $g(x,y) = 0$ 上的任意一点, 问题化为证明函数

$$S^2 = (x_1 - x_2)^2 + (y_1 - y_2)^2$$

在约束条件 $f(x_1, y_1) = 0, g(x_2, y_2) = 0$ 下的极值点 (α, β) 和 (ξ, η) 满足题设中的等式. 作 Lagrange 函数

$$L(x_1, x_2, y_1, y_2, \lambda_1, \lambda_2) = (x_1 - x_2)^2 + (y_1 - y_2)^2 + \lambda_1 f(x_1, y_1) + \lambda_2 g(x_2, y_2),$$

建立方程组

$$\begin{cases} L_{x_1} = 2(x_1 - x_2) + \lambda_1 f_x(x_1, y_1) = 0, \\ L_{x_2} = -2(x_1 - x_2) + \lambda_2 g_x(x_2, y_2) = 0, \\ L_{y_1} = 2(y_1 - y_2) + \lambda_1 f_y(x_1, y_1) = 0, \\ L_{y_2} = -2(y_1 - y_2) + \lambda_2 g_y(x_2, y_2) = 0, \\ f(x_1, y_1) = 0, \\ g(x_2, y_2) = 0. \end{cases}$$

设 $(x_1, y_1) = (\alpha, \beta), (x_2, y_2) = (\xi, \eta)$ 满足上述方程组, 则有

第5讲　多元函数的 Taylor 公式与极值

$$\frac{\alpha-\xi}{\beta-\eta}=\frac{f_x(\alpha,\beta)}{f_y(\alpha,\beta)}=\frac{g_x(\xi,\eta)}{g_y(\xi,\eta)}.$$

例 18　已知函数 $f(x,y)=x+y+xy$ 和曲线 $C:x^2+y^2+xy=3$，求 $f(x,y)$ 在曲线 C 上最大方向导数.

解　因为函数 $f(x,y)=x+y+xy$ 在点 (x,y) 处的最大方向导数为

$$\sqrt{f_x^2(x,y)+f_y^2(x,y)}=\sqrt{(1+y)^2+(1+x)^2},$$

所以构造 Lagrange 函数

$$L(x,y,\lambda)=(1+y)^2+(1+x)^2+\lambda(x^2+y^2+xy-3),$$

可得方程组

$$\begin{cases} L_x=2(1+x)+2\lambda x+\lambda y=0, & \text{①} \\ L_y=2(1+y)+2\lambda y+\lambda x=0, & \text{②} \\ L_\lambda=x^2+y^2+xy-3=0. & \text{③} \end{cases}$$

将 ①② 两式相减，可得 $(y-x)(2+\lambda)=0$. 若 $y=x$，则 $y=x=\pm 1$；若 $\lambda=-2$，则 $x=-1,y=2$ 或 $x=2,y=-1$. 而曲线是有界闭集，目标函数一定有最值，于是将这四个点的坐标代入表达式 $\sqrt{(1+y)^2+(1+x)^2}$ 中，可得 $f(x,y)$ 在曲线 C 上的点 $(-1,2)$ 和 $(2,-1)$ 处取得最大方向导数为 3.

问题 5　如何利用极值证明多元函数的某些不等式？

若不等式的一边含有 $x+y$ 或 $x+y+z$ 等，则令 $x+y=s$ 或 $x+y+z=s$，而把另一边看作函数，让此函数在上述等式的限制下求极值，便可得到不等式.

例 19　设 $n\geqslant 1,x\geqslant 0,y\geqslant 0$，证明不等式：$\dfrac{x^n+y^n}{2}\geqslant\left(\dfrac{x+y}{2}\right)^n$.

证明　令 $x+y=s$（即把 x,y 先限制在 xOy 平面的第一象限中的一条线段 $x+y=s(x\geqslant 0,y\geqslant 0)$ 上面，当 s 变动时就等于把整个第一象限考虑进去了）. 记

$$f(x,y)=\frac{x^n+y^n}{2},$$

下面求 $f(x,y)$ 在条件 $x+y=s$ 下的极值. 作 Lagrange 函数

$$L(x,y,\lambda)=\frac{x^n+y^n}{2}+\lambda(x+y-s),$$

令

$$\begin{cases} L_x=\dfrac{n}{2}x^{n-1}+\lambda=0, \\ L_y=\dfrac{n}{2}y^{n-1}+\lambda=0, \\ L_\lambda=x+y-s=0, \end{cases}$$

则求得驻点 $x=y=\dfrac{s}{2}$，此时 $f\left(\dfrac{s}{2},\dfrac{s}{2}\right)=\left(\dfrac{s}{2}\right)^n$. 而当 $x=0,y=s$ 或 $x=s,y=$

0 时,有
$$f(0,s) = f(s,0) = \frac{s^n}{2} \geqslant \left(\frac{s}{2}\right)^n = f\left(\frac{s}{2}, \frac{s}{2}\right),$$
显然驻点作为唯一的可能极值点,只能是最小值点. 故
$$\frac{x^n + y^n}{2} \geqslant \left(\frac{s}{2}\right)^n = \left(\frac{x+y}{2}\right)^n.$$

5.3 练习题

1. 求函数 $f(x,y) = e^{x+y^2}$ 的带 Peano 余项的 2 阶 Maclaurin 公式.

2. 设函数 $f(x), g(x)$ 具有 2 阶连续导数,满足 $f(0) > 0, g(0) < 0$,且
$$f'(0) = g'(0) = 0,$$
则函数 $z = f(x)g(y)$ 在点 $(0,0)$ 处取得极小值的一个充分条件是 (   )
(A) $f''(0) < 0, g''(0) > 0$ (B) $f''(0) < 0, g''(0) < 0$
(C) $f''(0) > 0, g''(0) > 0$ (D) $f''(0) > 0, g''(0) < 0$

3. 设函数 $u(x,y)$ 在有界闭区域 D 上连续,在 D 的内部具有 2 阶连续偏导数,且满足 $\frac{\partial^2 u}{\partial x \partial y} \neq 0$ 及 $\frac{\partial^2 u}{\partial x^2} + \frac{\partial^2 u}{\partial y^2} = 0$,则 (   )
(A) $u(x,y)$ 的最大值和最小值都在 D 的边界上取得
(B) $u(x,y)$ 的最大值和最小值都在 D 的内部取得
(C) $u(x,y)$ 的最大值在 D 的内部取得,最小值在 D 的边界上取得
(D) $u(x,y)$ 的最小值在 D 的内部取得,最大值在 D 的边界上取得

4. 求下列函数的极值:
(1) $f(x,y) = x^4 + y^4 - x^2 - 2xy - y^2$;
(2) $f(x,y) = x^2(2+y^2) + y\ln y$;
(3) $f(x,y) = \left(y + \frac{x^3}{3}\right)e^{x+y}$.

5. 已知函数 $f(x,y)$ 满足 $f(0,y) = y^2 + 2y$,且
$$f_{xy}(x,y) = 2(y+1)e^x, \quad f_x(x,0) = (x+1)e^x,$$
求 $f(x,y)$ 的极值.

6. 求函数 $f(x,y) = xy$ 在圆域 $(x-1)^2 + y^2 \leqslant 1$ 上的最大值和最小值.

7. 求函数 $f(x,y) = x - x^2 - y^2$ 在区域 $D = \{(x,y) \mid 2x^2 + y^2 \leqslant 1\}$ 上的最大值和最小值.

8. 已知函数 $z = f(x,y)$ 的全微分 $dz = 2xdx - 2ydy$,并且 $f(1,1) = 2$,求函

数 $f(x,y)$ 在椭圆域 $D = \left\{(x,y) \mid x^2 + \dfrac{y^2}{4} \leqslant 1\right\}$ 上的最大值和最小值.

9. 求函数 $f(x,y) = x^2 + 2y^2 - x^2y^2$ 在区域 $D = \{(x,y) \mid x^2 + y^2 \leqslant 4, y \geqslant 0\}$ 上的最大值和最小值.

10. 证明不等式:$yx^y(1-x) < \dfrac{1}{e}$,其中 $0 < x < 1, 0 < y < +\infty$.

11. 求曲线 $x^3 - xy + y^3 = 1 (x \geqslant 0, y \geqslant 0)$ 上的点到坐标原点的最长距离与最短距离.

12. 已知曲线 $C:\begin{cases} x^2 + y^2 - 2z^2 = 0, \\ x + y + 3z = 5, \end{cases}$ 求 C 上距离 xOy 平面最远的点和最近的点.

13. 求曲面 $z = x^2 + y^2$ 与平面 $x + y - 2z = 2$ 之间的最短距离.

14. 求原点到曲面 $(x-y)^2 - z^2 = 1$ 的最短距离.

15. 在曲面 $\dfrac{x^2}{4} + y^2 + \dfrac{z^2}{9} = 1 (x \geqslant 0, y \geqslant 0, z \geqslant 0)$ 上求一点 P,使过点 P 的切平面与三个坐标面平面所围成的四面体的体积最小,并求出最小体积.

16. 在平面 $3x - 2z = 0$ 上求一点,使它与点 $A(1,1,1)$ 及点 $B(2,3,4)$ 的距离平方之和为最小.

17. 一圆柱形帐篷,其顶为圆锥形,体积为一定值,问柱的半径 R、柱高 H 和圆锥高 h 满足什么关系时用料最省?

18. 已知一页纸上所印的文字要占 $150\ \text{cm}^2$,上、下边空白各要留下 $1.5\ \text{cm}$ 宽,左、右边空白各要留下 $1\ \text{cm}$ 宽.问纸张的长、宽各为多少时用纸最省?

19. 证明:对于任何正数 x,y,z,有
$$x^2 y^2 z \leqslant 16 \left(\dfrac{x+y+z}{5}\right)^5.$$

20. 证明:在 $a_i \geqslant 0, x_i > 0 (i=1,2), p > 1, \dfrac{1}{p} + \dfrac{1}{q} = 1$ 的条件下,有
$$a_1 x_1 + a_2 x_2 \leqslant (a_1^p + a_2^p)^{\frac{1}{p}} \cdot (x_1^q + x_2^q)^{\frac{1}{q}}.$$

第6讲 多元函数微分学的几何应用

6.1 内容提要

一、空间曲线的切线与法平面

(1) 设光滑曲线 Γ 的方程为

$$\begin{cases} x = x(t), \\ y = y(t), \quad (t \in [\alpha,\beta]), \\ z = z(t) \end{cases}$$

点 $M_0(x_0,y_0,z_0) \in \Gamma$,其中 $x_0 = x(t_0), y_0 = y(t_0), z_0 = z(t_0)$,则曲线在点 M_0 处的切线的方向向量为

$$\boldsymbol{a} = \{x'(t_0), y'(t_0), z'(t_0)\},$$

切线方程为

$$\frac{x-x_0}{x'(t_0)} = \frac{y-y_0}{y'(t_0)} = \frac{z-z_0}{z'(t_0)},$$

法平面方程为

$$x'(t_0)(x-x_0) + y'(t_0)(y-y_0) + z'(t_0)(z-z_0) = 0.$$

(2) 设光滑曲线 Γ 的方程为

$$\begin{cases} F(x,y,z) = 0, \\ G(x,y,z) = 0, \end{cases}$$

其中 F,G 有一阶连续偏导数,点 $M_0(x_0,y_0,z_0) \in \Gamma$,则曲线在点 M_0 处的切线的方向向量为

$$\boldsymbol{a} = \{F_x, F_y, F_z\}\Big|_{M_0} \times \{G_x, G_y, G_z\}\Big|_{M_0} = \left\{\frac{\partial(F,G)}{\partial(y,z)}, \frac{\partial(F,G)}{\partial(z,x)}, \frac{\partial(F,G)}{\partial(x,y)}\right\}\Big|_{M_0}$$

$$\xlongequal{\text{def}} \{l,m,n\},$$

切线方程为

$$\frac{x-x_0}{l} = \frac{y-y_0}{m} = \frac{z-z_0}{n},$$

法平面方程为

$$l(x-x_0) + m(y-y_0) + n(z-z_0) = 0.$$

二、空间曲面的切平面及法线

（1）设光滑曲面 Σ 的方程为 $F(x,y,z)=0$，点 $M_0(x_0,y_0,z_0)\in\Sigma$，则曲面在点 M_0 处的切平面的法向量为 $\boldsymbol{n}=\{F_x(M_0),F_y(M_0),F_z(M_0)\}$，切平面方程为
$$F_x(M_0)(x-x_0)+F_y(M_0)(y-y_0)+F_z(M_0)(z-z_0)=0,$$
法线方程为
$$\frac{x-x_0}{F_x(M_0)}=\frac{y-y_0}{F_y(M_0)}=\frac{z-z_0}{F_z(M_0)}.$$

（2）设光滑曲面 Σ 的方程为
$$\begin{cases} x=x(u,v), \\ y=y(u,v), \quad ((u,v)\in D), \\ z=z(u,v) \end{cases}$$
点 $M_0(x_0,y_0,z_0)\in\Sigma$，其中 $x_0=x(u_0,v_0),y_0=y(u_0,v_0),z_0=z(u_0,v_0)$，则曲面在点 M_0 处的切平面的法向量为
$$\boldsymbol{n}=\{x_u,y_u,z_u\}\Big|_{(u_0,v_0)}\times\{x_v,y_v,z_v\}\Big|_{(u_0,v_0)}$$
$$=\left\{\frac{\partial(y,z)}{\partial(u,v)},\frac{\partial(z,x)}{\partial(u,v)},\frac{\partial(x,y)}{\partial(u,v)}\right\}\Big|_{(u_0,v_0)}\xlongequal{\text{def}}\{A,B,C\},$$
切平面方程为
$$A(x-x_0)+B(y-y_0)+C(z-z_0)=0,$$
法线方程为
$$\frac{x-x_0}{A}=\frac{y-y_0}{B}=\frac{z-z_0}{C}.$$

三、空间曲线的弧长

设光滑曲线 $\Gamma:\boldsymbol{r}(t)=\{x(t),y(t),z(t)\}$ $(\alpha\leqslant t\leqslant\beta)$，其弧长为
$$s=\int_\alpha^\beta \sqrt{(x'(t))^2+(y'(t))^2+(z'(t))^2}\,\mathrm{d}t.$$
称
$$\mathrm{d}s=\sqrt{(x'(t))^2+(y'(t))^2+(z'(t))^2}\,\mathrm{d}t$$
为**弧长 $s(t)$ 的微分**，简称为**弧微分**. 记 $s(t)$ 为 Γ 上从 t_0 到 t 这段的弧长，则
$$s(t)=\int_{t_0}^t \sqrt{(x'(\tau))^2+(y'(\tau))^2+(z'(\tau))^2}\,\mathrm{d}\tau,$$
且
$$\frac{\mathrm{d}s}{\mathrm{d}t}=\sqrt{(x'(t))^2+(y'(t))^2+(z'(t))^2}>0,$$
于是函数 $s=s(t)$ 存在反函数 $t=t(s)$，将 $t=t(s)$ 代入到曲线 Γ 的参数方程中，便得到以弧长 s 为参数的方程

$$\begin{cases} x = x(t(s)), \\ y = y(t(s)), \\ z = z(t(s)). \end{cases}$$

称 s 为曲线 Γ 的**自然参数**,由其可得曲线 Γ 的切向量 $\left\{\dfrac{\mathrm{d}x}{\mathrm{d}s},\dfrac{\mathrm{d}y}{\mathrm{d}s},\dfrac{\mathrm{d}z}{\mathrm{d}s}\right\}$ 是单位向量.

四、曲线的曲率

1) **曲率的概念**:一段曲线的平均曲率既与曲线的弧长有关,也与曲线的切向量转过的角度有关. 设光滑曲线 $\Gamma : \boldsymbol{r}(t) = \{x(t), y(t), z(t)\}$ $(\alpha \leqslant t \leqslant \beta)$,其中 $\boldsymbol{r}(t)$ 二阶可导,其切向量为 $\boldsymbol{T}(t) = \boldsymbol{r}'(t) = \{x'(t), y'(t), z'(t)\}$. 当参数从 t 变化到 $t + \Delta t$ 时,这一段弧长为 Δs,切向量 $\boldsymbol{T}(t)$ 与 $\boldsymbol{T}(t+\Delta t)$ 的夹角为 $\Delta \theta$,称

$$\kappa(t) = \lim_{\Delta s \to 0} \left| \frac{\Delta \theta}{\Delta s} \right|$$

为曲线在参数 t 对应点处的曲率.

2) **曲率计算公式**.

(1) 设光滑曲线 $\Gamma : \boldsymbol{r}(t) = \{x(t), y(t), z(t)\}$ $(\alpha \leqslant t \leqslant \beta)$,其中 $\boldsymbol{r}(t)$ 二阶可导,则参数 t 对应点处的曲率为

$$\kappa(t) = \frac{\|\boldsymbol{r}'(t) \times \boldsymbol{r}''(t)\|}{\|\boldsymbol{r}'(t)\|^3}.$$

(2) 设光滑曲线 $\Gamma : \boldsymbol{r}(s) = \{x(s), y(s), z(s)\}$ $(s \in I)$,其中 s 为自然参数,$\boldsymbol{r}(s)$ 二阶可导,则参数 s 对应点处的曲率为

$$\kappa(s) = \|\boldsymbol{r}''(s)\|.$$

(3) 设平面光滑曲线 $C: x = x(t), y = y(t)$ $(t \in [\alpha, \beta])$,其中 $x(t)$ 和 $y(t)$ 二阶可导,则曲率为

$$\kappa(t) = \frac{|x'(t)y''(t) - x''(t)y'(t)|}{[(x'(t))^2 + (y'(t))^2]^{\frac{3}{2}}}.$$

若平面光滑曲线 C 由直角坐标方程 $y = y(x)(x \in [a, b])$ 给出,其中 $y(x)$ 二阶可导,则曲率为

$$\kappa(x) = \frac{|y''(x)|}{[1+(y'(x))^2]^{\frac{3}{2}}}.$$

若平面光滑曲线 C 由极坐标方程 $\rho = \rho(\theta)(\theta \in [\alpha, \beta])$ 给出,可以将其改写成参数方程

$$\begin{cases} x = \rho(\theta)\cos\theta, \\ y = \rho(\theta)\sin\theta, \end{cases} \theta \in [\alpha, \beta],$$

再计算曲率.

3) **曲率中心与曲率圆**:设平面光滑曲线 C 在点 $M(x, y)$ 处的曲率 $\kappa \neq 0$,过点

M 作曲线 C 的法线,且在曲线凹向一侧的法线上取一点 D,使得 $|\overrightarrow{MD}| = \dfrac{1}{\kappa} = \rho$. 以点 D 为圆心、ρ 为半径作圆,我们称这个圆为曲线 C 在点 M 处的 **曲率圆**,圆心 D 称为曲线 C 在点 M 处的**曲率中心**,半径 $\rho = \dfrac{1}{\kappa}$ 称为曲线 C 在点 M 处的**曲率半径**.

6.2 例题与释疑解难

问题 1 如何求曲线在某点处的切线与法平面?与切线及法平面相关的问题如何讨论?

例 1 求曲线 $\Gamma: x = t^2, y = e^t + 2, z = t + \cos t (t \in \mathbf{R})$ 在 $t = 0$ 对应点处的切线方程与法平面方程.

解 曲线中 $t = 0$ 对应的点为 $(x(0), y(0), z(0)) = (0, 3, 1)$,且由
$$x'(t) = 2t, \quad y'(t) = e^t, \quad z'(t) = 1 - \sin t,$$
可得 $x'(0) = 0, y'(0) = 1, z'(0) = 1$. 于是曲线在 $t = 0$ 对应点处的切线方程为
$$\frac{x - 0}{0} = \frac{y - 3}{1} = \frac{z - 1}{1},$$
法平面方程为
$$(y - 3) + (z - 1) = 0, \quad 即 \quad y + z - 4 = 0.$$

例 2 设曲线方程 $x = x(t), y = y(t), z = z(t)$ 由方程组
$$\begin{cases} te^y + 2x - y = 2, \\ x + y + 2t(1 - t) = 1, \\ z + e^z - \sin t = 1 \end{cases}$$
所确定,求曲线在点 $t = 0$ 处的切线方程与法平面方程.

解 将 $t = 0$ 代入方程组得 $\begin{cases} 2x - y = 2, \\ x + y = 1, \\ z + e^z = 1, \end{cases}$ 解得 $x = 1, y = 0, z = 0$,即 $t = 0$ 对应曲线中的点 $(1, 0, 0)$. 进一步将方程组中各方程的两边分别对 t 求导,有
$$\begin{cases} te^y y'(t) + e^y + 2x'(t) - y'(t) = 0, \\ x'(t) + y'(t) + 2(1 - 2t) = 0, \\ z'(t) + e^z z'(t) - \cos t = 0, \end{cases}$$
将 $t = 0, x = 1, y = 0, z = 0$ 代入可得
$$\begin{cases} 1 + 2x'(0) - y'(0) = 0, \\ x'(0) + y'(0) + 2 = 0, \\ 2z'(0) - 1 = 0, \end{cases}$$

从而解得 $x'(0)=-1, y'(0)=-1, z'(0)=\frac{1}{2}$. 于是曲线在点 $t=0$ 处的切线的方向向量为 $\left\{-1,-1,\frac{1}{2}\right\}$, 故所求的切线方程为
$$x-1=y=-2z,$$
法平面方程为
$$2x+2y-z=2.$$

例 3 设 C 为锥面 $z^2=x^2+y^2$ 上的曲线 $\begin{cases} x=\mathrm{e}^t\cos t, \\ y=\mathrm{e}^t\sin t, \\ z=\mathrm{e}^t, \end{cases}$ 证明: C 上任一点处的切线与经过此点的锥面母线的夹角为一常数.

证明 任取 $t_0 \in \mathbf{R}$, 则 $t=t_0$ 对应点处的切线的方向向量为
$$\boldsymbol{a}=\{\mathrm{e}^{t_0}(\cos t_0-\sin t_0), \mathrm{e}^{t_0}(\sin t_0+\cos t_0), \mathrm{e}^{t_0}\},$$
又经过此点的锥面母线的方向向量为
$$\boldsymbol{l}=\{\mathrm{e}^{t_0}\cos t_0, \mathrm{e}^{t_0}\sin t_0, \mathrm{e}^{t_0}\},$$
设两向量的夹角为 θ, 则
$$\cos\theta=\frac{\boldsymbol{a}\cdot\boldsymbol{l}}{\|\boldsymbol{a}\|\|\boldsymbol{l}\|}=\frac{2\mathrm{e}^{2t_0}}{\sqrt{3}\mathrm{e}^{t_0}\cdot\sqrt{2}\mathrm{e}^{t_0}}=\frac{\sqrt{6}}{3}.$$
由于 t_0 是任取的, 故任一点的切线与经过此点的锥面母线的夹角为一常数.

例 4 求曲线 $C: \begin{cases} x^2+y^2+z^2=4, \\ x^2+y^2=2x, \end{cases}$ 在点 $M(1,1,\sqrt{2})$ 处的切线方程.

分析 本题曲线 C 是由两个曲面的交线形式(即交面式方程)给出的, 求其上某点处的切线方程一般有以下两种方法.

解法 1 从几何方面考虑, 曲线 C 在点 M 处的切线是曲面 $\Sigma_1: x^2+y^2+z^2=4$ 在点 M 处的切平面与曲面 $\Sigma_2: x^2+y^2=2x$ 在点 M 处的切平面的交线, 因此将两切平面方程联立, 就得到了所求的切线方程.

计算可得曲面 Σ_1 在点 $M(1,1,\sqrt{2})$ 处的法向量为 $\boldsymbol{n}_1=\{2,2,2\sqrt{2}\}$, 曲面 Σ_2 在点 $M(1,1,\sqrt{2})$ 处的法向量为 $\boldsymbol{n}_2=\{0,2,0\}$, 于是相应的切平面分别为
$$\Pi_1: x+y+\sqrt{2}z=4, \quad \Pi_2: y=1,$$
故所求的切线方程为
$$\begin{cases} x+y+\sqrt{2}z=4, \\ y=1. \end{cases}$$

解法 2 从代数方面考虑, 由方程组

第 6 讲　多元函数微分学的几何应用

$$\begin{cases} x^2 + y^2 + z^2 = 4, \\ x^2 + y^2 = 2x \end{cases}$$

可确定隐函数 $y = y(x), z = z(x)$，于是曲线 C 的参数式方程为

$$C: \begin{cases} x = x, \\ y = y(x), \\ z = z(x), \end{cases}$$

其切线的方向向量为 $\boldsymbol{a} = \{1, y'(x), z'(x)\}$. 为了求 $y'(x)$ 和 $z'(x)$，根据隐函数求导法则，可将原方程组的两个方程分别对 x 求导，得到

$$\begin{cases} 2x + 2y \cdot y'(x) + 2z \cdot z'(x) = 0, \\ 2x + 2y \cdot y'(x) = 2, \end{cases}$$

由此解得

$$y'(x) = \frac{1-x}{y}, \quad z'(x) = -\frac{1}{z},$$

则曲线 C 在点 $M(1, 1, \sqrt{2})$ 处的切线的方向向量 $\boldsymbol{a} = \left\{1, 0, -\frac{1}{\sqrt{2}}\right\}$，得切线方程为

$$\frac{x-1}{\sqrt{2}} = \frac{y-1}{0} = \frac{z-\sqrt{2}}{-1}.$$

注　曲线 C 也可以 t 为参数写出其参数方程，即

$$x = 1 + \cos t, \quad y = \sin t, \quad z = \pm\sqrt{2(1-\cos t)},$$

于是点 M 对应参数为 $t = \frac{\pi}{2}$，此时切线的方向向量 $\boldsymbol{a} = \{x'(t), y'(t), z'(t)\}$.

例 5　求曲线 $\begin{cases} z = 2x^2 + y^2, \\ x + y + z = 0 \end{cases}$ 的切线，使该切线平行于平面 $x + y = 0$.

解　本题的关键是要在已知曲线上求一点，使该点的切向量与平面 $x + y = 0$ 的法向量垂直. 首先可求出曲面 $z = 2x^2 + y^2$ 在任一点 (x, y, z) 的法向量为 $\boldsymbol{n}_1 = \{4x, 2y, -1\}$，再将 $\boldsymbol{n}_1$ 与平面 $x + y + z = 0$ 的法向量 $\{1, 1, 1\}$ 作向量积，即得已知曲线上任一点的切向量为

$$\boldsymbol{a} = \begin{vmatrix} \boldsymbol{i} & \boldsymbol{j} & \boldsymbol{k} \\ 4x & 2y & -1 \\ 1 & 1 & 1 \end{vmatrix} = \{2y+1, -1-4x, 4x-2y\}.$$

由题知该切向量 $\boldsymbol{a}$ 必与平面 $x + y = 0$ 的法向量 $\{1, 1, 0\}$ 垂直，可得 $2y - 4x = 0$，即 $y - 2x = 0$. 最后解方程组

$$\begin{cases} z = 2x^2 + y^2, \\ x + y + z = 0, \\ y - 2x = 0 \end{cases}$$

得到两组解 $(x,y,z)=(0,0,0)$ 和 $(x,y,z)=\left(-\dfrac{1}{2},-1,\dfrac{3}{2}\right)$，从而得到了满足题设条件的两条切线为

$$\dfrac{x}{1}=\dfrac{y}{-1}=\dfrac{z}{0} \quad \text{和} \quad \dfrac{x+\dfrac{1}{2}}{1}=\dfrac{y+1}{-1}=\dfrac{z-\dfrac{3}{2}}{0}.$$

问题 2 如何求曲面在一点处的切平面与法线？以及如何讨论与切平面和法线相关的问题？

例 6 求曲面

$$x=u+v, \quad y=u^2+v^2, \quad z=u^3+v^3$$

的切平面当切点 $M(u,v)(u\neq v)$ 趋于曲面的边界 $u=v$ 上的点 $M_0(u_0,u_0)$ 时的极限位置。

解 这是由参数方程确定的曲面，先求出曲面在点 $M(u,v)(u\neq v)$ 处的切平面方程。由于

$$\dfrac{\partial(y,z)}{\partial(u,v)}=\begin{vmatrix} 2u & 2v \\ 3u^2 & 3v^2 \end{vmatrix}=6uv(v-u),$$

$$\dfrac{\partial(z,x)}{\partial(u,v)}=\begin{vmatrix} 3u^2 & 3v^2 \\ 1 & 1 \end{vmatrix}=3(u^2-v^2),$$

$$\dfrac{\partial(x,y)}{\partial(u,v)}=\begin{vmatrix} 1 & 1 \\ 2u & 2v \end{vmatrix}=2(v-u),$$

于是过点 (x,y,z) 的切平面的法向量为

$$\boldsymbol{n}=\{6uv(v-u),3(u^2-v^2),2(v-u)\},$$

从而切平面方程为

$$6uv(v-u)(X-(u+v))+3(u^2-v^2)(Y-(u^2+v^2))+2(v-u)(Z-(u^3+v^3))=0,$$

消去 $v-u$ 并整理得到

$$6uvX-3(u+v)Y+2Z=3uv(u+v)-u^3-v^3.$$

令 $(u,v)\to(u_0,u_0)$，则有

$$6u_0^2 X-6u_0 Y+2Z=4u_0^3,$$

再把平面上动点的坐标 (X,Y,Z) 改为 (x,y,z)，故所求的极限位置为

$$3u_0^2 x-3u_0 y+z=2u_0^3.$$

例 7 在曲面 $z=xy$ 上求一点，使过该点的法线垂直于平面 $x+3y+z=9$，并求过该点的法线方程。

解 设点 (x,y,z) 为曲面 $z=xy$ 上的所求点，则该点处的法向量为 $\{y,x,-1\}$。由于此点处法线与平面 $x+3y+z=9$ 垂直，所以法向量 $\{y,x,-1\}$ 与该平面的法向量 $\{1,3,1\}$ 平行，因此有

$$\frac{y}{1} = \frac{x}{3} = \frac{-1}{1},$$

可得 $y=-1, x=-3$，从而 $z=xy=3$. 即曲面 $z=xy$ 上所求点为 $(-3,-1,3)$，过该点的法线方程为

$$x+3 = \frac{y+1}{3} = z-3.$$

例 8 确定正数 λ，使曲面 $xyz=\lambda$ 与椭球面 $\dfrac{x^2}{a^2}+\dfrac{y^2}{b^2}+\dfrac{z^2}{c^2}=1$ 在某点处相切.

解 设曲面 $xyz=\lambda$ 与椭球面 $\dfrac{x^2}{a^2}+\dfrac{y^2}{b^2}+\dfrac{z^2}{c^2}=1$ 在点 $P_0(x_0,y_0,z_0)$ 相切，则两曲面在该点有公共切平面. 因为曲面 $xyz=\lambda$ 在点 P_0 处的切平面的法向量为

$$\boldsymbol{n}_1 = \{y_0 z_0, z_0 x_0, x_0 y_0\},$$

椭球面在点 P_0 处的切平面的法向量为

$$\boldsymbol{n}_2 = \left\{\frac{x_0}{a^2}, \frac{y_0}{b^2}, \frac{z_0}{c^2}\right\},$$

且由题知 $\boldsymbol{n}_1 \parallel \boldsymbol{n}_2$，所以

$$\frac{x_0}{a^2 y_0 z_0} = \frac{y_0}{b^2 z_0 x_0} = \frac{z_0}{c^2 x_0 y_0}, \quad 即 \quad \frac{x_0^2}{a^2} = \frac{y_0^2}{b^2} = \frac{z_0^2}{c^2}.$$

又 $\dfrac{x_0^2}{a^2}+\dfrac{y_0^2}{b^2}+\dfrac{z_0^2}{c^2}=1$，得 $\dfrac{x_0^2}{a^2}=\dfrac{y_0^2}{b^2}=\dfrac{z_0^2}{c^2}=\dfrac{1}{3}$，则 $x_0^2 y_0^2 z_0^2 = \dfrac{1}{27}a^2 b^2 c^2$，故正数 λ 为

$$\lambda = x_0 y_0 z_0 = \frac{\sqrt{3}\,abc}{9}.$$

例 9 已知平面 $lx+my+nz=p$ 与椭球面 $\dfrac{x^2}{a^2}+\dfrac{y^2}{b^2}+\dfrac{z^2}{c^2}=1$ 相切，证明：

$$a^2 l^2 + b^2 m^2 + c^2 n^2 = p^2.$$

证明 设已知平面与椭球面的切点为 $M_0(x_0,y_0,z_0)$，则椭球面在切点 M_0 处的切平面方程为

$$\frac{x_0}{a^2}(x-x_0) + \frac{y_0}{b^2}(y-y_0) + \frac{z_0}{c^2}(z-z_0) = 0, \quad 即 \quad \frac{x_0}{a^2}x + \frac{y_0}{b^2}y + \frac{z_0}{c^2}z = 1.$$

因为它与 $lx+my+nz=p$ 表示同一个平面，因此有 $p \neq 0$，且

$$\frac{x_0}{a^2} = \frac{l}{p}, \quad \frac{y_0}{b^2} = \frac{m}{p}, \quad \frac{z_0}{c^2} = \frac{n}{p}.$$

又 $lx_0+my_0+nz_0=p$，故

$$a^2 l^2 + b^2 m^2 + c^2 n^2 = x_0 pl + y_0 pm + z_0 pn = p(x_0 l + y_0 m + z_0 n) = p^2,$$

得证.

例 10 已知光滑曲面 $\Sigma: F(x,y,z)=0$，且原点不在曲面 Σ 上，证明：曲面 Σ 上

离原点最近的点处的法线必过原点.

证明 设曲面 $F(x,y,z)=0$ 上离原点最近的点为 $P_0(x_0,y_0,z_0)$. 由求条件极值问题的 Lagrange 乘数法,构造函数
$$L(x,y,z,\lambda) = x^2 + y^2 + z^2 + \lambda F(x,y,z),$$
则点 P_0 的坐标必满足如下的方程组:
$$\begin{cases} 2x + \lambda F_x(x,y,z) = 0, \\ 2y + \lambda F_y(x,y,z) = 0, \\ 2z + \lambda F_z(x,y,z) = 0, \\ F(x,y,z) = 0. \end{cases}$$
由该方程组可得
$$\frac{x_0}{F_x(P_0)} = \frac{y_0}{F_y(P_0)} = \frac{z_0}{F_z(P_0)},$$
这表明原点满足过点 $P_0(x_0,y_0,z_0)$ 的法线方程,得证.

例 11 求椭球面 $x^2 + y^2 + z^2 + xz + yz = 2$ 在 xOy 平面上投影的边界曲线方程.

解 设椭球面上点在 xOy 平面上投影的边界曲线为 C. 若椭球面上曲线 Γ 上的点在 xOy 平面的投影点落在 C 上,则其切平面平行于 z 轴,即点 (x,y,z) 处法向量
$$\boldsymbol{n} = \{2x+z, 2y+z, 2z+x+y\}$$
与向量 $\{0,0,1\}$ 垂直,可得 $2z+x+y=0$. 于是曲线 $\Gamma:\begin{cases} 2z+x+y=0, \\ x^2+y^2+z^2+xz+yz=2 \end{cases}$ 在 xOy 平面上的投影曲线
$$C: \begin{cases} x^2 + y^2 - \dfrac{(x+y)^2}{4} = 2, \\ z = 0 \end{cases}$$
即为所求.

例 12 设函数 $f(x,y)$ 在点 $(2,-2)$ 处可微,满足
$$f(\sin(xy) + 2\cos x, xy - 2\cos y) = 1 + x^2 + y^2 + o(x^2 + y^2),$$
其中 $o(x^2+y^2)$ 表示比 x^2+y^2 高阶的无穷小(当 $(x,y) \to (0,0)$ 时),试求曲面 $z = f(x,y)$ 在点 $(2,-2,f(2,-2))$ 处的切平面方程.

解 因为 $f(\sin(xy) + 2\cos x, xy - 2\cos y) = 1 + x^2 + y^2 + o(x^2+y^2)$,所以
$$f(2\cos x, -2) = 1 + x^2 + o(x^2), \quad f(2, -2\cos y) = 1 + y^2 + o(y^2).$$
又
$$f(2\cos x, -2) = f(2,-2) + f_x(2,-2)(2\cos x - 2) + o(2\cos x - 2)$$
$$= f(2,-2) + f_x(2,-2)(-x^2) + o(x^2),$$

$$f(2,-2\cos y) = f(2,-2) + f_y(2,-2)(-2\cos y + 2) + o(-2\cos y + 2)$$
$$= f(2,-2) + f_y(2,-2)y^2 + o(y^2),$$

于是可得
$$f(2,-2) = 1, \quad f_x(2,-2) = -1, \quad f_y(2,-2) = 1,$$

因此所求切平面的法向量为
$$\boldsymbol{n} = \{-f_x(2,-2), -f_y(2,-2), 1\} = \{1,-1,1\},$$

故所求切平面方程为 $x - y + z = 5$.

例 13 证明:曲面 $e^{2x-z} = f(\pi y - \sqrt{2}z)$ (其中 $f(u)$ 可微) 为柱面.

证明 只要曲面的所有切平面都平行于某一定直线,也就是所有切平面的法向量与某一定直线垂直,即可知此曲面必为柱面.

令 $F(x,y,z) = e^{2x-z} - f(\pi y - \sqrt{2}z)$,则
$$F_x = 2e^{2x-z}, \quad F_y = -\pi f', \quad F_z = \sqrt{2}f' - e^{2x-z}.$$

给定常向量 $\boldsymbol{a} = \left\{1, \dfrac{2\sqrt{2}}{\pi}, 2\right\}$,则有
$$\{F_x, F_y, F_z\} \cdot \boldsymbol{a} = 2e^{2x-z} - 2\sqrt{2}f' + 2\sqrt{2}f' - 2e^{2x-z} = 0,$$

即曲面上任意一点 (x,y,z) 的切平面的法向量垂直于常向量 $\boldsymbol{a}$,从而该曲面为柱面.

例 14 证明:曲面 $z = xf\left(\dfrac{\sqrt{x^2+y^2}}{x}\right)$ 上任一点的切平面过原点,其中 $f(u)$ 可微.

证明 设
$$F(x,y,z) = xf\left(\dfrac{\sqrt{x^2+y^2}}{x}\right) - z.$$

在曲面上任取一点 (x,y,z) $(x \neq 0)$,则在此点处有
$$F_x = f - \dfrac{y^2}{x\sqrt{x^2+y^2}}f', \quad F_y = \dfrac{yf'}{\sqrt{x^2+y^2}}, \quad F_z = -1,$$

故此点处的切平面方程为
$$\left(f - \dfrac{y^2}{x\sqrt{x^2+y^2}}f'\right)(X-x) + \dfrac{yf'}{\sqrt{x^2+y^2}}(Y-y) - (Z-z) = 0.$$

可验证 $(X,Y,Z) = (0,0,0)$ 满足上述切平面方程,故切平面经过原点.

例 15 设函数 $F(x,y,z)$ 在 $\mathbf{R}^3$ 上偏导数连续,且对任意的 (x,y,z) 满足
$$F(tx,ty,tz) = t^n F(x,y,z), \quad 其中 t \in \mathbf{R}, n \in \mathbf{N}^*.$$

给定曲面 $\Sigma: F(x,y,z) = 1$,其上的点 $P_0(x_0, y_0, z_0)$ 满足 $(F_x, F_y, F_z) \neq (0,0,0)$,证明:曲面 Σ 在点 $P_0(x_0, y_0, z_0)$ 处的切平面方程为
$$xF_x(P_0) + yF_y(P_0) + zF_z(P_0) = n.$$

证明 在等式 $F(tx,ty,tz) = t^n F(x,y,z)$ 两边同时对 t 求导,可得
$$xF_x(tx,ty,tz) + yF_y(tx,ty,tz) + zF_z(tx,ty,tz) = nt^{n-1}F(x,y,z),$$
将 $t=1$ 代入有
$$xF_x(x,y,z) + yF_y(x,y,z) + zF_z(x,y,z) = nF(x,y,z).$$
再设 $G(x,y,z) = F(x,y,z) - 1$,则
$$G_x = F_x(x,y,z), \quad G_y = F_y(x,y,z), \quad G_z = F_z(x,y,z),$$
于是点 $P_0(x_0,y_0,z_0)$ 处的切平面方程为
$$F_x(P_0)(x-x_0) + F_y(P_0)(y-y_0) + F_z(P_0)(z-z_0) = 0,$$
即
$$F_x(P_0)x + F_y(P_0)y + F_z(P_0)z = F_x(P_0)x_0 + F_y(P_0)y_0 + F_z(P_0)z_0.$$
又在 P_0 处有
$$x_0 F_x(P_0) + y_0 F_y(P_0) + z_0 F_z(P_0) = nF(P_0) = n,$$
从而得点 $P_0(x_0,y_0,z_0)$ 处的切平面方程为
$$xF_x(P_0) + yF_y(P_0) + zF_z(P_0) = n.$$

问题 3 如何求空间曲线的弧长?

例 16 求曲线 $r = \{e^t\cos t, e^t\sin t, e^t\}$ 上介于点 $(1,0,1)$ 与点 $(0, e^{\frac{\pi}{2}}, e^{\frac{\pi}{2}})$ 之间的弧段长.

解 点 $(1,0,1)$ 对应参数为 $t=0$,点 $(0, e^{\frac{\pi}{2}}, e^{\frac{\pi}{2}})$ 对应参数为 $t=\dfrac{\pi}{2}$,由空间弧长计算公式,得此段弧长为
$$s = \int_0^{\frac{\pi}{2}} \sqrt{((e^t\cos t)')^2 + ((e^t\sin t)')^2 + ((e^t)')^2}\,dt$$
$$= \int_0^{\frac{\pi}{2}} \sqrt{(e^t(\cos t - \sin t))^2 + (e^t(\sin t + \cos t))^2 + (e^t)^2}\,dt$$
$$= \sqrt{3}\int_0^{\frac{\pi}{2}} e^t\,dt = \sqrt{3}(e^{\frac{\pi}{2}} - 1).$$

问题 4 如何求与曲线的曲率相关的问题?

例 17 已知抛物线 $y = ax^2 + bx + c$ 在点 $M(1,2)$ 处的曲率圆方程为
$$\left(x - \frac{1}{2}\right)^2 + \left(y - \frac{5}{2}\right)^2 = \frac{1}{2},$$
求常数 a,b,c 的值.

解 由于曲率圆与原曲线在交点处相切,且曲线所对应的函数 $y=y(x)$ 与曲率圆在此点所确定的隐函数在交点处的二阶导数也相等,又
$$y(1) = a+b+c = 2, \quad y'(1) = 2a+b, \quad y''(1) = 2a,$$
而由曲率圆的方程可得

$$2\left(x-\frac{1}{2}\right)+2\left(y-\frac{5}{2}\right)y'=0 \Rightarrow y'(1)=1,$$
$$1+(y')^2+\left(y-\frac{5}{2}\right)y''=0 \Rightarrow y''(1)=4,$$

所以 $2a+b=1, 2a=4$. 故 $a=2, b=-3, c=3$.

例 18 求曲线 $x=\ln\cos y$ 在点 (x,y) 处的曲率及曲率半径.

解 由于 $x'=-\tan y, x''=-\sec^2 y$, 所以其曲率为
$$\kappa=\frac{|x''|}{[1+(x')^2]^{\frac{3}{2}}}=\frac{|-\sec^2 y|}{(1+\tan^2 y)^{3/2}}=\frac{1}{|\sec y|}=|\cos y|,$$

曲率半径为
$$\rho=\frac{1}{\kappa}=\frac{1}{|\cos y|}=|\sec y|.$$

例 19 求极坐标曲线 $\rho=a\sin^3\frac{\theta}{3}(a>0)$ 上任一点处的曲率半径.

解 把曲线方程化为参数式方程, 有
$$\begin{cases} x=\rho(\theta)\cos\theta=a\sin^3\frac{\theta}{3}\cos\theta, \\ y=\rho(\theta)\sin\theta=a\sin^3\frac{\theta}{3}\sin\theta, \end{cases}$$

于是
$$\frac{dy}{dx}=\frac{a\sin^2\frac{\theta}{3}\cos\frac{\theta}{3}\sin\theta+a\sin^3\frac{\theta}{3}\cos\theta}{a\sin^2\frac{\theta}{3}\cos\frac{\theta}{3}\cos\theta-a\sin^3\frac{\theta}{3}\sin\theta}=\frac{\sin\frac{4\theta}{3}}{\cos\frac{4\theta}{3}}=\tan\frac{4\theta}{3},$$

$$\frac{d^2y}{dx^2}=\frac{\frac{4}{3}\sec^2\frac{4\theta}{3}}{a\sin^2\frac{\theta}{3}\cos\frac{\theta}{3}\cos\theta-a\sin^3\frac{\theta}{3}\sin\theta}=\frac{\frac{4}{3}}{a\sin^2\frac{\theta}{3}\cos^3\frac{4\theta}{3}}.$$

由上可得曲线在任一点处的曲率为
$$\kappa=\frac{|y''|}{[1+(y')^2]^{\frac{3}{2}}}=\frac{\left|\frac{\frac{4}{3}}{a\sin^2\frac{\theta}{3}\cos^3\frac{4\theta}{3}}\right|}{\left(1+\tan^2\frac{4\theta}{3}\right)^{\frac{3}{2}}}=\frac{\frac{4}{3}}{a\sin^2\frac{\theta}{3}},$$

从而曲率半径为
$$\rho=\frac{1}{\kappa}=\frac{3}{4}a\sin^2\frac{\theta}{3}.$$

例 20 求曲线 $\boldsymbol{r}=\{3t-t^3, 3t^2, 3t+t^3\}$ 上任一点处的曲率.

解 因为 $\bm{r}' = \{3-3t^2, 6t, 3+3t^2\}, \bm{r}'' = \{-6t, 6, 6t\}$,所以
$$\bm{r}' \times \bm{r}'' = 18\{t^2-1, -2t, t^2+1\},$$
故曲率为
$$\kappa = \frac{\|\bm{r}' \times \bm{r}''\|}{\|\bm{r}'\|^3} = \frac{18\sqrt{(t^2-1)^2+(-2t)^2+(t^2+1)^2}}{3^3(\sqrt{(1-t^2)^2+(2t)^2+(t^2+1)^2})^3} = \frac{1}{3(t^2+1)^2}.$$

例 21 求曲线 $\begin{cases} z = x^2+y^2, \\ x^2+y^2 = 2x \end{cases}$ 上曲率最大的点.

解 将曲线方程用参数式方程表示,有
$$\bm{r} = \{1+\cos t, \sin t, 2+2\cos t\} \quad (t \in [0, 2\pi]),$$
于是
$$\bm{r}' = \{-\sin t, \cos t, -2\sin t\}, \quad \bm{r}'' = \{-\cos t, -\sin t, -2\cos t\},$$
故 $\bm{r}' \times \bm{r}'' = \{-2, 0, 1\}$,所以曲率为
$$\kappa = \frac{\|\bm{r}' \times \bm{r}''\|}{\|\bm{r}'\|^3} = \frac{\sqrt{5}}{(1+4\sin^2 t)^{\frac{3}{2}}}.$$

显然,当 $\sin t = 0$,即 $t = 0$ 和 $t = \pi$ 时曲率最大,此时对应点为 $(2,0,4)$ 和 $(0,0,0)$,最大的曲率为 $\kappa_{\max} = \sqrt{5}$.

6.3 练习题

1. 曲线 $\begin{cases} x = t, \\ y = -\dfrac{1}{2}(3t+1), \\ z = t^2 \end{cases}$ 在 $t = 1$ 处的切线方程为_____.

2. 曲线 $\begin{cases} x = t, \\ y = t^2, \\ z = t^3 \end{cases}$ 上点_____($|x| \geq 1$)处的切线平行于平面 $x+2y+z = 4$.

3. 曲面 $z+2xy-u\mathrm{e}^z = 1$ 在点 $(1,1,0)$ 处的切平面方程为_____.

4. 由曲线 $\begin{cases} 3x^2+2y^2 = 12, \\ z = 0 \end{cases}$ 绕 y 轴旋转一周得到的旋转面在点 $(0, \sqrt{3}, \sqrt{2})$ 处的指向外侧的单位法向量为_____.

5. 曲面 $xy+yz+zx-1 = 0$ 与平面 $x-3y+z-4 = 0$ 在点 $M(1, -2, -3)$ 处的法向量的交角为_____.

6. 曲线 $\begin{cases} x^2+y^2 = 10, \\ y^2+z^2 = 25 \end{cases}$ 在点 $(1,3,4)$ 处的法平面为 Π,则原点到 Π 的距离为

( )

(A) 12　　　　(B) $\frac{1}{13}$　　　　(C) $\frac{12}{13}$　　　　(D) $\frac{12}{169}$

7. 曲线 $\begin{cases} z = \dfrac{x^2+y^2}{4}, \\ y = 4 \end{cases}$ 在点 $(2,4,5)$ 处的切线与 x 轴的正向所成的角度是

　　　　　　　　　　　　　　　　　　　　　　　　　　　　　　　　　　　　(　　)

(A) $\dfrac{\pi}{2}$　　　　(B) $\dfrac{\pi}{3}$　　　　(C) $\dfrac{\pi}{4}$　　　　(D) $\dfrac{\pi}{6}$

8. 过点 $(1,0,0),(0,1,0)$,且与曲面 $z = x^2 + y^2$ 相切的平面为　　(　　)
(A) $z = 0$ 与 $x + y - z = 1$　　(B) $z = 0$ 与 $2x + 2y - z = 2$
(C) $x = y$ 与 $x + y - z = 1$　　(D) $x = y$ 与 $2x + 2y - z = 2$

9. 曲面 $2xy + 4z - e^z = 3$ 在点 $(1,2,0)$ 处的法线与直线 $\dfrac{x-1}{1} = \dfrac{y}{1} = \dfrac{z-2}{-2}$ 的夹角为　　　　　　　　　　　　　　　　　　　　　　　　　　　　　　　　　(　　)

(A) $\dfrac{\pi}{4}$　　　　(B) $\dfrac{\pi}{3}$　　　　(C) $\dfrac{\pi}{2}$　　　　(D) 0

10. 直线 $l: \begin{cases} x+y+b=0, \\ x+ay-z-3=0 \end{cases}$ 在平面 Π 上,且平面 Π 与曲面 $z = x^2 + y^2$ 相切于点 $(1,-2,5)$,求常数 a,b 的值.

11. 求过直线 $\begin{cases} x+2y+z-1=0, \\ x-y-2z+3=0 \end{cases}$ 且与曲线 $\begin{cases} x^2+y^2=\dfrac{1}{2}z^2 \\ x+y+2z=4 \end{cases}$ 在点 $(1,-1,2)$ 处的切线平行的平面方程.

12. 求椭球面 $x^2 + 3y^2 + z^2 = \dfrac{11}{4}$ 平行于平面 $2x - 3y + 2z - 1 = 0$ 的切平面方程.

13. 设 $f(u,v)$ 可微,证明曲面 $f(cx-az, cy-bz) = 0$ 上各点的法线总垂直于一常向量,并指出此曲面的特征.

14. 求数量场 $u = \dfrac{x^2 \ln y}{z}$ 在点 $M(1,1,2)$ 处沿着方向 $\boldsymbol{n}$ 的方向导数,这里 $\boldsymbol{n}$ 为曲面 $z = x^2 + y^2$ 在点 M 处的指向下侧的法向量.

15. 设
$$\frac{xy}{z} = u, \quad \sqrt{x^2+z^2} + \sqrt{y^2+z^2} = v, \quad \sqrt{x^2+z^2} - \sqrt{y^2+z^2} = w$$
是三个分别以 u,v,w 为参数的单参数曲面族,证明:过同一点的三曲面族的三个曲面是两两正交的.

16. 证明：曲面 $xyz = a^3 (a>0)$ 上任意一点处的切平面与三个坐标面所围成的四面体的体积是一常数.

17. 求曲面 $\begin{cases} x = e^u \cos v, \\ y = e^u \sin v, \\ z = u \end{cases}$ 在任意一点 (u_0, v_0) 处的切平面.

18. 求曲线 $\begin{cases} x^2 + 2y^2 = 2x + 1, \\ z = y \end{cases}$ 的弧长.

19. 求曲线 $x = 4y - y^2$ 上曲率最大的点，并求出此点处的曲率.

20. 若 $f''(x)$ 不变号，且曲线 $y = f(x)$ 在点 $(1,1)$ 处的曲率圆为 $x^2 + y^2 = 2$，则函数 $f(x)$ 在区间 $(1,2)$ 内 ( )

(A) 有极值点但无零点 (B) 无极值点但有零点
(C) 有极值点且有零点 (D) 无极值点且无零点

21. 求曲线 $\begin{cases} x = e^t \cos t, \\ y = e^t \sin t \end{cases}$ 在任一点处的曲率与曲率半径.

22. 求曲线 $\boldsymbol{r} = \{t\cos t, t\sin t, t\}$ 在 $t = 0$ 对应点处的曲率.

第 7 讲　数量值函数积分的概念与二重积分的计算

7.1　内容提要

一、数量值函数积分的概念

设 Ω 表示一个有界的可度量的几何形体,函数 $f(M)$ 是定义在 Ω 上的数量值函数. 现将 Ω 任意分割为 n 个可度量的小几何形体 $\Delta\Omega_i(i=1,2,\cdots,n)$,其度量仍记为 $\Delta\Omega_i$,并记 $d = \max\limits_{1\leqslant i\leqslant n}\{\Delta\Omega_i \text{ 的直径}\}$. 任取点 $M_i \in \Delta\Omega_i$,作和式

$$\sum_{i=1}^n f(M_i)\Delta\Omega_i,$$

若不论 Ω 如何分割,分点 $M_i \in \Delta\Omega_i$ 如何选取,当 $d \to 0$ 时,该和式都趋于同一个常数,则称函数 $f(M)$ 在 Ω 上可积,且称此常数为函数 $f(M)$ 在 Ω 上的 Riemann 积分,也简称为函数 $f(M)$ 在 Ω 上的积分,记为 $\int_\Omega f(M)\mathrm{d}\Omega$,即

$$\int_\Omega f(M)\mathrm{d}\Omega = \lim_{d\to 0}\sum_{i=1}^n f(M_i)\Delta\Omega_i,$$

其中 Ω 称为**积分区域**,$f(M)$ 称为**被积函数**,$f(M)\mathrm{d}\Omega$ 称为**被积表达式**.

二、几种形式的数量值函数的积分

(1) 若 Ω 是 xOy 平面上的一块可求面积的有界闭区域,记为 D,则 $f(M)$ 在 D 上的积分称为**二重积分**,记为

$$\iint_D f(x,y)\mathrm{d}\sigma = \lim_{d\to 0}\sum_{i=1}^n f(\xi_i,\eta_i)\Delta\sigma_i,$$

称 D 为**积分区域**,$\mathrm{d}\sigma$ 为**面积微元**.

(2) 若 Ω 是三维空间中的一块可求体积的有界闭区域,则 $f(M)$ 在 Ω 上的积分称为**三重积分**,记为

$$\iiint_\Omega f(x,y,z)\mathrm{d}V = \lim_{d\to 0}\sum_{i=1}^n f(\xi_i,\eta_i,\zeta_i)\Delta V_i,$$

称 Ω 为**积分区域**,$\mathrm{d}V$ 为**体积微元**.

(3) 若 Ω 是一条可求长的空间曲线段,记为 L,则 $f(M)$ 在 L 上的积分称为**第一型曲线积分**,或称为**对弧长的曲线积分**,记为

$$\int_L f(x,y,z)\,\mathrm{d}s = \lim_{d\to 0}\sum_{i=1}^{n} f(\xi_i,\eta_i,\zeta_i)\Delta s_i,$$

称 L 为**积分路径**，$\mathrm{d}s$ 为**弧长微元**. 同样地，若 L 为平面曲线，则有

$$\int_L f(x,y)\,\mathrm{d}s = \lim_{d\to 0}\sum_{i=1}^{n} f(\xi_i,\eta_i)\Delta s_i.$$

(4) 若 Ω 是一块可求面积的曲面，记为 Σ，则 $f(M)$ 在 Σ 上的积分称为**第一型曲面积分**，或称为**对面积的曲面积分**，记为

$$\iint_\Sigma f(x,y,z)\,\mathrm{d}S = \lim_{d\to 0}\sum_{i=1}^{n} f(\xi_i,\eta_i,\zeta_i)\Delta S_i,$$

称 S 为**积分曲面**，$\mathrm{d}S$ 为**面积微元**.

特别地，当在 Ω 上恒有 $f(M)=1$ 时，由定义知，$\int_\Omega \mathrm{d}\Omega$ 表示几何形体 Ω 的度量. 例如，$\iint_D \mathrm{d}\sigma$ 表示平面有界闭区域 D 的面积，$\iiint_\Omega \mathrm{d}V$ 表示空间有界闭区域 Ω 的体积.

三、数量值函数积分的性质

假定以下性质中涉及的所有函数均可积.

(1) **线性性质**：设 α,β 都为常数，则

$$\int_\Omega (\alpha f(M)+\beta g(M))\,\mathrm{d}\Omega = \alpha\int_\Omega f(M)\,\mathrm{d}\Omega + \beta\int_\Omega g(M)\,\mathrm{d}\Omega.$$

(2) **对积分区域的可加性**：设 $\Omega = \Omega_1 \cup \Omega_2$，且 Ω_1 与 Ω_2 除边界点外无公共部分，则

$$\int_\Omega f(M)\,\mathrm{d}\Omega = \int_{\Omega_1} f(M)\,\mathrm{d}\Omega + \int_{\Omega_2} f(M)\,\mathrm{d}\Omega.$$

(3) **单调性**：若在 Ω 上恒有 $f(M) \leqslant g(M)$，则

$$\int_\Omega f(M)\,\mathrm{d}\Omega \leqslant \int_\Omega g(M)\,\mathrm{d}\Omega.$$

(4) **绝对值性质**：$\left|\int_\Omega f(M)\,\mathrm{d}\Omega\right| \leqslant \int_\Omega |f(M)|\,\mathrm{d}\Omega.$

(5) **估值定理**：若存在常数 M 和 L，使得在 Ω 上恒有 $L \leqslant f(M) \leqslant M$，则

$$L\cdot(\Omega \text{ 的度量}) \leqslant \int_\Omega f(M)\,\mathrm{d}\Omega \leqslant M\cdot(\Omega \text{ 的度量}).$$

(6) **积分中值定理**：设 $f(M)$ 在 Ω 上连续，则至少存在一点 $M^* \in \Omega$，使得

$$\int_\Omega f(M)\,\mathrm{d}\Omega = f(M^*)\cdot(\Omega \text{ 的度量}).$$

四、二重积分的计算

1) 直角坐标系下二重积分的计算.

(1) 在直角坐标系下，面积微元为 $\mathrm{d}\sigma = \mathrm{d}x\mathrm{d}y$.

(2) 若积分区域 D 可表示为 $\varphi_1(x) \leqslant y \leqslant \varphi_2(x), a \leqslant x \leqslant b$,则

$$\iint\limits_D f(x,y)\mathrm{d}\sigma = \int_a^b \mathrm{d}x \int_{\varphi_1(x)}^{\varphi_2(x)} f(x,y)\mathrm{d}y;$$

若积分区域 D 可表示为 $\psi_1(y) \leqslant x \leqslant \psi_2(y), c \leqslant y \leqslant d$,则

$$\iint\limits_D f(x,y)\mathrm{d}\sigma = \int_c^d \mathrm{d}y \int_{\psi_1(y)}^{\psi_2(y)} f(x,y)\mathrm{d}x.$$

2) 极坐标下二重积分的计算.

(1) 在极坐标系下 $\begin{cases} x = \rho\cos\theta, \\ y = \rho\sin\theta, \end{cases}$ 面积微元为 $\mathrm{d}\sigma = \rho\mathrm{d}\rho\mathrm{d}\theta$.

(2) 极点 O 在 D 的外部,若积分区域 D 可表示为 $\begin{cases} \rho_1(\theta) \leqslant \rho \leqslant \rho_2(\theta), \\ \alpha \leqslant \theta \leqslant \beta, \end{cases}$ 则

$$\iint\limits_D f(x,y)\mathrm{d}\sigma = \int_\alpha^\beta \mathrm{d}\theta \int_{\rho_1(\theta)}^{\rho_2(\theta)} f(\rho\cos\theta, \rho\sin\theta)\rho\mathrm{d}\rho.$$

(3) 极点 O 在 D 的边界上,若积分区域 D 可表示为 $\begin{cases} 0 \leqslant \rho \leqslant \rho(\theta), \\ \alpha \leqslant \theta \leqslant \beta, \end{cases}$ 则

$$\iint\limits_D f(x,y)\mathrm{d}\sigma = \int_\alpha^\beta \mathrm{d}\theta \int_0^{\rho(\theta)} f(\rho\cos\theta, \rho\sin\theta)\rho\mathrm{d}\rho.$$

(4) 极点 O 在 D 的内部,若积分区域 D 可表示为 $\begin{cases} 0 \leqslant \rho \leqslant \rho(\theta), \\ 0 \leqslant \theta \leqslant 2\pi, \end{cases}$ 则

$$\iint\limits_D f(x,y)\mathrm{d}\sigma = \int_0^{2\pi} \mathrm{d}\theta \int_0^{\rho(\theta)} f(\rho\cos\theta, \rho\sin\theta)\rho\mathrm{d}\rho.$$

3) 二重积分的一般变量代换:若 D 的边界曲线较复杂,可通过自变量代换将区域 D 化为规则区域,使积分限易确定;若某些被积函数不易积分,也可通过自变量代换化简被积函数,使积分易求出.

设被积函数在区域 D 上连续,若变换 $\begin{cases} x = x(u,v), \\ y = y(u,v), \end{cases}$ 满足下列条件:

(1) 将 uOv 平面区域 D' 上的点一对一地变为 D 上的点;

(2) $x(u,v), y(u,v)$ 在 D' 上有连续的一阶偏导数,且

$$J(u,v) = \frac{\partial(x,y)}{\partial(u,v)} = \begin{vmatrix} x_u & x_v \\ y_u & y_v \end{vmatrix} \neq 0,$$

则

$$\iint\limits_D f(x,y)\mathrm{d}x\mathrm{d}y = \iint\limits_{D'} f(x(u,v), y(u,v)) \mid J \mid \mathrm{d}u\mathrm{d}v.$$

4) 二重积分中利用对称性简化计算的方法.

(1) 如果区域 D 关于 x 轴对称,且 $f(x,y)$ 在 D 上可积,则

$$\iint_D f(x,y)\,d\sigma = \begin{cases} 0, & f(x,-y) = -f(x,y), \\ 2\iint_{D_1} f(x,y)\,d\sigma, & f(x,-y) = f(x,y), \end{cases}$$

其中 D_1 为 D 的上半部分区域.

(2) 如果区域 D 关于 y 轴对称,且 $f(x,y)$ 在 D 上可积,则

$$\iint_D f(x,y)\,d\sigma = \begin{cases} 0, & f(-x,y) = -f(x,y) \\ 2\iint_{D_1} f(x,y)\,d\sigma, & f(-x,y) = f(x,y), \end{cases}$$

其中 D_1 为 D 的右半部分区域.

(3) 如果区域 D 关于原点对称,且 $f(x,y)$ 在 D 上可积,则

$$\iint_D f(x,y)\,d\sigma = \begin{cases} 0, & f(-x,-y) = -f(x,y), \\ 2\iint_{D_1} f(x,y)\,d\sigma, & f(-x,-y) = f(x,y), \end{cases}$$

其中 D_1 为 D 的位于直线 $x+y=0$ 上方部分的区域.

(4) 如果区域 D 关于直线 $y=x$ 对称,且 $f(x,y)$ 在 D 上可积,则

$$\iint_D f(x,y)\,d\sigma = \iint_D f(y,x)\,d\sigma.$$

这一性质也称为二重积分的**轮换对称性**.

7.2 例题与释疑解难

问题 1 如何理解数量值函数积分的概念?如何认识数量值函数的性质?

数量值函数积分是定积分的概念推广到多元函数的情形. 多元函数定义在平面或空间几何形体 Ω 上,仍然是通过"分割、取近似、求和、取极限"四个步骤得到一个黎曼和式的极限,称此极限为该数量值函数的积分,故其性质与定积分的性质一样. 当被积函数 $f(M)=1$ 时,积分 $\int_\Omega d\Omega$ 的几何意义是表示几何形体 Ω 的度量. 当连续函数 $f(x,y) \geqslant 0$ 时,二重积分 $\iint_D f(x,y)\,d\sigma$ 的几何意义是表示以 $z=f(x,y)$ 为曲顶,以 D 为底,母线平行于 z 轴的曲顶柱体的体积.

例 1 设 $\Sigma = \{(x,y,z) \mid x^2+y^2+z^2 \leqslant 1, x+y+z=0\}$,且

$$I_1 = \iint_\Sigma \cos\sqrt{x^2+y^2+z^2}\,d\sigma, \quad I_2 = \iint_\Sigma \cos(x^2+y^2+z^2)\,d\sigma,$$

$$I_3 = \iint_\Sigma \cos(x^2+y^2+z^2)^2\,d\sigma,$$

则下面正确的是 ( )

(A) $I_3 > I_2 > I_1$ (B) $I_1 > I_2 > I_3$
(C) $I_2 > I_1 > I_3$ (D) $I_3 > I_1 > I_2$

解 本题是比较数量值函数积分(第一型曲面积分)的大小,由于积分曲面相同,由数量值函数积分的单调性,故只需比较被积函数的大小. 在 Σ 上,因为

$$1 \geqslant \sqrt{x^2+y^2+z^2} \geqslant x^2+y^2+z^2 \geqslant (x^2+y^2+z^2)^2 \geqslant 0,$$

从而有

$$\cos(x^2+y^2+z^2)^2 \geqslant \cos(x^2+y^2+z^2) \geqslant \cos\sqrt{x^2+y^2+z^2},$$

所以 $I_3 > I_2 > I_1$. 故应选(A).

例 2 求极限 $\lim\limits_{n\to\infty}\dfrac{1}{n^2}\sum\limits_{i=1}^{n}\sum\limits_{j=1}^{n}\left[\dfrac{2i}{n}+\dfrac{j}{n}\right]$,其中$[x]$表示不超过 x 的最大整数.

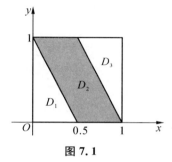

图 7.1

解 极限中的和式可以看成二重积分定义中的黎曼和. 将区域$[0,1]\times[0,1]$等分成 n^2 个小正方形,设 $f(x,y)=[2x+y]$,并在小区域

$$\left[\dfrac{i-1}{n},\dfrac{i}{n}\right]\times\left[\dfrac{j-1}{n},\dfrac{j}{n}\right]$$

中取点$(\xi_i,\eta_j)=\left(\dfrac{i}{n},\dfrac{j}{n}\right)$. 设 $D=[0,1]\times[0,1]$,则

$$\lim_{n\to\infty}\dfrac{1}{n^2}\sum_{i=1}^{n}\sum_{j=1}^{n}\left[\dfrac{2i}{n}+\dfrac{j}{n}\right]=\iint\limits_{D}[2x+y]\mathrm{d}\sigma.$$

为求二重积分,将区域分为如图 7.1 所示三个积分区间 D_1,D_2,D_3. 当$(x,y)\in D_1$ 时,$[2x+y]=0$;当$(x,y)\in D_2$ 时,$[2x+y]=1$;当$(x,y)\in D_3$ 时,$[2x+y]=2$. 故

$$\lim_{n\to\infty}\dfrac{1}{n^2}\sum_{i=1}^{n}\sum_{j=1}^{n}\left[\dfrac{2i}{n}+\dfrac{j}{n}\right]=\iint\limits_{[0,1]\times[0,1]}[2x+y]\mathrm{d}x\mathrm{d}y=\iint\limits_{D_1}0\mathrm{d}\sigma+\iint\limits_{D_2}1\mathrm{d}\sigma+\iint\limits_{D_3}2\mathrm{d}\sigma$$

$$=1\cdot\dfrac{1}{2}+2\cdot\dfrac{1}{4}=1.$$

例 3 设 D_R 是由直线 $x=R, y=0, y=\dfrac{2}{R}x-1$ 所围成的区域,求

$$\lim_{R\to+\infty}\iint\limits_{D_R}\mathrm{e}^{-x}\arctan\dfrac{y}{x}\mathrm{d}\sigma.$$

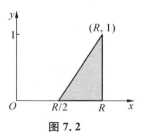

图 7.2

解 积分区域 D_R 如图 7.2 所示. 因为函数 $\mathrm{e}^{-x}\arctan\dfrac{y}{x}$ 在 D_R 上连续,所以由积分中值定理,存在$(\xi,\eta)\in D_R$,使得

$$\iint_{D_R} e^{-x}\arctan\frac{y}{x}d\sigma = e^{-\xi}\arctan\frac{\eta}{\xi}\cdot(D_R \text{ 的面积}) = \frac{R}{4}e^{-\xi}\arctan\frac{\eta}{\xi},$$

其中 $\frac{R}{2}\leqslant\xi\leqslant R, 0\leqslant\eta\leqslant 1$. 于是当 $R\to+\infty$ 时,有

$$\left|\iint_{D_R}e^{-x}\arctan\frac{y}{x}d\sigma\right|\leqslant\frac{R}{4}e^{-\frac{R}{2}}\arctan\frac{2}{R}\to 0,$$

故 $\lim\limits_{R\to+\infty}\iint_{D_R}e^{-x}\arctan\frac{y}{x}d\sigma = 0.$

例 4 求由不等式 $x^2+y^2+z^2\leqslant 4a^2$ 与 $x^2+y^2\leqslant 2ay$ 所确定的立体的体积.

解 这两个不等式表示位于球面及柱面内公共部分的立体,其图形在 xOy 平面上方的部分如图 7.3 所示. 由对称性可知,所求立体的体积是其在第一卦限中那部分体积的 4 倍. 而第一卦限内的这部分立体是以球面 $z=\sqrt{4a^2-x^2-y^2}$ 为顶, 以 xOy 平面上的半圆域

$$D=\{(x,y)\mid x^2+y^2\leqslant 2ay, x\geqslant 0\}$$

为底的曲顶柱体. 将区域 D 用极坐标表示,则有

$$\left\{(\rho,\theta)\,\Big|\,0\leqslant\rho\leqslant 2a\sin\theta, 0\leqslant\theta\leqslant\frac{\pi}{2}\right\},$$

故由二重积分的几何意义,可得所求立体的体积为

$$V=4\iint_D\sqrt{4a^2-x^2-y^2}d\sigma = 4\iint_D\sqrt{4a^2-\rho^2}\rho d\rho d\theta$$

$$=4\int_0^{\frac{\pi}{2}}d\theta\int_0^{2a\sin\theta}\sqrt{4a^2-\rho^2}\rho d\rho$$

$$=4\int_0^{\frac{\pi}{2}}\left(-\frac{1}{3}(4a^2-\rho^2)^{\frac{3}{2}}\right)\Big|_0^{2a\sin\theta}d\theta$$

$$=\frac{32a^3}{3}\int_0^{\frac{\pi}{2}}(1-\cos^3\theta)d\theta = \frac{16}{9}a^3(3\pi-4).$$

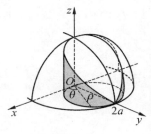

图 7.3

问题 2 如何在直角坐标系或极坐标系中将二重积分化为累次积分?在计算二重积分时如何选择坐标系?如何选取积分次序?

将二重积分化为累次积分是二重积分计算的关键,必须熟练掌握. 为了方便确定累次积分的上下限,可按以下三步骤进行:

(1) 正确作出积分区域;

(2) 根据区域图形的特点或被积函数的特征决定积分的次序(是先对 x 还是先对 y 积分);

(3) 根据选定的积分次序正确定限.

例 5 交换下列积分的积分次序：

(1) $\int_0^1 dx \int_{x-1}^{1-x} f(x,y) dy$；

(2) $\int_{\frac{1}{2}}^1 dx \int_{\frac{1}{x}}^2 f(x,y) dy + \int_1^2 dx \int_x^2 f(x,y) dy$.

解 由于二次积分的上、下限是由积分区域确定的，因此交换积分次序时首先要由所给二次积分上、下限作出积分区域 D，然后由 D 重新确定交换积分次序后的二次积分的上、下限.

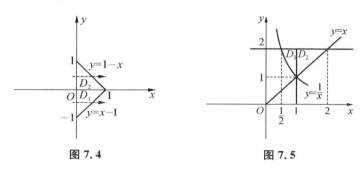

图 7.4　　　　　　　图 7.5

(1) 积分区域如图 7.4 所示，则 $D: \begin{cases} x-1 \leqslant y \leqslant 1-x, \\ 0 \leqslant x \leqslant 1. \end{cases}$ 现在考虑先对 x，再对 y 的积分，由图可知必须将 D 分成 D_1 和 D_2 两块. 故

$$\int_0^1 dx \int_{x-1}^{1-x} f(x,y) dy = \iint_D f(x,y) d\sigma = \iint_{D_1} f(x,y) d\sigma + \iint_{D_2} f(x,y) d\sigma$$

$$= \int_{-1}^0 dy \int_0^{1+y} f(x,y) dx + \int_0^1 dy \int_0^{1-y} f(x,y) dx.$$

(2) 积分区域 D 如图 7.5 所示，故

$$\int_{\frac{1}{2}}^1 dx \int_{\frac{1}{x}}^2 f(x,y) dy + \int_1^2 dx \int_x^2 f(x,y) dy$$

$$= \iint_{D_1} f(x,y) d\sigma + \iint_{D_2} f(x,y) d\sigma = \iint_{D_1 \cup D_2} f(x,y) d\sigma$$

$$= \int_1^2 dy \int_{\frac{1}{y}}^y f(x,y) dx.$$

例 6 将下列二重积分化为极坐标系下的累次积分：

(1) $\iint_D f(x,y) d\sigma$，其中 $D = \{(x,y) \mid (x-a)^2 + y^2 \leqslant a^2, y \geqslant x, a > 0\}$；

(2) $\iint_D f(\sqrt{x^2+y^2}) d\sigma$，其中

$$D = \left\{ (x,y) \,\Big|\, x^2 + y^2 \leqslant a^2, \left(x - \frac{a}{2}\right)^2 + y^2 \geqslant \left(\frac{a}{2}\right)^2, y \geqslant 0, a > 0 \right\}.$$

解 将二重积分化为极坐标系下的累次积分,需要把面积元素 $d\sigma$ 替换为极坐标系下的面积元素 $\rho d\rho d\theta$,把被积函数 $f(x,y)$ 替换为 $f(\rho\cos\theta, \rho\sin\theta)$,再定出累次积分的上、下限.

(1) 积分区域 D 如图 7.6 所示,将其化为极坐标表示,有
$$D = \left\{ (\rho,\theta) \,\Big|\, \frac{\pi}{4} \leqslant \theta \leqslant \frac{\pi}{2}, 0 \leqslant \rho \leqslant 2a\cos\theta \right\}$$
$$= \left\{ (\rho,\theta) \,\Big|\, 0 \leqslant \rho \leqslant \sqrt{2}a, \frac{\pi}{4} \leqslant \theta \leqslant \arccos\frac{\rho}{2a} \right\},$$

故
$$\iint_D f(x,y) d\sigma = \iint_D f(\rho\cos\theta, \rho\sin\theta) \rho d\rho d\theta = \int_{\frac{\pi}{4}}^{\frac{\pi}{2}} d\theta \int_0^{2a\cos\theta} f(\rho\cos\theta, \rho\sin\theta) \rho d\rho$$
$$= \int_0^{\sqrt{2}a} \rho d\rho \int_{\frac{\pi}{4}}^{\arccos\frac{\rho}{2a}} f(\rho\cos\theta, \rho\sin\theta) d\theta.$$

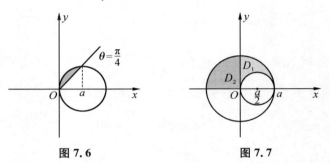

图 7.6　　　　　　　图 7.7

(2) 画出积分区域 D. 由于 θ 在不同区域变化时 $\rho(\theta)$ 的表达式是不同的,所以必须把区域 D 分成 D_1 和 D_2 两部分(如图 7.7 所示),且在极坐标系下
$$D_1: \begin{cases} a\cos\theta \leqslant \rho(\theta) \leqslant a, \\ 0 \leqslant \theta \leqslant \frac{\pi}{2}, \end{cases} \qquad D_2: \begin{cases} 0 \leqslant \rho(\theta) \leqslant a, \\ \frac{\pi}{2} \leqslant \theta \leqslant \pi, \end{cases}$$

故
$$\iint_D f(\sqrt{x^2+y^2}) d\sigma = \iint_{D_1} f(\sqrt{x^2+y^2}) d\sigma + \iint_{D_2} f(\sqrt{x^2+y^2}) d\sigma$$
$$= \int_0^{\frac{\pi}{2}} d\theta \int_{a\cos\theta}^a f(\rho) \rho d\rho + \int_{\frac{\pi}{2}}^{\pi} d\theta \int_0^a f(\rho) \rho d\rho.$$

若要化成先对 θ 后对 ρ 的累次积分,则将 D 表示为 $\begin{cases} 0 \leqslant \rho \leqslant a, \\ \arccos\frac{\rho}{a} \leqslant \theta \leqslant \pi, \end{cases}$ 得

$$\iint_D f(\sqrt{x^2+y^2})\,d\sigma = \iint f(\rho)\rho\,d\rho\,d\theta = \int_0^a f(\rho)\rho\,d\rho \int_{\arccos\frac{\rho}{a}}^{\pi} d\theta$$
$$= \int_0^a \left(\pi - \arccos\frac{\rho}{a}\right) f(\rho)\rho\,d\rho.$$

例 7 求累次积分 $\int_{\frac{1}{4}}^{\frac{1}{2}} dy \int_{\frac{1}{2}}^{\sqrt{y}} e^{\frac{y}{x}} dx + \int_{\frac{1}{2}}^{1} dy \int_{y}^{\sqrt{y}} e^{\frac{y}{x}} dx$.

解 因为内层积分积不出来,所以直接计算此二次积分是不行的,必须先交换积分次序再进行计算. 由二次积分可得积分区域如图 7.8 所示,于是

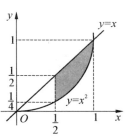

图 7.8

$$\int_{\frac{1}{4}}^{\frac{1}{2}} dy \int_{\frac{1}{2}}^{\sqrt{y}} e^{\frac{y}{x}} dx + \int_{\frac{1}{2}}^{1} dy \int_{y}^{\sqrt{y}} e^{\frac{y}{x}} dx$$
$$= \int_{\frac{1}{2}}^{1} dx \int_{x^2}^{x} e^{\frac{y}{x}} dy = \int_{\frac{1}{2}}^{1} x(e - e^x) dx$$
$$= \frac{3}{8}e - \frac{1}{2}\sqrt{e}.$$

例 8 计算 $\iint_D xy\,dx\,dy$,其中 D 为由曲线
$$x^2 + y^2 = 16 \quad (x \geqslant 0, y \geqslant 0)$$
及直线 $y = x, y = 0$ 所围成的区域.

解法 1 积分区域 D 如图 7.9 所示. 化为先对 y 后对 x 的累次积分来计算,则有

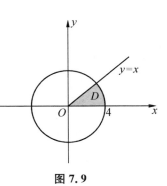

图 7.9

$$\iint_D xy\,dx\,dy = \int_0^{2\sqrt{2}} dx \int_0^x xy\,dy + \int_{2\sqrt{2}}^{4} dx \int_0^{\sqrt{16-x^2}} xy\,dy$$
$$= \int_0^{2\sqrt{2}} \frac{1}{2} x^3\,dx + \int_{2\sqrt{2}}^{4} \frac{x}{2}(16-x^2)\,dx$$
$$= 16.$$

解法 2 化为先对 x 后对 y 累次积分来计算,则有
$$\iint_D xy\,dx\,dy = \int_0^{2\sqrt{2}} dy \int_y^{\sqrt{16-y^2}} xy\,dx$$
$$= \int_0^{2\sqrt{2}} \frac{1}{2} y(16 - y^2 - y^2)\,dy = 16.$$

解法 3 利用极坐标系来计算,则有
$$\iint_D xy\,dx\,dy = \int_0^{\frac{\pi}{4}} d\theta \int_0^4 \rho^2 \sin\theta\cos\theta \cdot \rho\,d\rho = \int_0^{\frac{\pi}{4}} 64\cos\theta\sin\theta\,d\theta = 16.$$

例 9 计算 $\int_0^{\frac{R}{\sqrt{2}}} e^{-y^2} dy \int_0^{y} e^{-x^2} dx + \int_{\frac{R}{\sqrt{2}}}^{R} e^{-y^2} dy \int_0^{\sqrt{R^2-y^2}} e^{-x^2} dx \ (R > 0)$.

解 积分区域如图 7.10 所示. 在直角坐标系中，无论先对 x 还是先对 y 积分均不可积，所以换成极坐标来计算，则

$$原积分 = \iint\limits_{D_1 \cup D_2} e^{-(x^2+y^2)} dx dy = \int_{\frac{\pi}{4}}^{\frac{\pi}{2}} d\theta \int_0^R e^{-\rho^2} \rho d\rho$$
$$= \frac{\pi}{8}(1 - e^{-R^2}).$$

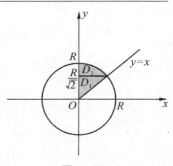

图 7.10

例 10 计算 $\int_0^a dx \int_0^x \sqrt[4]{\dfrac{a-x}{a-y}} f''(y) dy\ (a>0)$.

解 因为被积函数中含有抽象函数 $f''(y)$，所以先对 y 积分时计算复杂且难以进行下去. 于是考虑交换积分次序，则

$$原积分 = \int_0^a dy \int_y^a \sqrt[4]{\dfrac{a-x}{a-y}} f''(y) dx = \int_0^a f''(y) \cdot \left(-\dfrac{4}{5} \sqrt[4]{\dfrac{(a-x)^5}{a-y}} \right) \Big|_y^a dy$$
$$= \dfrac{4}{5} \int_0^a (a-y) f''(y) dy = \dfrac{4}{5}(a-y) f'(y) \Big|_0^a + \dfrac{4}{5} \int_0^a f'(y) dy$$
$$= \dfrac{4}{5} f(a) - \dfrac{4}{5} a f'(0) - \dfrac{4}{5} f(0).$$

注 (1) 从上面几道例题可以看出，在计算二重积分时，选取适当的坐标系和积分次序是非常重要的. 而这取决于两方面因素：一是被积函数，二是积分区域.

(2) 一般情况下，当积分区域为圆域或者环域或是它们的一部分，且被积函数中含有 $x^2 + y^2$ 形式的因子时，利用极坐标系计算二重积分较为简单.

(3) 在选取积分次序时，应选取可积或计算较为简单的积分次序；从积分区域来讲，应尽量选取不使积分区域分块的次序.

问题 3 如何利用被积函数的奇偶性和积分区域的对称性来简化二重积分的计算？

例 11 如图 7.11 所示，正方形 $\{(x,y) \mid |x| \leqslant 1, |y| \leqslant 1\}$ 被其对角线划分为四个区域 $D_k (k=1,2,3,4)$，设 $I_k = \iint\limits_{D_k} y\cos x dx dy$，则 $\max\limits_{1 \leqslant k \leqslant 4} \{I_k\} =$ ( )

(A) I_1　　(B) I_2　　(C) I_3　　(D) I_4

解 令 $f(x,y) = y\cos x$，则 $f(x,y)$ 关于 y 为奇函数，关于 x 为偶函数，且由题意易知区域 D_1, D_3 均关于 y 轴对称，D_2, D_4 均关于 x 轴对称，所以由对称性可得

$$I_2 = I_4 = 0,$$
$$I_1 = 2\iint\limits_{D_1} y\cos x dx dy = 2\int_0^1 dy \int_{-y}^y y\cos x dx$$
$$= 2\int_0^1 y\sin y dy > 0,$$

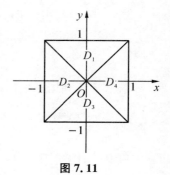

图 7.11

第 7 讲　数量值函数积分的概念与二重积分的计算

$$I_3 = 2\iint\limits_{D_3} y\cos x\,dx\,dy = 2\int_{-1}^{0}dy\int_{0}^{-y}y\cos x\,dx$$
$$= -2\int_{0}^{1}y\sin y\,dy < 0.$$

故应选(A).

例 12　设 $f(x)$ 在区间 $[-1,1]$ 上连续且为奇函数，区域 D 由曲线 $y = 4-x^2$ 与直线 $y = -3x, x = 1$ 所围成，求 $I = \iint\limits_{D}(1+f(x)\ln(y+\sqrt{1+y^2}))dx\,dy$.

解　积分区域 D 如图 7.12 所示. 将积分区域分成两部分 D_1, D_2，其中 D_1 由曲线 $y = 4-x^2$ 与直线 $y = -3x, y = 3x$ 所围成，$D_2 = \{(x,y) \mid -3x \leqslant y \leqslant 3x, 0 \leqslant x \leqslant 1\}$，则 D_1 关于 y 轴对称，D_2 关于 x 轴对称. 由于被积函数 $f(x)\ln(y+\sqrt{1+y^2})$ 既关于 x 为奇函数，也关于 y 是奇函数，故

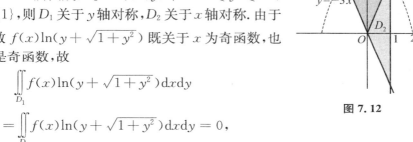

图 7.12

$$\iint\limits_{D_1}f(x)\ln(y+\sqrt{1+y^2})dx\,dy$$
$$=\iint\limits_{D_2}f(x)\ln(y+\sqrt{1+y^2})dx\,dy = 0,$$

从而

$$I = \iint\limits_{D}(1+f(x)\ln(y+\sqrt{1+y^2}))dx\,dy$$
$$= \iint\limits_{D_1}(1+f(x)\ln(y+\sqrt{1+y^2}))dx\,dy + \iint\limits_{D_2}(1+f(x)\ln(y+\sqrt{1+y^2}))dx\,dy$$
$$= \iint\limits_{D_1}dx\,dy + \iint\limits_{D_2}dx\,dy = 2\int_{0}^{1}dx\int_{3x}^{4-x^2}dy + 2\int_{0}^{1}dx\int_{0}^{3x}dy = \frac{22}{3}.$$

例 13　计算 $\iint\limits_{D}\cos x^2\sin y^2\,d\sigma$，其中 $D = \{(x,y) \mid x^2+y^2 \leqslant \pi^2, y+x \geqslant 0\}$.

解　积分区域如图 7.13 所示. 从被积函数来看，无论是先对 x 积分还是先对 y 积分都不可行. 观察到积分区域关于 $y = x$ 对称，于是可以先用轮换对称性进行化简，再在极坐标系下进行计算. 即

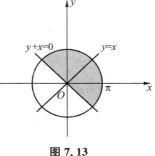

图 7.13

$$\iint\limits_{D}\cos x^2\sin y^2\,d\sigma = \iint\limits_{D}\cos y^2\sin x^2\,d\sigma$$
$$= \frac{1}{2}\iint\limits_{D}(\cos x^2\sin y^2 + \cos y^2\sin x^2)d\sigma$$

$$= \frac{1}{2}\iint\limits_{D}\sin(x^2+y^2)\mathrm{d}\sigma = \frac{1}{2}\int_{-\frac{\pi}{4}}^{\frac{3\pi}{4}}\mathrm{d}\theta\int_{0}^{\pi}\rho\sin\rho^2\mathrm{d}\rho = \frac{\pi(1-\cos\pi^2)}{4}.$$

问题 4 若被积函数中含有绝对值或取最大(最小)值函数时,如何求积分?

一般是先通过被积函数把积分区域分割成几个子区域,然后在每个子区域上分别积分,最后将结果相加就可以了.

例 14 计算 $\iint\limits_{D}\sqrt{1-\sin^2(x+y)}\,\mathrm{d}x\mathrm{d}y$,其中 D 为由直线 $y=x, y=0, x=\frac{\pi}{2}$ 所围成的区域.

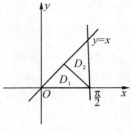

图 7.14

解 因为

$$\iint\limits_{D}\sqrt{1-\sin^2(x+y)}\,\mathrm{d}x\mathrm{d}y = \iint\limits_{D}|\cos(x+y)|\,\mathrm{d}x\mathrm{d}y,$$

被积函数中带有绝对值,所以需要先去掉绝对值再计算. 为此用直线 $x+y=\frac{\pi}{2}$ 将积分区域 D 分成 D_1 和 D_2 两部分(如图 7.14 所示),于是

$$\iint\limits_{D}|\cos(x+y)|\,\mathrm{d}x\mathrm{d}y = \iint\limits_{D_1}\cos(x+y)\mathrm{d}x\mathrm{d}y + \iint\limits_{D_2}-\cos(x+y)\mathrm{d}x\mathrm{d}y$$

$$= \int_{0}^{\frac{\pi}{4}}\mathrm{d}y\int_{y}^{\frac{\pi}{2}-y}\cos(x+y)\mathrm{d}x - \int_{\frac{\pi}{4}}^{\frac{\pi}{2}}\mathrm{d}x\int_{\frac{\pi}{2}-x}^{x}\cos(x+y)\mathrm{d}y$$

$$= \int_{0}^{\frac{\pi}{4}}(1-\sin 2y)\mathrm{d}y - \int_{\frac{\pi}{4}}^{\frac{\pi}{2}}(\sin 2x - 1)\mathrm{d}x = \frac{\pi}{2}-1.$$

例 15 计算 $\iint\limits_{D}\min\{x^2y,2\}\mathrm{d}x\mathrm{d}y$,其中 $D=[0,4]\times[0,3]$.

解 为了将被积函数化为初等函数,我们将积分区域 D 分割成为三块(如图 7.15 所示),其中

$$D_1 = \left[0,\sqrt{\frac{2}{3}}\right]\times[0,3],$$

$$D_2 = \left\{(x,y)\,\middle|\,\sqrt{\frac{2}{3}}\leqslant x\leqslant 4,\,0\leqslant y\leqslant\frac{2}{x^2}\right\},$$

$$D_3 = \left\{(x,y)\,\middle|\,\sqrt{\frac{2}{3}}\leqslant x\leqslant 4,\,\frac{2}{x^2}\leqslant y\leqslant 3\right\},$$

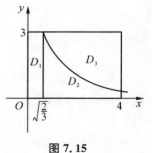

图 7.15

于是

$$I = \iint\limits_{D}\min\{x^2y,2\}\mathrm{d}x\mathrm{d}y = \iint\limits_{D_1}x^2y\mathrm{d}x\mathrm{d}y + \iint\limits_{D_2}x^2y\mathrm{d}x\mathrm{d}y + \iint\limits_{D_3}2\mathrm{d}x\mathrm{d}y$$

$$= \int_0^{\sqrt{\frac{2}{3}}} dx \int_0^3 x^2 y dy + \int_{\sqrt{\frac{2}{3}}}^4 dx \int_0^{\frac{2}{x^2}} x^2 y dy + \int_{\sqrt{\frac{2}{3}}}^4 dx \int_{\frac{2}{x^2}}^3 2 dy$$

$$= \int_0^{\sqrt{\frac{2}{3}}} \frac{9}{2} x^2 dx + \int_{\sqrt{\frac{2}{3}}}^4 \frac{2}{x^2} dx + \int_{\sqrt{\frac{2}{3}}}^4 \left(6 - \frac{4}{x^2}\right) dx = \frac{49}{2} - \frac{8}{3}\sqrt{6}.$$

问题 5 若积分区域或者被积函数中含参数 t，则计算出的二重积分是含参变量 t 的函数. 如何处理含有这类函数的题型？

例 16 设函数 $f(x)$ 在 $(-\infty, +\infty)$ 上连续，且满足

$$f(t) = 2 \iint_{x^2+y^2 \leqslant t^2} (x^2 + y^2) f(\sqrt{x^2+y^2}) dx dy + t^4,$$

试求 $f(t)$.

解 因为

$$f(t) = 2 \iint_{x^2+y^2 \leqslant t^2} (x^2 + y^2) f(\sqrt{x^2+y^2}) dx dy + t^4$$

$$= 2 \int_0^{2\pi} d\theta \int_0^t \rho^3 f(\rho) d\rho + t^4 = 4\pi \int_0^t \rho^3 f(\rho) d\rho + t^4,$$

所以

$$f'(t) = 4\pi t^3 f(t) + 4t^3, \quad 即 \quad f'(t) - 4\pi t^3 f(t) = 4t^3.$$

求解此一阶非齐次线性微分方程，可得

$$f(t) = C e^{\pi t^4} - \frac{1}{\pi},$$

再由 $f(0) = 0$，可得 $C = \frac{1}{\pi}$，从而 $f(t) = \frac{1}{\pi} e^{\pi t^4} - \frac{1}{\pi}$.

例 17 已知函数

$$F(t) = \int_0^{t^2} dy \int_{\sqrt{y}}^t f(x)(x^2 + y) dx,$$

其中 $f(x)$ 连续，且 $f(0) = 1$，求 $\lim_{t \to 0^+} \frac{F(t)}{t(1-\cos t^2)}$.

解 因为

$$F(t) = \int_0^{t^2} dy \int_{\sqrt{y}}^t f(x)(x^2 + y) dx = \int_0^t f(x) dx \int_0^{x^2} (x^2 + y) dy$$

$$= \int_0^t \frac{3x^4}{2} f(x) dx,$$

所以

$$\lim_{t \to 0^+} \frac{F(t)}{t(1-\cos t^2)} = \lim_{t \to 0^+} \frac{\int_0^t \frac{3x^4}{2} f(x) dx}{\frac{t^5}{2}} = \lim_{t \to 0^+} \frac{\frac{3}{2} t^4 f(t)}{\frac{5}{2} t^4} = \frac{3}{5} f(0) = \frac{3}{5}.$$

问题 6 若二重积分中积分区域为不规则区域或者被积函数比较复杂,可以选择合适的坐标变换来计算.

例 18 计算 $\iint_D \dfrac{(\sqrt{x}+\sqrt{y})^4}{x^2}\mathrm{d}x\mathrm{d}y$,其中 D 是由 x 轴和 $y=x, \sqrt{x}+\sqrt{y}=1$ 及 $\sqrt{x}+\sqrt{y}=2$ 围成的有界闭区域.

解 积分区域 D 如图 7.16 所示. 作换元

$$\begin{cases} u=\sqrt{x}+\sqrt{y}, \\ v=\dfrac{y}{x}, \end{cases}$$

则 $(u,v)\in[1,2]\times[0,1]$,且

$$\dfrac{\partial(u,v)}{\partial(x,y)} = \begin{vmatrix} \dfrac{1}{2\sqrt{x}} & \dfrac{1}{2\sqrt{y}} \\ -\dfrac{y}{x^2} & \dfrac{1}{x} \end{vmatrix} = \dfrac{u}{2x^2},$$

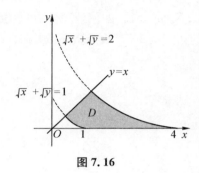

图 7.16

于是 $J = \dfrac{\partial(x,y)}{\partial(u,v)} = \dfrac{2x^2}{u}$. 故

$$\iint_D \dfrac{(\sqrt{x}+\sqrt{y})^4}{x^2}\mathrm{d}x\mathrm{d}y = \iint_{[1,2]\times[0,1]} \dfrac{u^4}{x^2}|J|\mathrm{d}u\mathrm{d}v = \int_0^1 \mathrm{d}v \int_1^2 \dfrac{u^4}{x^2}\dfrac{2x^2}{u}\mathrm{d}u$$

$$= 2\int_0^1 \mathrm{d}v \int_1^2 u^3 \mathrm{d}u = \dfrac{15}{2}.$$

例 19 求由曲线 $\left(\dfrac{x^2}{a^2}+\dfrac{y^2}{b^2}\right)^2 = \dfrac{x^2 y}{c^3}(a,b,c>0)$ 所围成的图形的面积.

解 显然,曲线所围图形在 x 轴上方,且关于 y 轴对称. 作广义极坐标变换

$$\begin{cases} x=a\rho\cos\theta, \\ y=b\rho\sin\theta, \end{cases}$$

则面积微元为 $\mathrm{d}\sigma = ab\rho\mathrm{d}\rho\mathrm{d}\theta$,且曲线方程化为

$$\rho = \dfrac{a^2 b\sin\theta\cos^2\theta}{c^3}.$$

于是曲线所围图形的面积为

$$S = \iint_D \mathrm{d}\sigma = 2\int_0^{\frac{\pi}{2}} \mathrm{d}\theta \int_0^{\frac{a^2 b\sin\theta\cos^2\theta}{c^3}} ab\rho\mathrm{d}\rho = \dfrac{a^5 b^3}{c^6}\int_0^{\frac{\pi}{2}} \sin^2\theta\cos^4\theta\mathrm{d}\theta$$

$$= \dfrac{a^5 b^3}{c^6}\int_0^{\frac{\pi}{2}}(\cos^4\theta - \cos^6\theta)\mathrm{d}\theta = \dfrac{a^5 b^3}{32c^6}\pi.$$

问题 7 其他一些与二重积分计算有关的例子.

例 20 设 $D = \{(x,y) \mid x^2+y^2 \leqslant y, x \geqslant 0\}$,函数 $f(x,y)$ 连续且满足

$$f(x,y) = x^2 + y^2 - \frac{8}{\pi}\iint\limits_{D} f(x,y)\mathrm{d}\sigma,$$

求 $f(x,y)$.

解 设 $\iint\limits_{D} f(x,y)\mathrm{d}\sigma = A$,则 $f(x,y) = x^2 + y^2 - \frac{8}{\pi}A$,于是

$$\iint\limits_{D} f(x,y)\mathrm{d}\sigma = \iint\limits_{D}(x^2+y^2)\mathrm{d}\sigma - \iint\limits_{D}\frac{8}{\pi}A\mathrm{d}\sigma,$$

即

$$A = \int_0^{\frac{\pi}{2}}\mathrm{d}\theta\int_0^{\sin\theta}\rho^3\mathrm{d}\rho - A = \frac{3}{64}\pi - A,$$

解得 $A = \frac{3}{128}\pi$. 故 $f(x,y) = x^2 + y^2 - \frac{3}{16}$.

例 21 证明不等式:$2\pi(\sqrt{17}-4) \leqslant \iint\limits_{x^2+y^2\leqslant 1}\frac{\mathrm{d}x\mathrm{d}y}{\sqrt{16+\sin^2 x+\sin^2 y}} \leqslant \frac{\pi}{4}$.

证明 易得

$$\iint\limits_{x^2+y^2\leqslant 1}\frac{\mathrm{d}x\mathrm{d}y}{\sqrt{16+\sin^2 x+\sin^2 y}} \leqslant \iint\limits_{x^2+y^2\leqslant 1}\frac{1}{4}\mathrm{d}x\mathrm{d}y = \frac{\pi}{4}.$$

另一方面,由 $|\sin x| \leqslant |x|$,可得

$$\iint\limits_{x^2+y^2\leqslant 1}\frac{\mathrm{d}x\mathrm{d}y}{\sqrt{16+\sin^2 x+\sin^2 y}} \geqslant \iint\limits_{x^2+y^2\leqslant 1}\frac{\mathrm{d}x\mathrm{d}y}{\sqrt{16+x^2+y^2}} = \int_0^{2\pi}\mathrm{d}\theta\int_0^1\frac{\rho\mathrm{d}\rho}{\sqrt{16+\rho^2}}$$

$$= 2\pi(\sqrt{17}-4).$$

故 $2\pi(\sqrt{17}-4) \leqslant \iint\limits_{x^2+y^2\leqslant 1}\frac{\mathrm{d}x\mathrm{d}y}{\sqrt{16+\sin^2 x+\sin^2 y}} \leqslant \frac{\pi}{4}$.

例 22 设函数 $f(x),g(x)$ 在$[0,1]$上连续且单调减少,试证:

$$\int_0^1 f(x)g(x)\mathrm{d}x \geqslant \int_0^1 f(x)\mathrm{d}x \cdot \int_0^1 g(x)\mathrm{d}x.$$

分析 有些二重积分的证明,可利用定积分与积分变量的记号无关这一性质,把两个常数限的定积分的乘积转换成一个矩形区域上的二重积分,即

$$\int_a^b f(x)\mathrm{d}x \cdot \int_c^d g(x)\mathrm{d}x = \iint\limits_{D} f(x)g(y)\mathrm{d}x\mathrm{d}y,$$

其中 $D = \{(x,y) \mid a \leqslant x \leqslant b, c \leqslant y \leqslant d\}$.

证明 记 $A = \int_0^1 f(x)g(x)\mathrm{d}x - \int_0^1 f(x)\mathrm{d}x \cdot \int_0^1 g(x)\mathrm{d}x$,将 A 表示成二重积分,有

$$A = \int_0^1 f(x)g(x)\mathrm{d}x \cdot \int_0^1 \mathrm{d}y - \int_0^1 f(x)\mathrm{d}x \cdot \int_0^1 g(y)\mathrm{d}y$$

$$= \iint\limits_{D} f(x)g(x)\mathrm{d}x\mathrm{d}y - \iint\limits_{D} f(x)g(y)\mathrm{d}x\mathrm{d}y$$

$$= \iint\limits_{D}(f(x)g(x) - f(x)g(y))\mathrm{d}x\mathrm{d}y$$

$$= \iint\limits_{D}(f(y)g(y) - f(y)g(x))\mathrm{d}x\mathrm{d}y,$$

其中 $D = \{(x,y) \mid 0 \leqslant x \leqslant 1, 0 \leqslant y \leqslant 1\}$，由此得

$$2A = \iint\limits_{D}(f(x)g(x) - f(x)g(y) + f(y)g(y) - f(y)g(x))\mathrm{d}x\mathrm{d}y$$

$$= \iint\limits_{D}(f(x) - f(y))(g(x) - g(y))\mathrm{d}x\mathrm{d}y.$$

由题设 $f(x), g(x)$ 均单调减少，所以 $f(x) - f(y)$ 与 $g(x) - g(y)$ 同号，即有

$$(f(x) - f(y))(g(x) - g(y)) \geqslant 0,$$

于是有 $2A = \iint\limits_{D}(f(x) - f(y))(g(x) - g(y))\mathrm{d}x\mathrm{d}y \geqslant 0$，故

$$\int_0^1 f(x)g(x)\mathrm{d}x \geqslant \int_0^1 f(x)\mathrm{d}x \cdot \int_0^1 g(x)\mathrm{d}x.$$

例 23 已知函数 $f(x,y)$ 具有二阶连续偏导数，且满足

$$f(1,y) = 0, \quad f(x,1) = 0 \quad (\forall x, y \in [0,1]).$$

设 $\iint\limits_{D} f(x,y)\mathrm{d}x\mathrm{d}y = a$，计算二重积分 $I = \iint\limits_{D} xyf_{xy}(x,y)\mathrm{d}x\mathrm{d}y$，其中

$$D = \{(x,y) \mid 0 \leqslant x \leqslant 1, 0 \leqslant y \leqslant 1\}.$$

分析 观察到被积函数中含有二阶偏导数，不难联想到把二重积分化为二次积分，然后用分部积分法尝试计算.

解 因为

$$I = \iint\limits_{D} xyf_{xy}(x,y)\mathrm{d}x\mathrm{d}y = \int_0^1 x\mathrm{d}x\int_0^1 yf_{xy}(x,y)\mathrm{d}y = \int_0^1 \Big(x\int_0^1 y\mathrm{d}f_x(x,y)\Big)\mathrm{d}x,$$

又由 $f(x,1) = 0$，可得 $f_x(x,1) = 0 (\forall x \in [0,1])$，所以用分部积分法，有

$$\int_0^1 y\mathrm{d}f_x(x,y) = yf_x(x,y)\Big|_0^1 - \int_0^1 f_x(x,y)\mathrm{d}y = -\int_0^1 f_x(x,y)\mathrm{d}y.$$

对积分 I 交换积分次序，可得

$$\int_0^1 \Big(x\int_0^1 y\mathrm{d}f_x(x,y)\Big)\mathrm{d}x = -\int_0^1 x\Big(\int_0^1 f_x(x,y)\mathrm{d}y\Big)\mathrm{d}x = -\int_0^1 \mathrm{d}y\int_0^1 xf_x(x,y)\mathrm{d}x,$$

再用分部积分法，有

$$\int_0^1 xf_x(x,y)\mathrm{d}x = \int_0^1 x\mathrm{d}f(x,y) = xf(x,y)\Big|_0^1 - \int_0^1 f(x,y)\mathrm{d}x = -\int_0^1 f(x,y)\mathrm{d}x.$$

从而 $I = \iint\limits_{D} xyf_{xy}(x,y)\mathrm{d}x\mathrm{d}y = \int_0^1 \mathrm{d}y\int_0^1 f(x,y)\mathrm{d}x = a.$

7.3 练习题

1. 填空题.

(1) 交换积分次序: $\int_1^2 dx \int_{2-x}^{\sqrt{2x-x^2}} f(x,y) dy = $ _____ .

(2) 交换积分次序: $\int_0^2 dx \int_0^{\frac{x^2}{2}} f(x,y) dy + \int_2^{2\sqrt{2}} dx \int_0^{\sqrt{8-x^2}} f(x,y) dy = $ _____ .

(3) 设区域 $D = \{(x,y) \mid x^2 + y^2 \leqslant 4, x \geqslant 0, y \geqslant 0\}$,函数 $f(x)$ 为 D 上的正值连续函数,其中 a, b 为常数,则 $\iint\limits_D \dfrac{a\sqrt{f(x)} + b\sqrt{f(y)}}{\sqrt{f(x)} + \sqrt{f(y)}} d\sigma = $ _____ .

(4) 设 $D = \{(x,y) \mid x^2 + y^2 \leqslant 1\}$,则 $\iint\limits_D (x^2 + x\cos y + \sin y) dx dy = $ _____ .

2. 选择题.

(1) 设 D 是第一象限中由曲线 $2xy = 1, 4xy = 1$ 与直线 $y = x, y = \sqrt{3}x$ 围成的平面区域,函数 $f(x,y)$ 在 D 上连续,则 $\iint\limits_D f(x,y) d\sigma = $ （　　）

(A) $\int_{\frac{\pi}{4}}^{\frac{\pi}{3}} d\theta \int_{\frac{1}{2\sin 2\theta}}^{\frac{1}{\sin 2\theta}} f(\rho\cos\theta, \rho\sin\theta) \rho d\rho$ 　　(B) $\int_{\frac{\pi}{4}}^{\frac{\pi}{3}} d\theta \int_{\frac{1}{\sqrt{2\sin 2\theta}}}^{\frac{1}{\sqrt{\sin 2\theta}}} f(\rho\cos\theta, \rho\sin\theta) \rho d\rho$

(C) $\int_{\frac{\pi}{4}}^{\frac{\pi}{3}} d\theta \int_{\frac{1}{2\sin 2\theta}}^{\frac{1}{\sin 2\theta}} f(\rho\cos\theta, \rho\sin\theta) d\rho$ 　　(D) $\int_{\frac{\pi}{4}}^{\frac{\pi}{3}} d\theta \int_{\frac{1}{\sqrt{2\sin 2\theta}}}^{\frac{1}{\sqrt{\sin 2\theta}}} f(\rho\cos\theta, \rho\sin\theta) d\rho$

(2) 设 $J_i = \iint\limits_{D_i} \sqrt[3]{x-y} dx dy (i = 1, 2, 3)$,其中

$$D_1 = \{(x,y) \mid 0 \leqslant x \leqslant 1, 0 \leqslant y \leqslant 1\},$$
$$D_2 = \{(x,y) \mid 0 \leqslant x \leqslant 1, 0 \leqslant y \leqslant \sqrt{x}\},$$
$$D_3 = \{(x,y) \mid 0 \leqslant x \leqslant 1, x^2 \leqslant y \leqslant 1\},$$

则　　　　　　　　　　　　　　　　　　　　　　　　　　　　　　　　（　　）

(A) $J_1 < J_2 < J_3$ 　　(B) $J_3 < J_1 < J_2$
(C) $J_2 < J_3 < J_1$ 　　(D) $J_2 < J_1 < J_3$

(3) 已知平面区域 $D = \left\{ (x,y) \mid |x| + |y| \leqslant \dfrac{\pi}{2} \right\}$,记 $I_1 = \iint\limits_D \sqrt{x^2 + y^2} dx dy$, $I_2 = \iint\limits_D \sin\sqrt{x^2 + y^2} dx dy$, $I_3 = \iint\limits_D (1 - \cos\sqrt{x^2 + y^2}) dx dy$,则　　（　　）

(A) $I_3 < I_2 < I_1$ 　　(B) $I_2 < I_1 < I_3$
(C) $I_1 < I_2 < I_3$ 　　(D) $I_2 < I_3 < I_1$

(4) 设 D 是以 $(1,1),(-1,1),(-1,-1)$ 为顶点的三角形区域,D_1 是 D 的第一象限部分,则 $\iint_D (xy + \cos x \sin y)\mathrm{d}x\mathrm{d}y =$ ( )

(A) $2\iint_{D_1} \cos x \sin y \mathrm{d}x\mathrm{d}y$ \qquad (B) $2\iint_{D_1} xy \mathrm{d}x\mathrm{d}y$

(C) $2\iint_{D_1} (xy + \cos x \sin y)\mathrm{d}x\mathrm{d}y$ \qquad (D) 0

3. 计算下列二重积分:

(1) $\iint_D |x-y| \mathrm{d}x\mathrm{d}y$,其中 D 为由 $y = \sqrt{4-x^2}$,$x = 0$ 及 $y = 0$ 围成的区域;

(2) $\int_1^e \mathrm{d}x \int_{\ln x}^1 \dfrac{e^{y^2}}{x}\mathrm{d}y$;

(3) $\iint_D \dfrac{xy}{\sqrt{x^2+y^2}} \mathrm{d}x\mathrm{d}y$,其中 D 为由 y 轴,$x^2 + (y-1)^2 = 1 \left(x \geqslant 0, y \geqslant \dfrac{1}{2}\right)$ 及 $y = \sqrt{1-x^2}\ (x \geqslant 0)$ 围成的区域;

(4) $\iint_D e^{\max\{x^2,y^2\}} \mathrm{d}x\mathrm{d}y$,其中 $D = \{(x,y) \mid 0 \leqslant x \leqslant 1, 0 \leqslant y \leqslant 1\}$;

(5) $\iint_D (x^2 + y^2) \mathrm{d}\sigma$,其中 D 为由 $x+y = 0, x-y = 0, x+y = 2, x-y = 2$ 围成的区域;

(6) $\iint_D (\sqrt{x} + \sqrt{y}) \mathrm{d}x\mathrm{d}y$,其中 D 为由坐标轴及曲线 $\sqrt{x} + \sqrt{y} = 1$ 围成的区域.

4. 求曲线 $x^2 + y^2 = a^2$ 和 $x^2 + y^2 = 2ax$ 围成的公共部分的面积.

5. 求由锥面 $z = \sqrt{x^2 + y^2}$,柱面 $x^2 + y^2 = x$ 及平面 $z = 0$ 围成的立体的体积.

6. 证明:$\int_0^a \mathrm{d}x \int_0^x \dfrac{f'(y)}{\sqrt{(a-x)(x-y)}} \mathrm{d}y = \pi(f(a) - f(0))$.

7. 设 $f(x)$ 为连续函数,求证:
$$\iint_D f(x+y) \mathrm{d}x\mathrm{d}y = \int_{-A}^A f(t)(A - |t|)\mathrm{d}t,$$
其中 $D = \left\{(x,y) \;\middle|\; |x| \leqslant \dfrac{A}{2}, |y| \leqslant \dfrac{A}{2}\right\}$,$A$ 为正常数.

8. 设 $f(x)$ 在 $[0,1]$ 上连续,且 $\int_0^1 f(x)\mathrm{d}x = A$,求 $\int_0^1 \mathrm{d}x \int_x^1 f(x)f(y)\mathrm{d}y$.

9. 证明:$1 \leqslant \iint_D (\cos x^2 + \sin y^2)\mathrm{d}x\mathrm{d}y \leqslant \sqrt{2}$,其中
$$D = \{(x,y) \mid 0 \leqslant x \leqslant 1, 0 \leqslant y \leqslant 1\}.$$

第 8 讲 三重积分的计算

8.1 内容提要

一、三重积分的概念

由前一讲中多元数量值函数积分的概念,可知三重积分为

$$\iiint_\Omega f(x,y,z)\mathrm{d}V = \lim_{d\to 0}\sum_{i=1}^n f(\xi_i,\eta_i,\zeta_i)\Delta V_i,$$

其中 Ω 为空间立体区域,$d = \max\limits_{1\leqslant i\leqslant n}\{\Delta V_i \text{ 的直径}\}$,$(\xi_i,\eta_i,\zeta_i)\in\Delta V_i(i=1,2,\cdots,n)$.

二、三重积分的计算

1) 直角坐标系下计算三重积分.

(1) **细棒法**:设空间立体区域 Ω 在 xOy 平面上的投影区域为 D_{xy},对任一点 $(x,y,z)\in\Omega$,当 $(x,y)\in D_{xy}$ 时,有 $z_1(x,y)\leqslant z\leqslant z_2(x,y)$(此时区域 Ω 称为 xy-型区域),则

$$\iiint_\Omega f(x,y,z)\mathrm{d}V = \iint_{D_{xy}}\mathrm{d}x\mathrm{d}y\int_{z_1(x,y)}^{z_2(x,y)} f(x,y,z)\mathrm{d}z;$$

设 Ω 在 yOz 平面上的投影区域为 D_{yz},对任一点 $(x,y,z)\in\Omega$,当 $(y,z)\in D_{yz}$ 时,有 $x_1(y,z)\leqslant x\leqslant x_2(y,z)$(此时区域 Ω 称为 yz-型区域),则

$$\iiint_\Omega f(x,y,z)\mathrm{d}V = \iint_{D_{yz}}\mathrm{d}y\mathrm{d}z\int_{x_1(y,z)}^{x_2(y,z)} f(x,y,z)\mathrm{d}x;$$

设 Ω 在 xOz 平面上的投影区域为 D_{xz},对任一点 $(x,y,z)\in\Omega$,当 $(x,z)\in D_{xz}$ 时,有 $y_1(x,z)\leqslant y\leqslant y_2(x,z)$(此时区域 Ω 称为 xz-型区域),则

$$\iiint_\Omega f(x,y,z)\mathrm{d}V = \iint_{D_{xz}}\mathrm{d}x\mathrm{d}z\int_{y_1(x,z)}^{y_2(x,z)} f(x,y,z)\mathrm{d}y.$$

(2) **切片法**:设 Ω 在 z 轴上的投影区间为 $[c,d]$,对任一点 $z\in[c,d]$,过点 $(0,0,z)$ 作平行于 xOy 平面的平面,与 Ω 相交得截面 D_z,则

$$\iiint_\Omega f(x,y,z)\mathrm{d}V = \int_c^d \mathrm{d}z\iint_{D_z} f(x,y,z)\mathrm{d}x\mathrm{d}y.$$

2) **柱面坐标系下计算三重积分**：坐标变换为
$$\begin{cases} x = \rho\cos\theta, \\ y = \rho\sin\theta, \\ z = z, \end{cases}$$

体积微元为 $\mathrm{d}V = \rho\mathrm{d}\rho\mathrm{d}\theta\mathrm{d}z$，则
$$\iiint\limits_{\Omega} f(x,y,z)\mathrm{d}V = \iiint\limits_{\Omega} f(\rho\cos\theta,\rho\cos\theta,z)\rho\mathrm{d}\rho\mathrm{d}\theta\mathrm{d}z$$

3) **球面坐标系下计算三重积分**：坐标变换为
$$\begin{cases} x = r\sin\varphi\cos\theta, \\ y = r\sin\varphi\sin\theta, \\ z = r\cos\varphi, \end{cases}$$

体积微元为 $\mathrm{d}V = r^2\sin\varphi\mathrm{d}r\mathrm{d}\varphi\mathrm{d}\theta$，则
$$\iiint\limits_{\Omega} f(x,y,z)\mathrm{d}V = \iiint\limits_{\Omega} f(r\sin\varphi\cos\theta,r\sin\varphi\sin\theta,r\cos\varphi)r^2\sin\varphi\mathrm{d}r\mathrm{d}\varphi\mathrm{d}\theta.$$

4) **一般坐标代换计算三重积分**：设
$$x = x(u,v,w), \quad y = y(u,v,w), \quad z = z(u,v,w)$$
连续可微，将 uvw 空间上的有界闭区域 Ω' 一对一地变换到 xyz 空间上的有界闭区域 Ω，且
$$J = \frac{\partial(x,y,z)}{\partial(u,v,w)} = \begin{vmatrix} x_u & x_v & x_w \\ y_u & y_v & y_w \\ z_u & z_v & z_w \end{vmatrix} \neq 0, \quad \forall (u,v,w) \in \Omega',$$

则
$$\iiint\limits_{\Omega} f(x,y,z)\mathrm{d}V = \iiint\limits_{\Omega'} f(x(u,v,w),y(u,v,w),z(u,v,w))|J|\,\mathrm{d}u\mathrm{d}v\mathrm{d}w.$$

三、三重积分的简化计算

设三元函数 $f(x,y,z)$ 在有界闭区域 Ω 上可积，那么以下结论成立：

(1) 若 Ω 关于 xOy 面对称，且 $\Omega_1 = \{(x,y,z) \mid (x,y,z) \in \Omega, z \geqslant 0\}$，则
$$\iiint\limits_{\Omega} f(x,y,z)\mathrm{d}V = \begin{cases} 2\iiint\limits_{\Omega_1} f(x,y,z)\mathrm{d}V, & f(x,y,-z) = f(x,y,z), \\ 0, & f(x,y,-z) = -f(x,y,z); \end{cases}$$

(2) 若 Ω 关于 yOz 面对称，且 $\Omega_2 = \{(x,y,z) \mid (x,y,z) \in \Omega, x \geqslant 0\}$，则
$$\iiint\limits_{\Omega} f(x,y,z)\mathrm{d}V = \begin{cases} 2\iiint\limits_{\Omega_2} f(x,y,z)\mathrm{d}V, & f(x,y,z) = f(-x,y,z), \\ 0, & f(-x,y,z) = -f(x,y,z); \end{cases}$$

(3) 若 Ω 关于 zOx 面对称,且 $\Omega_3 = \{(x,y,z) \mid (x,y,z) \in \Omega, y \geqslant 0\}$,则

$$\iiint_\Omega f(x,y,z)\mathrm{d}V = \begin{cases} 2\iiint_{\Omega_3} f(x,y,z)\mathrm{d}V, & f(x,-y,z) = f(x,y,z), \\ 0, & f(x,-y,z) = -f(x,y,z). \end{cases}$$

(4) 若 Ω 关于 x,y,z 轮换对称(即若 $\forall (x,y,z) \in \Omega$,有 $(y,z,x),(z,x,y) \in \Omega$),则

$$\iiint_\Omega f(x,y,z)\mathrm{d}V = \iiint_\Omega f(y,z,x)\mathrm{d}V = \iiint_\Omega f(z,x,y)\mathrm{d}V.$$

8.2 例题与释疑解难

问题 1 计算三重积分时,如何确定累次积分的上下限?如何根据被积函数和积分区域的特点选择合适的坐标系和简便的计算方法?

在直角坐标系中,三重积分化为累次积分的方法有两种:一是"先一后二"法,也称为"细棒法";二是"先二后一"法,也称为"切片法". 前者易掌握,在计算三重积分时常使用,后者则对有些积分用起来比较简单.

在"先一后二"或"先二后一"方法中,如果把其中的二重积分按极坐标化成累次积分,就得了柱面坐标系下三重积分化成累次积分的表达式. 一般地,当积分区域 Ω 为圆柱形区域时,或者 Ω 的投影域是圆域时用柱面坐标系计算比较方便;当被积函数中含有 $x^2+y^2+z^2$ 的形式或积分区域 Ω 为球形区域或部分球形区域时,宜用球面坐标系求解.

例 1 设 $I = \iiint_\Omega f(x,y,z)\mathrm{d}V$,其中 Ω 是由曲面 $x^2+y^2+z^2 \leqslant 4$ 和 $x^2+y^2 \leqslant 3z$ 所围成的区域,求解下列问题:

(1) 试在直角坐标系、柱面坐标系和球面坐标系下分别将 I 化为三次积分;

(2) 设 $f(x,y,z) = x+y+z$,计算三重积分 I 的值;

(3) 设 $f(x,y,z) = z^2$,计算三重积分 I 的值.

解 积分区域 Ω 如图 8.1 所示.

(1) 在直角坐标系中,因为 Ω 在 xOy 面上的投影域为 $D_{xy}: \begin{cases} x^2+y^2 \leqslant 3, \\ z=0, \end{cases}$ 所以

$$I = \int_{-\sqrt{3}}^{\sqrt{3}} \mathrm{d}x \int_{-\sqrt{3-x^2}}^{\sqrt{3-x^2}} \mathrm{d}y \int_{\frac{x^2+y^2}{3}}^{\sqrt{4-x^2-y^2}} f(x,y,z)\mathrm{d}z.$$

在柱面坐标系中,积分区域 Ω 可表示为

$$\begin{cases} \rho^2 + z^2 \leqslant 4, \\ \rho^2 \leqslant 3z, \end{cases}$$

而体积元素为 $dV = \rho d\rho d\theta dz$. 进一步可以将积分区域化为

$$\frac{\rho^2}{3} \leqslant z \leqslant \sqrt{4-\rho^2},\ 0 \leqslant \rho \leqslant \sqrt{3},\ 0 \leqslant \theta \leqslant 2\pi,$$

所以

$$I = \int_0^{2\pi} d\theta \int_0^{\sqrt{3}} \rho d\rho \int_{\frac{\rho^2}{3}}^{\sqrt{4-\rho^2}} f(\rho\cos\theta, \rho\sin\theta, z) dz.$$

在球面坐标系中,积分区域 Ω 应分为两部分. 设 $\Omega = \Omega_1 + \Omega_2$, 其中 Ω_1 和 Ω_2 分别为

$$\Omega_1 : \begin{cases} 0 \leqslant r \leqslant 2, \\ 0 \leqslant \varphi \leqslant \frac{\pi}{3}, \\ 0 \leqslant \theta \leqslant 2\pi, \end{cases} \quad \Omega_2 : \begin{cases} 0 \leqslant r \leqslant \dfrac{3\cos\varphi}{\sin^2\varphi}, \\ \dfrac{\pi}{3} \leqslant \varphi \leqslant \dfrac{\pi}{2}, \\ 0 \leqslant \theta \leqslant 2\pi, \end{cases}$$

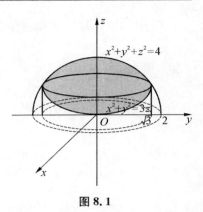

图 8.1

而体积元素为 $dV = r^2 \sin\varphi dr d\varphi d\theta$, 因此

$$I = \iiint\limits_{\Omega_1} f(r\sin\varphi\cos\theta, r\sin\varphi\sin\theta, r\cos\varphi) r^2 \sin\varphi dr d\varphi d\theta$$

$$+ \iiint\limits_{\Omega_2} f(r\sin\varphi\cos\theta, r\sin\varphi\sin\theta, r\cos\varphi) r^2 \sin\varphi dr d\varphi d\theta$$

$$= \int_0^{2\pi} d\theta \int_0^{\frac{\pi}{3}} \sin\varphi d\varphi \int_0^2 f(r\sin\varphi\cos\theta, r\sin\varphi\sin\theta, r\cos\varphi) r^2 dr$$

$$+ \int_0^{2\pi} d\theta \int_{\frac{\pi}{3}}^{\frac{\pi}{2}} \sin\varphi d\varphi \int_0^{\frac{3\cos\varphi}{\sin^2\varphi}} f(r\sin\varphi\cos\theta, r\sin\varphi\sin\theta, r\cos\varphi) r^2 dr.$$

(2) 从上面三种坐标系中累次积分的上、下限来看,应选择用柱面坐标系来计算. 于是

$$\iiint\limits_\Omega (x+y+z) dV = \iiint\limits_\Omega x dV + \iiint\limits_\Omega y dV + \iiint\limits_\Omega z dV = \iiint\limits_\Omega z dV$$

$$= \int_0^{2\pi} d\theta \int_0^{\sqrt{3}} \rho d\rho \int_{\frac{\rho^2}{3}}^{\sqrt{4-\rho^2}} z dz$$

$$= \pi \int_0^{\sqrt{3}} \rho \left(4 - \rho^2 - \frac{\rho^4}{9}\right) d\rho = \frac{13}{4}\pi.$$

注 在上面的计算中,三重积分 $\iiint\limits_\Omega x dV = \iiint\limits_\Omega y dV = 0$, 请读者自己考虑理由.

(3) 因为被积函数为 z^2, 不含 x, y, 且平行于 xOy 坐标面的平面与 Ω 相交时的截面均为圆, 所以若用"先二后一"法,先计算关于 x, y 的二重积分时就化为求截面的面积,十分简便.

将积分区域 Ω 向 z 轴投影,得到 z 轴上的一个区间 $[0,2]$,再过点 $(0,0,z)$($\forall z \in [0,2]$)作平行于 xOy 坐标面的平面,交区域 Ω 得到截面 D_z. 当 $0 \leqslant z \leqslant 1$ 时,截面为 $D_z^{(1)}$: $x^2+y^2 \leqslant 3z$;当 $1 \leqslant z \leqslant 2$ 时,截面为 $D_z^{(2)}$: $x^2+y^2 \leqslant 4-z^2$. 因此

$$\iiint\limits_{\Omega} z^2 \mathrm{d}V = \int_0^2 \mathrm{d}z \iint\limits_{D_z} z^2 \mathrm{d}x\mathrm{d}y = \int_0^1 \mathrm{d}z \iint\limits_{D_z^{(1)}} z^2 \mathrm{d}x\mathrm{d}y + \int_1^2 \mathrm{d}z \iint\limits_{D_z^{(2)}} z^2 \mathrm{d}x\mathrm{d}y$$

$$= \int_0^1 \pi \cdot 3z \cdot z^2 \mathrm{d}z + \int_1^2 \pi(4-z^2) \cdot z^2 \mathrm{d}z$$

$$= \frac{3}{4}\pi z^4 \Big|_0^1 + \pi\left(\frac{4}{3}z^3 - \frac{1}{5}z^5\right)\Big|_1^2 = \frac{233}{60}\pi.$$

例 2 计算 $\iiint\limits_{\Omega} \dfrac{\mathrm{d}x\mathrm{d}y\mathrm{d}z}{(1+x+y+z)^3}$,其中 Ω 为由平面 $x=0, y=0, z=0, x+y+z=1$ 所围成的四面体.

解 积分区域 Ω 如图 8.2 所示,下面用"细棒法"求解. 将 Ω 向 xOy 面投影,得到的投影区域为三角形区域 D_{xy}: $0 \leqslant x \leqslant 1, 0 \leqslant y \leqslant 1-x$;任取 $(x,y) \in D_{xy}$,过点 $(x,y,0)$ 作平行于 z 轴的直线从底向上穿过积分区域,得到 z 的取值范围为 $0 \leqslant z \leqslant 1-x-y$. 于是

$$I = \iint\limits_{D_{xy}} \mathrm{d}x\mathrm{d}y \int_0^{1-x-y} \frac{\mathrm{d}z}{(1+x+y+z)^3}$$

$$= \int_0^1 \mathrm{d}x \int_0^{1-x} \mathrm{d}y \int_0^{1-x-y} \frac{\mathrm{d}z}{(1+x+y+z)^3}$$

$$= \int_0^1 \mathrm{d}x \int_0^{1-x} \left(\frac{1}{2(1+x+y)^2} - \frac{1}{8}\right) \mathrm{d}y$$

$$= \int_0^1 \left(\frac{1}{2(1+x)} - \frac{3}{8} + \frac{1}{8}x\right) \mathrm{d}x = \frac{1}{2}\left(\ln 2 - \frac{5}{8}\right).$$

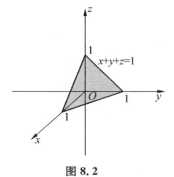

图 8.2

例 3 计算 $\iiint\limits_{x^2+y^2+z^2 \leqslant 1} \mathrm{e}^{|z|} \mathrm{d}V$.

解法 1 被积函数 $\mathrm{e}^{|z|}$ 只与 z 有关,积分区域又为球体,可采用"切片法"求解. 即有

$$\iiint\limits_{x^2+y^2+z^2 \leqslant 1} \mathrm{e}^{|z|} \mathrm{d}V = \int_{-1}^1 \mathrm{e}^{|z|} \mathrm{d}z \iint\limits_{D_z} \mathrm{d}x\mathrm{d}y = \int_{-1}^1 \mathrm{e}^{|z|} \pi(1-z^2) \mathrm{d}z$$

$$= 2\pi \int_0^1 \mathrm{e}^z (1-z^2) \mathrm{d}z = 2\pi,$$

其中 D_z: $x^2 + y^2 \leqslant 1 - z^2$.

解法 2 因被积函数 $\mathrm{e}^{|z|}$ 关于 z 是偶函数,积分区域 $x^2+y^2+z^2 \leqslant 1$ 关于 xOy

平面对称,所以利用积分的奇偶对称性,可以将原积分化为上半球域积分的两倍. 设 $\Omega_1: x^2+y^2+z^2\leqslant 1, z\geqslant 0$,利用球面坐标系计算,注意到积分次序是先对 φ 积分稍简单(请思考为什么),于是

$$\iiint_{x^2+y^2+z^2\leqslant 1}\mathrm{e}^{|z|}\mathrm{d}V = 2\iiint_{\Omega_1}\mathrm{e}^z\mathrm{d}V = 2\int_0^{2\pi}\mathrm{d}\theta\int_0^1\mathrm{d}r\int_0^{\frac{\pi}{2}}\mathrm{e}^{r\cos\varphi}r^2\sin\varphi\mathrm{d}\varphi$$

$$=4\pi\int_0^1\mathrm{d}r\int_0^{\frac{\pi}{2}}-r\mathrm{e}^{r\cos\varphi}\mathrm{d}(r\cos\varphi)=4\pi\int_0^1-r\mathrm{e}^{r\cos\varphi}\Big|_0^{\frac{\pi}{2}}\mathrm{d}r$$

$$=4\pi\int_0^1(\mathrm{e}^r-1)r\mathrm{d}r=2\pi.$$

例 4 计算三重积分 $\iiint_\Omega \dfrac{\ln(1+\sqrt{x^2+y^2})}{x^2+y^2}\mathrm{d}x\mathrm{d}y\mathrm{d}z$,其中 Ω 是由 $z=x^2+y^2$ 与 $z=\sqrt{x^2+y^2}$ 所围成的区域.

分析 由于积分区域是旋转体,被积函数中含有 $\sqrt{x^2+y^2}$,所以用柱面坐标系计算比较简单.

解 积分区域如图 8.3 所示. 因为两曲面 $z=x^2+y^2$ 与 $z=\sqrt{x^2+y^2}$ 的交线是 $x^2+y^2=1(z=1)$,所以 Ω 向 xOy 面的投影为 $D_{xy}: x^2+y^2\leqslant 1$. 任取 $(x,y)\in D_{xy}$,过点 $(x,y,0)$ 作平行于 z 轴的直线从底向上穿过积分区域,得到 z 的取值范围为 $x^2+y^2\leqslant z\leqslant \sqrt{x^2+y^2}$,用柱面坐标表示为 $\rho^2\leqslant z\leqslant \rho$. 故 Ω 可表示为

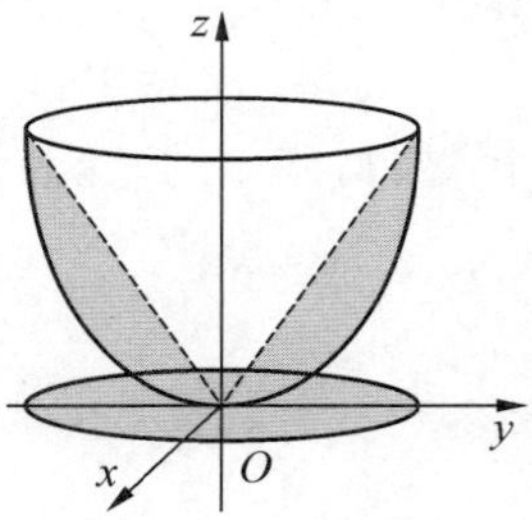

$$\Omega=\{(\rho,\theta,z)\mid 0\leqslant\theta\leqslant 2\pi, 0\leqslant\rho\leqslant 1, \rho^2\leqslant z\leqslant\rho\},$$

图 8.3

于是

$$\iiint_\Omega\frac{\ln(1+\sqrt{x^2+y^2})}{x^2+y^2}\mathrm{d}x\mathrm{d}y\mathrm{d}z = \int_0^{2\pi}\mathrm{d}\theta\int_0^1\rho\mathrm{d}\rho\int_{\rho^2}^{\rho}\frac{\ln(1+\rho)}{\rho^2}\mathrm{d}z$$

$$=2\pi\int_0^1(1-\rho)\ln(1+\rho)\mathrm{d}\rho=\frac{\pi}{2}(8\ln 2-5).$$

例 5 计算三重积分

$$I=\iiint_{x^2+y^2+z^2\leqslant R^2}\frac{\mathrm{d}x\mathrm{d}y\mathrm{d}z}{\sqrt{x^2+y^2+(z-h)^2}}\quad(h>R>0).$$

分析 因为积分区域为球域,故可以尝试利用柱面坐标系或球面坐标系计算. 利用柱面坐标系时,先对 z 积分计算会比较复杂,所以考虑先对 ρ 积分;利用球面坐标系时,先对 r 积分计算会比较复杂,所以考虑先对 φ 积分.

解法 1 利用柱面坐标系求解,则

$$I = \int_0^{2\pi} d\theta \int_{-R}^{R} dz \int_0^{\sqrt{R^2-z^2}} \frac{\rho d\rho}{\sqrt{\rho^2+(z-h)^2}}$$

$$= \pi \int_{-R}^{R} dz \int_0^{\sqrt{R^2-z^2}} \frac{d\rho^2}{\sqrt{\rho^2+(z-h)^2}}$$

$$= 2\pi \int_{-R}^{R} (\sqrt{R^2+h^2-2hz} - (h-z)) dz$$

$$= 2\pi \left(-\frac{1}{3h}(R^2+h^2-2hz)^{3/2} + \frac{(h-z)^2}{2} \right) \bigg|_{-R}^{R}$$

$$= \frac{4\pi R^3}{3h}.$$

解法 2 利用球面坐标系求解,则

$$I = \int_0^{2\pi} d\theta \int_0^{R} dr \int_0^{\pi} \frac{r^2 \sin\varphi d\varphi}{\sqrt{r^2-2hr\cos\varphi+h^2}}$$

$$= 2\pi \int_0^{R} dr \int_0^{\pi} \frac{r^2}{2hr} \frac{d(-2hr\cos\varphi)}{\sqrt{r^2-2hr\cos\varphi+h^2}}$$

$$= 2\pi \int_0^{R} \frac{r}{h} (\sqrt{r^2+2hr+h^2} - \sqrt{r^2-2hr+h^2}) dr$$

$$= 2\pi \int_0^{R} \frac{2r^2}{h} dr = \frac{4\pi R^3}{3h}.$$

例 6 计算 $I = \int_{-1}^{1} dx \int_0^{\sqrt{1-x^2}} dy \int_1^{1+\sqrt{1-x^2-y^2}} \frac{1}{\sqrt{x^2+y^2+z^2}} dz$.

分析 本题直接积分会比较困难. 不难看出积分区域是球体的一部分, 且被积函数为 $f(x^2+y^2+z^2)$ 的形式, 用球面坐标表示会比较简单, 故选用球面坐标系来计算.

解 由题可知积分区域如图 8.4 所示, 在直角坐标系下可表示为

$$\Omega: \begin{cases} 1 \leqslant z \leqslant 1+\sqrt{1-x^2-y^2}, \\ 0 \leqslant y \leqslant \sqrt{1-x^2}, \\ -1 \leqslant x \leqslant 1. \end{cases}$$

又因为积分区域 Ω 的边界曲面 $z = 1+\sqrt{1-x^2-y^2}$ 和 $z = 1$ 在球面坐标系中的方程分别为 $r = 2\cos\varphi, r = \dfrac{1}{\cos\varphi}$, 且两曲面的交线满足 $\varphi = \dfrac{\pi}{4}$, 于是积分区域 Ω 在球面坐标系下为

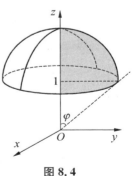

图 8.4

$$\Omega': \frac{1}{\cos\varphi} \leqslant r \leqslant 2\cos\varphi, 0 \leqslant \varphi \leqslant \frac{\pi}{4}, 0 \leqslant \theta \leqslant \pi.$$

从而可得

$$I = \iiint_{\Omega} \frac{1}{r} r^2 \sin\varphi \mathrm{d}r \mathrm{d}\varphi \mathrm{d}\theta = \int_0^{\pi} \mathrm{d}\theta \int_0^{\frac{\pi}{4}} \sin\varphi \mathrm{d}\varphi \int_{\frac{1}{\cos\varphi}}^{2\cos\varphi} r \mathrm{d}r$$

$$= \frac{1}{2}\pi \int_0^{\frac{\pi}{4}} \sin\varphi \left(4\cos^2\varphi - \frac{1}{\cos^2\varphi}\right) \mathrm{d}\varphi$$

$$= \frac{\pi}{6}(7 - 4\sqrt{2}).$$

例 7 证明：$\int_0^x \left(\int_0^v \left(\int_0^u f(t) \mathrm{d}t \right) \mathrm{d}u \right) \mathrm{d}v = \frac{1}{2} \int_0^x (x-t)^2 f(t) \mathrm{d}t.$

分析 将等式左端积分两次就会得到右端，但直接积分有困难，需先交换积分次序。通常三次积分是先画出空间区域再交换积分次序，但有时空间区域不易画出，这里的做法是逐步调整，即先交换相邻的二次积分的积分次序，然后再将相邻的二次积分互换积分次序。

证明 在等式左端的式子中改变关于变量 u, t 的二次积分的次序，可得

$$\int_0^v \mathrm{d}u \int_0^u f(t) \mathrm{d}t = \int_0^v \mathrm{d}t \int_t^v f(t) \mathrm{d}u = \int_0^v (v-t) f(t) \mathrm{d}t,$$

所以

$$\int_0^x \left(\int_0^v \left(\int_0^u f(t) \mathrm{d}t \right) \mathrm{d}u \right) \mathrm{d}v = \int_0^x \mathrm{d}v \int_0^v (v-t) f(t) \mathrm{d}t = \int_0^x \mathrm{d}t \int_t^x (v-t) f(t) \mathrm{d}v$$

$$= \frac{1}{2} \int_0^x (x-t)^2 f(t) \mathrm{d}t,$$

得证。

问题 2 求解三重积分时，如何利用被积函数的奇偶性和积分区域的对称性简化计算？

例 8 已知 $\Omega: x^2 + y^2 + z^2 \leqslant R^2$，且

$$\Omega_1: \begin{cases} x^2 + y^2 + z^2 \leqslant R^2, \\ z \geqslant 0, \end{cases} \qquad \Omega_2: \begin{cases} x^2 + y^2 + z^2 \leqslant R^2, \\ x \geqslant 0, y \geqslant 0, z \geqslant 0, \end{cases}$$

则下列等式是否成立？请说明理由。

(1) $\iiint_{\Omega} x \mathrm{d}V = 0, \iiint_{\Omega} z \mathrm{d}V = 0;$

(2) $\iiint_{\Omega_1} z \mathrm{d}V = 4 \iiint_{\Omega_2} z \mathrm{d}V, \iiint_{\Omega_1} x \mathrm{d}V = 4 \iiint_{\Omega_2} x \mathrm{d}V;$

(3) $\iiint_{\Omega_1} xy \mathrm{d}V = \iiint_{\Omega_1} yz \mathrm{d}V = \iiint_{\Omega_1} zx \mathrm{d}V = 0;$

第 8 讲 三重积分的计算

(4) $\iiint\limits_{\Omega_2} xy\,dV = \iiint\limits_{\Omega_2} yz\,dV = \iiint\limits_{\Omega_2} zx\,dV.$

解 与定积分和二重积分类似,简化三重积分的计算,不仅要考虑积分区域的对称性,还要考虑被积函数在所讨论区域的奇偶性.

(1) 这两个等式均成立,其理由是:第一个等式中被积函数关于 x 是奇函数,而积分区域关于 yOz 平面对称,故三重积分等于零;同理,第二个等式中被积函数关于 z 是奇函数,而积分区域关于 xOy 平面对称,故也为零(也可以将三重积分化为累次积分,再利用奇偶函数的定积分在对称区间上的性质去理解).

(2) 第一个等式成立,因为被积函数 $f(x,y,z)=z$ 关于 x,y 均为偶函数(请读者思考为什么),而积分区域 Ω_1 又关于 yOz 及 xOz 平面对称,故有等式

$$\iiint\limits_{\Omega_1} z\,dV = 4\iiint\limits_{\Omega_2} z\,dV.$$

第二个等式不成立,这是因为 $f(x,y,z)=x$ 在 Ω_1 中是关于 x 的奇函数,且 Ω_1 关于 yOz 平面对称,故 $\iiint\limits_{\Omega_1} x\,dV = 0$;但在 Ω_2 中 x 是正的(第一卦限),故 $\iiint\limits_{\Omega_2} x\,dV > 0.$

(3) 等式成立,理由可仿照(1)和(2)进行说明.

(4) 等式成立,这是因为积分区域 Ω_2 及被积函数关于变量 x,y,z 是轮换对称的. 即若 $(x,y,z) \in \Omega_2$,则 $(y,z,x),(z,x,y) \in \Omega_2$,于是

$$\iiint\limits_{\Omega_2} xy\,dV = \iiint\limits_{\Omega_2} yz\,dV = \iiint\limits_{\Omega_2} zx\,dV.$$

例 9 计算 $\iiint\limits_{\Omega}(x+2y+3z)^2\,dV$,其中 $\Omega: 0 \leqslant x \leqslant 1, 0 \leqslant y \leqslant 1, 0 \leqslant z \leqslant 1.$

解 因为区域 Ω 关于变量 x,y,z 具有轮换对称性,所以

$$\begin{aligned}
原式 &= \iiint\limits_{\Omega}(x^2+4y^2+9z^2+4xy+6xz+12yz)\,dxdydz \\
&= \iiint\limits_{\Omega}(14x^2+22xy)\,dxdydz \\
&= \int_0^1 dz \int_0^1 dx \int_0^1 (14x^2+22xy)\,dy = \frac{61}{6}.
\end{aligned}$$

例 10 计算 $\iiint\limits_{\Omega} \dfrac{(x+2y+1)^2}{1+x^2+y^2}\,dxdydz$,其中 $\Omega: x^2+y^2 \leqslant z \leqslant 1.$

解 因为区域 Ω 既关于 x,y 轮换对称,又关于坐标面 xOz, yOz 对称,且 $4xy, 2x$ 关于 x 为奇函数,$4y$ 关于 y 为奇函数,所以

$$原式 = \iiint\limits_{\Omega} \frac{x^2+4y^2+1+4xy+2x+4y}{1+x^2+y^2}\,dxdydz$$

$$= \iiint_\Omega \frac{x^2+4y^2+1}{1+x^2+y^2}\mathrm{d}x\mathrm{d}y\mathrm{d}z = \iiint_\Omega \frac{1+\frac{5}{2}(x^2+y^2)}{1+x^2+y^2}\mathrm{d}x\mathrm{d}y\mathrm{d}z$$

$$= \int_0^{2\pi}\mathrm{d}\theta\int_0^1 \rho\mathrm{d}\rho\int_{\rho^2}^1 \frac{1+\frac{5}{2}\rho^2}{1+\rho^2}\mathrm{d}z = 2\pi\int_0^1 \frac{\rho(1+\frac{5}{2}\rho^2)(1-\rho^2)}{1+\rho^2}\mathrm{d}\rho$$

$$= \left(\frac{11}{4}-3\ln 2\right)\pi.$$

例 11 计算三重积分 $\iiint_\Omega z\mathrm{d}x\mathrm{d}y\mathrm{d}z$，其中 Ω 为夹在两球面 $x^2+y^2+z^2=2az$ 与 $x^2+y^2+z^2=az$ 之间的部分.

解 积分区域如图 8.5 所示.

(方法 1) 用球面坐标系计算. 两个球面的方程分别为 $r=2a\cos\varphi, r=a\cos\varphi$，于是

$$\iiint_\Omega z\mathrm{d}x\mathrm{d}y\mathrm{d}z = \iiint_\Omega r^3\cos\varphi\sin\varphi\mathrm{d}r\mathrm{d}\varphi\mathrm{d}\theta$$

$$= \int_0^{2\pi}\mathrm{d}\theta\int_0^{\frac{\pi}{2}}\mathrm{d}\varphi\int_{a\cos\varphi}^{2a\cos\varphi} r^3\cos\varphi\sin\varphi\mathrm{d}r$$

$$= 2\pi\int_0^{\frac{\pi}{2}} \frac{15a^4}{4}\cos^5\varphi\sin\varphi\mathrm{d}\varphi = \frac{5a^4\pi}{4}.$$

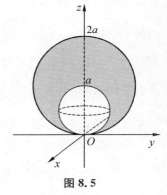

图 8.5

(方法 2) 利用对称性简化计算. 分别记 Ω_1, Ω_2 为球面 $x^2+y^2+z^2=2az$ 及 $x^2+y^2+z^2=az$ 所包围的区域，则

$$\iiint_\Omega z\mathrm{d}x\mathrm{d}y\mathrm{d}z = \iiint_{\Omega_1} z\mathrm{d}x\mathrm{d}y\mathrm{d}z - \iiint_{\Omega_2} z\mathrm{d}x\mathrm{d}y\mathrm{d}z$$

$$= \left(a\iiint_{\Omega_1}\mathrm{d}x\mathrm{d}y\mathrm{d}z + \iiint_{\Omega_1}(z-a)\mathrm{d}x\mathrm{d}y\mathrm{d}z\right)$$

$$-\left(\frac{a}{2}\iiint_{\Omega_2}\mathrm{d}x\mathrm{d}y\mathrm{d}z + \iiint_{\Omega_2}\left(z-\frac{a}{2}\right)\mathrm{d}x\mathrm{d}y\mathrm{d}z\right)$$

$$= a\iiint_{\Omega_1}\mathrm{d}x\mathrm{d}y\mathrm{d}z - \frac{a}{2}\iiint_{\Omega_2}\mathrm{d}x\mathrm{d}y\mathrm{d}z = \frac{4\pi}{3}\left(a^4-\left(\frac{a}{2}\right)^4\right) = \frac{5a^4\pi}{4}.$$

注 由于区域 Ω_1 关于平面 $z=a$ 对称，而函数 $z-a$ 关于 $(z-a)$ 是奇函数，所以 $\iiint_{\Omega_1}(z-a)\mathrm{d}x\mathrm{d}y\mathrm{d}z = 0$. 同理，$\iiint_{\Omega_2}\left(z-\frac{a}{2}\right)\mathrm{d}x\mathrm{d}y\mathrm{d}z = 0$.

问题 3 如何利用一般的换元法则计算三重积分？

例 12 计算

第 8 讲 三重积分的计算

$$I = \iiint\limits_{\Omega} (x+y+z)\cos(x+y+z)^2 \mathrm{d}V,$$

其中 $\Omega = \{(x,y,z) \mid 0 \leqslant x-y \leqslant 1, 0 \leqslant x-z \leqslant 1, 0 \leqslant x+y+z \leqslant 1\}$.

解 为了使积分区域 Ω 变得简单，我们作坐标变换

$$\begin{cases} x-y = u, \\ x-z = v, \\ x+y+z = w, \end{cases}$$

则 Ω 一一变换为 $\Omega' = \{(u,v,w) \mid 0 \leqslant u \leqslant 1, 0 \leqslant v \leqslant 1, 0 \leqslant w \leqslant 1\}$，且由

$$\frac{\partial(u,v,w)}{\partial(x,y,z)} = \begin{vmatrix} 1 & -1 & 0 \\ 1 & 0 & -1 \\ 1 & 1 & 1 \end{vmatrix} = 3,$$

可得 $\dfrac{\partial(x,y,z)}{\partial(u,v,w)} = \dfrac{1}{3}$，从而

$$I = \iiint\limits_{\Omega'} w\cos w^2 \left| \frac{\partial(x,y,z)}{\partial(u,v,w)} \right| \mathrm{d}u\mathrm{d}v\mathrm{d}w = \frac{1}{3}\iiint\limits_{\Omega'} w\cos w^2 \mathrm{d}u\mathrm{d}v\mathrm{d}w$$

$$= \int_0^1 \mathrm{d}u \int_0^1 \mathrm{d}v \int_0^1 \frac{1}{3} w\cos w^2 \mathrm{d}w = \frac{1}{6}\sin 1.$$

例 13 计算 $\left(\dfrac{x^2}{a^2} + \dfrac{y^2}{b^2} + \dfrac{z^2}{c^2}\right)^2 = \dfrac{x^2}{a^2} + \dfrac{y^2}{b^2}$ 所围成区域 Ω 的体积.

解 由于 $V = \iiint\limits_{\Omega} \mathrm{d}V$，根据 Ω 的特点，我们利用广义球面坐标变换来求积分. 令

$$x = ar\sin\varphi\cos\theta, \quad y = br\sin\varphi\sin\theta, \quad z = cr\cos\varphi,$$

在此变换下体积微元为 $\mathrm{d}V = abcr^2\sin\varphi$，且 Ω 可表示为

$$\Omega: 0 \leqslant \theta \leqslant 2\pi, 0 \leqslant \varphi \leqslant \pi, 0 \leqslant r \leqslant \sin\varphi,$$

所以

$$V = \iiint\limits_{\Omega} \mathrm{d}V = \iiint\limits_{\Omega} abcr^2 \sin\varphi \mathrm{d}r\mathrm{d}\varphi\mathrm{d}\theta = abc\int_0^{2\pi}\mathrm{d}\theta\int_0^{\pi}\mathrm{d}\varphi\int_0^{\sin\varphi} r^2\sin\varphi\mathrm{d}r$$

$$= \frac{2\pi}{3}abc\int_0^{\pi}\sin^4\varphi\mathrm{d}\varphi = \frac{\pi^2}{4}abc.$$

问题 4 其他与三重积分相关的例子.

例 14 计算 $\iiint\limits_{\Omega} |z - x^2 - y^2| \mathrm{d}V$，其中 Ω 由 $z = 0, z = 1$ 及 $x^2 + y^2 = 1$ 围成.

分析 本题计算的关键是去掉绝对值符号，于是要将区域 Ω 分成两个区域，使得 $z - x^2 - y^2$ 在每个区域上不变号.

解 设

$$\Omega_1: 0 \leqslant z \leqslant x^2 + y^2, x^2 + y^2 \leqslant 1, \quad \Omega_2: x^2 + y^2 \leqslant z \leqslant 1,$$

则 $\Omega = \Omega_1 \cup \Omega_2$，于是

$$\iiint_\Omega |z - x^2 - y^2| \, dV = \iiint_{\Omega_1} (x^2 + y^2 - z) \, dV + \iiint_{\Omega_2} (z - x^2 - y^2) \, dV$$

$$= \int_0^{2\pi} d\theta \int_0^1 d\rho \int_0^{\rho^2} (\rho^2 - z) \rho \, dz + \int_0^{2\pi} d\theta \int_0^1 d\rho \int_{\rho^2}^1 (z - \rho^2) \rho \, dz$$

$$= \pi \int_0^1 \rho^5 \, d\rho + 2\pi \int_0^1 \left(\frac{\rho - \rho^5}{2} - \rho^3 + \rho^5 \right) d\rho = \frac{\pi}{3}.$$

例 15 设函数 $f(x)$ 连续且恒大于零，且

$$F(t) = \frac{\iiint_{\Omega(t)} f(x^2 + y^2 + z^2) \, dV}{\iint_{D(t)} f(x^2 + y^2) \, d\sigma}, \quad G(t) = \frac{\iint_{D(t)} f(x^2 + y^2) \, d\sigma}{\int_{-t}^t f(x^2) \, dx},$$

其中 $\Omega(t) = \{(x, y, z) \mid x^2 + y^2 + z^2 \leqslant t^2\}$，$D(t) = \{(x, y) \mid x^2 + y^2 \leqslant t^2\}$.

(1) 讨论 $F(t)$ 在区间 $(0, +\infty)$ 内的单调性；

(2) 证明：当 $t > 0$ 时，$F(t) > \dfrac{2}{\pi} G(t)$.

解 (1) 因为

$$F(t) = \frac{\int_0^{2\pi} d\theta \int_0^\pi d\varphi \int_0^t f(r^2) r^2 \sin\varphi \, dr}{\int_0^{2\pi} d\theta \int_0^t f(\rho^2) \rho \, d\rho} = \frac{2 \int_0^t f(r^2) r^2 \, dr}{\int_0^t f(r^2) r \, dr},$$

故

$$F'(t) = 2 \frac{t f(t^2) \int_0^t f(r^2) r (t - r) \, dr}{\left(\int_0^t f(r^2) r \, dr \right)^2},$$

可得在 $(0, +\infty)$ 内 $F'(t) > 0$，所以 $F(t)$ 在 $(0, +\infty)$ 内单调增加.

(2) 因为

$$G(t) = \frac{\pi \int_0^t f(\rho^2) \rho \, d\rho}{\int_0^t f(x^2) \, dx} = \frac{\pi \int_0^t f(r^2) r \, dr}{\int_0^t f(r^2) \, dr},$$

故要证明当 $t > 0$ 时，$F(t) > \dfrac{2}{\pi} G(t)$，只需证明当 $t > 0$ 时，$F(t) - \dfrac{2}{\pi} G(t) > 0$，即

$$\int_0^t f(r^2) r^2 \, dr \cdot \int_0^t f(r^2) \, dr - \left(\int_0^t f(r^2) r \, dr \right)^2 > 0.$$

令

$$g(t) = \int_0^t f(r^2) r^2 \, dr \cdot \int_0^t f(r^2) \, dr - \left(\int_0^t f(r^2) r \, dr \right)^2,$$

可得
$$g'(t) = f(t^2)\int_0^t f(r^2)(t-r)^2 dr > 0,$$
所以 $g(t)$ 在 $(0,+\infty)$ 内单调增加. 又 $g(t)$ 在 $t=0$ 处连续且 $g(0)=0$,所以当 $t>0$ 时,有 $g(t)>g(0)=0$. 从而,当 $t>0$ 时,$F(t)>\dfrac{2}{\pi}G(t)$.

例 16 设 $\Omega: x^2+y^2+z^2 \leqslant 1$,证明:
$$\frac{4\sqrt[3]{2}}{3}\pi \leqslant \iiint_\Omega \sqrt[3]{x+2y-2z+5}\,dV \leqslant \frac{8\pi}{3}.$$

分析 只需求出被积函数在积分区域上的最大值与最小值,再利用积分的不等式性质即可得证.

证明 设 $f(x,y,z)=x+2y-2z+5$,则
$$f_x=1\neq 0,\quad f_y=2\neq 0,\quad f_z=-2\neq 0,$$
所以函数 $f(x)$ 在区域 Ω 的内部无驻点,因此必在边界上取得最值. 令
$$L(x,y,z,\lambda)=x+2y-2z+5+\lambda(x^2+y^2+z^2-1),$$
解方程组
$$\begin{cases} L_x = 1+2\lambda x = 0, \\ L_y = 2+2\lambda y = 0, \\ L_z = -2+2\lambda z = 0, \\ L_\lambda = x^2+y^2+z^2-1 = 0, \end{cases}$$
得到驻点 $P_1\left(\dfrac{1}{3},\dfrac{2}{3},\dfrac{-2}{3}\right)$,$P_2\left(-\dfrac{1}{3},-\dfrac{2}{3},\dfrac{2}{3}\right)$. 由 $f(P_1)=8$,$f(P_2)=2$,可得函数 $f(x,y,z)$ 在闭域 Ω 上的最大值为 8,最小值为 2. 又 $f(x,y,z)$ 与 $\sqrt[3]{f(x,y,z)}$ 有相同的极值点,所以函数 $\sqrt[3]{f(x,y,z)}$ 的最大值为 2,最小值为 $\sqrt[3]{2}$,从而有
$$\frac{4\sqrt[3]{2}}{3}\pi = \iiint_\Omega \sqrt[3]{2}\,dV \leqslant \iiint_\Omega \sqrt[3]{x+2y-2z+5}\,dV \leqslant \iiint_\Omega 2\,dV = \frac{8\pi}{3}.$$

8.3 练习题

1. 选择题.

(1) 设 Ω 是由曲面 $z=x^2+y^2$,$y=x$,$y=0$,$z=1$ 围成的在第一卦限的区域,函数 $f(x,y,z)$ 在 Ω 上连续,则 $\iiint_\Omega f(x,y,z)\,dV=$ (   )

(A) $\displaystyle\int_0^1 dy \int_y^{\sqrt{1-y^2}} dx \int_{x^2+y^2}^1 f(x,y,z)\,dz$ (B) $\displaystyle\int_0^{\frac{\sqrt{2}}{2}} dx \int_y^{\sqrt{1-y^2}} dy \int_{x^2+y^2}^1 f(x,y,z)\,dz$

(C) $\int_0^{\frac{\sqrt{2}}{2}} dy \int_y^{\sqrt{1-y^2}} dx \int_{x^2+y^2}^{1} f(x,y,z)dz$ (D) $\int_0^{\frac{\sqrt{2}}{2}} dy \int_y^{\sqrt{1-y^2}} dx \int_0^{1} f(x,y,z)dz$

(2) $\iiint\limits_{x^2+y^2+z^2 \leqslant 1} (x^2+y^2+z^2)dV =$ ( )

(A) $\int_0^{2\pi} d\theta \int_0^1 \rho d\rho \int_{-\sqrt{1-\rho^2}}^{\sqrt{1-\rho^2}} dz = \Omega$ 的体积,其中 Ω 为积分区域 $x^2+y^2+z^2 \leqslant 1$

(B) $\int_0^{2\pi} d\theta \int_0^{2\pi} \sin\varphi d\varphi \int_0^1 r^4 dr$

(C) $\int_0^{\pi} d\theta \int_0^{2\pi} \sin\varphi d\varphi \int_0^1 r^4 dr$

(D) $\int_0^{2\pi} d\theta \int_0^{\pi} \sin\varphi d\varphi \int_0^1 r^4 dr$

(3) 下面等式成立的是 ( )

(A) $\iiint\limits_{\Omega} \frac{z\ln(2+x^2+y^2+z^2)}{2+x^2+y^2+z^2} dV = 0$,其中 $\Omega: x^2+y^2+z^2 \leqslant 1, z \geqslant 0$

(B) $\iiint\limits_{\Omega} (\sqrt{x}+\sqrt{y}+\sqrt{z}) dxdydz = 3\iiint\limits_{\Omega} \sqrt{x} dxdydz$,其中 Ω 由 $x+y+2z=\sqrt{2}$, $x=0, y=0, z=0$ 所围成

(C) $\iiint\limits_{\Omega} z(x^2+y^2) dxdydz = 0$,其中 $\Omega: x^2+y^2+z^2 \leqslant 1, z \geqslant 0$

(D) $\iiint\limits_{\Omega} (x+y+z)^2 dxdydz = 2\iiint\limits_{\Omega_1} (x+y+z)^2 dxdydz$,其中 $\Omega: 1 \leqslant x^2+y^2+z^2 \leqslant 4, \Omega_1: 1 \leqslant x^2+y^2+z^2 \leqslant 4, z \geqslant 0$

2. 设三重积分 $\iiint\limits_{\Omega} f(x,y,z)dV$,其中 Ω 是由 $x^2+y^2=z^2, z=1$ 及 $z=4$ 所围成的立体,试将其化为直角坐标系和柱面坐标系中的三次积分.

3. (1) 将 $I = \int_0^2 dx \int_{-\sqrt{2x-x^2}}^{0} dy \int_0^x f(x,y,z)dz$ 改变为柱面坐标系下的累次积分;

(2) 将 $I = \int_{-1}^1 dx \int_{-\sqrt{1-x^2}}^{\sqrt{1-x^2}} dy \int_{\sqrt{x^2+y^2}}^{1} f(x,y,z)dz$ 改变为柱面坐标系及球面坐标系下的累次积分.

4. 计算下列三重积分:

(1) $\iiint\limits_{\Omega} xy dxdydz$,其中 Ω 是由 $x^2+y^2+z^2 \leqslant 4, x^2+y^2+(z-2)^2 \leqslant 4$ 所围成的公共部分,且 $x \geqslant 0, y \geqslant 0$;

(2) $\iiint\limits_{\Omega} (x^2+y^2)dV$,其中 Ω 是由曲面 $x^2+y^2=2z$ 与平面 $z=2$ 所围成的空间

第 8 讲 三重积分的计算

区域;

(3) $\iiint\limits_{\Omega} z^2 dV$,其中 Ω: $x^2+y^2+z^2 \leqslant R^2, x^2+y^2+z^2 \leqslant 2Rz (R>0)$;

(4) $\iiint\limits_{\Omega} z\sqrt{x^2+y^2}\,dxdydz$,其中 Ω 是由圆柱面 $(x-1)^2+y^2=1(y \geqslant 0)$ 与平面 $y=0, z=0, z=a(a>0)$ 所围成的区域;

(5) $\iiint\limits_{\Omega}(z+2xy)dxdydz$,其中 Ω 为由半椭球面 $x^2+4y^2+z^2=1(z>0)$ 与锥面 $z=\sqrt{x^2+y^2}$ 所围成的区域;

(6) $\iiint\limits_{\Omega}(\sqrt{x^2+y^2+z^2}+x^2 y)dV$,其中 Ω: $z \leqslant x^2+y^2+z^2 \leqslant 2z$;

(7) $\iiint\limits_{\Omega}\dfrac{e^z}{\sqrt{x^2+y^2}}dV$,其中 Ω 是 yOz 平面上的直线 $z=2y-1, y=\dfrac{1}{3}$ 以及 $z=1$ 围成的平面有界区域绕 z 轴旋转一周得到的空间区域;

(8) $\iiint\limits_{\Omega}(xy^2+2x^2+z^2)dV$,其中 Ω 是由旋转抛物面 $x^2+y^2=z$ 与平面 $z=1$ 和 $z=4$ 围成的空间闭区域.

5. 计算下列三次积分:

(1) $\int_0^1 dx \int_0^{\sqrt{1-x^2}} dy \int_{\sqrt{x^2+y^2}}^{\sqrt{2-x^2-y^2}} z^2 dz$;   (2) $\int_0^1 dx \int_0^x dy \int_0^y \dfrac{\sin z}{1-z}dz$.

6. 求下列曲面围成的立体体积:

(1) $x^2+y^2+z^2=R_1^2, x^2+y^2+z^2=R_2^2, x^2+y^2=z^2 (z \geqslant 0, 0<R_1<R_2)$;

(2) $\left(\dfrac{x^2}{a^2}+\dfrac{y^2}{b^2}+\dfrac{z^2}{c^2}\right)^2=\dfrac{x}{h}$.

7. 设 $f(x)$ 在 $[0,1]$ 上连续,且
$$\iiint\limits_{\Omega_t}(3z^2+f(\sqrt{x^2+y^2}))dxdydz=f(t),$$
其中 Ω_t: $0 \leqslant z \leqslant h, x^2+y^2 \leqslant t^2(t \geqslant 0)$,求 $f(x)$.

第 9 讲　第一型曲线积分与第一型曲面积分

9.1　内容提要

一、第一型曲线积分

1) **第一型曲线积分的定义**：设 L 为 xOy 平面内的一条光滑（或分段光滑）曲线弧，$f(x,y)$ 在 L 上有界. 任取点列 $M_1, M_2, \cdots, M_{n-1}$ 把 L 分成 n 小段，并以 Δs_i 表示第 i 小段弧长. 记 $d = \max\limits_{1 \leqslant i \leqslant n}\{\Delta s_i\}$，任取点 $(\xi_i, \eta_i) \in \Delta s_i$，作和式 $\sum\limits_{i=1}^{n} f(\xi_i, \eta_i)\Delta s_i$，如果无论将曲线 L 如何分割，点 (ξ_i, η_i) 如何选取，当 $d \to 0$ 时，上述和式有确定的极限，则称函数 $f(x,y)$ 在 L 上可积，并称极限值为 $f(x,y)$ 在 L 上的第一型曲线积分，或对弧长的曲线积分，记为 $\int_L f(x,y) \mathrm{d}s$，即

$$\int_L f(x,y)\mathrm{d}s = \lim_{d \to 0} \sum_{i=1}^{n} f(\xi_i, \eta_i)\Delta s_i,$$

其中 $f(x,y)$ 称为被积函数，L 称为积分弧段.

说明　(1) 当函数 $f(x,y)$ 在光滑曲线 L 上连续时，$f(x,y)$ 的第一型曲线积分存在；

(2) 将上述定义推广，可得空间曲线 L 上的第一型曲线积分：

$$\int_L f(x,y,z)\mathrm{d}s = \lim_{d \to 0} \sum_{i=1}^{n} f(\xi_i, \eta_i, \zeta_i)\Delta s_i;$$

(3) 若 L 是闭曲线，则 $f(x,y)$ 在 L 上的第一型曲线积分记为 $\oint_L f(x,y)\mathrm{d}s$.

2) **第一型曲线积分的计算方法**.

(1) 若积分曲线 L 为参数方程

$$\begin{cases} x = x(t), \\ y = y(t) \end{cases} (\alpha \leqslant t \leqslant \beta),$$

其中 $x(t), y(t)$ 在 $[\alpha, \beta]$ 上有连续导数，则弧微分为 $\mathrm{d}s = \sqrt{(x'(t))^2 + (y'(t))^2}\,\mathrm{d}t$，故

$$\int_L f(x,y)\mathrm{d}s = \int_\alpha^\beta f(x(t), y(t)) \sqrt{(x'(t))^2 + (y'(t))^2}\,\mathrm{d}t.$$

（2）若积分曲线 L 的方程为
$$y = y(x) \quad (a \leqslant x \leqslant b),$$
则弧微分为 $\mathrm{d}s = \sqrt{1+(y'(x))^2}\,\mathrm{d}x$,故
$$\int_L f(x,y)\mathrm{d}s = \int_a^b f(x,y(x))\sqrt{1+(y'(x))^2}\,\mathrm{d}x.$$

同理,若积分曲线 L 的方程为
$$x = x(y) \quad (c \leqslant y \leqslant d),$$
则弧微分为 $\mathrm{d}s = \sqrt{1+(x'(y))^2}\,\mathrm{d}y$,故
$$\int_L f(x,y)\mathrm{d}s = \int_c^d f(x(y),y)\sqrt{1+(x'(y))^2}\,\mathrm{d}y.$$

（3）若积分曲线 L 的方程为极坐标方程 $\rho = \rho(\varphi)$,即
$$\begin{cases} x = \rho(\varphi)\cos\varphi, \\ y = \rho(\varphi)\sin\varphi \end{cases} (\alpha \leqslant \varphi \leqslant \beta),$$
则弧微分为 $\mathrm{d}s = \sqrt{\rho^2(\varphi)+(\rho'(\varphi))^2}\,\mathrm{d}\varphi$,故
$$\int_L f(x,y)\mathrm{d}s = \int_\alpha^\beta f(\rho(\varphi)\cos\varphi,\rho(\varphi)\sin\varphi)\sqrt{\rho^2(\varphi)+(\rho'(\varphi))^2}\,\mathrm{d}\varphi.$$

（4）若积分曲线 L 为空间曲线,其方程为参数方程
$$\begin{cases} x = x(t), \\ y = y(t), \\ z = z(t) \end{cases} (\alpha \leqslant t \leqslant \beta),$$
则弧微分为 $\mathrm{d}s = \sqrt{(x'(t))^2+(y'(t))^2+(z'(t))^2}\,\mathrm{d}t$,故
$$\int_L f(x,y,z)\mathrm{d}s = \int_\alpha^\beta f(x(t),y(t),z(t))\sqrt{(x'(t))^2+(y'(t))^2+(z'(t))^2}\,\mathrm{d}t.$$

说明 （1）无论曲线的方程是什么形式,总有 $\mathrm{d}s > 0$,故将第一型曲线积分化为定积分时,上限必须大于下限.

（2）第一型曲线积分中的被积函数 $f(x,y)$ 是定义在 L 上的,一定满足曲线 L 的方程,故可以利用 L 的方程来化简被积函数.

（3）若积分曲线是平面曲线,则第一型曲线积分具有和二重积分一样的对称性;若积分曲线是空间曲线,则第一型曲线积分具有和三重积分一样的对称性.

3）**平面曲线上第一型曲线积分的几何意义**:设 L 为 xOy 平面上的光滑曲线,其方程为 $\begin{cases} \varphi(x,y) = 0, \\ z = 0, \end{cases}$ 在 L 上定义连续函数 $f(x,y)$,它的图形是空间曲线
$$\Gamma: \begin{cases} z = f(x,y), \\ \varphi(x,y) = 0, \end{cases}$$

则当 $f(x,y) \geqslant 0$ 时,$\int_L f(x,y)\mathrm{d}s$ 表示以 L 为准线,母线平行于 z 轴,高为 $f(x,y)$ 的柱面面积.

二、第一型曲面积分

1) **第一型曲面积分的定义**:设函数 $f(x,y,z)$ 在空间有界曲面 Σ 上有界.将曲面 Σ 任意分割成 n 个小部分 $\Delta S_i(i=1,2,\cdots,n)$,其第 i 小块曲面的面积为 ΔS_i,记 $d = \max\limits_{1 \leqslant i \leqslant n} \{\Delta S_i \text{ 的直径}\}$,任取点 $(\xi_i, \eta_i, \zeta_i) \in \Delta S_i$,作和式 $\sum\limits_{i=1}^{n} f(\xi_i, \eta_i, \zeta_i)\Delta S_i$,如果无论将 Σ 如何分割,点 (ξ_i, η_i, ζ_i) 如何选取,当 $d \to 0$ 时,上述和式有确定的极限,则称函数 f 在 Σ 上可积,并称极限值为 f 在 Σ 上的第一型曲面积分,即

$$\iint_{\Sigma} f(x,y,z)\mathrm{d}S = \lim_{d \to 0} \sum_{i=1}^{n} f(\xi_i, \eta_i, \zeta_i)\Delta S_i,$$

其中 $f(x,y,z)$ 称为被积函数,Σ 称为积分曲面.

说明 (1) 当 f 在分片光滑曲面 Σ 上连续时,f 的第一型曲面积分必存在;

(2) 面密度为连续函数 $\mu(x,y,z)$ 的光滑曲面 Σ 的质量为

$$m = \iint_{\Sigma} \mu(x,y,z)\mathrm{d}S;$$

(3) 当 $f(x,y,z) \equiv 1$ 时,第一型曲面积分即为曲面的面积,即

$$\text{曲面 } \Sigma \text{ 的面积} = \iint_{\Sigma} \mathrm{d}S.$$

2) **第一型曲面积分的计算方法**.

设 Σ 为分片光滑曲面,函数 f 在 Σ 上连续.

(1) 若曲面 Σ 的方程为

$$z = z(x,y), \quad (x,y) \in D_{xy},$$

则面积元素 $\mathrm{d}S = \sqrt{1 + z_x^2 + z_y^2}\,\mathrm{d}x\mathrm{d}y$,故

$$\iint_{\Sigma} f(x,y,z)\mathrm{d}S = \iint_{D_{xy}} f(x,y,z(x,y))\sqrt{1 + z_x^2 + z_y^2}\,\mathrm{d}x\mathrm{d}y.$$

(2) 若曲面 Σ 的方程为

$$x = x(y,z), \quad (y,z) \in D_{yz},$$

则面积元素 $\mathrm{d}S = \sqrt{1 + x_y^2 + x_z^2}\,\mathrm{d}y\mathrm{d}z$,故

$$\iint_{\Sigma} f(x,y,z)\mathrm{d}S = \iint_{D_{yz}} f(x(y,z),y,z)\sqrt{1 + x_y^2 + x_z^2}\,\mathrm{d}y\mathrm{d}z.$$

(3) 若曲面 Σ 的方程为

$$y = y(x,z), \quad (x,z) \in D_{xz},$$

则面积元素 $\mathrm{d}S = \sqrt{1 + y_x^2 + y_z^2}\,\mathrm{d}x\mathrm{d}z$,故

$$\iint_{\Sigma} f(x,y,z)\mathrm{d}S = \iint_{D_{xz}} f(x,y(x,z),z)\sqrt{1+y_x^2+y_z^2}\,\mathrm{d}x\mathrm{d}z.$$

说明 （1）第一型曲面积分中的被积函数 $f(x,y,z)$ 是定义在 Σ 上的，一定满足曲面 Σ 的方程，故可以利用 Σ 的方程来化简被积函数．

（2）将第一型曲面积分化为二重积分一般分为两步：首先分析积分曲面 Σ，写出显式方程，找出投影区域，并求出面积元素；然后将曲面方程代入被积函数，将积分区域换成投影区域，将积分微元换成面积元素，转化为二重积分．

（3）第一型曲面积分具有和三重积分类似的奇偶对称性和轮换对称性．

（4）若曲面 Σ 的方程为隐式方程 $F(x,y,z)=0$，且 $F_z\neq 0$，则

$$\frac{\partial z}{\partial x}=-\frac{F_x}{F_z},\quad \frac{\partial z}{\partial y}=-\frac{F_y}{F_z},$$

于是面积元素为

$$\mathrm{d}S = \frac{\sqrt{F_x^2+F_y^2+F_z^2}}{|F_z|}\mathrm{d}x\mathrm{d}y.$$

（5）若 Σ 为光滑正则曲面，其方程为参数方程

$$\boldsymbol{r}(u,v) = \{x(u,v),y(u,v),z(u,v)\},\quad (u,v)\in D,$$

其中 D 为 uOv 面上的有界闭区域，且边界 ∂D 光滑或分段光滑，则面积元素为

$$\mathrm{d}S = \|\boldsymbol{r}_u\times\boldsymbol{r}_v\|\mathrm{d}u\mathrm{d}v.$$

9.2 例题与释疑解难

问题 1 如何将第一型曲线积分化为定积分进行计算？计算时应注意些什么？

例 1 设 L 为半圆周 $x^2+y^2=a^2(x>0)$ 上点 $A(0,a)$ 与 $B\left(\frac{a}{\sqrt{2}},-\frac{a}{\sqrt{2}}\right)$ 之间的一段曲线，则

$$\int_L x\mathrm{d}s = \int_0^{\frac{a}{\sqrt{2}}} \frac{ax}{\sqrt{a^2-x^2}}\mathrm{d}x = \left(1-\frac{1}{\sqrt{2}}\right)a^2.$$

此解法正确吗？

解 此法不正确．正确的解法如下：

（**方法 1**）如果化成以 x 为变量的定积分，需将 L 分成 $\overset{\frown}{AC}$ 和 $\overset{\frown}{CB}$ 两段，其中点 $C(a,0)$，则

$\overset{\frown}{AC}: y=\sqrt{a^2-x^2}\,(0\leqslant x\leqslant a)$, $\mathrm{d}s=\sqrt{(\mathrm{d}x)^2+(\mathrm{d}y)^2}=\dfrac{a}{\sqrt{a^2-x^2}}\mathrm{d}x$,

$\overset{\frown}{CB}: y=-\sqrt{a^2-x^2}\,\left(\dfrac{a}{\sqrt{2}}\leqslant x\leqslant a\right)$, $\mathrm{d}s=\sqrt{(\mathrm{d}x)^2+(\mathrm{d}y)^2}=\dfrac{a}{\sqrt{a^2-x^2}}\mathrm{d}x$,

于是
$$\int_L x\,\mathrm{d}s = \int_{\widehat{AC}} x\,\mathrm{d}s + \int_{\widehat{CB}} x\,\mathrm{d}s = \int_0^a \frac{ax}{\sqrt{a^2-x^2}}\,\mathrm{d}x + \int_{\frac{a}{\sqrt{2}}}^a \frac{ax}{\sqrt{a^2-x^2}}\,\mathrm{d}x = \left(1+\frac{1}{\sqrt{2}}\right)a^2.$$

(方法 2) 如果以 y 为积分变量，则
$$L: x = \sqrt{a^2 - y^2}\ \left(-\frac{a}{\sqrt{2}} \leqslant y \leqslant a\right),\ \mathrm{d}s = \sqrt{(\mathrm{d}x)^2 + (\mathrm{d}y)^2} = \frac{a}{\sqrt{a^2-y^2}}\mathrm{d}y,$$

于是
$$\int_L x\,\mathrm{d}s = \int_{-\frac{a}{\sqrt{2}}}^a \sqrt{a^2-y^2}\,\frac{a}{\sqrt{a^2-y^2}}\mathrm{d}y = \left(1+\frac{1}{\sqrt{2}}\right)a^2.$$

(方法 3) 如果以 θ 为积分变量，则 $L:\begin{cases}x=a\cos\theta \\ y=a\sin\theta\end{cases}\left(-\frac{\pi}{4}\leqslant\theta\leqslant\frac{\pi}{2}\right)$，且

$$\mathrm{d}s = \sqrt{(\mathrm{d}x)^2+(\mathrm{d}y)^2} = \sqrt{(-a\sin\theta\mathrm{d}\theta)^2+(a\cos\theta\mathrm{d}\theta)^2} = a\mathrm{d}\theta,$$

于是
$$\int_L x\,\mathrm{d}s = \int_{-\frac{\pi}{4}}^{\frac{\pi}{2}} a\cos\theta\cdot a\,\mathrm{d}\theta = a^2\sin\theta\Big|_{-\frac{\pi}{4}}^{\frac{\pi}{2}} = \left(1+\frac{1}{\sqrt{2}}\right)a^2.$$

注 上面三种方法中，以 θ 为参数时最简单，以 x 为参数时最为复杂. 因此，适当选择 L 的参数方程是非常重要的.

例 2 计算 $I = \int_L \sqrt{x^2+y^2}\,\mathrm{d}s$，其中 $L: x^2+y^2 = ax$.

解法 1 直角坐标系下以 x 为参数，设 $L = L_1 + L_2$，其中
$L_1: y = \sqrt{ax-x^2},\ 0 \leqslant x \leqslant a,$
$$\mathrm{d}s = \sqrt{(\mathrm{d}x)^2+(\mathrm{d}y)^2} = \sqrt{(\mathrm{d}x)^2+\left(\frac{a-2x}{2\sqrt{ax-x^2}}\mathrm{d}x\right)^2} = \frac{a}{2\sqrt{ax-x^2}}\mathrm{d}x;$$
$L_2: y = -\sqrt{ax-x^2},\ 0 \leqslant x \leqslant a,$
$$\mathrm{d}s = \sqrt{(\mathrm{d}x)^2+(\mathrm{d}y)^2} = \sqrt{(\mathrm{d}x)^2+\left(-\frac{a-2x}{2\sqrt{ax-x^2}}\mathrm{d}x\right)^2} = \frac{a}{2\sqrt{ax-x^2}}\mathrm{d}x,$$

则
$$I = \int_{L_1}\sqrt{x^2+y^2}\,\mathrm{d}s + \int_{L_2}\sqrt{x^2+y^2}\,\mathrm{d}s$$
$$= \int_0^a \sqrt{ax}\,\frac{a}{2\sqrt{ax-x^2}}\mathrm{d}x + \int_0^a \sqrt{ax}\,\frac{a}{2\sqrt{ax-x^2}}\mathrm{d}x$$
$$= a\sqrt{a}\int_0^a \frac{1}{\sqrt{a-x}}\mathrm{d}x = a\sqrt{a}\,(-2\sqrt{a-x})\Big|_0^a = 2a^2.$$

解法 2 设 L 的参数方程为 $x = \frac{a}{2} + \frac{a}{2}\cos\theta,\ y = \frac{a}{2}\sin\theta\ (0 \leqslant \theta \leqslant 2\pi)$，则

第 9 讲 第一型曲线积分与第一型曲面积分

$$\mathrm{d}s = \sqrt{(\mathrm{d}x)^2 + (\mathrm{d}y)^2} = \frac{a}{2}\mathrm{d}\theta,$$

故

$$I = \int_0^{2\pi} \frac{a}{\sqrt{2}} \sqrt{1+\cos\theta} \cdot \frac{a}{2}\mathrm{d}\theta = \frac{a^2}{2}\int_0^{2\pi} \left|\cos\frac{\theta}{2}\right|\mathrm{d}\theta$$

$$= \frac{a^2}{2}\left(\int_0^{\pi} \cos\frac{\theta}{2}\mathrm{d}\theta - \int_{\pi}^{2\pi} \cos\frac{\theta}{2}\mathrm{d}\theta\right) = \frac{a^2}{2}\left(2\sin\frac{\theta}{2}\Big|_0^{\pi} - 2\sin\frac{\theta}{2}\Big|_{\pi}^{2\pi}\right) = 2a^2.$$

解法 3 极坐标系下曲线 L 的参数方程为 $\rho = a\cos\varphi\left(-\frac{\pi}{2} \leqslant \varphi \leqslant \frac{\pi}{2}\right)$,则

$$\mathrm{d}s = \sqrt{\rho^2 + (\rho')^2}\,\mathrm{d}\varphi = a\mathrm{d}\varphi,$$

故

$$I = \int_{-\frac{\pi}{2}}^{\frac{\pi}{2}} \rho\, a\,\mathrm{d}\varphi = a\int_{-\frac{\pi}{2}}^{\frac{\pi}{2}} a\cos\varphi\,\mathrm{d}\varphi = 2a^2.$$

注 对弧长的曲线积分化为定积分计算时应注意以下几点:

(1) 对弧长的曲线积分中,$\mathrm{d}s = \sqrt{(\mathrm{d}x)^2 + (\mathrm{d}y)^2}$ 是弧微分且 $\mathrm{d}s > 0$. 选用不同的坐标系计算时 $\mathrm{d}s$ 的形式是不同的,如

$$\mathrm{d}s = \sqrt{1+(y'(x))^2}\,\mathrm{d}x, \quad \mathrm{d}s = \sqrt{(x'(t))^2+(y'(t))^2}\,\mathrm{d}t, \quad \mathrm{d}s = \sqrt{\rho^2+(\rho')^2}\,\mathrm{d}\varphi.$$

(2) 对弧长的曲线积分与曲线的方向无关,化为定积分计算时,积分下限必须小于积分上限.

(3) 由于参变量的不同,对弧长的曲线积分化成定积分计算时有繁有简,要注意选择适当的参变量简化计算.

例 3 计算 $\int_C x\mathrm{d}s$,其中 $C: x^2 + y^2 = 2x$.

解 曲线 C 的极坐标方程为 $\rho = 2\cos\varphi$,$-\frac{\pi}{2} \leqslant \varphi \leqslant \frac{\pi}{2}$,故

$$\mathrm{d}s = \sqrt{\rho^2+(\rho')^2}\,\mathrm{d}\varphi = 2\mathrm{d}\varphi,$$

所以

$$\int_C x\mathrm{d}s = \int_{-\frac{\pi}{2}}^{\frac{\pi}{2}} \rho\cos\varphi \cdot 2\mathrm{d}\varphi = 8\int_0^{\frac{\pi}{2}} \cos^2\varphi\,\mathrm{d}\varphi = 8 \cdot \frac{1}{2} \cdot \frac{\pi}{2} = 2\pi.$$

问题 2 求解第一型曲线积分时有没有简化计算的技巧?

在第一型曲线积分的计算中,可以用奇偶对称性以及轮换对称性来简化计算;还可以利用第一型曲线积分的几何意义(即被积函数是 1 的第一型曲线积分求的是曲线的长)来简化计算.

如例 2 的解法 1 中,曲线 L 关于 x 轴对称,又被积函数关于 y 为偶函数,所以由对称性有

$$I = \int_{L_1} \sqrt{x^2+y^2}\,\mathrm{d}s + \int_{L_2}\sqrt{x^2+y^2}\,\mathrm{d}s = 2\int_{L_1}\sqrt{x^2+y^2}\,\mathrm{d}s$$
$$= 2\int_0^a \sqrt{ax}\,\frac{a}{2\sqrt{ax-x^2}}\,\mathrm{d}x = a\sqrt{a}\int_0^a \frac{1}{\sqrt{a-x}}\,\mathrm{d}x = 2a^2,$$

显然计算步骤比原来简单不少.

例 4 计算曲线积分 $I = \oint_L (z+y^2)\,\mathrm{d}s$，其中 L 为球面 $x^2+y^2+z^2 = R^2$ 与平面 $x+y+z=0$ 的交线.

解法 1 将空间曲线 L 化为参数形式，由 $\begin{cases} x^2+y^2+z^2 = R^2 \\ x+y+z = 0 \end{cases}$ 消去 x 得

$$\left(y+\frac{z}{2}\right)^2 + \frac{3}{4}z^2 = \frac{R^2}{2},$$

所以曲线 L 的参数方程为

$$\begin{cases} x = -\dfrac{R}{\sqrt{2}}\sin t - \dfrac{R}{\sqrt{6}}\cos t, \\ y = \dfrac{R}{\sqrt{2}}\sin t - \dfrac{R}{\sqrt{6}}\cos t, \quad (0 \leqslant t \leqslant 2\pi), \\ z = \dfrac{2}{\sqrt{6}}R\cos t \end{cases}$$

于是

$$\mathrm{d}s = \sqrt{(x'(t))^2 + (y'(t))^2 + (z'(t))^2}\,\mathrm{d}t = \sqrt{R^2\cos^2 t + R^2\sin^2 t}\,\mathrm{d}t = R\,\mathrm{d}t.$$

因此

$$I = \oint_L (z+y^2)\,\mathrm{d}s$$
$$= \int_0^{2\pi}\left(\frac{2R}{\sqrt{6}}\cos t + \frac{R^2}{2}\sin^2 t + \frac{R^2}{6}\cos^2 t - \frac{2R^2}{\sqrt{2}\sqrt{6}}\sin t\cos t\right)R\,\mathrm{d}t$$
$$= \int_0^{2\pi} R\left(\frac{R^2}{2}\sin^2 t + \frac{R^2}{6}\cos^2 t\right)\mathrm{d}t = \frac{2}{3}\pi R^3.$$

解法 2 由于曲线 L 是 $x^2+y^2+z^2 = R^2$ 与 $x+y+z=0$ 的交线，也即平面 $x+y+z=0$ 上以原点为圆心、半径为 R 的圆，其特点是 x,y,z 轮换后曲线 L 的方程不变. 又由于

$$\oint_L (z+y^2)\,\mathrm{d}s = \oint_L z\,\mathrm{d}s + \oint_L y^2\,\mathrm{d}s,$$

利用曲线 L 中变量 x,y,z 的轮换性，得

$$\oint_L x\,\mathrm{d}s = \oint_L y\,\mathrm{d}s = \oint_L z\,\mathrm{d}s, \qquad \oint_L x^2\,\mathrm{d}s = \oint_L y^2\,\mathrm{d}s = \oint_L z^2\,\mathrm{d}s,$$

所以
$$\oint_L z\,\mathrm{d}s = \frac{1}{3}\oint_L (x+y+z)\,\mathrm{d}s = \frac{1}{3}\oint_L 0\,\mathrm{d}s = 0,$$
$$\oint_L y^2\,\mathrm{d}s = \frac{1}{3}\oint_L (x^2+y^2+z^2)\,\mathrm{d}s = \frac{1}{3}\oint_L R^2\,\mathrm{d}s = \frac{1}{3}R^2 \cdot L \text{ 的长度} = \frac{2}{3}\pi R^3,$$
于是
$$I = \int_L (z+y^2)\,\mathrm{d}s = \frac{2}{3}\pi R^3.$$

注 显然解法 2 比解法 1 要简捷很多. 在曲线积分中,借助变量 x,y,z 的轮换性简化计算是值得采用的一种方法.

例 5 计算 $\oint_C \dfrac{z+1}{x^2+y^2+z^2}\,\mathrm{d}s$,其中 $C: \begin{cases} x^2+y^2+z^2 = 5, \\ z = 1. \end{cases}$

解 因为曲线 C 的方程为 $\begin{cases} x^2+y^2+z^2 = 5, \\ z = 1, \end{cases}$ 所以 C 上的每个点都同时满足方程 $x^2+y^2+z^2 = 5$ 和 $z = 1$,因此
$$\oint_C \frac{z+1}{x^2+y^2+z^2}\,\mathrm{d}s = \oint_C \frac{1+1}{5}\,\mathrm{d}s = \frac{2}{5}\oint_C 1\,\mathrm{d}s = \frac{2}{5} \cdot \text{曲线 } C \text{ 的长}.$$

下面来求曲线 C 的长. 因为曲线 C 的方程也可以写为 $\begin{cases} x^2+y^2 = 4, \\ z = 1, \end{cases}$ 故 C 是一个半径为 2 的圆,从而
$$\oint_C \frac{z+1}{x^2+y^2+z^2}\,\mathrm{d}s = \frac{2}{5} \cdot \text{曲线 } C \text{ 的长} = \frac{2}{5} \cdot 2\pi \cdot 2 = \frac{8}{5}\pi.$$

例 6 计算 $\int_L e^y \sin x \sin y\,\mathrm{d}s$,其中 $L: y = x^2\ (-1 \leqslant x \leqslant 1)$.

解 因为曲线 L 关于 y 轴对称,且函数 $e^y \sin x \sin y$ 关于 x 为奇函数,所以由曲线积分的奇偶对称性可得
$$\int_L e^y \sin x \sin y\,\mathrm{d}s = 0.$$

例 7 计算 $\oint_L (2xy + 3x^2 + 4y^2)\,\mathrm{d}s$,其中 L 为周长为 a 的椭圆 $\dfrac{x^2}{4} + \dfrac{y^2}{3} = 1$.

解 注意到曲线 L 关于 x 轴对称,也关于 y 轴对称,而 $2xy$ 关于 y 为奇函数,因此由曲线积分的奇偶对称性可得
$$\oint_L 2xy\,\mathrm{d}s = 0.$$

另一方面,曲线 L 的方程为 $\dfrac{x^2}{4} + \dfrac{y^2}{3} = 1$,故

$$\oint_L \left(\frac{x^2}{4} + \frac{y^2}{3}\right) \mathrm{d}s = \oint_L 1 \mathrm{d}s = L \text{ 的长} = a.$$

因此

$$\oint_L (2xy + 3x^2 + 4y^2) \mathrm{d}s = \oint_L 2xy \mathrm{d}s + \oint_L 12\left(\frac{x^2}{4} + \frac{y^2}{3}\right) \mathrm{d}s = 0 + 12a = 12a.$$

问题 3 计算第一型曲面积分时应注意些什么?

例 8 计算曲面积分 $\iint_\Sigma |xyz| \mathrm{d}S$,其中 Σ 是曲面 $z = x^2 + y^2$ 被平面 $z = 1$ 所截下的部分.

解 因为曲面 Σ 满足方程 $z = x^2 + y^2$,则

$$\mathrm{d}S = \sqrt{1 + z_x^2 + z_y^2} \mathrm{d}x\mathrm{d}y = \sqrt{1 + 4(x^2 + y^2)} \mathrm{d}x\mathrm{d}y.$$

再从方程组 $\begin{cases} z = x^2 + y^2, \\ z = 1 \end{cases}$ 中消去 z 得到投影柱面方程为 $x^2 + y^2 = 1$,于是积分区域为 $D_{xy}: x^2 + y^2 \leqslant 1$. 故

$$\text{原式} = \iint_{D_{xy}} |xy| (x^2 + y^2) \sqrt{1 + 4(x^2 + y^2)} \mathrm{d}x\mathrm{d}y$$

$$= 4 \int_0^{\frac{\pi}{2}} \mathrm{d}\varphi \int_0^1 |\rho\cos\varphi \cdot \rho\sin\varphi| \rho^2 \cdot \rho \sqrt{1 + 4\rho^2} \mathrm{d}\rho$$

$$= 2 \int_0^{\frac{\pi}{2}} \mathrm{d}\varphi \int_0^1 \sin 2\varphi \cdot \rho^5 \sqrt{1 + 4\rho^2} \mathrm{d}\rho = 2 \int_0^1 \rho^5 \sqrt{1 + 4\rho^2} \mathrm{d}\rho$$

$$= 2 \int_1^{\sqrt{5}} \left(\frac{u^2 - 1}{4}\right)^2 \frac{u^2}{4} \mathrm{d}u \quad (\diamondsuit \sqrt{1 + 4\rho^2} = u)$$

$$= \frac{1}{32} \int_1^{\sqrt{5}} (u^6 - 2u^4 + u^2) \mathrm{d}u = \frac{125\sqrt{5} - 1}{420}.$$

例 9 计算 $I = \oiint_\Sigma (x^2 + y^2 + z^2) \mathrm{d}S$,其中 Σ 是由平面 $x = 0$, $y = 0$ 和曲面 $x^2 + y^2 + z^2 = a^2 (x \geqslant 0, y \geqslant 0, a > 0)$ 所围成的闭曲面.

解 这里的曲面 Σ 是由两块平面 Σ_1, Σ_2 及球面的一部分 Σ_3 所组成的闭曲面,计算时需将这几部分分别化为二重积分计算,即

$$I = \oiint_\Sigma (x^2 + y^2 + z^2) \mathrm{d}S = \left(\iint_{\Sigma_1} + \iint_{\Sigma_2} + \iint_{\Sigma_3}\right)(x^2 + y^2 + z^2) \mathrm{d}S.$$

对 $I_1 = \iint_{\Sigma_1} (x^2 + y^2 + z^2) \mathrm{d}S$,其中

$$\Sigma_1: x = 0, \mathrm{d}S = \mathrm{d}y\mathrm{d}z, \quad D_{yz}: y^2 + z^2 \leqslant a^2 (y \geqslant 0),$$

故有

$$I_1 = \iint_{D_{yz}} (y^2 + z^2) \mathrm{d}y\mathrm{d}z = \int_{-\frac{\pi}{2}}^{\frac{\pi}{2}} \mathrm{d}\varphi \int_0^a \rho^2 \cdot \rho \mathrm{d}\rho = \frac{\pi}{4}a^4.$$

同理可得

$$I_2 = \iint_{\Sigma_2} (x^2 + y^2 + z^2) \mathrm{d}S = \iint_{D_{xz}} (x^2 + 0 + z^2) \mathrm{d}x\mathrm{d}z = \frac{\pi}{4}a^4.$$

下面用两种方法来计算 $I_3 = \iint_{\Sigma_3} (x^2 + y^2 + z^2) \mathrm{d}S$,其中

$$\Sigma_3: x^2 + y^2 + z^2 = a^2 (x \geqslant 0, y \geqslant 0).$$

(**方法 1**) 化为二重积分计算. 因为可向不同的坐标面投影,所以有不同的计算途径. 若将 Σ_3 投影到 yOz 面上,则曲面方程为 $x = \sqrt{a^2 - y^2 - z^2}$（单值函数）,投影域为 D_{yz},且

$$\mathrm{d}S = \sqrt{1 + x_y^2 + x_z^2} \mathrm{d}y\mathrm{d}z = \frac{a}{\sqrt{a^2 - y^2 - z^2}} \mathrm{d}y\mathrm{d}z,$$

故

$$I_3 = \iint_{\Sigma_3} (x^2 + y^2 + z^2) \mathrm{d}S = \iint_{D_{yz}} a^2 \frac{a}{\sqrt{a^2 - y^2 - z^2}} \mathrm{d}y\mathrm{d}z$$

$$= a^3 \int_{-\frac{\pi}{2}}^{\frac{\pi}{2}} \mathrm{d}\varphi \int_0^a \frac{\rho \mathrm{d}\rho}{\sqrt{a^2 - \rho^2}} = \pi a^4.$$

注 请读者考虑为何选择向 yOz 面投影来计算？向另外两个平面投影时又该如何计算？

(**方法 2**) 由于被积函数中的变量 x, y, z 在曲面 $x^2 + y^2 + z^2 = a^2$ 上变化,故应满足曲面方程,所以

$$I_3 = \iint_{\Sigma_3} (x^2 + y^2 + z^2) \mathrm{d}S = \iint_{\Sigma_3} a^2 \mathrm{d}S = a^2 \cdot \Sigma_3 \text{ 的面积}$$

$$= a^2 \cdot \frac{1}{4} \cdot \text{半径为 } a \text{ 的球面面积} = a^2 \cdot \frac{1}{4} \cdot 4\pi a^2 = \pi a^4.$$

综上,可得 $I = I_1 + I_2 + I_3 = \frac{3}{2}\pi a^4.$

小结 将第一型曲面积分化为二重积分的步骤可概括为"一代二换三投影",其中,"代"是把曲面方程代入被积函数；"换"是把曲面面积元素 $\mathrm{d}S$ 转换为平面面积元素 $\mathrm{d}x\mathrm{d}y$ 或 $\mathrm{d}y\mathrm{d}z$ 或 $\mathrm{d}z\mathrm{d}x$；"投影"是把曲面向坐标面投影,得到的投影区域就是二重积分的积分域. 在具体计算时应该注意以下几点：

（1）曲面 Σ 的方程必须是单值函数,被积函数 $f(x, y, z)$ 中只有两个相互独立的变量. 即若在 D_{xy} 上进行二重积分,必须将 z 表示为 x, y 的函数.

(2) 虽然可将 Σ 投影到任一坐标面上,但应根据曲面方程的具体情况选择合适的投影坐标面,使得在该面的投影区域上二重积分容易计算.

(3) 若积分曲面(或部分)就是坐标面的一部分,则计算时应将积分曲面投影到该坐标面上,此时的曲面积分就是在其上的重积分,$\mathrm{d}S$ 就是该坐标面上的面积元素. 如在 xOy 面上,有 $\mathrm{d}S = \mathrm{d}x\mathrm{d}y$.

(4) 第一型曲面积分与曲面的方向无关,计算时不必考虑曲面的侧.

例 10 求 $F(t) = \iint\limits_{x^2+y^2+z^2=t^2} f(x,y,z)\mathrm{d}S\ (t>0)$,其中

$$f(x,y,z) = \begin{cases} x^2+y^2, & z \geqslant \sqrt{x^2+y^2}, \\ 0, & z < \sqrt{x^2+y^2}. \end{cases}$$

解 因为方程组

$$\begin{cases} x^2+y^2+z^2 = t^2, \\ z = \sqrt{x^2+y^2} \end{cases} \quad \text{可变形为} \quad \begin{cases} x^2+y^2 = \dfrac{t^2}{2}, \\ z = \dfrac{t}{\sqrt{2}}, \end{cases}$$

所以令 $\Sigma: z = \sqrt{t^2-x^2-y^2}\left(z \geqslant \dfrac{t}{\sqrt{2}}\right)$,则有 $D_{xy}: x^2+y^2 \leqslant \dfrac{t^2}{2}$,于是

$$F(t) = \iint\limits_{\Sigma} (x^2+y^2)\mathrm{d}S$$

$$= \iint\limits_{x^2+y^2 \leqslant \frac{t^2}{2}} (x^2+y^2) \cdot \sqrt{1 + \left(\dfrac{-x}{\sqrt{t^2-x^2-y^2}}\right)^2 + \left(\dfrac{-y}{\sqrt{t^2-x^2-y^2}}\right)^2}\, \mathrm{d}x\mathrm{d}y$$

$$= \iint\limits_{x^2+y^2 \leqslant \frac{t^2}{2}} \dfrac{t(x^2+y^2)}{\sqrt{t^2-x^2-y^2}}\mathrm{d}x\mathrm{d}y = t\int_0^{2\pi}\mathrm{d}\varphi \int_0^{\frac{t}{\sqrt{2}}} \dfrac{\rho^2}{\sqrt{t^2-\rho^2}}\rho\mathrm{d}\rho$$

$$\xrightarrow{\diamondsuit u = \sqrt{t^2-\rho^2}} 2\pi t \int_t^{\frac{t}{\sqrt{2}}} \dfrac{t^2-u^2}{u}(-u\mathrm{d}u) = \dfrac{8-5\sqrt{2}}{6}\pi t^4.$$

问题 4 求解第一型曲面积分时有没有简化计算的技巧?

在第一型曲面积分的计算中,可以用奇偶对称性以及轮换对称性来简化计算;还可以利用第一型曲面积分的几何意义(即被积函数是 1 的第一型曲面积分求的是曲面的面积)来简化计算.

例 11 计算 $I = \oiint\limits_{\Sigma} (ax+by+cz+d)^2 \mathrm{d}S$,其中 $\Sigma: x^2+y^2+z^2 = R^2$.

解 因为

$$\oiint_{\Sigma}(ax+by+cz+d)^2\mathrm{d}S$$

$$=\oiint_{\Sigma}[(ax)^2+(by)^2+(cz)^2+d^2+2abxy+2acxz+2adx+2bcyz$$

$$+2bdy+2cdz]\mathrm{d}S,$$

其中 Σ 为球面 $x^2+y^2+z^2=R^2$,所以由奇偶对称性和轮换对称性知

$$\oiint_{\Sigma}x\mathrm{d}S=\oiint_{\Sigma}y\mathrm{d}S=\oiint_{\Sigma}z\mathrm{d}S=0,$$

$$\oiint_{\Sigma}xy\mathrm{d}S=\oiint_{\Sigma}yz\mathrm{d}S=\oiint_{\Sigma}xz\mathrm{d}S=0,$$

$$\oiint_{\Sigma}x^2\mathrm{d}S=\oiint_{\Sigma}y^2\mathrm{d}S=\oiint_{\Sigma}z^2\mathrm{d}S,$$

故

$$\oiint_{\Sigma}(ax+by+cz+d)^2\mathrm{d}S=(a^2+b^2+c^2)\oiint_{\Sigma}x^2\mathrm{d}S+d^2\oiint_{\Sigma}\mathrm{d}S$$

$$=\frac{1}{3}(a^2+b^2+c^2)\oiint_{\Sigma}(x^2+y^2+z^2)\mathrm{d}S+4\pi R^2d^2$$

$$=\frac{1}{3}(a^2+b^2+c^2)R^2\oiint_{\Sigma}\mathrm{d}S+4\pi R^2d^2$$

$$=\frac{4}{3}\pi R^4(a^2+b^2+c^2)+4\pi R^2d^2.$$

注 本题并没有化成二重积分进行计算,而是直接利用了第一型曲面积分的对称性及几何意义

$$\iint_{\Sigma}\mathrm{d}S=曲面\ \Sigma\ 的面积.$$

例 12 计算 $\oiint_{\Sigma}(x^2+y^2)\mathrm{d}S$,其中 Σ: $x^2+y^2+z^2=4$.

解 因为积分区域满足轮换对称性,所以 $\oiint_{\Sigma}x^2\mathrm{d}S=\oiint_{\Sigma}y^2\mathrm{d}S=\oiint_{\Sigma}z^2\mathrm{d}S$,于是

$$\oiint_{\Sigma}(x^2+y^2)\mathrm{d}S=\frac{2}{3}\oiint_{\Sigma}(x^2+y^2+z^2)\mathrm{d}S.$$

又因为积分在曲面 Σ 上进行,所以 $x^2+y^2+z^2=4$,故

$$\oiint_{\Sigma}(x^2+y^2)\mathrm{d}S=\frac{2}{3}\oiint_{\Sigma}4\mathrm{d}S=\frac{8}{3}\cdot4\pi\cdot4=\frac{128}{3}\pi.$$

例 13 计算 $\iint_{\Sigma}(x^2+y^2+z^2)\mathrm{d}S$,其中 $\Sigma:z=\sqrt{4-x^2-y^2}.$

解 曲面 Σ 的方程可化为 $\begin{cases} x^2+y^2+z^2=4, \\ z\geqslant 0, \end{cases}$ 故

$$\iint_{\Sigma}(x^2+y^2+z^2)\mathrm{d}S = \iint_{\Sigma}4\mathrm{d}S = 4\cdot\Sigma\text{ 的面积}.$$

而曲面 Σ 为半径等于 2 的球面的上半部分，因此

$$\Sigma \text{ 的面积} = \frac{1}{2}\cdot 4\pi\cdot 2^2 = 8\pi,$$

所以

$$\iint_{\Sigma}(x^2+y^2+z^2)\mathrm{d}S = 4\cdot\Sigma\text{ 的面积} = 32\pi.$$

例 14 计算 $\iint_{\Sigma}(z+y)\mathrm{d}S$，其中 Σ 是由 $z=0, z=1$ 与 $z^2+1=x^2+y^2$ 所围成的立体的表面.

解 由题可知 Σ 由三部分组成. 设 $\Sigma = \Sigma_1+\Sigma_2+\Sigma_3$，其中

$$\Sigma_1: z=0,\ x^2+y^2\leqslant 1;\quad \Sigma_2: z=1,\ x^2+y^2\leqslant 2;$$

$$\Sigma_3: z=\sqrt{x^2+y^2-1},\ 1\leqslant x^2+y^2\leqslant 2.$$

因为 $\Sigma_1, \Sigma_2, \Sigma_3$ 均关于 zOx 面对称，所以

$$\iint_{\Sigma}(z+y)\mathrm{d}S = \iint_{\Sigma}z\mathrm{d}S = \iint_{\Sigma_1}z\mathrm{d}S + \iint_{\Sigma_2}z\mathrm{d}S + \iint_{\Sigma_3}z\mathrm{d}S$$

$$= \iint_{x^2+y^2\leqslant 1}0\mathrm{d}x\mathrm{d}y + \iint_{x^2+y^2\leqslant 2}\mathrm{d}x\mathrm{d}y + \iint_{1\leqslant x^2+y^2\leqslant 2}\sqrt{x^2+y^2-1}$$

$$\cdot\sqrt{1+\left(\frac{x}{\sqrt{x^2+y^2-1}}\right)^2 + \left(\frac{y}{\sqrt{x^2+y^2-1}}\right)^2}\mathrm{d}x\mathrm{d}y$$

$$= 0 + 2\pi + \iint_{1\leqslant x^2+y^2\leqslant 2}\sqrt{2x^2+2y^2-1}\mathrm{d}x\mathrm{d}y$$

$$= 2\pi + \int_0^{2\pi}\mathrm{d}\varphi\int_1^{\sqrt{2}}\sqrt{2\rho^2-1}\cdot\rho\mathrm{d}\rho = 2\pi + 2\pi\cdot\frac{1}{4}\cdot\frac{2}{3}(2\rho^2-1)^{\frac{3}{2}}\Big|_1^{\sqrt{2}}$$

$$= \left(\sqrt{3}+\frac{5}{3}\right)\pi.$$

例 15 证明: $\iint_{\Sigma}(x+y+z+\sqrt{3}a)\mathrm{d}S \geqslant 12\pi a^3 (a>0)$，其中 Σ 是球面

$$x^2+y^2+z^2-2ax-2ay-2az+2a^2 = 0.$$

分析 首先求 $x+y+z+\sqrt{3}a$ 在球面 Σ 上的最小值 m，然后验证

$$m\iint_{\Sigma}\mathrm{d}S \geqslant 12\pi a^3.$$

证明 因为在球面 Σ 上有
$$x+y+z+\sqrt{3}a = \frac{1}{2a}(x^2+y^2+z^2)+(1+\sqrt{3})a,$$
所以
$$\iint_{\Sigma}(x+y+z+\sqrt{3}a)\mathrm{d}S = \iint_{\Sigma}\left[\frac{x^2+y^2+z^2}{2a}+(1+\sqrt{3})a\right]\mathrm{d}S$$
$$= 4(1+\sqrt{3})\pi a^3 + \iint_{\Sigma}\frac{x^2+y^2+z^2}{2a}\mathrm{d}S.$$

又 Σ 的方程是 $(x-a)^2+(y-a)^2+(z-a)^2=a^2$,因此 Σ 上到原点距离最近的点 (x_0,y_0,z_0) 在直线 $x=y=z$ 上,且点 (x_0,y_0,z_0) 也正是函数 $x^2+y^2+z^2$ 在球面 Σ 上的最小值点. 由
$$\begin{cases}(x_0-a)^2+(y_0-a)^2+(z_0-a)^2=a^2,\\ x_0=y_0=z_0,\end{cases}$$
解得 $x_0=y_0=z_0=a\left(1-\frac{\sqrt{3}}{3}\right)$ $\left(\text{另一解 } x_1=y_1=z_1=a\left(1+\frac{\sqrt{3}}{3}\right)\text{对应于最远点}\right)$,于是
$$\iint_{\Sigma}\frac{x^2+y^2+z^2}{2a}\mathrm{d}S \geqslant \iint_{\Sigma}\frac{3a}{2}\left(1-\frac{\sqrt{3}}{3}\right)^2\mathrm{d}S = 6\left(1-\frac{\sqrt{3}}{3}\right)^2\pi a^3 = 4(2-\sqrt{3})\pi a^3.$$

综上,可得
$$\iint_{\Sigma}(x+y+z+\sqrt{3}a)\mathrm{d}S \geqslant 4(1+\sqrt{3})\pi a^3 + 4(2-\sqrt{3})\pi a^3 = 12\pi a^3.$$

例 16 求 $F(t) = \iint\limits_{x+y+z=t}f(x,y,z)\mathrm{d}S$,其中
$$f(x,y,z) = \begin{cases}\mathrm{e}^{x+y+z}, & x^2+y^2+z^2\leqslant 1,\\ 0, & \text{其他}.\end{cases}$$

解 因为球 $x^2+y^2+z^2\leqslant 1$ 的球心 $(0,0,0)$ 到平面 $x+y+z=t$ 的距离为 $d=\frac{|t|}{\sqrt{3}}$,所以当 $d\leqslant 1$,即 $|t|\leqslant\sqrt{3}$ 时,球 $x^2+y^2+z^2\leqslant 1$ 与平面 $x+y+z=t$ 有交点;当 $d>1$,即 $|t|>\sqrt{3}$ 时,平面在球外. 因此,当 $|t|>\sqrt{3}$ 时,$F(t)=0$;当 $|t|\leqslant 3$ 时,令 $\Sigma:\begin{cases}x+y+z=t,\\ x^2+y^2+z^2\leqslant 1,\end{cases}$ 则
$$F(t) = \iint_{\Sigma}\mathrm{e}^t\mathrm{d}S = \mathrm{e}^t\iint_{\Sigma}\mathrm{d}S = \mathrm{e}^t\pi(1-d^2) = \pi\mathrm{e}^t\left(1-\frac{t^2}{3}\right).$$
即

$$F(t) = \begin{cases} 0, & |t| > \sqrt{3}, \\ \pi e^t \left(1 - \dfrac{t^2}{3}\right), & |t| \leqslant \sqrt{3}. \end{cases}$$

问题 5 如何求曲面面积?

被积函数是 1 的第一型曲面积分求的就是积分曲面的面积. 要注意的是, 如果曲面是垂直于坐标面的柱面的一部分, 也可用第一型曲线积分来求其面积.

例 17 求抛物面 $z = x^2 + y^2$ 介于平面 $z = 0$ 及 $z = 1$ 之间的曲面面积 A.

解 由抛物面的方程可得
$$\sqrt{1 + z_x^2 + z_y^2} = \sqrt{1 + 4x^2 + 4y^2},$$
且曲面在 xOy 平面上的投影区域为 $D : x^2 + y^2 \leqslant 1$, 故
$$A = \iint\limits_D \sqrt{1 + 4x^2 + 4y^2}\, dx dy = 4 \int_0^{\frac{\pi}{2}} d\varphi \int_0^1 \sqrt{1 + 4\rho^2}\, \rho d\rho$$
$$= 4 \cdot \frac{\pi}{2} \cdot \frac{1}{12}(1 + 4\rho^2)^{\frac{3}{2}} \Big|_0^1$$
$$= \frac{\pi}{6}(5\sqrt{5} - 1).$$

例 18 计算圆柱面 $x^2 + y^2 = ay\,(a > 0)$ 介于平面 $z = 0$ 与曲面
$$z = \frac{h}{a}\sqrt{x^2 + y^2} \quad (h > 0)$$
之间部分的面积 A.

解 由平面曲线的第一型曲线积分的几何意义, 所求面积为
$$A = \int_{x^2 + y^2 = ay} \frac{h}{a}\sqrt{x^2 + y^2}\, ds.$$
将方程 $x^2 + y^2 = ay$ 表示成极坐标方程, 则有 $\rho = a\sin\varphi\,(0 \leqslant \varphi \leqslant \pi)$, 所以
$$A = \int_{x^2+y^2=ay} \frac{h}{a}\sqrt{x^2+y^2}\, ds = \int_0^\pi \frac{h}{a}\rho\sqrt{\rho^2 + (\rho')^2}\, d\varphi$$
$$= \int_0^\pi \frac{h}{a} \cdot a\sin\varphi \cdot a\, d\varphi = 2ah.$$

例 19 已知曲面 $z = 13 - x^2 - y^2$ 将球面 $x^2 + y^2 + z^2 = 25$ 分成三部分, 试求球面被分成的三部分的曲面面积之比.

解 曲面 $z = 13 - x^2 - y^2$ 与球面 $x^2 + y^2 + z^2 = 25$ 的交线为
$$\begin{cases} z = 13 - x^2 - y^2, \\ x^2 + y^2 + z^2 = 25, \end{cases}$$
即交线为
$$\begin{cases} x^2 + y^2 = 9, \\ z = 4, \end{cases} \quad 和 \quad \begin{cases} x^2 + y^2 = 16, \\ z = -3. \end{cases}$$

将球面被分成的三部分按从上到下的顺序分别记为 Σ_1, Σ_2 和 Σ_3,则有

$$\Sigma_1 : \begin{cases} z = \sqrt{25-x^2-y^2}, \\ x^2+y^2 \leqslant 9, \end{cases} \quad \Sigma_3 : \begin{cases} z = -\sqrt{25-x^2-y^2}, \\ x^2+y^2 \leqslant 16. \end{cases}$$

因此

$$S_{\Sigma_1} = \iint_{\Sigma_1} dS = \iint_{x^2+y^2 \leqslant 9} \sqrt{1 + \left(\frac{-x}{\sqrt{25-x^2-y^2}}\right)^2 + \left(\frac{-y}{\sqrt{25-x^2-y^2}}\right)^2} dxdy$$

$$= \iint_{x^2+y^2 \leqslant 9} \frac{5}{\sqrt{25-x^2-y^2}} dxdy = 5\int_0^{2\pi} d\varphi \int_0^3 \frac{\rho}{\sqrt{25-\rho^2}} d\rho = 10\pi,$$

$$S_{\Sigma_3} = \iint_{x^2+y^2 \leqslant 16} \frac{5}{\sqrt{25-x^2-y^2}} dxdy = 5\int_0^{2\pi} d\varphi \int_0^4 \frac{\rho}{\sqrt{25-\rho^2}} d\rho = 20\pi,$$

于是

$$S_{\Sigma_2} = S_{球面} - S_{\Sigma_1} - S_{\Sigma_3} = 4\pi \cdot 25 - 10\pi - 20\pi = 70\pi,$$

从而可得 $S_{\Sigma_1} : S_{\Sigma_2} : S_{\Sigma_3} = 1 : 7 : 2$.

9.3　练习题

1. 计算 $\int_C z ds$,其中 $C: x = t\cos t, y = t\sin t, z = t\ (0 \leqslant t \leqslant 1)$.

2. 设 L 是由直线 $x=0, y=0, x=2, y=2$ 所围成的图形的边界曲线,计算曲线积分 $\oint_L xy ds$.

3. 计算 $\int_C (x+y-2)^2 ds$,其中 $C: (x-2)^2 + y^2 = 4$.

4. 计算 $\oint_L \left(\frac{x^2}{5} + \frac{y^2}{3} + x\right) ds$,其中 L 为周长为 a 的椭圆 $3x^2 + 5y^2 = 15$.

5. 计算 $\int_L x^2 ds$,其中 L 是曲面 $x^2+y^2+z^2 = 9$ 与平面 $z = \sqrt{5}$ 的交线.

6. 计算曲面积分 $\iint_\Sigma z dS$,其中 Σ 为锥面 $z = \sqrt{x^2+y^2}$ 位于柱体 $x^2+y^2 \leqslant 2x$ 内的部分.

7. 计算 $\iint_\Sigma \frac{dS}{1+\sqrt{x^2+y^2+z^2}}$,其中 Σ 为上半球面 $z = \sqrt{4-x^2-y^2}$.

8. 计算曲面积分 $\oiint_\Sigma (x^2+y^2+1) dS$,其中 Σ 为球面 $x^2+y^2+z^2 = 3$.

9. 求曲面积分 $\iint_\Sigma \frac{x^2+y^2+R^2}{\sqrt{x^2+y^2+z^2}} dS$,其中 Σ 为上半球面 $z = \sqrt{R^2-x^2-y^2}$ 含

在圆柱面 $x^2+y^2-Ry=0(R>0)$ 内的部分.

10. 计算曲面积分 $\iint\limits_{\Sigma}\dfrac{|x|}{z}dS$，其中 Σ 是柱面 $x^2+y^2=2ay(a>0)$ 被锥面 $z=\sqrt{x^2+y^2}$ 和平面 $z=2a$ 所截下的部分.

11. 计算 $\iint\limits_{\Sigma}\dfrac{1}{z}dS$，其中 Σ 为球面 $x^2+y^2+z^2=R^2$ 上满足 $0<h\leqslant z\leqslant R$ 的部分.

12. 求曲面 $z=x^2+y^2$ 与 $z=2-\sqrt{x^2+y^2}$ 所围成的立体的表面积.

13. 求锥面 $z=\sqrt{x^2+y^2}$ 被球面 $x^2+y^2+z^2=2ax$ 所截下部分的面积.

14. 设 Σ 为曲面 $\dfrac{x^2}{2}+\dfrac{y^2}{2}+z^2=1$ 的上半部分，点 $M(x,y,z)\in\Sigma$，Π 为曲面 Σ 在点 M 处的切平面，$\rho(x,y,z)$ 为点 $(0,0,0)$ 到平面 Π 的距离，求 $\iint\limits_{\Sigma}\dfrac{z}{\rho(x,y,z)}dS$.

第 10 讲　数量值函数积分的应用

10.1　内容提要

一、物体的质量

设物体 Ω 的密度函数为 $\mu(M)$，则该物体的质量为

$$m = \int_\Omega \mu(M)\,d\Omega.$$

这里要根据物体是何种形体来选择积分类型，具体如下：

平面区域 D 的质量 $= \iint\limits_D \mu(M)\,d\sigma$，　空间区域 Ω 的质量 $= \iiint\limits_\Omega \mu(M)\,dV$，

曲线 L 的质量 $= \int_L \mu(M)\,ds$，　空间曲面 Σ 的质量 $= \iint\limits_\Sigma \mu(M)\,dS$.

二、物体的质心

设质量连续分布且形体为 Ω 的物体的密度函数为 $\mu(M)$，则其质心为

$$\bar{x} = \frac{\int_\Omega x\mu(M)\,d\Omega}{\int_\Omega \mu(M)\,d\Omega},\quad \bar{y} = \frac{\int_\Omega y\mu(M)\,d\Omega}{\int_\Omega \mu(M)\,d\Omega},\quad \bar{z} = \frac{\int_\Omega z\mu(M)\,d\Omega}{\int_\Omega \mu(M)\,d\Omega}.$$

若物体的质量是均匀的，即密度函数 μ 为常数，此时称质心为物体的形心，有

$$\bar{x} = \frac{\int_\Omega x\,d\Omega}{\int_\Omega d\Omega},\quad \bar{y} = \frac{\int_\Omega y\,d\Omega}{\int_\Omega d\Omega},\quad \bar{z} = \frac{\int_\Omega z\,d\Omega}{\int_\Omega d\Omega},$$

其中 $\int_\Omega d\Omega$ 是形体 Ω 的度量.

三、物体的转动惯量

设质量连续分布且形体为 Ω 的物体的密度函数为 $\mu(M)$，则该物体对直线 l 的转动惯量为

$$I_l = \int_\Omega d^2 \mu(M)\,d\Omega,$$

其中 d 为物体上的一点 M 到直线 l 的距离.

特殊地，Ω 关于 x 轴、y 轴和 z 轴的转动惯量分别为

$$I_x = \int_\Omega (y^2+z^2)\mu(M)\,\mathrm{d}\Omega, \quad I_y = \int_\Omega (x^2+z^2)\mu(M)\,\mathrm{d}\Omega,$$
$$I_z = \int_\Omega (x^2+y^2)\mu(M)\,\mathrm{d}\Omega.$$

四、物体对质点的引力

设密度函数为 $\mu(M)$ 的物体 Ω 对位于 Ω 外的一点 $M_0(x_0,y_0,z_0)$ 处单位质点的引力为 $\boldsymbol{F}=\{F_x,F_y,F_z\}$,则

$$F_x = \int_\Omega \frac{k(x-x_0)\mu(M)}{r^3}\,\mathrm{d}\Omega, \quad F_y = \int_\Omega \frac{k(y-y_0)\mu(M)}{r^3}\,\mathrm{d}\Omega,$$
$$F_z = \int_\Omega \frac{k(z-z_0)\mu(M)}{r^3}\,\mathrm{d}\Omega,$$

其中 k 为引力系数,$r=\sqrt{(x-x_0)^2+(y-y_0)^2+(z-z_0)^2}$.

10.2 例题与释疑解难

问题1 如何求物体的质量?

应用物体质量公式并根据物体的形态,选择合适的积分类型进行计算.

例1 求边长为1的正方形薄板的质量,已知薄板上每一点的面密度与该点到正方形某一定顶点的距离成正比,且在正方形中心面密度等于 ρ_0.

解 建立直角坐标系,使正方形薄板位于坐标系中区域

$$D = \{(x,y) \mid 0 \leqslant x \leqslant 1, 0 \leqslant y \leqslant 1\}$$

上,且薄板上每一点的面密度与它到原点的距离成正比,即 $\mu(x,y)=k\sqrt{x^2+y^2}$.

由题设可知 $\mu\left(\dfrac{1}{2},\dfrac{1}{2}\right)=k\sqrt{\left(\dfrac{1}{2}\right)^2+\left(\dfrac{1}{2}\right)^2}=\rho_0$,所以 $k=\sqrt{2}\rho_0$,故质量为

$$m = \iint_D \mu(x,y)\,\mathrm{d}x\mathrm{d}y = \iint_D \sqrt{2}\rho_0\sqrt{x^2+y^2}\,\mathrm{d}x\mathrm{d}y.$$

注意到区域 D 被直线 $y=x$ 分成了两部分,分别记为 D_1,D_2(D_1 为直线 $y=x$ 下方区域),则 D_1,D_2 关于直线 $y=x$ 对称,从而由轮换对称性及极坐标系下二重积分的计算,有

$$m = 2\iint_{D_1}\sqrt{2}\rho_0\sqrt{x^2+y^2}\,\mathrm{d}x\mathrm{d}y = 2\sqrt{2}\rho_0\int_0^{\frac{\pi}{4}}\mathrm{d}\varphi\int_0^{\sec\varphi}\rho\cdot\rho\,\mathrm{d}\rho$$
$$= \frac{2\sqrt{2}}{3}\rho_0\int_0^{\frac{\pi}{4}}\sec^3\varphi\,\mathrm{d}\varphi = \frac{2\sqrt{2}}{3}\rho_0\int_0^{\frac{\pi}{4}}\sec\varphi\,\mathrm{d}\tan\varphi$$
$$= \frac{2\sqrt{2}}{3}\rho_0\int_0^{\frac{\pi}{4}}\sqrt{1+\tan^2\varphi}\,\mathrm{d}\tan\varphi \xrightarrow{\text{令 }t=\tan\varphi} \frac{2\sqrt{2}}{3}\rho_0\int_0^1\sqrt{1+t^2}\,\mathrm{d}t$$

第10讲 数量值函数积分的应用

$$= \frac{2\sqrt{2}}{3}\rho_0 \cdot \frac{1}{2}(t\sqrt{1+t^2} + \ln(t+\sqrt{1+t^2}))\Big|_0^1$$
$$= \frac{\sqrt{2}}{3}\rho_0(\sqrt{2}+\ln(1+\sqrt{2})).$$

例2 求由锥面 $z=\sqrt{x^2+y^2}$ 与半球面 $z=\sqrt{2-x^2-y^2}$ 所围成的立体 Ω 的质量,已知 Ω 上任一点 (x,y,z) 处的密度 $\rho(x,y,z)$ 等于该点到 z 轴的距离.

分析 因为密度函数为 $\rho(x,y,z)=\sqrt{x^2+y^2}$,所以本题利用柱面坐标系计算比较方便.

解 由题意知 $\rho(x,y,z)=\sqrt{x^2+y^2}$,且立体 Ω 在 xOy 平面上的投影区域为 $D: x^2+y^2 \leqslant 1$. 利用柱面坐标系,得

$$m = \iiint_\Omega \rho(x,y,z)\mathrm{d}V = \iiint_\Omega \sqrt{x^2+y^2}\mathrm{d}V = \int_0^{2\pi}\mathrm{d}\theta\int_0^1\mathrm{d}\rho\int_\rho^{\sqrt{2-\rho^2}}\rho^2\mathrm{d}z$$
$$= 2\pi\int_0^1 \rho^2\sqrt{2-\rho^2}\mathrm{d}\rho - \frac{\pi}{2} = 2\pi \cdot \frac{\pi}{8} - \frac{\pi}{2} = \frac{\pi^2}{4} - \frac{\pi}{2}.$$

例3 已知曲线段 $L: y=x^2(0\leqslant x \leqslant 1)$ 上任意一点 (x,y) 处的线密度函数为 $\mu=12x$,求该曲线段的质量.

解 由 $L: y=x^2(0\leqslant x\leqslant 1)$,可得弧微分为
$$\mathrm{d}s = \sqrt{1+(y')^2}\mathrm{d}x = \sqrt{1+4x^2}\mathrm{d}x,$$
故所求质量为
$$m = \int_L \mu\mathrm{d}s = \int_L 12x\mathrm{d}s = \int_0^1 12x\sqrt{1+4x^2}\mathrm{d}x$$
$$= (1+4x^2)^{\frac{3}{2}}\Big|_0^1 = 5\sqrt{5}-1.$$

例4 求抛物面壳 $z=\frac{1}{2}(x^2+y^2)(0\leqslant z\leqslant 1)$ 的质量 M,已知该抛物面壳的密度为 $\mu=z$.

分析 注意题目中的物体是抛物"面壳",这表明应该选用第一型曲面积分来计算此题.

解 设 $\Sigma: z=\frac{1}{2}(x^2+y^2)$ $(0\leqslant z\leqslant 1)$,则
$$M = \iint_\Sigma \mu\mathrm{d}S = \iint_\Sigma z\mathrm{d}S.$$
由曲面方程可得
$$\mathrm{d}S = \sqrt{1+z_x^2+z_y^2}\mathrm{d}x\mathrm{d}y = \sqrt{1+x^2+y^2}\mathrm{d}x\mathrm{d}y,$$
且 Σ 在 xOy 面的投影为 $D_{xy}: x^2+y^2\leqslant 2$,故所求质量为

$$M = \iint_{\Sigma} z\,\mathrm{d}S = \iint_{x^2+y^2 \leqslant 2} \frac{1}{2}(x^2+y^2)\sqrt{1+x^2+y^2}\,\mathrm{d}x\mathrm{d}y$$

$$= \int_0^{2\pi} \mathrm{d}\varphi \int_0^{\sqrt{2}} \frac{1}{2}\rho^2 \sqrt{1+\rho^2} \cdot \rho\mathrm{d}\rho = \pi \int_0^{\sqrt{2}} \rho^2 \sqrt{1+\rho^2} \cdot \rho\mathrm{d}\rho$$

$$\xlongequal{\diamondsuit\, t = \sqrt{1+\rho^2}} \pi \int_1^{\sqrt{3}} (t^4 - t^2)\mathrm{d}t = \pi\left(\frac{4\sqrt{3}}{5} + \frac{2}{15}\right).$$

问题 2　如何求物体的质心?

应用物体质心公式并根据物体的形态,选择合适的积分类型进行计算.

说明　质量均匀分布的物体的质心(即形心)在其对称轴上(如果该物体是轴对称图形).

例 5　在均匀半圆形薄片直径处接一个一边与直径等长且密度相等的均匀矩形薄片,要使拼接后的薄片的质心恰好落在圆心上,问接上去的矩形薄片另一边的长度是多少?(密度 μ 为常数)

解　设半圆的半径为 R,接上去的矩形薄片另一边的长度是 l. 建立直角坐标系,使坐标原点在圆心,则半圆的方程为 $x^2 + y^2 \leqslant R^2 (y \geqslant 0)$,接上去的矩形为

$$-R \leqslant x \leqslant R, \quad -l \leqslant y \leqslant 0.$$

设整个图形所占的平面区域为 D,因为 D 关于 y 轴对称,所以 $\bar{x} = 0$. 又

$$\bar{y} = \frac{\iint_D y\,\mathrm{d}x\mathrm{d}y}{\iint_D 1\,\mathrm{d}x\mathrm{d}y} = \frac{\int_{-R}^{R} \mathrm{d}x \int_{-l}^{\sqrt{R^2-x^2}} y\,\mathrm{d}y}{S_D}$$

$$= \frac{\int_{-R}^{R} \frac{1}{2}(R^2 - x^2 - l^2)\,\mathrm{d}x}{\frac{1}{2}\pi R^2 + 2Rl} = \frac{R}{2}\left(\frac{4}{3}R^2 - 2l^2\right)\bigg/\left(\frac{1}{2}\pi R^2 + 2Rl\right),$$

由题设,有 $\bar{y} = 0$,于是

$$\frac{R}{2}\left(\frac{4}{3}R^2 - 2l^2\right) = 0 \Rightarrow l = \sqrt{\frac{2}{3}}R.$$

故矩形薄片的另一边的长度是 $\sqrt{\frac{2}{3}}R$.

例 6　已知球体 $\Omega: x^2 + y^2 + z^2 \leqslant 2Rz$ 内各点处的密度等于该点到原点距离的平方,试求该球体的质心.

解　由题设,密度函数为 $\mu(x,y,z) = x^2 + y^2 + z^2$. 因为球体 Ω 关于 yOz 面对称,也关于 zOx 面对称,而密度函数 $\mu(x,y,z) = x^2 + y^2 + z^2$ 关于变量 x 是偶函数,关于变量 y 也是偶函数,故由奇偶对称性有 $\bar{x} = \bar{y} = 0$. 又

第 10 讲　数量值函数积分的应用

$$\bar{z} = \frac{\iiint\limits_{\Omega} z\mu \mathrm{d}V}{\iiint\limits_{\Omega} \mu \mathrm{d}V} = \frac{\iiint\limits_{\Omega} z(x^2+y^2+z^2)\mathrm{d}V}{\iiint\limits_{\Omega} (x^2+y^2+z^2)\mathrm{d}V}$$

$$= \frac{\int_0^{2\pi}\mathrm{d}\theta \int_0^{\frac{\pi}{2}}\mathrm{d}\varphi \int_0^{2R\cos\varphi} r\cos\varphi \cdot r^2 \cdot r^2 \sin\varphi \mathrm{d}r}{\int_0^{2\pi}\mathrm{d}\theta \int_0^{\frac{\pi}{2}}\mathrm{d}\varphi \int_0^{2R\cos\varphi} r^2 \cdot r^2 \sin\varphi \mathrm{d}r}$$

$$= \frac{2\pi \int_0^{\frac{\pi}{2}} \frac{\sin\varphi\cos\varphi}{6}(2R\cos\varphi)^6 \mathrm{d}\varphi}{2\pi \int_0^{\frac{\pi}{2}} \frac{\sin\varphi}{5}(2R\cos\varphi)^5 \mathrm{d}\varphi} = \frac{\frac{32}{3}R^6 \left(-\frac{1}{8}\cos^8\varphi\right)\Big|_0^{\frac{\pi}{2}}}{\frac{32}{5}R^5 \left(-\frac{1}{6}\cos^6\varphi\right)\Big|_0^{\frac{\pi}{2}}} = \frac{5}{4}R,$$

故这个球体的质心坐标为 $\left(0, 0, \frac{5}{4}R\right)$.

例7　已知 L 是摆线 $\begin{cases} x = t - \sin t, \\ y = 1 - \cos t \end{cases}$ 上从 $t=0$ 到 $t=\pi$ 的弧段, 求曲线 L 的形心的横坐标.

解　由第一型曲线积分可得曲线 L 的长为

$$l = \int_L \mathrm{d}s = \int_0^{\pi} \sqrt{(x'(t))^2 + (y'(t))^2} \mathrm{d}t$$

$$= \int_0^{\pi} \sqrt{(1-\cos t)^2 + (\sin t)^2} \mathrm{d}t = \int_0^{\pi} 2\sin\frac{t}{2} \mathrm{d}t = 4,$$

又因为

$$\int_L x \mathrm{d}s = \int_0^{\pi} x(t) \sqrt{(x'(t))^2 + (y'(t))^2} \mathrm{d}t = \int_0^{\pi} (t - \sin t) \cdot 2\sin\frac{t}{2} \mathrm{d}t$$

$$= -4 \int_0^{\pi} t \mathrm{d}\cos\frac{t}{2} - \int_0^{\pi} \left(\cos\frac{t}{2} - \cos\frac{3t}{2}\right) \mathrm{d}t = \frac{16}{3},$$

所以 L 的形心的横坐标为

$$\bar{x} = \frac{\int_L x \mathrm{d}s}{\int_L \mathrm{d}s} = \frac{\frac{16}{3}}{4} = \frac{4}{3}.$$

例8　求均匀锥面 $z = \sqrt{x^2 + y^2}$ 被柱面 $z^2 = 2x$ 所割下部分的质心坐标.

解　因为锥面被柱面割下部分 Σ 在锥面上, 所以本题应用第一型曲面积分来计算. 由对称性可得 $\bar{y} = 0$, 而

$$\bar{x} = \frac{\iint\limits_{\Sigma} x \mathrm{d}S}{\iint\limits_{\Sigma} \mathrm{d}S}, \quad \bar{z} = \frac{\iint\limits_{\Sigma} z \mathrm{d}S}{\iint\limits_{\Sigma} \mathrm{d}S}.$$

因为锥面 $z = \sqrt{x^2+y^2}$ 与柱面 $z^2 = 2x$ 的交线为

$$\begin{cases} z = \sqrt{x^2+y^2}, \\ z^2 = 2x, \end{cases} \text{即} \begin{cases} z = \sqrt{x^2+y^2}, \\ x^2+y^2 = 2x, \end{cases}$$

所以 Σ 在 xOy 面的投影为 $D_{xy}: x^2+y^2 \leqslant 2x$,且

$$\mathrm{d}S = \sqrt{1+z_x^2+z_y^2}\mathrm{d}x\mathrm{d}y = \sqrt{1+\left(\frac{x}{\sqrt{x^2+y^2}}\right)^2+\left(\frac{y}{\sqrt{x^2+y^2}}\right)^2}\mathrm{d}x\mathrm{d}y = \sqrt{2}\mathrm{d}x\mathrm{d}y.$$

于是

$$\iint_\Sigma \mathrm{d}S = \iint_{x^2+y^2\leqslant 2x} \sqrt{2}\,\mathrm{d}x\mathrm{d}y = \sqrt{2} \cdot D_{xy} \text{ 的面积} = \sqrt{2}\pi,$$

$$\iint_\Sigma x\,\mathrm{d}S = \iint_{x^2+y^2\leqslant 2x} x\cdot\sqrt{2}\,\mathrm{d}x\mathrm{d}y = \sqrt{2}\int_{-\frac{\pi}{2}}^{\frac{\pi}{2}}\mathrm{d}\theta\int_0^{2\cos\theta}\rho\cos\theta\cdot\rho\mathrm{d}\rho = \sqrt{2}\pi,$$

$$\iint_\Sigma z\,\mathrm{d}S = \iint_{x^2+y^2\leqslant 2x}\sqrt{x^2+y^2}\cdot\sqrt{2}\,\mathrm{d}x\mathrm{d}y = \sqrt{2}\int_{-\frac{\pi}{2}}^{\frac{\pi}{2}}\mathrm{d}\theta\int_0^{2\cos\theta}\rho\cdot\rho\mathrm{d}\rho = \frac{32}{9}\sqrt{2}.$$

从而

$$\bar{x} = \frac{\iint_\Sigma x\,\mathrm{d}S}{\iint_\Sigma \mathrm{d}S} = \frac{\sqrt{2}\pi}{\sqrt{2}\pi} = 1, \qquad \bar{z} = \frac{\iint_\Sigma z\,\mathrm{d}S}{\iint_\Sigma \mathrm{d}S} = \frac{\frac{32}{9}\sqrt{2}}{\sqrt{2}\pi} = \frac{32}{9\pi},$$

故质心坐标为 $\left(1, 0, \dfrac{32}{9\pi}\right)$.

问题 3 如何求转动惯量?

应用转动惯量公式并根据物体的形态,选择合适的积分类型进行计算.

例 9 求长、短半轴分别为 a, b 且密度均匀的椭圆盘对长轴的转动惯量.

解法 1 设椭圆方程为 $\dfrac{x^2}{a^2}+\dfrac{y^2}{b^2}=1(a>b)$,其长轴为 x 轴,则

$$I_x = \iint_D \mu y^2\,\mathrm{d}\sigma = \mu\int_{-a}^a \mathrm{d}x\int_{-b\sqrt{1-(\frac{x}{a})^2}}^{b\sqrt{1-(\frac{x}{a})^2}} y^2\,\mathrm{d}y$$

$$= 4\mu\int_0^a \mathrm{d}x\int_0^{b\sqrt{1-(\frac{x}{a})^2}} y^2\,\mathrm{d}y = \frac{4}{3}\frac{\mu b^3}{a^3}\int_0^a \sqrt{(a^2-x^2)^3}\,\mathrm{d}x$$

$$= \frac{4\mu}{3a^3}b^3\left(\frac{x}{8}(5a^2-2x^2)\sqrt{a^2-x^2}+\frac{3a^4}{8}\arcsin\frac{x}{a}\right)\Big|_0^a = \frac{1}{4}\mu\pi ab^3 = \frac{b^2 M}{4},$$

其中 M 为椭圆盘质量.

解法 2 采用广义极坐标系

$$x = a\rho\cos\varphi, \quad y = b\rho\sin\varphi$$

求解，积分区域 $\dfrac{x^2}{a^2}+\dfrac{y^2}{b^2}\leqslant 1$ 化为 D'：$\begin{cases}0\leqslant\rho\leqslant 1,\\ 0\leqslant\varphi\leqslant 2\pi,\end{cases}$ 且 $J=\dfrac{\partial(x,y)}{\partial(\rho,\varphi)}=ab\rho$，得

$$I_x=\mu\iint_D y^2\mathrm{d}\sigma=\mu\iint_{D'}(b\rho\sin\varphi)^2\,|J|\,\mathrm{d}\rho\mathrm{d}\varphi$$

$$=\mu\int_0^{2\pi}\mathrm{d}\varphi\int_0^1 b^2\rho^2\sin^2\varphi\, ab\rho\mathrm{d}\rho=\dfrac{\mu\pi ab^3}{4}=\dfrac{b^2 M}{4},$$

其中 M 为椭圆盘质量.

例 10 求曲线 $\rho=a\sin 2\varphi\left(a>0,0\leqslant\varphi\leqslant\dfrac{\pi}{2}\right)$ 所围薄片 ($\mu\equiv 1$) 对原点的转动惯量.

解 因为曲线所围薄片上任一点 (x,y) 到原点的距离 $d=\sqrt{x^2+y^2}$，故由转动惯量公式，可得

$$I=\iint_D\mu(x^2+y^2)\mathrm{d}\sigma=\int_0^{\frac{\pi}{2}}\mathrm{d}\varphi\int_0^{a\sin 2\varphi}\rho^2\cdot\rho\mathrm{d}\rho=\int_0^{\frac{\pi}{2}}\dfrac{1}{4}a^4\sin^4 2\varphi\mathrm{d}\varphi$$

$$\xrightarrow{\diamondsuit\, t=2\varphi}\dfrac{a^4}{8}\int_0^{\pi}\sin^4 t\mathrm{d}t\xrightarrow{\sin^4 t\text{ 以 }\pi\text{ 为周期}}\dfrac{a^4}{8}\int_{-\frac{\pi}{2}}^{\frac{\pi}{2}}\sin^4 t\mathrm{d}t$$

$$=\dfrac{a^4}{8}\cdot 2\cdot\int_0^{\frac{\pi}{2}}\sin^4 t\mathrm{d}t=\dfrac{a^4}{4}\cdot\dfrac{3}{4}\cdot\dfrac{1}{2}\cdot\dfrac{\pi}{2}=\dfrac{3\pi}{64}a^4.$$

例 11 求密度为 1 的均匀圆柱体 Ω：$x^2+y^2\leqslant a^2$，$-h\leqslant z\leqslant h$ 对直线 L：$x=y=z$ 的转动惯量.

解 先求空间中任一点 $P(x,y,z)$ 到直线 L 的距离. 因为直线 L 过点 O，且以向量 $\boldsymbol{\alpha}=\{1,1,1\}$ 为方向向量，因此，点 P 到直线 L 的距离为

$$d=\dfrac{\|\overrightarrow{OP}\times\boldsymbol{\alpha}\|}{\|\boldsymbol{\alpha}\|}=\dfrac{\|\{x,y,z\}\times\{1,1,1\}\|}{\|\{1,1,1\}\|}=\dfrac{|\{y-z,z-x,x-y\}|}{\sqrt{3}}$$

$$=\sqrt{\dfrac{(y-z)^2+(z-x)^2+(x-y)^2}{3}},$$

从而 Ω 对 L 的转动惯量为

$$I=\iiint_\Omega\mu d^2\mathrm{d}x\mathrm{d}y\mathrm{d}z=\iiint_\Omega\dfrac{(y-z)^2+(z-x)^2+(x-y)^2}{3}\mathrm{d}x\mathrm{d}y\mathrm{d}z$$

$$=\dfrac{1}{3}\int_0^{2\pi}\mathrm{d}\varphi\int_0^a\rho\mathrm{d}\rho\int_{-h}^h(2\rho^2-\rho^2\sin 2\varphi-2\rho z\cos\varphi-2\rho z\sin\varphi+2z^2)\rho\mathrm{d}z$$

$$=\dfrac{2\pi}{3}\int_0^a\mathrm{d}\rho\int_0^h 4\rho(\rho^2+z^2)\mathrm{d}z=\dfrac{2\pi}{3}\left(a^4 h+\dfrac{2}{3}a^2 h^3\right).$$

例 12 求半球壳 $x^2+y^2+z^2=a^2(z\geqslant 0,a>0)$ 对 z 轴的转动惯量 ($\mu\equiv 1$).

解 记半球壳为 Σ，则 Σ：$z=\sqrt{a^2-x^2-y^2}$，D_{xy}：$x^2+y^2\leqslant a^2$，且

$$dS = \sqrt{1+z_x^2+z_y^2}\,dxdy$$
$$= \sqrt{1+\left(\frac{-x}{\sqrt{a^2-x^2-y^2}}\right)^2+\left(\frac{-y}{\sqrt{a^2-x^2-y^2}}\right)^2}\,dxdy$$
$$= \frac{a}{\sqrt{a^2-x^2-y^2}}\,dxdy,$$

因此

$$I_z = \iint\limits_{\Sigma}\mu(x^2+y^2)\,dS = \iint\limits_{x^2+y^2\leqslant a^2}(x^2+y^2)\frac{a}{\sqrt{a^2-x^2-y^2}}\,dxdy$$
$$= \int_0^{2\pi}d\varphi\int_0^a \rho^2\frac{a}{\sqrt{a^2-\rho^2}}\rho d\rho = 2\pi a\int_0^a\frac{\rho^3}{\sqrt{a^2-\rho^2}}\,d\rho$$
$$\xlongequal{\diamondsuit \rho=a\sin t} 2\pi a\int_0^{\frac{\pi}{2}}\frac{a^3\sin^3 t}{a\cos t}\cdot a\cos t\,dt = 2\pi a^4\cdot\frac{2}{3}\cdot 1 = \frac{4}{3}\pi a^4.$$

问题 4 如何求引力?

首先用微元法进行分析,得出对应的公式;然后根据物体的形态选择合适的积分类型进行计算.

例 13 计算密度为 $\mu=1$ 的均匀圆柱体 Ω: $x^2+y^2\leqslant a^2, 0\leqslant z\leqslant h$ 对位于点 $(0,0,t)$ 处的单位质点的引力.

解 在圆柱体上任一点 (x,y,z) 处取一个体积为 dV 的小块,考虑该小块对质点的引力微元 $\overrightarrow{dF}$. 由万有引力公式,可得

$$|\overrightarrow{dF}| = \frac{k\mu dV\cdot 1}{x^2+y^2+(z-t)^2} = \frac{kdV}{x^2+y^2+(z-t)^2},$$

其中 k 为万有引力常数,且 $\overrightarrow{dF}$ 的方向为从点 $(0,0,t)$ 指向点 (x,y,z),即 $\overrightarrow{dF} \parallel \{x,y,z-t\}$,因此

$$\overrightarrow{dF} = \frac{kdV}{x^2+y^2+(z-t)^2}\cdot\frac{\{x,y,z-t\}}{\sqrt{x^2+y^2+(z-t)^2}}$$
$$= \frac{kdV}{(x^2+y^2+(z-t)^2)^{\frac{3}{2}}}\cdot\{x,y,z-t\}.$$

由对称性,有 $F_x=F_y=0$,而

$$F_z = \iiint\limits_{\Omega}dF_z = \iiint\limits_{\Omega}\frac{k(z-t)}{(x^2+y^2+(z-t)^2)^{\frac{3}{2}}}\,dV$$
$$= k\int_0^{2\pi}d\varphi\int_0^a d\rho\int_0^h\frac{z-t}{(\rho^2+(z-t)^2)^{\frac{3}{2}}}\rho dz$$
$$= k\cdot 2\pi\int_0^a\left(-\frac{1}{\sqrt{\rho^2+(z-t)^2}}\Big|_0^h\right)\rho d\rho$$

$$= 2k\pi \int_0^a \left(\frac{1}{\sqrt{\rho^2+t^2}} - \frac{1}{\sqrt{\rho^2+(h-t)^2}} \right) \rho \mathrm{d}\rho$$

$$= 2k\pi (\sqrt{\rho^2+t^2} - \sqrt{\rho^2+(h-t)^2}) \Big|_0^a$$

$$= 2k\pi (\sqrt{a^2+t^2} - \sqrt{a^2+(h-t)^2} - |t| + |h-t|),$$

所以引力为

$$\boldsymbol{F} = \{0, 0, 2k\pi(\sqrt{a^2+t^2} - \sqrt{a^2+(h-t)^2} - |t| + |h-t|)\}.$$

并且易知,当 $0 \leqslant t < \dfrac{h}{2}$ 时,$F_z > 0$,引力沿 z 轴正向;当 $\dfrac{h}{2} < t \leqslant h$ 时,引力沿 z 轴负向;当 $t = \dfrac{h}{2}$ 时,$F_z = 0$,引力为 **0**.

例 14 求密度 $\mu = 1$ 的均匀圆柱面 $\Sigma: x^2 + y^2 = a^2 (0 \leqslant z \leqslant H)$ 对坐标原点处质量为 m 的质点的引力.

分析 本题求的是"圆柱面"对质点的引力,因此要用第一型曲面积分来求解.

解 在圆柱面上任一点 (x, y, z) 处取一个面积为 $\mathrm{d}S$ 的小块,考虑该小块对质点的引力微元 $\overrightarrow{\mathrm{d}F}$. 由万有引力公式,可得

$$|\overrightarrow{\mathrm{d}F}| = \frac{km\mu \mathrm{d}S}{x^2+y^2+z^2} = \frac{km \mathrm{d}S}{x^2+y^2+z^2},$$

其中 k 为万有引力常数,且 $\overrightarrow{\mathrm{d}F}$ 的方向为从原点指向点 (x,y,z),即 $\overrightarrow{\mathrm{d}F} \parallel \{x,y,z\}$,因此

$$\overrightarrow{\mathrm{d}F} = \frac{km \mathrm{d}S}{x^2+y^2+z^2} \cdot \frac{\{x,y,z\}}{\sqrt{x^2+y^2+z^2}} = \frac{km \mathrm{d}S}{(x^2+y^2+z^2)^{\frac{3}{2}}} \cdot \{x,y,z\}.$$

由对称性,有 $F_x = F_y = 0$,而

$$F_z = \iint\limits_{\Sigma} \mathrm{d}F_z = \iint\limits_{\Sigma} \frac{kmz}{(x^2+y^2+z^2)^{\frac{3}{2}}} \mathrm{d}S = \iint\limits_{\Sigma} \frac{kmz}{(a^2+z^2)^{\frac{3}{2}}} \mathrm{d}S.$$

因为 Σ 关于 yOz 面对称,它被 yOz 面分成了对称的两块 Σ_1, Σ_2,即

$$\Sigma_1: x = \sqrt{a^2-y^2}, \quad \Sigma_2: x = -\sqrt{a^2-y^2},$$

其中 $(y,z) \in D_{yz} = \{(y,z) \mid -a \leqslant y \leqslant a, 0 \leqslant z \leqslant H\}$,所以

$$F_z = \iint\limits_{\Sigma} \frac{kmz}{(a^2+z^2)^{\frac{3}{2}}} \mathrm{d}S = 2\iint\limits_{\Sigma_1} \frac{kmz}{(a^2+z^2)^{\frac{3}{2}}} \mathrm{d}S$$

$$= 2\iint\limits_{D_{yz}} \frac{kmz}{(a^2+z^2)^{\frac{3}{2}}} \cdot \sqrt{1 + \left(\frac{-y}{\sqrt{a^2-y^2}}\right)^2 + 0} \, \mathrm{d}y\mathrm{d}z$$

$$= 2km \int_{-a}^{a} \frac{a}{\sqrt{a^2-y^2}} \mathrm{d}y \cdot \int_{0}^{H} \frac{z}{(a^2+z^2)^{\frac{3}{2}}} \mathrm{d}z$$

$$= 2kma \cdot \left(\arcsin \frac{y}{a} \Big|_{-a}^{a}\right) \cdot \left(-\frac{1}{\sqrt{a^2+z^2}}\right)\Big|_{0}^{H} = 2\pi km \left(1 - \frac{a}{\sqrt{a^2+H^2}}\right).$$

故所求引力为 $\boldsymbol{F} = \left\{0, 0, 2\pi km\left(1 - \frac{a}{\sqrt{a^2+H^2}}\right)\right\}$.

10.3 练习题

1. 设半球体 $\Omega: 0 \leqslant z-2 \leqslant \sqrt{1-x^2-y^2}$ 的密度函数为 $\mu = z$, 试求该半球体 Ω 的质量.

2. 求由曲面 $z = a + \sqrt{a^2-x^2-y^2}$ $(a>0)$ 与 $z = \sqrt{x^2+y^2}$ 所围成的立体的质量, 已知其上任一点的密度与该点到 xOy 平面的距离的平方成正比.

3. 求抛物壳 $z = \frac{1}{2}(x^2+y^2)$ $(0 \leqslant z \leqslant 1)$ 的质量 M, 此壳的密度为 $\mu = z$.

4. 求以 $y = x^2$ 和 $x+y = 2$ 为界的均匀薄板的质心坐标.

5. 在底圆半径为 R, 高为 H 的圆柱上拼接一个同半径的半球体, 若已知整个立体的质心位于半球的球心处, 试求 R 与 H 的关系(设立体的密度为 $\rho = 1$).

6. 求密度均匀分布的立体

$$\Omega = \{(x,y,z) \mid z \geqslant \sqrt{1-x^2-y^2}, \ x^2+y^2+z^2 \leqslant 2z, z \geqslant \sqrt{x^2+y^2}\}$$

的质心坐标.

7. 求由曲面 $x^2+z = 1, y^2+z = 1$ 及平面 $z = 0$ 所围成的质量均匀分布的立体 Ω 的质心坐标.

8. 求由 $x+y = 1, \frac{x}{2}+y = 1, y = 0$ 所围成的图形 $(\mu = 1)$ 对 x 轴和 y 轴的转动惯量.

9. 求由曲面 $z = x^2+y^2$ 及平面 $x+y = \pm 1, x-y = \pm 1, z = 0$ 所围成的立体图形 $(\mu = 1)$ 对 z 轴的转动惯量.

10. 求由曲面 $(x^2+y^2+z^2)^2 = a^2(x^2+y^2)$ 所围成的均匀物体 $(\mu = 1)$ 对坐标原点的转动惯量.

11. 设密度为 1, 半径为 R 的上半球面对球心处单位质点的引力.

12. 求质量为 M 的均匀球体 $x^2+y^2+z^2 \leqslant R^2$ 对位于点 $P(0,0,a)$ $(a>R)$ 的质量为 m 的质点的引力.

第 11 讲　第二型曲线积分与 Green 公式

11.1　内容提要

一、第二型曲线积分的概念和性质

1) 第二型曲线积分的定义：设 L 是空间中一条有向光滑曲线弧, 向量值函数 $\boldsymbol{F}$ 在曲线 L 上有定义. 任取分点 $P_0 = A, P_1, \cdots, P_n = B$ 把曲线 L 任意分成 n 个有向小弧段 $\overparen{P_{i-1}P_i}$, 记第 i 段弧的长度为 Δs_i. 令 $d = \max\limits_{1 \leqslant i \leqslant n} \{\Delta s_i\}$, 任取点 $M_i(\xi_i, \eta_i, \zeta_i) \in \overparen{P_{i-1}P_i}$, 作和式

$$\sum_{i=1}^{n} \boldsymbol{F}(M_i) \cdot \overrightarrow{P_{i-1}P_i},$$

如果无论将 L 如何分割, 点 $M_i \in \overparen{P_{i-1}P_i}$ 如何选取, 当 $d \to 0$ 时, 上述和式有确定的极限, 则称向量值函数 $\boldsymbol{F}$ 在 L 上可积, 并称该极限值为向量值函数 $\boldsymbol{F}$ 沿有向曲线 L 的第二型曲线积分, 简称为第二型曲线积分, 记为 $\int_L \boldsymbol{F}(M) \cdot \mathrm{d}\boldsymbol{s}$, 即

$$\int_L \boldsymbol{F}(M) \cdot \mathrm{d}\boldsymbol{s} = \lim_{d \to 0} \sum_{i=1}^{n} \boldsymbol{F}(M_i) \cdot \overrightarrow{P_{i-1}P_i}.$$

2) 第二型曲线积分的物理背景 —— 变力做功问题：设一质点在连续的变力 $\boldsymbol{F}(M) = \boldsymbol{F}(x, y, z)$ 作用下, 沿空间光滑曲线 L 从点 A 移动到点 B, 则变力 $\boldsymbol{F}$ 所做的功为

$$W = \int_L \boldsymbol{F}(M) \cdot \mathrm{d}\boldsymbol{s}.$$

3) 第二型曲线积分的坐标形式.

第二型曲线积分也可以记为

$$\int_L \boldsymbol{F}(M) \cdot \mathrm{d}\boldsymbol{s} = \int_L P(x, y, z)\mathrm{d}x + Q(x, y, z)\mathrm{d}y + R(x, y, z)\mathrm{d}z,$$

其中 $\mathrm{d}\boldsymbol{s} = \{\mathrm{d}x, \mathrm{d}y, \mathrm{d}z\}$, 它也是曲线 L 在点 M 处与曲线 L 方向一致的切向量.

第二型曲线积分也称为对坐标的曲线积分.

当 $\boldsymbol{F}(M) = \boldsymbol{F}(x, y, z) = \{P(x, y, z), 0, 0\}$ 时, 有

$$\int_L \boldsymbol{F}(M) \cdot \mathrm{d}\boldsymbol{s} = \int_L P(x, y, z)\mathrm{d}x,$$

称 $\int_L P(x,y,z)\mathrm{d}x$ 为函数 $P(x,y,z)$ 对坐标 x 的曲线积分.

类似地,称 $\int_L Q(x,y,z)\mathrm{d}y$ 为函数 $Q(x,y,z)$ 对坐标 y 的曲线积分,称 $\int_L R(x,y,z)\mathrm{d}z$ 为函数 $R(x,y,z)$ 对坐标 z 的曲线积分.

因此
$$\int_L P(x,y,z)\mathrm{d}x + Q(x,y,z)\mathrm{d}y + R(x,y,z)\mathrm{d}z$$
是这三个积分的组合,即
$$\int_L P(x,y,z)\mathrm{d}x + Q(x,y,z)\mathrm{d}y + R(x,y,z)\mathrm{d}z$$
$$= \int_L P(x,y,z)\mathrm{d}x + \int_L Q(x,y,z)\mathrm{d}y + \int_L R(x,y,z)\mathrm{d}z.$$

4) 平面曲线上的第二型曲线积分:若 L 为平面有向光滑曲线弧,向量值函数为
$$\boldsymbol{F}(x,y) = P(x,y)\boldsymbol{i} + Q(x,y)\boldsymbol{j},$$
则有
$$\int_L \boldsymbol{F} \cdot \mathrm{d}\boldsymbol{s} = \int_L P(x,y)\mathrm{d}x + Q(x,y)\mathrm{d}y.$$

5) 第二型曲线积分的性质.

(1) 线性:$\int_L [k_1\boldsymbol{F}_1 + k_2\boldsymbol{F}_2] \cdot \mathrm{d}\boldsymbol{s} = k_1\int_L \boldsymbol{F}_1 \cdot \mathrm{d}\boldsymbol{s} + k_2\int_L \boldsymbol{F}_2 \cdot \mathrm{d}\boldsymbol{s};$

(2) 方向性:用 L^- 表示与曲线 L 方向相反的有向曲线弧,则
$$\int_L \boldsymbol{F} \cdot \mathrm{d}\boldsymbol{s} = -\int_{L^-} \boldsymbol{F} \cdot \mathrm{d}\boldsymbol{s};$$

(3) 对积分路径的可加性:设 A,B,C 为曲线弧 L 上的任意三点,则
$$\int_{L(AB)} \boldsymbol{F} \cdot \mathrm{d}\boldsymbol{s} = \int_{L(AC)} \boldsymbol{F} \cdot \mathrm{d}\boldsymbol{s} + \int_{L(CB)} \boldsymbol{F} \cdot \mathrm{d}\boldsymbol{s}.$$

二、第二型曲线积分的计算方法

(1) 设有向光滑曲线弧 L 的参数方程为 $x = x(t), y = y(t), z = z(t)$,当参数 t 单调地由 α 变到 β 时,点 $M(x,y,z)$ 由曲线 L 的起点 A 沿 L 运动到终点 B. 若向量值函数
$$\boldsymbol{F}(x,y,z) = P(x,y,z)\boldsymbol{i} + Q(x,y,z)\boldsymbol{j} + R(x,y,z)\boldsymbol{k}$$
在 L 上连续,则
$$\int_L \boldsymbol{F} \cdot \mathrm{d}\boldsymbol{s} = \int_L P(x,y,z)\mathrm{d}x + Q(x,y,z)\mathrm{d}y + R(x,y,z)\mathrm{d}z$$
$$= \int_\alpha^\beta [P(x(t),y(t),z(t))x'(t) + Q(x(t),y(t),z(t))y'(t)$$
$$+ R(x(t),y(t),z(t))z'(t)]\mathrm{d}t.$$

(2) 当 L 是平面曲线时,若其参数方程为 $x = x(t), y = y(t)$,则有
$$\int_L \boldsymbol{F} \cdot \mathrm{d}\boldsymbol{s} = \int_L P(x,y)\mathrm{d}x + Q(x,y)\mathrm{d}y$$
$$= \int_\alpha^\beta [P(x(t),y(t))x'(t) + Q(x(t),y(t))y'(t)]\mathrm{d}t.$$

(3) 若平面曲线 L 的方程为 $y = y(x)(a \leqslant x \leqslant b)$,起点对应于 a,终点对应于 b,则可把 x 作为参数,于是有
$$\int_L \boldsymbol{F} \cdot \mathrm{d}\boldsymbol{s} = \int_L P(x,y)\mathrm{d}x + Q(x,y)\mathrm{d}y$$
$$= \int_b^a [P(x,y(x)) + Q(x,y(x))y'(x)]\mathrm{d}x.$$

三、第二型曲线积分与第一型曲线积分的关系

在第二型曲线积分中,弧长微元向量为 $\mathrm{d}\boldsymbol{s} = \{\mathrm{d}x, \mathrm{d}y, \mathrm{d}z\}$,它是积分路径 L 上点 M 处与曲线 L 方向一致的切向量,且
$$\|\mathrm{d}\boldsymbol{s}\| = \sqrt{(\mathrm{d}x)^2 + (\mathrm{d}y)^2 + (\mathrm{d}z)^2} = \mathrm{d}s.$$
若用 $\boldsymbol{T}(M)$ 表示曲线 L 上点 M 处与 L 同方向的单位切向量,则 $\mathrm{d}\boldsymbol{s} = \boldsymbol{T}(M)\mathrm{d}s$,由此
$$\int_L \boldsymbol{F}(M) \cdot \mathrm{d}\boldsymbol{s} = \int_L \boldsymbol{F}(M) \cdot \boldsymbol{T}(M)\mathrm{d}s.$$
设 $\boldsymbol{F}(M) = \{P(x,y,z), Q(x,y,z), R(x,y,z)\}$,$\cos\alpha, \cos\beta, \cos\gamma$ 为 L 在点 $M(x,y,z)$ 处与 L 同方向的切向量的方向余弦,则
$$\int_L P\mathrm{d}x + Q\mathrm{d}y + R\mathrm{d}z = \int_L (P\cos\alpha + Q\cos\beta + R\cos\gamma)\mathrm{d}s.$$

四、Green 公式

1) **Green 公式**:设 D 是一个平面有界闭区域,其边界 ∂D 由有限条光滑曲线或分段光滑曲线所构成,且取正向. 若函数 $P(x,y), Q(x,y)$ 在 D 上具有一阶连续偏导数,则有
$$\oint_{\partial D} P\mathrm{d}x + Q\mathrm{d}y = \iint_D \left(\frac{\partial Q}{\partial x} - \frac{\partial P}{\partial y}\right)\mathrm{d}x\mathrm{d}y.$$

2) **关于 Green 公式的几点说明.**

(1) Green 公式的条件是封闭、正向、偏导数连续,三者缺一不可. 若积分曲线 C 不封闭,需添加辅助线使之封闭;若 C 不是正向,则改为正向(积分式前加负号);另外,应用 Green 公式前要检验 $P, Q, \frac{\partial P}{\partial y}, \frac{\partial Q}{\partial x}$ 的连续条件.

(2) 认清函数 P 和 Q,切记 $\mathrm{d}x$ 前面的项是函数 P,$\mathrm{d}y$ 前面的项是函数 Q.

(3) 用 Green 公式计算二重积分时不能将曲线 C 的方程代入被积函数.

3) **用 Green 公式求平面图形的面积.**

若在 Green 公式

$$\oint_{\partial D^+} P\mathrm{d}x + Q\mathrm{d}y = \iint_D \left(\frac{\partial Q}{\partial x} - \frac{\partial P}{\partial y}\right)\mathrm{d}x\mathrm{d}y$$

中，取 $P(x,y) = -y, Q(x,y) = x$，则

$$\oint_{\partial D^+} P\mathrm{d}x + Q\mathrm{d}y = \iint_D 2\mathrm{d}x\mathrm{d}y,$$

故区域 D 的面积为

$$A = \frac{1}{2}\oint_{\partial D^+} x\mathrm{d}y - y\mathrm{d}x.$$

五、平面曲线积分与路径无关的条件

1) **平面曲线积分与路径无关的定义**：设 D 是一个平面区域，如果对 D 内任何两条以 A 为起点、以 B 为终点的分段光滑曲线 L_1, L_2，都有

$$\int_{L_1} P\mathrm{d}x + Q\mathrm{d}y = \int_{L_2} P\mathrm{d}x + Q\mathrm{d}y,$$

则称曲线积分 $\int_L P\mathrm{d}x + Q\mathrm{d}y$ 在 D 内与路径无关. 此时，可以省略积分路径 L，只指出路径 L 的起点和终点，将曲线积分表示为

$$\int_A^B P\mathrm{d}x + Q\mathrm{d}y.$$

2) **平面曲线积分与路径无关的等价条件**：设 $D \subseteq \mathbf{R}^2$ 为平面单连通区域，函数 $P(x,y), Q(x,y)$ 在 D 内有连续的一阶导数，则以下面四个命题等价：

(1) $\dfrac{\partial P}{\partial y} = \dfrac{\partial Q}{\partial x}$ 在 D 内处处成立；

(2) 对 D 内任意一条分段光滑闭曲线 L，都有 $\oint_L P\mathrm{d}x + Q\mathrm{d}y = 0$；

(3) $\int_L P\mathrm{d}x + Q\mathrm{d}y$ 在 D 内与路径无关，而只与位于 D 内的起点和终点有关；

(4) 表达式 $P\mathrm{d}x + Q\mathrm{d}y$ 在 D 内是某个二元函数 $u(x,y)$ 的全微分，即存在二元函数 $u(x,y)$，使得在 D 内恒有 $\mathrm{d}u = P\mathrm{d}x + Q\mathrm{d}y$.

注 这里区域 D 必须是单连通区域. 若 D 为复连通区域，则不一定成立.

3) **原函数存在的充分条件与平面曲线积分基本定理.**

(1) **原函数的定义**：若函数 $u(x,y)$ 的全微分为 $\mathrm{d}u = P\mathrm{d}x + Q\mathrm{d}y$，则称二元函数 $u(x,y)$ 为表达式 $P\mathrm{d}x + Q\mathrm{d}y$ 的原函数.

(2) **原函数存在的条件**：由平面曲线积分与路径无关的等价条件知，若 P, Q 在单连通区域 D 内有一阶连续偏导数，则

$$P\mathrm{d}x+Q\mathrm{d}y \text{ 在 } D \text{ 内存在原函数} \Leftrightarrow \frac{\partial P}{\partial y}=\frac{\partial Q}{\partial x},$$

其所有的原函数为

$$u(x,y)=\int_{(x_0,y_0)}^{(x,y)}P(x,y)\mathrm{d}x+Q(x,y)\mathrm{d}y+C,$$

其中 (x_0,y_0) 为 D 内一定点，C 为常数.

（3）**平面曲线积分基本定理**：设 D 为平面单连通区域，$P(x,y)$ 和 $Q(x,y)$ 都在 D 内连续，则曲线积分 $\int_L P\mathrm{d}x+Q\mathrm{d}y$ 在 D 内与路径无关的充要条件是 $P\mathrm{d}x+Q\mathrm{d}y$ 在 D 内存在原函数 $u(x,y)$.

此时，对 D 内的任意两点 $A(x_1,y_1)$ 和 $B(x_2,y_2)$ 都成立

$$\int_{L(AB)}P(x,y)\mathrm{d}x+Q(x,y)\mathrm{d}y=u(x_2,y_2)-u(x_1,y_1)=u(x,y)\Big|_{(x_1,y_1)}^{(x_2,y_2)},$$

其中 $L(AB)$ 为 D 内从点 A 到点 B 的任意一条分段光滑曲线.

（4）**表达式 $P\mathrm{d}x+Q\mathrm{d}y$ 原函数的求法**.

① 选择折线 AMB 来求，其中 $A(x_0,y_0)$，$M(x,y_0)$，$B(x,y)$，则

$$u(x,y)=\int_{(x_0,y_0)}^{(x,y)}P(x,y)\mathrm{d}x+Q(x,y)\mathrm{d}y+C$$

$$=\int_{x_0}^{x}P(x,y_0)\mathrm{d}x+\int_{y_0}^{y}Q(x,y)\mathrm{d}y;$$

② 选择折线 ANB 来求，其中 $A(x_0,y_0)$，$N(x_0,y)$，$B(x,y)$，则

$$u(x,y)=\int_{(x_0,y_0)}^{(x,y)}P(x,y)\mathrm{d}x+Q(x,y)\mathrm{d}y+C$$

$$=\int_{y_0}^{y}Q(x_0,y)\mathrm{d}y+\int_{x_0}^{x}P(x,y)\mathrm{d}x.$$

六、全微分方程

1）**全微分方程的定义**：若一阶微分方程 $P(x,y)\mathrm{d}x+Q(x,y)\mathrm{d}y=0$ 的左端是某个二元函数 $u(x,y)$ 的全微分，即 $\mathrm{d}u=P\mathrm{d}x+Q\mathrm{d}y$，则称其为全微分方程.

2）**全微分方程的条件**：若 $P(x,y),Q(x,y)$ 在单连通区域 D 内有一阶连续偏导数，则方程 $P(x,y)\mathrm{d}x+Q(x,y)\mathrm{d}y=0$ 为全微分方程当且仅当 $\frac{\partial Q}{\partial x}=\frac{\partial P}{\partial y}$.

3）**全微分方程的通解**：$u(x,y)=C$，其中 u 是表达式 $P(x,y)\mathrm{d}x+Q(x,y)\mathrm{d}y$ 的一个原函数.

11.2 例题与释疑解难

问题 1 如何将第二型曲线积分化成定积分？应注意哪些问题？另外，还有哪

些方法可以计算对坐标的曲线积分?

求解第二型曲线积分与求解第一型曲线积分一样,都可化成对某一变量的定积分来计算. 但不同的是,对坐标的曲线积分与积分路径的方向有关,即

$$\int_{L_{AB}} P dx + Q dy = -\int_{L_{BA}} P dx + Q dy,$$

所以化成定积分计算时必须使定积分的下限对应于积分路径的起点,上限对应于积分路径的终点,此时下限不一定要小于上限. 另外,也可以利用格林公式把对坐标的曲线积分化成二重积分来计算.

例 1 计算曲线积分 $\oint_L yz dx + 3zx dy - xy dz$,其中 L 是曲线 $\begin{cases} x^2 + y^2 = 2y, \\ y - z = 1, \end{cases}$ 其方向从 z 轴正向向 z 轴负向看去为逆时针方向.

解 因为 L 满足 $x^2 + y^2 = 2y$,即 $x^2 + (y-1)^2 = 1$,其参数方程为 $x = \cos t$,$y = 1 + \sin t$. 再代入 $y - z = 1$,可得 $z = y - 1 = \sin t$. 于是 L 的参数方程可写为

$$\begin{cases} x = \cos t, \\ y = 1 + \sin t, \quad t: 0 \to 2\pi, \\ z = \sin t, \end{cases}$$

故

$$\oint_L yz dx + 3zx dy - xy dz$$

$$= \int_0^{2\pi} ((1 + \sin t)\sin t(-\sin t) + 3\sin t \cos t \cos t - \cos t(1 + \sin t)\cos t) dt$$

$$= \int_0^{2\pi} (-1 - \sin t + 3\sin t \cos^2 t) dt = -2\pi.$$

例 2 求曲线积分 $\int_L (x^2 + 2xy) dy$,其中 L 是椭圆 $\dfrac{x^2}{a^2} + \dfrac{y^2}{b^2} = 1 (a > 0, b > 0)$ 上由点 $A(a, 0)$ 经点 $C(0, b)$ 到点 $B(-a, 0)$ 的弧段.

解法 1 化为以 x 为积分变量的定积分. 由题可知 $y \geqslant 0$,所以 L 的方程为

$$y = b\sqrt{1 - \frac{x^2}{a^2}}, \quad x \text{ 由 } a \text{ 到 } -a,$$

则

$$\int_L (x^2 + 2xy) dy = \int_a^{-a} \left(x^2 + 2x b\sqrt{1 - \frac{x^2}{a^2}} \right) \cdot \frac{-bx}{a^2\sqrt{1 - \frac{x^2}{a^2}}} dx$$

$$= \int_a^{-a} \left[-\frac{bx^3}{a^2\sqrt{1 - \frac{x^2}{a^2}}} - 2\frac{b^2}{a^2}x^2 \right] dx = 0 - \frac{2}{3}\frac{b^2}{a^2}x^3 \Big|_a^{-a} = \frac{4}{3}ab^2.$$

解法 2 化为以 y 为积分变量的定积分. L 的方程为 $x=\pm a\sqrt{1-\dfrac{y^2}{b^2}}$, 此时需要将把 L 分成 $L_{\widehat{AC}}$ 与 $L_{\widehat{CB}}$ 两段, 其中

$$L_{\widehat{AC}}: x=a\sqrt{1-\frac{y^2}{b^2}},\ y \text{ 由 } 0 \text{ 到 } b;\quad L_{\widehat{CB}}: x=-a\sqrt{1-\frac{y^2}{b^2}},\ y \text{ 由 } b \text{ 到 } 0.$$

故

$$\begin{aligned}
\int_L (x^2+2xy)\mathrm{d}y &= \left(\int_{L_{\widehat{AC}}}+\int_{L_{\widehat{CB}}}\right)(x^2+2xy)\mathrm{d}y \\
&= \int_0^b \left(\left(a\sqrt{1-\frac{y^2}{b^2}}\right)^2 + 2a\sqrt{1-\frac{y^2}{b^2}}\,y\right)\mathrm{d}y \\
&\quad + \int_b^0 \left(\left(-a\sqrt{1-\frac{y^2}{b^2}}\right)^2 + 2\left(-a\sqrt{1-\frac{y^2}{b^2}}\right)y\right)\mathrm{d}y \\
&= \int_0^b 4a\sqrt{1-\frac{y^2}{b^2}}\,y\mathrm{d}y = -2ab^2 \cdot \frac{2}{3}\left(1-\frac{y^2}{b^2}\right)^{\frac{3}{2}}\bigg|_0^b = \frac{4}{3}ab^2.
\end{aligned}$$

解法 3 用参数方程求解. 因为 $L: x=a\cos\varphi, y=b\sin\varphi$, 其中 φ 由 0 到 π, 故

$$\begin{aligned}
\int_L (x^2+2xy)\mathrm{d}y &= \int_0^\pi (a^2\cos^2\varphi + 2ab\cos\varphi\sin\varphi)\mathrm{d}(b\sin\varphi) \\
&= \int_0^\pi (a^2\cos^2\varphi + 2ab\cos\varphi\sin\varphi)b\cos\varphi\,\mathrm{d}\varphi \\
&= 0 + \int_0^\pi (-2ab^2\cos^2\varphi)\mathrm{d}\cos\varphi \\
&= -2ab^2 \cdot \frac{1}{3}\cos^3\varphi\bigg|_0^\pi = \frac{4}{3}ab^2.
\end{aligned}$$

解法 4 利用格林公式化成二重积分计算. 此时需要注意积分曲线 L 不是闭曲线, 应补上直线段 $\overline{BA}: y=0, x$ 由 $-a$ 到 a, 使其成为闭曲线后才能用格林公式. 令 D 为由闭曲线 $L+\overline{BA}$ 所围成的区域, 即 $D: \dfrac{x^2}{a^2}+\dfrac{y^2}{b^2}\leqslant 1(y\geqslant 0)$, 于是

$$\begin{aligned}
\int_L (x^2+2xy)\mathrm{d}y &= \left(\oint_{L+\overline{BA}} - \int_{\overline{BA}}\right)(x^2+2xy)\mathrm{d}y \\
&= \iint_D (2x+2y)\mathrm{d}x\mathrm{d}y - 0 = \iint_D 2y\mathrm{d}x\mathrm{d}y = \int_{-a}^a \mathrm{d}x\int_0^{b\sqrt{1-\frac{x^2}{a^2}}} 2y\mathrm{d}y \\
&= \int_{-a}^a b^2\left(1-\frac{x^2}{a^2}\right)\mathrm{d}x = b^2\left(x-\frac{x^3}{3a^2}\right)\bigg|_{-a}^a = \frac{4}{3}ab^2.
\end{aligned}$$

注 求解对坐标的曲线积分主要归结为两种方法: 一是化成定积分计算, 二是利用格林公式或与积分路径无关的条件计算. 究竟采用哪种方法, 要根据题目的形式而定. 对本例而言, 显然用参数方程或用格林公式计算较为简单. 另外, 在

用格林公式时,一定要注意是否满足格林公式的条件——闭曲线、正向、在围成的闭区域上有一阶连续偏导数.

例 3 设 L 为 $x^2+y^2=a^2$ 并取正向,则 $\oint_L \dfrac{x\mathrm{d}y-y\mathrm{d}x}{x^2+y^2}=$ _____.

解法 1 曲线 L 可用参数方程 $x=a\cos t, y=a\sin t$ 表示,起点对应于 $t=0$,终点对应于 $t=2\pi$,则

$$\oint_L \frac{x\mathrm{d}y-y\mathrm{d}x}{x^2+y^2}=\int_0^{2\pi}\frac{a^2\cos^2 t\mathrm{d}t+a^2\sin^2 t\mathrm{d}t}{a^2}=\int_0^{2\pi}\mathrm{d}t=2\pi.$$

解法 2 用 Green 公式求解. 注意题中函数

$$P(x,y)=\frac{-y}{x^2+y^2} \quad 和 \quad Q(x,y)=\frac{x}{x^2+y^2}$$

在点 $(0,0)$ 处无定义,所以不能直接用 Green 公式. 我们可以先把积分曲线 L 的方程 $x^2+y^2=a^2$ 代入积分表达式,再用 Green 公式. 于是

$$\oint_L\frac{x\mathrm{d}y-y\mathrm{d}x}{x^2+y^2}=\oint_L\frac{x\mathrm{d}y-y\mathrm{d}x}{a^2}=\frac{1}{a^2}\iint_D 2\mathrm{d}x\mathrm{d}y=\frac{2}{a^2}\pi a^2=2\pi.$$

例 4 用定积分、二重积分和曲线积分三种方法计算由星形线 $x^{\frac{2}{3}}+y^{\frac{2}{3}}=a^{\frac{2}{3}}$ 围成图形的面积 A.

解法 1 用定积分计算. 由对称性得

$$A=4\int_0^a y\mathrm{d}x=4\int_0^a (a^{\frac{2}{3}}-x^{\frac{2}{3}})^{\frac{3}{2}}\mathrm{d}x\xrightarrow{\diamondsuit x=a\sin^3 t}12a^2\int_0^{\frac{\pi}{2}}\sin^2 t\cos^4 t\mathrm{d}t$$

$$=12a^2\int_0^{\frac{\pi}{2}}(\cos^4 t-\cos^6 t)\mathrm{d}t=12a^2\left(1-\frac{5}{6}\right)\frac{3}{4}\frac{1}{2}\cdot\frac{\pi}{2}=\frac{3\pi}{8}a^2.$$

解法 2 用二重积分计算,即

$$A=\iint_D\mathrm{d}\sigma, \quad 其中 D: x^{\frac{2}{3}}+y^{\frac{2}{3}}\leqslant a^{\frac{2}{3}}.$$

令 $x=\rho\cos^3\varphi, y=\rho\sin^3\varphi$,其中 $0\leqslant\varphi\leqslant 2\pi, 0\leqslant\rho\leqslant a$,且

$$J=\frac{\partial(x,y)}{\partial(\rho,\varphi)}=3\rho\sin^2\varphi\cos^2\varphi,$$

因此

$$A=\int_0^{2\pi}\mathrm{d}\varphi\int_0^a 3\rho\sin^2\varphi\cos^2\varphi\mathrm{d}\rho=\frac{3}{2}a^2\int_0^{2\pi}\sin^2\varphi\cos^2\varphi\mathrm{d}\varphi$$

$$=\frac{3\pi}{8}a^2.$$

解法 3 用曲线积分计算. 格林公式给出了二重积分和对坐标的曲线积分之间的关系式,因此由二重积分求平面图形的面积公式 $\iint_D\mathrm{d}x\mathrm{d}y$ 可以得到用对坐标轴

的曲线积分计算平面图形面积的公式,但要注意公式形式不唯一(请读者考虑有哪些简单的形式).

本例中,我们在对应 Green 公式中取 $P(x,y)=-y, Q(x,y)=x$,则
$$A = \frac{1}{2}\oint_L x\mathrm{d}y - y\mathrm{d}x$$
$$= \frac{1}{2}\int_0^{2\pi}(a\cos^3 t \mathrm{d}(a\sin^3 t) - a\sin^3 t \mathrm{d}(a\cos^3 t))$$
$$= \frac{3a^2}{2}\int_0^{2\pi}\sin^2 t\cos^2 t \mathrm{d}t = \frac{3\pi}{8}a^2.$$

例 5 计算曲线积分
$$I = \int_L (e^y - 12xy)\mathrm{d}x + (xe^y - \cos y)\mathrm{d}y,$$
其中 L 为曲线 $y = x^2$ 上从点 $A(-1,1)$ 到点 $B(1,1)$ 的一段.

分析 本题若化成以 x 为积分变量的定积分计算,则会出现形如 $\int_{-1}^1 e^{x^2}\mathrm{d}x$ 的项,无法积分,故考虑用格林公式.

解 添加线段 $\overline{BA}: y=1, x$ 由 1 到 -1,使 $L + \overline{BA}$ 构成闭曲线的正向. 由格林公式得
$$I = \oint_{L+\overline{BA}} - \int_{\overline{BA}} = \iint_D 12x\mathrm{d}x\mathrm{d}y - \int_1^{-1}(e - 12x)\mathrm{d}x.$$

因为区域 D 关于 y 轴对称,而 $12x$ 关于 x 为奇函数,所以 $\iint_D 12x\mathrm{d}x\mathrm{d}y = 0$,故
$$I = 0 - ex\Big|_1^{-1} = 2e.$$

例 6 计算 $I = \int_L \dfrac{(x+y)\mathrm{d}x - (x-y)\mathrm{d}y}{x^2+y^2}$,其中 L 是:

(1) 以原点为中心,a 为半径的正向圆周;

(2) 不通过原点的任意正向闭曲线;

(3) 沿 $y = \pi\cos x$ 由 $A(\pi, -\pi)$ 到 $B(-\pi, -\pi)$ 的曲线段.

(1) **解法 1** 因为 L 的参数方程为 $x = a\cos t, y = b\sin t, t: 0 \to 2\pi$,则
$$I = \oint_L \frac{(x+y)\mathrm{d}x - (x-y)\mathrm{d}y}{x^2+y^2}$$
$$= \int_0^{2\pi} \frac{a(\cos t + \sin t)(-a\sin t)\mathrm{d}t - a(\cos t - \sin t)a\cos t\mathrm{d}t}{a^2}$$
$$= \int_0^{2\pi} -1\mathrm{d}t = -2\pi.$$

解法 2 利用格林公式计算. 需要注意的是,函数 $\dfrac{x+y}{x^2+y^2}, \dfrac{-x+y}{x^2+y^2}$ 在点 $(0,0)$

处无定义,必须设法改变其形式才能用格林公式. 因为曲线积分在 L 上进行,所以被积函数中的 x,y 应满足 L 的方程,即 $x^2+y^2=a^2$,故

$$I = \oint_L \frac{(x+y)\mathrm{d}x - (x-y)\mathrm{d}y}{x^2+y^2} = \oint_L \frac{(x+y)\mathrm{d}x - (x-y)\mathrm{d}y}{a^2}$$

$$= \frac{1}{a^2} \oint_L (x+y)\mathrm{d}x - (x-y)\mathrm{d}y$$

$$= \frac{1}{a^2} \iint_{x^2+y^2 \leqslant a^2} (-1-1)\mathrm{d}x\mathrm{d}y \quad (\text{格林公式})$$

$$= \frac{-2}{a^2} \cdot \pi a^2 = -2\pi.$$

(2) **分析** 由于积分路径没有具体给出,故无法化成定积分计算. 那么,如何利用格林公式呢? 因为

$$P(x,y) = \frac{x+y}{x^2+y^2}, \quad Q(x,y) = \frac{-x+y}{x^2+y^2},$$

所以当 $x^2+y^2 \neq 0$ 时,有

$$\frac{\partial Q}{\partial x} = \frac{\partial P}{\partial y} = \frac{x^2 - 2xy - y^2}{(x^2+y^2)^2},$$

从而积分是否满足格林公式的条件还取决于 L 内是否有原点 $(0,0)$. 因此,本题要考虑原点是在 L 内还是在 L 外两种情况.

解 (**情况 1**) 原点在 L 外. 由于在 L 围成的闭区域 D 上满足格林公式的条件,且有 $\frac{\partial Q}{\partial x} = \frac{\partial P}{\partial y}$,故

$$I = \oint_L \frac{(x+y)\mathrm{d}x - (x-y)\mathrm{d}y}{x^2+y^2} = \iint_D \left(\frac{\partial Q}{\partial x} - \frac{\partial P}{\partial y}\right)\mathrm{d}x\mathrm{d}y = 0.$$

(**情况 2**) 原点在 L 内,此时在原点处函数 P,Q 无定义. 为了利用格林公式,作以原点为中心,a 为半径的圆 $L_1: x^2+y^2=a^2$,取顺时针方向,且取 a 足够小,使 L_1 在 L 内,则 L 与 L_1 构成闭曲线且为正向. 在 $L+L_1$ 围成的区域 D^* 上满足格林公式条件,故有

$$\oint_{L+L_1} P\mathrm{d}x + Q\mathrm{d}y = 0,$$

于是由(1)可得

$$I = \oint_L P\mathrm{d}x + Q\mathrm{d}y = -\oint_{L_1} P\mathrm{d}x + Q\mathrm{d}y = \oint_{L_1^-} P\mathrm{d}x + Q\mathrm{d}y = -2\pi.$$

(3) **解** 本问如果直接计算会很繁琐,但由于 $x^2+y^2 \neq 0$ 时,有

$$\frac{\partial Q}{\partial x} = \frac{\partial P}{\partial y} = \frac{x^2 - 2xy - y^2}{(x^2+y^2)^2},$$

所以在不包含原点的任何闭域内积分与路径无关,因此可考虑改变积分路径使之容易计算.改变路径的方法很多,在这里只举一例.

选择平行于坐标轴的折线 $\overline{ACDB}$ 代替沿 $y = \pi\cos x$ 路径,则
$$\int_{\overline{ACDB}} \frac{(x+y)\mathrm{d}x - (x-y)\mathrm{d}y}{x^2+y^2}$$
$$= \left(\int_{\overline{AC}} + \int_{\overline{CD}} + \int_{\overline{DB}}\right) \frac{(x+y)\mathrm{d}x - (x-y)\mathrm{d}y}{x^2+y^2},$$

其中 $\overline{AC}$: $x = \pi, \mathrm{d}x = 0, y$ 由 $-\pi$ 到 π; $\overline{CD}$: $y = \pi, \mathrm{d}y = 0, x$ 由 π 到 $-\pi$; $\overline{DB}$: $x = -\pi, \mathrm{d}x = 0, y$ 由 π 到 $-\pi$. 故
$$I = \int_{-\pi}^{\pi} \frac{-(\pi-y)}{y^2+\pi^2}\mathrm{d}y + \int_{\pi}^{-\pi} \frac{x+\pi}{x^2+\pi^2}\mathrm{d}x + \int_{\pi}^{-\pi} \frac{-(-\pi-y)}{(-\pi)^2+y^2}\mathrm{d}y,$$

再由定积分与积分变量无关的性质,可得
$$I = \int_{-\pi}^{\pi} \frac{-(\pi-x)-(x+\pi)+(-\pi-x)}{\pi^2+x^2}\mathrm{d}x$$
$$= \int_{-\pi}^{\pi} \left(\frac{-3\pi}{\pi^2+x^2} - \frac{x}{\pi^2+x^2}\right)\mathrm{d}x$$
$$= -6\arctan\frac{x}{\pi}\Big|_0^{\pi} = -6 \cdot \frac{\pi}{4} = -\frac{3}{2}\pi.$$

思考 (1) 若积分路径选择以原点为圆心、经过 A, B 两点的圆弧段,即以半径为 $\sqrt{2}\pi$ 的圆弧代替沿 $y = \pi\cos x$ 路径进行积分行不行?若行的话,如何计算?

(2) 有人选择连接 A, B 的直线段代替沿 $y = \pi\cos x$ 路径进行积分,这样做对吗?为什么?若要利用该直线段来计算此题,应该怎么做?

问题 2 何时可以用曲线积分与路径无关来计算第二型曲线积分?新曲线的选择有没有什么要求?

例 7 设 $f(x)$ 在 $(-\infty, +\infty)$ 内有连续的导函数,求
$$I = \int_L \frac{1+y^2 f(xy)}{y}\mathrm{d}x + \frac{x}{y^2}(y^2 f(xy) - 1)\mathrm{d}y,$$

其中 L 是从点 $A\left(3, \frac{2}{3}\right)$ 到点 $B(1,2)$ 的直线段.

分析 虽然本题积分路径已明确给出,但被积函数中含有抽象函数 $f(xy)$,这给计算带来困难,唯一的办法是通过积分技巧消去含 $f(xy)$ 的积分.

解 由于
$$P(x,y) = \frac{1+y^2 f(xy)}{y}, \quad Q(x,y) = \frac{x}{y^2}(y^2 f(xy) - 1),$$
$$\frac{\partial P}{\partial y} = \frac{y^2 f(xy) + xy^3 f'(xy) - 1}{y^2} = \frac{\partial Q}{\partial x} \quad (y \neq 0),$$

所以当 L 完全在 x 轴上方(或下方),即 L 不穿过 x 轴时积分与路径无关.

(方法 1) 取积分路径为折线段 $\overline{AEB}$,其中点 $E\left(1,\dfrac{2}{3}\right)$,于是

$$I = \int_{\overline{AEB}} \dfrac{1+y^2 f(xy)}{y}\mathrm{d}x + \dfrac{x}{y^2}(y^2 f(xy)-1)\mathrm{d}y$$

$$= \int_3^1 \dfrac{1+\left(\dfrac{2}{3}\right)^2 f\left(\dfrac{2}{3}x\right)}{\dfrac{2}{3}}\mathrm{d}x + \int_{\frac{2}{3}}^2 \dfrac{y^2 f(y)-1}{y^2}\mathrm{d}y$$

$$= -3 + \dfrac{2}{3}\int_3^1 f\left(\dfrac{2}{3}x\right)\mathrm{d}x + \int_{\frac{2}{3}}^2 f(y)\mathrm{d}y + \dfrac{1}{y}\Big|_{\frac{2}{3}}^2$$

$$\xrightarrow{\text{令 } t=\frac{2}{3}x} -4 + \dfrac{2}{3}\int_2^{\frac{2}{3}} \dfrac{3}{2}f(t)\mathrm{d}t + \int_{\frac{2}{3}}^2 f(y)\mathrm{d}y = -4.$$

(方法 2) 凑原函数来算积分,有

$$I = \int_{(3,\frac{2}{3})}^{(1,2)} \dfrac{1+y^2 f(xy)}{y}\mathrm{d}x + \dfrac{x}{y^2}(y^2 f(xy)-1)\mathrm{d}y$$

$$= \int_{(3,\frac{2}{3})}^{(1,2)} \dfrac{1}{y}\mathrm{d}x - \dfrac{x}{y^2}\mathrm{d}y + yf(xy)\mathrm{d}x + xf(xy)\mathrm{d}y$$

$$= \int_{(3,\frac{2}{3})}^{(1,2)} \mathrm{d}\left(\dfrac{x}{y}\right) + f(xy)\mathrm{d}(xy) = \left(\dfrac{x}{y}+F(xy)\right)\Big|_{(3,\frac{2}{3})}^{(1,2)}$$

$$= \dfrac{1}{2} + F(2) - \dfrac{9}{2} - F(2) = -4,$$

其中 $F(u)$ 为 $f(u)$ 的一个原函数.

注 本题也可直接写出曲线段 L 的方程(直角坐标方程或参数方程均可)化为定积分计算. 该过程并不困难,请读者自己练习.

例 8 计算曲线积分

$$I = \int_{\widehat{AMB}} [\varphi(y)\cos x - \pi y]\mathrm{d}x + [\varphi'(y)\sin x - \pi]\mathrm{d}y,$$

其中 $\widehat{AMB}$ 为连接点 $A(\pi,2)$ 与点 $B(3\pi,4)$ 在线段 $\overline{AB}$ 下方的任意路线,且该路线与线段 $\overline{AB}$ 所围成的区域面积为 2,函数 $\varphi(y),\varphi'(y)$ 为连续函数.

解法 1 由于 $\widehat{AMB}$ 为任意路线,所以不可能直接化成定积分计算. 又题中条件"$\widehat{AMB}$ 与 $\overline{AB}$ 围成的区域 D 的面积为 2",即 $\iint_D \mathrm{d}x\mathrm{d}y = 2$,提示我们可利用格林公式计算. 令 $P(x,y) = \varphi(y)\cos x - \pi y, Q(x,y) = \varphi'(y)\sin x - \pi$,则

$$\dfrac{\partial P}{\partial y} = \varphi'(y)\cos x - \pi, \quad \dfrac{\partial Q}{\partial x} = \varphi'(y)\cos x,$$

又 $\overline{BA}$: $x = \pi(y-1)$, y 由 4 到 2, 故

$$\begin{aligned}
I &= \oint_{\widehat{AMB}+\overline{BA}} - \int_{\overline{BA}} \\
&= \iint_D \left(\frac{\partial Q}{\partial x} - \frac{\partial P}{\partial y}\right) \mathrm{d}x\mathrm{d}y \\
&\quad - \int_4^2 [(\varphi(y)\cos\pi(y-1) - \pi y)\pi + (\varphi'(y)\sin\pi(y-1) - \pi)]\mathrm{d}y \\
&= \pi\iint_D \mathrm{d}x\mathrm{d}y + \left[-\frac{\pi^2}{2}y^2 - \pi y + \varphi(y)\sin\pi(y-1)\right]\Big|_2^4 \\
&= 2\pi - 2\pi - 6\pi^2 = -6\pi^2.
\end{aligned}$$

解法 2 由解法 1 知 $\dfrac{\partial Q}{\partial x} \neq \dfrac{\partial P}{\partial y}$, 但若将 Q 变形为

$$Q(x,y) = (\varphi'(y)\sin x - \pi x) + (\pi x - \pi),$$

且记 $Q_1(x,y) = \varphi'(y)\sin x - \pi x$, 则 $\dfrac{\partial Q_1}{\partial x} = \dfrac{\partial P}{\partial y}$, 于是

$$I = \int_{\widehat{AMB}} P\mathrm{d}x + Q_1\mathrm{d}y + \int_{\widehat{AMB}} \pi(x-1)\mathrm{d}y \xrightarrow{\triangle} I_1 + I_2.$$

对于积分 I_1, 因为满足积分与路径无关的条件, 可通过直接找出原函数来求此曲线积分. 因为

$$\begin{aligned}
P\mathrm{d}x + Q_1\mathrm{d}y &= (\varphi(y)\cos x\mathrm{d}x + \varphi'(y)\sin x\mathrm{d}y) - \pi(y\mathrm{d}x + x\mathrm{d}y) \\
&= \mathrm{d}(\varphi(y)\sin x - \pi xy),
\end{aligned}$$

因此

$$I_1 = (\varphi(y)\sin x - \pi xy)\Big|_{(\pi,2)}^{(3\pi,4)} = -10\pi^2.$$

对于积分 I_2, 有

$$\begin{aligned}
I_2 &= \int_{\widehat{AMB}+\overline{BA}} \pi(x-1)\mathrm{d}y - \int_{\overline{BA}} \pi(x-1)\mathrm{d}y \\
&= \iint_D \pi\mathrm{d}x\mathrm{d}y - \int_4^2 \pi(\pi y - \pi - 1)\mathrm{d}y = 4\pi^2.
\end{aligned}$$

综上, 可得 $I = I_1 + I_2 = -6\pi^2$.

例 9 若对平面上的任何闭曲线 L, 恒有

$$\oint_L 2xyf(x^2)\mathrm{d}x + [f(x^2) - x^4]\mathrm{d}y = 0,$$

其中 $f(u)$ 有连续的一阶导数且 $f(0) = 2$, 试确定 $f(x)$.

解 对平面上的任何闭曲线 L, 恒有 $\oint_L P\mathrm{d}x + Q\mathrm{d}y = 0$ 的充要条件为 $\dfrac{\partial P}{\partial y} =$

$\frac{\partial Q}{\partial x}$,可得
$$2xf(x^2) = 2xf'(x^2) - 4x^3,$$
即
$$\frac{\mathrm{d}f(x^2)}{\mathrm{d}x} - 2xf(x^2) = 4x^3.$$

令 $y = f(x^2)$,则有
$$\begin{cases} \dfrac{\mathrm{d}y}{\mathrm{d}x} - 2xy = 4x^3, \\ y\Big|_{x=0} = f(x^2)\Big|_{x=0} = f(0) = 2, \end{cases}$$

此为一阶线性非齐次微分方程,由其通解公式可得
$$y = \mathrm{e}^{-\int -2x\mathrm{d}x} \left(\int 4x^3 \mathrm{e}^{\int -2x\mathrm{d}x} \mathrm{d}x + C \right) = \mathrm{e}^{x^2} \left(\int 4x^3 \mathrm{e}^{-x^2} \mathrm{d}x + C \right)$$
$$= \mathrm{e}^{x^2}(-2(x^2+1)\mathrm{e}^{-x^2} + C) = -2(x^2+1) + C\mathrm{e}^{x^2},$$

代入初始条件 $y(0) = 2$,得 $C = 4$,所以 $y = f(x^2) = -2(x^2+1) + 4\mathrm{e}^{x^2}$,从而得
$$f(x) = -2(x+1) + 4\mathrm{e}^x.$$

例 10 设曲线积分
$$\oint_L 2[x\varphi(y) + \psi(y)]\mathrm{d}x + [x^2\psi(y) + 2xy^2 - 2x\varphi(y)]\mathrm{d}y = 0,$$
其中 L 为平面内任意一条闭曲线,$\varphi(y), \psi(y)$ 具有连续的二阶导数,且
$$\varphi(0) = -2, \quad \psi(0) = 1.$$

(1) 求 $\varphi(y)$ 和 $\psi(y)$;

(2) 计算沿 L 从点 $O(0,0)$ 到点 $M\left(\pi, \dfrac{\pi}{2}\right)$ 的曲线积分.

解 (1) 设
$$P = 2[x\varphi(y) + \psi(y)], \quad Q = x^2\psi(y) + 2xy^2 - 2x\varphi(y),$$
则由 $\dfrac{\partial P}{\partial y} = \dfrac{\partial Q}{\partial x}$,可得
$$2[x\varphi'(y) + \psi'(y)] = 2[x\psi(y) + y^2 - \varphi(y)].$$

这是一个恒等式,且等式两边都可以看成是关于 x 的一次多项式,比较等式两边 x 前的系数和常数项,有
$$\begin{cases} \varphi'(y) = \psi(y), \\ \psi'(y) = y^2 - \varphi(y), \end{cases}$$

消去 $\psi(y)$,得
$$\varphi''(y) + \varphi(y) = y^2.$$

第 11 讲 第二型曲线积分与 Green 公式

这是一个二阶常系数线性非齐次微分方程,并满足初始条件
$$\varphi(0) = -2, \quad \varphi'(0) = \psi(0) = 1,$$
可得
$$\varphi(y) = \sin y + y^2 - 2, \quad \psi(y) = \varphi'(y) = \cos y + 2y.$$

(2) 由于平面内曲线积分与路径无关,可选取折线 $\overline{OAM}$（其中 $A\left(0, \dfrac{\pi}{2}\right)$）代替原路径 $\overset{\frown}{OM}$,则
$$I = \int_{\overset{\frown}{OM}} 2[x\varphi(y) + \psi(y)]dx + [x^2\psi(y) + 2xy^2 - 2x\varphi(y)]dy$$
$$= \left(\int_{\overline{OA}} + \int_{\overline{AM}}\right)(2[x\varphi(y) + \psi(y)])dx + [x^2\psi(y) + 2xy^2 - 2x\varphi(y)]dy,$$

其中 $\overline{OA}: x = 0, y$ 由 0 到 $\dfrac{\pi}{2}$,$dx = 0$;$\overline{AM}: y = \dfrac{\pi}{2}, x$ 由 0 到 π,$dy = 0$. 故

$$I = \int_0^\pi 2\left[\varphi\left(\dfrac{\pi}{2}\right)x + \psi\left(\dfrac{\pi}{2}\right)\right]dx = \varphi\left(\dfrac{\pi}{2}\right)x^2\Big|_0^\pi + \psi\left(\dfrac{\pi}{2}\right) \cdot 2x\Big|_0^\pi$$
$$= \pi^2\left[\left(\dfrac{\pi}{2}\right)^2 + \sin\dfrac{\pi}{2} - 2\right] + \left[\cos\dfrac{\pi}{2} + 2\left(\dfrac{\pi}{2}\right)\right] \cdot 2\pi$$
$$= \pi^2 + \dfrac{\pi^4}{4}.$$

注 本题若取折线 $\overline{OBM}$（其中 $B(\pi, 0)$）,则计算较繁. 这说明即使曲线积分与路径无关,选取合适的路径进行计算仍然是我们应该注意的问题.

说明 (1) 要注意对坐标的曲线积分与路径无关的几个等价命题以及这些命题成立的条件是要求 $P(x,y), Q(x,y)$ 在单连通域 D 内有一阶连续偏导数. 而在具体解题时,只要求 $P(x,y), Q(x,y)$ 在所取的路线与原积分路线围成的闭区域上有一阶连续偏导数.

(2) 对于曲线积分的被积表达式中含有未知函数,又知沿任意闭曲线的积分均为零,而要求未知函数此类题目,一般是利用曲线积分与路径无关的充要条件,最后归结为解微分方程.

问题 3 如何求解变力沿曲线做功的问题?

例 11 在椭圆 $x = a\cos t, y = b\sin t$ 上每一点有作用力 $\boldsymbol{F}$,其大小等于该点到椭圆中心的距离,而方向指向椭圆中心.

(1) 试计算质点 P 沿椭圆位于第一象限的弧从点 $A(a, 0)$ 移动到点 $B(0, b)$ 时力 $\boldsymbol{F}$ 所做的功;

(2) 求质点 P 按正向走遍整个椭圆时力 $\boldsymbol{F}$ 所做的功.

解 由题意知 $\|\boldsymbol{F}\| = \sqrt{x^2 + y^2}$,且 $\boldsymbol{F}$ 的方向与向量 $\{-x, -y\}$ 相同,故

$$F = \sqrt{x^2+y^2} \cdot \frac{\{-x,-y\}}{\sqrt{x^2+y^2}} = \{-x,-y\}.$$

(1) 根据题中给定的路径及第二型曲线积分的方法,有

$$W = \int_{\widehat{AB}} F \cdot ds = \int_{\widehat{AB}} -x\mathrm{d}x - y\mathrm{d}y$$

$$= \int_0^{\frac{\pi}{2}} [(-a\cos t)(-a\sin t) - b\sin t \cdot b\cos t]\mathrm{d}t$$

$$= (a^2-b^2)\int_0^{\frac{\pi}{2}} \sin t\cos t\mathrm{d}t = \frac{1}{2}(a^2-b^2).$$

(2) 类似(1),有

$$W = \oint_L F \cdot ds = \oint_L -x\mathrm{d}x - y\mathrm{d}y = \int_0^{2\pi} (a^2-b^2)\sin t\cos t\mathrm{d}t = 0.$$

或者令 $P = -x, Q = -y$,则 $\frac{\partial P}{\partial y} = \frac{\partial Q}{\partial x} = 0$,故由格林公式得

$$W = \oint_L -x\mathrm{d}x - y\mathrm{d}y = 0.$$

注 变力做功是第二型曲线积分的典型应用和主要背景,其关键是根据题意得到变力 F 的表达式 $F = \{P, Q, R\} = \|F\| \cdot F^\circ$,则所做的功为

$$W = \int_L P\mathrm{d}x + Q\mathrm{d}y + R\mathrm{d}z.$$

11.3 练习题

1. 设 L 为直线 $y = y_0$ 上从点 $A(0, y_0)$ 到点 $B(3, y_0)$ 的有向线段,则 $\int_L 2\mathrm{d}y =$ _____.

2. 计算曲线积分 $\int_L x\mathrm{d}x + y\mathrm{d}y + (x+y-1)\mathrm{d}z$,其中 L 是从点 $(1,1,1)$ 到点 $(3,4,5)$ 的直线段.

3. 设 C 为闭曲线 $|x|+|y| = 2$,取逆时针方向,则 $\oint_C \frac{ax\mathrm{d}y - by\mathrm{d}x}{|x|+|y|} =$ _____.

4. 使积分 $\oint_L (x^2-4)y\mathrm{d}x - y^2 x\mathrm{d}y$ 的值取到最大的正向分段光滑闭曲线 L 的方程为 _____.

5. 设 $f(u)$ 具有连续导数,且 $\int_0^4 f(u)\mathrm{d}u = 4$,$C$ 为半圆周 $y = \sqrt{2x-x^2}$,起点为 $A(0,0)$,终点为 $B(2,0)$,则 $\int_C f(x^2+y^2)(x\mathrm{d}x + y\mathrm{d}y) =$ _____.

6. 设 L 是从点 $(1,0)$ 经 $y=1-x^4$ 到点 $(0,1)$ 的曲线段,求 $\int_L \dfrac{x^2 y\mathrm{d}y - y^2 x\mathrm{d}x}{x^4 + y^4}$.

7. 求曲线积分 $I = \int_C (\mathrm{e}^y - 12xy)\mathrm{d}x + (x\mathrm{e}^y - \cos y)\mathrm{d}y$,其中 C 为曲线 $y = x^2$ 上从点 $A(-1,1)$ 到点 $B(1,1)$ 的一段.

8. 计算 $\oint_C y(x^3 - 1)\mathrm{d}x + (\mathrm{e}^{y^2} + x)\mathrm{d}y$,其中 C 为闭曲线 $|x|+|y|=1$,取顺时针方向.

9. 计算 $\oint_L \dfrac{(y-2)\mathrm{d}x - (x-1)\mathrm{d}y}{(x-1)^2 + (y-2)^2}$,其中 $L: |x|+|y|=4$,取正向.

10. 计算 $\int_C \dfrac{(x+y)\mathrm{d}x - (x-y)\mathrm{d}y}{x^2 + y^2}$,其中 C 是从点 $A(-1,0)$ 到 $B(1,0)$ 的一条不经过原点的光滑曲线 $y = f(x), -1 \leqslant x \leqslant 1$.

11. 计算 $I = \oint_C \dfrac{x\mathrm{d}y - y\mathrm{d}x}{4x^2 + y^2}$,其中 C 是以 $(1,0)$ 为圆心,$R(\neq 1)$ 为半径的圆周,取逆时针方向.

12. 设质点 P 沿着以 AB 为直径的下半圆周从点 $A(1,2)$ 运动到点 $B(3,4)$ 的过程中受力 $\boldsymbol{F}$ 的作用,若 $\boldsymbol{F}$ 的大小等于点 P 到原点的距离,方向垂直于 OP,且与 y 轴正向的夹角小于 $\dfrac{\pi}{2}$,求变力 $\boldsymbol{F}$ 对质点 P 所做的功.

13. 若 $\mathrm{d}u = (\sin y + 6xy^2)\mathrm{d}x + (6x^2 y + x\cos y)\mathrm{d}y$,则 $u = $ _____.

14. 已知 $\alpha(1) = 1, \beta(0) = 1$,试确定可微函数 $\alpha(y)$ 与 $\beta(y)$,使积分
$$\int_L (2xy\alpha(y) + \beta(y))\mathrm{d}x + (3x^2\alpha(y) + 2xy\beta(y))\mathrm{d}y$$
与路径无关.

15. 设 $x > 0, f(x)$ 有连续导数,且 $f(1) = 2$,对 $x > 0$ 的任一闭曲线 C,有
$$\oint_C 4x^3 y\mathrm{d}x + xf(x)\mathrm{d}y = 0,$$
求 $f(x)$ 和积分 $\int_{C(AB)} 4x^3 y\mathrm{d}x + xf(x)\mathrm{d}y$ 的值,其中 AB 是曲线 C 上由点 $A(2,0)$ 至点 $B(3,3)$ 的一段弧.

第 12 讲　第二型曲面积分及 Gauss 公式与 Stokes 公式

12.1　内容提要

一、第二型曲面积分的概念与性质

1) 有向曲面的概念.

设 Σ 为光滑曲面,过 Σ 上任一点 P 作曲面的法向量并选定其指向,如果点 P 在 Σ 上任意连续移动且不越过其边界再回到原来的位置,法向量的指向不变,则称这样的曲面为双侧曲面,否则称为单侧曲面.

对于双侧曲面,可以通过曲面上法向量的指向来区别曲面的两侧. 称确定了法向量指向(或选定了侧)的曲面为有向曲面.

(1) 由方程 $z=z(x,y)$ 表示的曲面 Σ 可分为上侧和下侧. 上侧是指 Σ 上任一点处的法向量指向朝上,即法向量为 $\{-z_x,-z_y,1\}$;下侧是指 Σ 上任一点处的法向量指向朝下,即法向量为 $\{z_x,z_y,-1\}$.

(2) 由方程 $x=x(y,z)$ 表示的曲面 Σ 可分为前侧和后侧.

(3) 由方程 $y=y(x,z)$ 表示的曲面 Σ 可分为左侧和右侧.

(4) 若是封闭曲面,则分为内侧和外侧(例如球面).

2) 第二型曲面积分的定义.

设 Σ 是一块光滑的有向曲面,向量值函数 $\boldsymbol{F}(M)$ 在曲面 Σ 上有定义. 将 Σ 任意分成 n 块小的有向曲面 $\Delta\Sigma_i$,并设 $\Delta\Sigma_i$ 的面积为 ΔS_i,令 $d=\max\limits_{1\leqslant i\leqslant n}\{\Delta\Sigma_i$ 的直径$\}$,任取点 $M_i(\xi_i,\eta_i,\zeta_i)\in\Delta\Sigma_i$,作和式

$$\sum_{i=1}^{n}\boldsymbol{F}(M_i)\cdot[\boldsymbol{n}(M_i)\Delta S_i],$$

其中 $\boldsymbol{n}(M_i)$ 表示 Σ 在点 M_i 处指定侧的单位法向量. 如果无论将曲面 Σ 如何分割,点 M_i 如何选取,当 $d\to 0$ 时,上述和式有确定的极限,则称向量值函数 $\boldsymbol{F}$ 在 Σ 上可积,并称该极限值为向量值函数 $\boldsymbol{F}$ 在有向曲面 Σ 的第二型曲面积分,简称为第二型曲面积分,记为

$$\iint\limits_{\Sigma}\boldsymbol{F}(M)\cdot\boldsymbol{n}(M)\mathrm{d}S,$$

即
$$\iint_{\Sigma} \boldsymbol{F}(M) \cdot \boldsymbol{n}(M) \mathrm{d}S = \lim_{d \to 0} \sum_{i=1}^{n} \boldsymbol{F}(M_i) \cdot \boldsymbol{n}(M_i) \Delta S_i.$$

3) **第二型曲面积分的数量表示形式**.

设向量值函数 $\boldsymbol{F}(x,y,z) = P(x,y,z)\boldsymbol{i} + Q(x,y,z)\boldsymbol{j} + R(x,y,z)\boldsymbol{k}$，曲面 Σ 在点 M 处指定侧的单位法向量为 $\boldsymbol{n} = \cos\alpha\,\boldsymbol{i} + \cos\beta\,\boldsymbol{j} + \cos\gamma\,\boldsymbol{k}$，则

$$\boldsymbol{F}(M) \cdot \boldsymbol{n}\,\mathrm{d}S = (P\cos\alpha + Q\cos\beta + R\cos\gamma)\mathrm{d}S.$$

记

$$\mathrm{d}\boldsymbol{S} = \boldsymbol{n}\mathrm{d}S = \{\cos\alpha\,\mathrm{d}S, \cos\beta\,\mathrm{d}S, \cos\gamma\,\mathrm{d}S\} \xlongequal{\triangle} \{\mathrm{d}y \wedge \mathrm{d}z, \mathrm{d}z \wedge \mathrm{d}x, \mathrm{d}x \wedge \mathrm{d}y\},$$

并称 $\mathrm{d}\boldsymbol{S}$ 为曲面 Σ 的曲面面积微元向量，于是第二型曲面积分可以记为

$$\iint_{\Sigma} \boldsymbol{F}(M) \cdot \boldsymbol{n}(M)\mathrm{d}S = \iint_{\Sigma} \boldsymbol{F}(M) \cdot \mathrm{d}\boldsymbol{S}$$

$$= \iint_{\Sigma} P(x,y,z)\mathrm{d}y \wedge \mathrm{d}z + Q(x,y,z)\mathrm{d}z \wedge \mathrm{d}x + R(x,y,z)\mathrm{d}x \wedge \mathrm{d}y.$$

上式称为第二型曲面积分的数量形式或坐标形式，因此第二型曲面积分也称为对坐标的曲面积分.

4) **第二型曲面积分的特殊形式**.

(1) 若 $\boldsymbol{F}(M) = \{P(x,y,z), 0, 0\}$，则

$$\iint_{\Sigma} \boldsymbol{F}(M) \cdot \mathrm{d}\boldsymbol{S} = \iint_{\Sigma} P(x,y,z)\mathrm{d}y \wedge \mathrm{d}z = \iint_{\Sigma} P\cos\alpha\,\mathrm{d}S,$$

称为对坐标 y,z 的曲面积分.

(2) 若 $\boldsymbol{F}(M) = \{0, Q(x,y,z), 0\}$，则

$$\iint_{\Sigma} \boldsymbol{F}(M) \cdot \mathrm{d}\boldsymbol{S} = \iint_{\Sigma} Q(x,y,z)\mathrm{d}z \wedge \mathrm{d}x = \iint_{\Sigma} Q\cos\beta\,\mathrm{d}S,$$

称为对坐标 z,x 的曲面积分.

(3) 若 $\boldsymbol{F}(M) = \{0, 0, R(x,y,z)\}$，则

$$\iint_{\Sigma} \boldsymbol{F}(M) \cdot \mathrm{d}\boldsymbol{S} = \iint_{\Sigma} R(x,y,z)\mathrm{d}x \wedge \mathrm{d}y = \iint_{\Sigma} R\cos\gamma\,\mathrm{d}S,$$

称为对坐标 x,y 的曲面积分.

5) **第二型曲面积分的物理意义** —— **流量**：流体以流速

$$\boldsymbol{v}(M) = \boldsymbol{v}(x,y,z) = \{P(x,y,z), Q(x,y,z), R(x,y,z)\}$$

在单位时间内流过 Σ 指定侧的流量为

$$\Phi = \iint_{\Sigma} \boldsymbol{v}(M) \cdot \mathrm{d}\boldsymbol{S} = \iint_{\Sigma} P(x,y,z)\mathrm{d}y \wedge \mathrm{d}z + Q(x,y,z)\mathrm{d}z \wedge \mathrm{d}x + R(x,y,z)\mathrm{d}x \wedge \mathrm{d}y.$$

一般地，也称 $\boldsymbol{F}(M)$ 在有向曲面 Σ 上的第二型曲面积分为 $\boldsymbol{F}(M)$ 关于 Σ 的**通量**.

6) 第二型曲面积分的性质.

(1) 线性：设 α,β 为常数，则

$$\iint_{\Sigma}(\alpha\boldsymbol{F}_1+\beta\boldsymbol{F}_2)\cdot\mathrm{d}\boldsymbol{S}=\alpha\iint_{\Sigma}\boldsymbol{F}_1\cdot\mathrm{d}\boldsymbol{S}+\beta\iint_{\Sigma}\boldsymbol{F}_2\cdot\mathrm{d}\boldsymbol{S}.$$

(2) 方向性：用 Σ^- 表示与曲面 Σ 方向相反的曲面，则

$$\iint_{\Sigma}\boldsymbol{F}\cdot\mathrm{d}\boldsymbol{S}=-\iint_{\Sigma^-}\boldsymbol{F}\cdot\mathrm{d}\boldsymbol{S}.$$

(3) 对积分曲面的可加性：若把曲面 Σ 分成 Σ_1 和 Σ_2 两块，则

$$\iint_{\Sigma}\boldsymbol{F}\cdot\mathrm{d}\boldsymbol{S}=\iint_{\Sigma_1}\boldsymbol{F}\cdot\mathrm{d}\boldsymbol{S}+\iint_{\Sigma_2}\boldsymbol{F}\cdot\mathrm{d}\boldsymbol{S}.$$

二、两类曲面积分之间的关系

结合两类曲面积分的表达形式，可以将第二型曲面积分转化为第一型曲面积分，即

$$\iint_{\Sigma}\boldsymbol{F}\cdot\boldsymbol{n}\mathrm{d}S=\iint_{\Sigma}\boldsymbol{F}\cdot\mathrm{d}\boldsymbol{S}=\iint_{\Sigma}P\mathrm{d}y\wedge\mathrm{d}z+Q\mathrm{d}z\wedge\mathrm{d}x+R\mathrm{d}x\wedge\mathrm{d}y$$
$$=\iint_{\Sigma}(P\cos\alpha+Q\cos\beta+R\cos\gamma)\mathrm{d}S,$$

其中 $\cos\alpha,\cos\beta,\cos\gamma$ 是曲面 Σ 上点 (x,y,z) 处和所给曲面方向一致的单位法向量的方向余弦.

三、第二型曲面积分的计算

1) 积分 $\iint_{\Sigma}R(x,y,z)\mathrm{d}x\wedge\mathrm{d}y$ 的计算.

设 $R(x,y,z)$ 在有向光滑曲面 $\Sigma: z=z(x,y),(x,y)\in D_{xy}$ 上连续，则有

$$\iint_{\Sigma}R(x,y,z)\mathrm{d}x\wedge\mathrm{d}y=\pm\iint_{D_{xy}}R(x,y,z(x,y))\mathrm{d}x\mathrm{d}y,$$

其中符号 $\pm$ 的选取由 Σ 所取的侧决定：Σ 取上侧，为 "$+$"；Σ 取下侧，为 "$-$".

2) 积分 $\iint_{\Sigma}P(x,y,z)\mathrm{d}y\wedge\mathrm{d}z$ 的计算.

设 $P(x,y,z)$ 在有向光滑曲面 $\Sigma: x=x(y,z),(y,z)\in D_{yz}$ 上连续，则有

$$\iint_{\Sigma}P(x,y,z)\mathrm{d}y\wedge\mathrm{d}z=\pm\iint_{D_{yz}}P(x(y,z),y,z)\mathrm{d}y\mathrm{d}z,$$

其中符号 $\pm$ 的选取由 Σ 所取的侧决定：Σ 取前侧，为 "$+$"；Σ 取后侧，为 "$-$".

3) 积分 $\iint_{\Sigma}Q(x,y,z)\mathrm{d}z\wedge\mathrm{d}x$ 的计算.

设 $Q(x,y,z)$ 在有向光滑曲面 $\Sigma: y=y(x,z),(x,z)\in D_{xz}$ 上连续，则有

$$\iint_\Sigma Q(x,y,z)\mathrm{d}z\wedge\mathrm{d}x = \pm\iint_{D_{zx}} Q(x,y(x,z),z)\mathrm{d}x\mathrm{d}z,$$

其中符号 ± 的选取由 Σ 所取的侧决定:Σ 取右侧,为"+";Σ 取左侧,为"−".

四、Gauss 公式

1) Gauss 公式:设 Ω 是一个空间闭区域,其边界 $\partial\Omega$ 是光滑或分片光滑的闭曲面,且 $\partial\Omega$ 取外侧,记为 $\partial\Omega^+$,函数 $P(x,y,z)$, $Q(x,y,z)$, $R(x,y,z)$ 在 Ω 上有一阶连续偏导数,则

$$\iint_{\partial\Omega^+} P\mathrm{d}y\wedge\mathrm{d}z + Q\mathrm{d}z\wedge\mathrm{d}x + R\mathrm{d}x\wedge\mathrm{d}y = \iiint_\Omega \left(\frac{\partial P}{\partial x} + \frac{\partial Q}{\partial y} + \frac{\partial R}{\partial z}\right)\mathrm{d}V.$$

2) 使用 Gauss 公式时的注意点.

(1) 是否满足 Gauss 公式的条件,即函数 P,Q,R 是否有一阶连续偏导数,并且分别是对什么变量求偏导数;Σ 是否为分片光滑闭曲面的外侧.

(2) 当 $P=x, Q=y, R=z$ 时,由高斯公式得

$$\oiint_\Sigma x\mathrm{d}y\wedge\mathrm{d}z + y\mathrm{d}z\wedge\mathrm{d}x + z\mathrm{d}x\wedge\mathrm{d}y = 3\iiint_\Omega \mathrm{d}V = 3V,$$

故

$$V = \iiint_\Omega \mathrm{d}V = \frac{1}{3}\oiint_\Sigma x\mathrm{d}y\wedge\mathrm{d}z + y\mathrm{d}z\wedge\mathrm{d}x + z\mathrm{d}x\wedge\mathrm{d}y.$$

五、Stokes 公式

1) Stokes 公式:设 Σ 是分片光滑有向曲面,其边界曲线 $\partial\Sigma$ 是分段光滑闭曲线,曲面 Σ 的正侧与其边界曲线 $\partial\Sigma$ 的正向按右手法则,且函数 $P(x,y,z), Q(x,y,z), R(x,y,z)$ 在 Σ 上有一阶连续偏导数,则

$$\oint_{\partial\Sigma^+} P\mathrm{d}x + Q\mathrm{d}y + R\mathrm{d}z$$
$$= \iint_\Sigma \left(\frac{\partial R}{\partial y} - \frac{\partial Q}{\partial z}\right)\mathrm{d}y\wedge\mathrm{d}z + \left(\frac{\partial P}{\partial z} - \frac{\partial R}{\partial x}\right)\mathrm{d}z\wedge\mathrm{d}x + \left(\frac{\partial Q}{\partial x} - \frac{\partial P}{\partial y}\right)\mathrm{d}x\wedge\mathrm{d}y.$$

2) Stokes 公式的其他形式.

Stokes 公式的行列式形式为

$$\oint_{\partial\Sigma^+} P\mathrm{d}x + Q\mathrm{d}y + R\mathrm{d}z = \iint_\Sigma \begin{vmatrix} \mathrm{d}y\wedge\mathrm{d}z & \mathrm{d}z\wedge\mathrm{d}x & \mathrm{d}x\wedge\mathrm{d}y \\ \frac{\partial}{\partial x} & \frac{\partial}{\partial y} & \frac{\partial}{\partial z} \\ P & Q & R \end{vmatrix},$$

化为第一型曲面积分为

$$\oint_{\partial \Sigma^+} P\mathrm{d}x + Q\mathrm{d}y + R\mathrm{d}z = \iint_{\Sigma} \begin{vmatrix} \cos\alpha & \cos\beta & \cos\gamma \\ \dfrac{\partial}{\partial x} & \dfrac{\partial}{\partial y} & \dfrac{\partial}{\partial z} \\ P & Q & R \end{vmatrix} \mathrm{d}S,$$

其中 $\{\cos\alpha, \cos\beta, \cos\gamma\}$ 为 Σ 在点 (x,y,z) 处的单位法向量.

六、空间曲线积分与路径无关的条件

1) 空间一维单连通区域的定义.

已知空间区域 Ω,如果对于 Ω 内的任何一条封闭曲线 L,总可以作一块以 L 为边界曲线的曲面 Σ,使得 Σ 完全在 Ω 内,则称 Ω 为一维单连通区域或线单连通区域.

若 Ω 内的任何一张封闭曲面所围成的空间区域仍然属于 Ω,则称 Ω 为二维单连通区域,否则称 Ω 为二维复连通区域.

2) 空间曲线积分与路径无关的等价条件.

若函数 $P(x,y,z), Q(x,y,z), R(x,y,z)$ 在空间一维单连通区域 Ω 上有一阶连续偏导数,则以下四个命题等价:

(1) $\dfrac{\partial R}{\partial y} = \dfrac{\partial Q}{\partial z}, \dfrac{\partial P}{\partial z} = \dfrac{\partial R}{\partial x}, \dfrac{\partial Q}{\partial x} = \dfrac{\partial P}{\partial y}$ 在 Ω 内处处成立;

(2) 对 Ω 内任意光滑闭曲线 L 有 $\oint_L P\mathrm{d}x + Q\mathrm{d}y + R\mathrm{d}z = 0$;

(3) 曲线积分 $\int_{L(AB)} P\mathrm{d}x + Q\mathrm{d}y + R\mathrm{d}z$ 与路径无关,只与起点 A 和终点 B 有关;

(4) 表达式 $P\mathrm{d}x + Q\mathrm{d}y + R\mathrm{d}z$ 在 Ω 内是某个函数 $u(x,y,z)$ 的全微分,即在 Ω 内恒有

$$\mathrm{d}u = P\mathrm{d}x + Q\mathrm{d}y + R\mathrm{d}z.$$

3) 表达式 $P\mathrm{d}x + Q\mathrm{d}y + R\mathrm{d}z$ 的原函数.

(1) **定义**:设函数 $P(x,y,z), Q(x,y,z), R(x,y,z)$ 都在一维单连通区域 Ω 上连续,若存在定义在 Ω 上的可微函数 $u(x,y,z)$,使得

$$\mathrm{d}u = P\mathrm{d}x + Q\mathrm{d}y + R\mathrm{d}z,$$

则称 $u(x,y,z)$ 为表达式 $P\mathrm{d}x + Q\mathrm{d}y + R\mathrm{d}z$ 在 Ω 上的一个原函数.

(2) **定理**:设函数 $P(x,y,z), Q(x,y,z), R(x,y,z)$ 都在一维单连通区域 Ω 上连续,若表达式 $P\mathrm{d}x + Q\mathrm{d}y + R\mathrm{d}z$ 在 Ω 内存在一个原函数 $u(x,y,z)$,则对 Ω 内的任意两点 $A(x_1, y_1, z_1), B(x_2, y_2, z_2)$,都成立

$$\int_{L(AB)} P\mathrm{d}x + Q\mathrm{d}y + R\mathrm{d}z = u(x_2, y_2, z_2) - u(x_1, y_1, z_1) = u(x,y,z) \Big|_{(x_1, y_1, z_1)}^{(x_2, y_2, z_2)},$$

其中 $L(AB)$ 为 Ω 内从点 A 到点 B 的任意分段光滑曲线.

（3）**原函数 $u(x,y,z)$ 的计算方法**：在上述定理的条件下，有

$$u(x,y,z) = \int_{(x_0,y_0,z_0)}^{(x,y,z)} P\mathrm{d}x + Q\mathrm{d}y + R\mathrm{d}z$$
$$= \int_{x_0}^{x} P(x,y_0,z_0)\mathrm{d}x + \int_{y_0}^{y} Q(x,y,z_0)\mathrm{d}y + \int_{z_0}^{z} R(x,y,z)\mathrm{d}z.$$

七、场论

若 $\boldsymbol{F} = \{P,Q,R\}$，且 P,Q,R 为 Ω 内的 $C^{(1)}$ 类函数.

1) 散度计算公式为

$$\mathrm{div}\boldsymbol{F} = \frac{\partial P}{\partial x} + \frac{\partial Q}{\partial y} + \frac{\partial R}{\partial z}.$$

2) 旋度计算公式为

$$\mathbf{rot}\boldsymbol{F} = \left\{\frac{\partial R}{\partial y} - \frac{\partial Q}{\partial z}, \frac{\partial P}{\partial z} - \frac{\partial R}{\partial x}, \frac{\partial Q}{\partial x} - \frac{\partial P}{\partial y}\right\} = \begin{vmatrix} \boldsymbol{i} & \boldsymbol{j} & \boldsymbol{k} \\ \frac{\partial}{\partial x} & \frac{\partial}{\partial y} & \frac{\partial}{\partial z} \\ P & Q & R \end{vmatrix}.$$

3) **几种特殊的向量场.**

（1）若空间曲线 $\int_L \boldsymbol{F} \cdot \mathrm{d}\boldsymbol{s}$ 在 Ω 内与路径无关，则称 $\boldsymbol{F}$ 为保守场；

（2）若在 Ω 内，恒有 $\mathbf{rot}\boldsymbol{F} = \boldsymbol{0}$，则称 $\boldsymbol{F}$ 为无旋场；

（3）若存在定义在 Ω 上的函数 u，使得 $\boldsymbol{F} = \{u_x, u_y, u_z\}$，则称 $\boldsymbol{F}$ 为有势场，并称 $-u$ 为势函数；

（4）若在 Ω 内恒有 $\mathrm{div}\boldsymbol{F} = 0$，则称 $\boldsymbol{F}$ 为无源场.

对于平面向量场，类似可以定义保守场和有势场.

12.2　例题与释疑解难

问题 1　计算第二型（对坐标的）曲面积分时应注意哪些问题？

例 1　设 Σ 为球面 $x^2 + y^2 + z^2 = 1$，取外侧，且 Σ_1 为其上半球面（上侧），则下面等式正确的是　　　　　　　　　　　　　　　　　　　　　　　（　　）

(A) $\iint\limits_{\Sigma} z\mathrm{d}S = 2\iint\limits_{\Sigma_1} z\mathrm{d}S$　　　　　　(B) $\iint\limits_{\Sigma} z\mathrm{d}x \wedge \mathrm{d}y = 2\iint\limits_{\Sigma_1} z\mathrm{d}x \wedge \mathrm{d}y$

(C) $\iint\limits_{\Sigma} z^2 \mathrm{d}x \wedge \mathrm{d}y = 2\iint\limits_{\Sigma_1} z^2 \mathrm{d}x \wedge \mathrm{d}y$

解　因为 Σ 关于 xOy 面对称，而函数 z 关于变量 z 为奇函数，故 $\iint\limits_{\Sigma} z\mathrm{d}S = 0$，而

$$\iint\limits_{\Sigma_1} z\mathrm{d}S = \iint\limits_{x^2+y^2\leqslant 1} \sqrt{1-x^2-y^2}\cdot \sqrt{1+\left(\frac{-x}{\sqrt{1-x^2-y^2}}\right)^2+\left(\frac{-y}{\sqrt{1-x^2-y^2}}\right)^2}\mathrm{d}x\mathrm{d}y$$

$$= \iint\limits_{x^2+y^2\leqslant 1} \sqrt{1-x^2-y^2}\cdot \frac{1}{\sqrt{1-x^2-y^2}}\mathrm{d}x\mathrm{d}y = \pi,$$

所以选项(A)不对.

令 $\Sigma_2: z = -\sqrt{1-x^2-y^2}$, 取下侧, 则 $\Sigma = \Sigma_1 + \Sigma_2$, 于是

$$\iint\limits_{\Sigma} z\mathrm{d}x\wedge\mathrm{d}y = \iint\limits_{\Sigma_1} z\mathrm{d}x\wedge\mathrm{d}y + \iint\limits_{\Sigma_2} z\mathrm{d}x\wedge\mathrm{d}y$$

$$= \iint\limits_{x^2+y^2\leqslant 1} \sqrt{1-x^2-y^2}\mathrm{d}x\mathrm{d}y + \left(-\iint\limits_{x^2+y^2\leqslant 1}(-\sqrt{1-x^2-y^2})\mathrm{d}x\mathrm{d}y\right)$$

$$= 2\iint\limits_{x^2+y^2\leqslant 1}\sqrt{1-x^2-y^2}\mathrm{d}x\mathrm{d}y = 2\iint\limits_{\Sigma_1} z\mathrm{d}x\wedge\mathrm{d}y,$$

所以选项(B)正确.

对于选项(C), 因为

$$\iint\limits_{\Sigma} z^2\mathrm{d}x\wedge\mathrm{d}y = \iint\limits_{\Sigma_1} z^2\mathrm{d}x\wedge\mathrm{d}y + \iint\limits_{\Sigma_2} z^2\mathrm{d}x\wedge\mathrm{d}y$$

$$= \iint\limits_{x^2+y^2\leqslant 1}(\sqrt{1-x^2-y^2})^2\mathrm{d}x\mathrm{d}y + \left(-\iint\limits_{x^2+y^2\leqslant 1}(-\sqrt{1-x^2-y^2})^2\mathrm{d}x\mathrm{d}y\right),$$

$$= 0,$$

但是

$$\iint\limits_{\Sigma_1} z^2\mathrm{d}x\wedge\mathrm{d}y = \iint\limits_{x^2+y^2\leqslant 1}(\sqrt{1-x^2-y^2})^2\mathrm{d}x\mathrm{d}y = \iint\limits_{x^2+y^2\leqslant 1}(1-x^2-y^2)\mathrm{d}x\mathrm{d}y$$

$$= \int_0^{2\pi}\mathrm{d}\varphi\int_0^1(1-\rho^2)\rho\mathrm{d}\rho = 2\pi\left(\frac{1}{2}-\frac{1}{4}\right) = \frac{\pi}{2},$$

所以选项(C)不对.

综上, 应选(B).

例 2 设 Σ 是球面 $x^2+y^2+z^2 = R^2$ 的外侧, D_{xy} 是 xOy 面上的圆域 $x^2+y^2\leqslant R^2$, 则下列等式正确的是 ( )

(A) $\iint\limits_{\Sigma} x^2y^2z\mathrm{d}S = \iint\limits_{D_{xy}} x^2y^2\sqrt{R^2-x^2-y^2}\mathrm{d}x\mathrm{d}y$

(B) $\iint\limits_{\Sigma}(x^2+y^2)\mathrm{d}x\wedge\mathrm{d}y = \iint\limits_{D_{xy}}(x^2+y^2)\mathrm{d}x\mathrm{d}y$

(C) $\iint\limits_{\Sigma} z\mathrm{d}x\wedge\mathrm{d}y = 2\iint\limits_{D_{xy}}\sqrt{R^2-x^2-y^2}\mathrm{d}x\mathrm{d}y$

解 因为 Σ 关于 xOy 面对称,而 x^2y^2z 关于变量 z 为奇函数,故
$$\iint_{\Sigma} x^2 y^2 z \mathrm{d}S = 0,$$
所以选项(A)不对.

令 $\Sigma_{\text{上}}: z = \sqrt{R^2 - x^2 - y^2}$,取上侧,$\Sigma_{\text{下}}: z = -\sqrt{R^2 - x^2 - y^2}$,取下侧,其中 $(x,y) \in D_{xy}$,则 $\Sigma = \Sigma_{\text{上}} + \Sigma_{\text{下}}$,故

$$\iint_{\Sigma}(x^2+y^2)\mathrm{d}x \wedge \mathrm{d}y = \iint_{\Sigma_{\text{上}}}(x^2+y^2)\mathrm{d}x \wedge \mathrm{d}y + \iint_{\Sigma_{\text{下}}}(x^2+y^2)\mathrm{d}x \wedge \mathrm{d}y$$
$$= \iint_{D_{xy}}(x^2+y^2)\mathrm{d}x\mathrm{d}y + \left(-\iint_{D_{xy}}(x^2+y^2)\mathrm{d}x\mathrm{d}y\right) = 0,$$

所以选项(B)不对;而对于选项(C),因为

$$\iint_{\Sigma} z \mathrm{d}x \wedge \mathrm{d}y = \iint_{\Sigma_{\text{上}}} z \mathrm{d}x \wedge \mathrm{d}y + \iint_{\Sigma_{\text{下}}} z \mathrm{d}x \wedge \mathrm{d}y$$
$$= \iint_{D_{xy}} \sqrt{R^2-x^2-y^2}\mathrm{d}x\mathrm{d}y + \left(-\iint_{D_{xy}} -\sqrt{R^2-x^2-y^2}\mathrm{d}x\mathrm{d}y\right),$$
$$= 2\iint_{D_{xy}} \sqrt{R^2-x^2-y^2}\mathrm{d}x\mathrm{d}y,$$

所以选项(C)正确.

综上,应选(C).

例3 计算曲面积分 $I = \iint_{\Sigma} x^2 \mathrm{d}y \wedge \mathrm{d}z + y^2 \mathrm{d}z \wedge \mathrm{d}x + z^2 \mathrm{d}x \wedge \mathrm{d}y$,其中 Σ 是曲面 $x^2 + y^2 = a - z(a > 0)$ 在上半空间部分的外侧.

解 曲面 Σ 关于 yOz 面对称,它被 yOz 面分成了前后对称的两个曲面 $\Sigma_{\text{前}}$ 和 $\Sigma_{\text{后}}$,其中

$\Sigma_{\text{前}}: x = \sqrt{a-z-y^2}$,取前侧, $\Sigma_{\text{后}}: x = -\sqrt{a-z-y^2}$,取后侧,
且它们在 yOz 面的投影相同,都为 $D_{yz}: 0 \leqslant z \leqslant a - y^2$. 故

$$\iint_{\Sigma} x^2 \mathrm{d}y \wedge \mathrm{d}z = \iint_{\Sigma_{\text{前}}} x^2 \mathrm{d}y \wedge \mathrm{d}z + \iint_{\Sigma_{\text{后}}} x^2 \mathrm{d}y \wedge \mathrm{d}z$$
$$= \iint_{D_{yz}} (\sqrt{a-z-y^2})^2 \mathrm{d}y\mathrm{d}z - \iint_{D_{yz}} (-\sqrt{a-z-y^2})^2 \mathrm{d}y\mathrm{d}z = 0.$$

同理可得 $\iint_{\Sigma} y^2 \mathrm{d}z \wedge \mathrm{d}x = 0.$

最后来求 $\iint_{\Sigma} z^2 \mathrm{d}x \wedge \mathrm{d}y$. 因为 Σ 在 xOy 面上的投影域为 $D_{xy}: x^2 + y^2 \leqslant a$,故

$$\iint\limits_{\Sigma} z^2 \mathrm{d}x \wedge \mathrm{d}y = \iint\limits_{D_{xy}} [a-(x^2+y^2)]^2 \mathrm{d}x\mathrm{d}y = \int_0^{2\pi} \mathrm{d}\varphi \int_0^{\sqrt{a}} (a-\rho^2)^2 \rho \mathrm{d}\rho$$

$$= 2\pi \cdot \left(-\frac{1}{6}(a-\rho^2)^3\right)\Big|_0^{\sqrt{a}} = \frac{\pi}{3}a^3.$$

综上,可得 $I = \iint\limits_{\Sigma} x^2 \mathrm{d}y \wedge \mathrm{d}z + y^2 \mathrm{d}z \wedge \mathrm{d}x + z^2 \mathrm{d}x \wedge \mathrm{d}y = \frac{\pi}{3}a^3.$

例4 计算曲面积分 $I = \iint\limits_{\Sigma} x \mathrm{d}y \wedge \mathrm{d}z + y \mathrm{d}z \wedge \mathrm{d}x + z \mathrm{d}x \wedge \mathrm{d}y$,其中曲面 Σ 是以 $A(1,0,0)$,$B(0,1,0)$,$C(0,0,1)$ 为顶点的三角形,方向指向原点.

解法 1 化成二重积分来计算. 曲面 Σ 的方程为 $x+y+z=1$,且 Σ 在 xOy 面上的投影域为 $D_{xy}: x+y \leqslant 1, x \geqslant 0, y \geqslant 0$. 于是

$$\iint\limits_{\Sigma} z \mathrm{d}x \wedge \mathrm{d}y = -\iint\limits_{D_{xy}} (1-x-y) \mathrm{d}x\mathrm{d}y$$

$$= -\int_0^1 \mathrm{d}x \int_0^{1-x} (1-x-y) \mathrm{d}y = -\frac{1}{6}.$$

类似可得

$$\iint\limits_{\Sigma} y \mathrm{d}z \wedge \mathrm{d}x = -\frac{1}{6}, \quad \iint\limits_{\Sigma} x \mathrm{d}y \wedge \mathrm{d}z = -\frac{1}{6},$$

故

$$I = \iint\limits_{\Sigma} x \mathrm{d}y \wedge \mathrm{d}z + y \mathrm{d}z \wedge \mathrm{d}x + z \mathrm{d}x \wedge \mathrm{d}y = -\frac{1}{2}.$$

解法 2 利用 Gauss 公式来求解. 添加曲面

$\Sigma_{\triangle OAB}: z=0, x+y \leqslant 1, x \geqslant 0, y \geqslant 0$,取上侧,

$\Sigma_{\triangle OBC}: x=0, y+z \leqslant 1, y \geqslant 0, z \geqslant 0$,取前侧,

$\Sigma_{\triangle OAC}: y=0, x+z \leqslant 1, x \geqslant 0, z \geqslant 0$,取右侧,

使得 $\Sigma + \Sigma_{\triangle OAB} + \Sigma_{\triangle OBC} + \Sigma_{\triangle OAC}$ 构成封闭曲面 Σ',方向为内侧. 设 Σ' 所包围的空间区域为 Ω,则由 Gauss 公式,得

$$\oiint\limits_{\Sigma'} x \mathrm{d}y \wedge \mathrm{d}z + y \mathrm{d}z \wedge \mathrm{d}x + z \mathrm{d}x \wedge \mathrm{d}y = -\iiint\limits_{\Omega} 3 \mathrm{d}V = -3 \cdot \frac{1}{6} = -\frac{1}{2}.$$

因为 $\Sigma_{\triangle OAB}$ 在 yOz 面,zOx 面上的投影都是一个线段,面积为 0,因此

$$\iint\limits_{\Sigma_{\triangle OAB}} x \mathrm{d}y \wedge \mathrm{d}z = \iint\limits_{\Sigma_{\triangle OAB}} y \mathrm{d}z \wedge \mathrm{d}x = 0,$$

于是

$$\iint\limits_{\Sigma_{\triangle OAB}} x \mathrm{d}y \wedge \mathrm{d}z + y \mathrm{d}z \wedge \mathrm{d}x + z \mathrm{d}x \wedge \mathrm{d}y = \iint\limits_{\Sigma_{\triangle OAB}} z \mathrm{d}x \wedge \mathrm{d}y = \iint\limits_{\Sigma_{\triangle OAB}} 0 \mathrm{d}x \wedge \mathrm{d}y = 0.$$

第12讲 第二型曲面积分及 Gauss 公式与 Stokes 公式

同理,有

$$\iint_{\Sigma_{\triangle OBC}} x\,\mathrm{d}y \wedge \mathrm{d}z + y\mathrm{d}z \wedge \mathrm{d}x + z\mathrm{d}x \wedge \mathrm{d}y = 0,$$

$$\iint_{\Sigma_{\triangle OAC}} x\,\mathrm{d}y \wedge \mathrm{d}z + y\mathrm{d}z \wedge \mathrm{d}x + z\mathrm{d}x \wedge \mathrm{d}y = 0,$$

因此

$$I = -\frac{1}{2} - \Big(\iint_{\Sigma_{\triangle OAB}} + \iint_{\Sigma_{\triangle OBC}} + \iint_{\Sigma_{\triangle OAC}}\Big) x\,\mathrm{d}y \wedge \mathrm{d}z + y\mathrm{d}z \wedge \mathrm{d}x + z\mathrm{d}x \wedge \mathrm{d}y = -\frac{1}{2}.$$

小结 将第二型曲面积分化为二重积分的计算步骤可概括为"一代二投三定向",其中"代"是把曲面方程代入被积函数;"投"是把曲面向坐标面投影,所得到的投影区域就是二重积分的积分域;"定向"是根据曲面所给定的方向决定取正号还是取负号. 在具体计算时应注意以下几点:

(1) 积分曲线投影到哪一个坐标面由所给的积分表达式确定. 如积分表达式中含有 $\mathrm{d}x \wedge \mathrm{d}y$,则应向 xOy 坐标面投影.

(2) 化为二重积分时必须考虑积分曲面的方向(即曲面的侧),从而确定二重积分的正负号. 如曲面 Σ 投影到 xOy 面上,二重积分前的符号是 Σ 取上侧为正,Σ 取下侧为负,其余类似.

(3) 有时用 Gauss 公式计算第二型曲面积分较方便.

问题 2 Gauss 公式的特点是什么?它在曲面积分计算中有何作用?应用时应注意哪些问题?

Gauss 公式给出了空间区域 Ω 上的三重积分与其边界曲面 Σ 上的曲面积分之间的联系. 通过 Gauss 公式将曲面积分化为三重积分计算,可以达到简化计算的目的. 使用 Gauss 公式时必须注意以下三点:

(1) Ω 是光滑或分片光滑的闭曲面 Σ 围成的区域;

(2) 函数 P,Q,R 在 Ω 上具有一阶连续偏导数;

(3) 区域 Ω 与其边界曲面 Σ 是按外侧联系的.

例 5 计算曲面积分 $I = \iint_{\Sigma}(x^2\cos\alpha + y^2\cos\beta + z^2\cos\gamma)\mathrm{d}S$,其中 Σ 是锥面 $x^2 + y^2 = z^2 (0 \leqslant z \leqslant h)$,而 $\cos\alpha,\cos\beta,\cos\gamma$ 是该锥面外法线的方向余弦.

解法 1 直接利用对面积的曲面积分来计算. 由于 Σ 是锥面 $z^2 = x^2 + y^2 (0 \leqslant z \leqslant h)$,取下侧,它在 xOy 面上投影域为 $D_{xy}: x^2 + y^2 \leqslant h^2$,且

$$\cos\alpha\,\mathrm{d}S = \frac{z_x}{\sqrt{1+z_x^2+z_y^2}} \cdot \sqrt{1+z_x^2+z_y^2}\,\mathrm{d}x\mathrm{d}y = z_x\mathrm{d}x\mathrm{d}y = \frac{x}{\sqrt{x^2+y^2}}\mathrm{d}x\mathrm{d}y,$$

$$\cos\beta\,\mathrm{d}S = \frac{z_y}{\sqrt{1+z_x^2+z_y^2}} \cdot \sqrt{1+z_x^2+z_y^2}\,\mathrm{d}x\mathrm{d}y = z_y\mathrm{d}x\mathrm{d}y = \frac{y}{\sqrt{x^2+y^2}}\mathrm{d}x\mathrm{d}y,$$

$$\cos\gamma \mathrm{d}S = \frac{-1}{\sqrt{1+z_x^2+z_y^2}} \cdot \sqrt{1+z_x^2+z_y^2}\,\mathrm{d}x\mathrm{d}y = -\mathrm{d}x\mathrm{d}y,$$

所以

$$\iint_\Sigma x^2\cos\alpha \mathrm{d}S = \iint_{D_{xy}} x^2 \cdot \frac{x}{\sqrt{x^2+y^2}}\mathrm{d}x\mathrm{d}y = 0,$$

$$\iint_\Sigma y^2\cos\beta \mathrm{d}S = \iint_{D_{xy}} y^2 \cdot \frac{y}{\sqrt{x^2+y^2}}\mathrm{d}x\mathrm{d}y = 0,$$

$$\iint_\Sigma z^2\cos\gamma \mathrm{d}S = \iint_{D_{xy}} (x^2+y^2) \cdot (-\mathrm{d}x\mathrm{d}y) = -\int_0^{2\pi}\mathrm{d}\varphi\int_0^h \rho^3\mathrm{d}\rho = -\frac{\pi}{2}h^4,$$

故 $I = -\dfrac{\pi}{2}h^4$.

解法 2 化为对坐标的曲面积分的计算. 由于

$$\iint_\Sigma (x^2\cos\alpha + y^2\cos\beta + z^2\cos\gamma)\mathrm{d}S = \iint_\Sigma x^2\mathrm{d}y\wedge\mathrm{d}z + y^2\mathrm{d}z\wedge\mathrm{d}x + z^2\mathrm{d}x\wedge\mathrm{d}y,$$

而

$$\iint_\Sigma x^2\mathrm{d}y\wedge\mathrm{d}z = \iint_{\Sigma_{前}} x^2\mathrm{d}y\wedge\mathrm{d}z + \iint_{\Sigma_{后}} x^2\mathrm{d}y\wedge\mathrm{d}z$$

$$= \iint_{D_{yz}} (z^2-y^2)\mathrm{d}y\mathrm{d}z - \iint_{D_{yz}} (z^2-y^2)\mathrm{d}y\mathrm{d}z = 0,$$

同理,有

$$\iint_\Sigma y^2\mathrm{d}z\wedge\mathrm{d}x = \iint_{D_{zx}} (z^2-x^2)\mathrm{d}z\mathrm{d}x - \iint_{D_{zx}} (z^2-x^2)\mathrm{d}z\mathrm{d}x = 0,$$

又

$$\iint_\Sigma z^2\mathrm{d}x\wedge\mathrm{d}y = -\iint_{D_{xy}} (x^2+y^2)\mathrm{d}x\mathrm{d}y = -\int_0^{2\pi}\mathrm{d}\varphi\int_0^h \rho^3\mathrm{d}\rho = -\frac{\pi}{2}h^4,$$

故 $I = -\dfrac{\pi}{2}h^4$.

解法 3 利用 Gauss 公式求解. 添加一块平面 $\Sigma_1: z=h$,$x^2+y^2\leqslant h^2$(取上侧),则 $\Sigma+\Sigma_1$ 构成取外侧的闭曲面,记其围成的空间区域为 Ω,则由 Gauss 公式得

$$\oiint_{\Sigma+\Sigma_1} (x^2\cos\alpha + y^2\cos\beta + z^2\cos\gamma)\mathrm{d}S$$

$$= \oiint_{\Sigma+\Sigma_1} x^2\mathrm{d}y\wedge\mathrm{d}z + y^2\mathrm{d}z\wedge\mathrm{d}x + z^2\mathrm{d}x\wedge\mathrm{d}y$$

$$= 2\iiint_\Omega (x+y+z)\mathrm{d}x\mathrm{d}y\mathrm{d}z = 2\int_0^{2\pi}\mathrm{d}\varphi\int_0^h\mathrm{d}\rho\int_\rho^h (\rho\cos\varphi + \rho\sin\varphi + z)\rho\mathrm{d}z$$

第 12 讲 第二型曲面积分及 Gauss 公式与 Stokes 公式

$$= 2\int_0^{2\pi} d\varphi \int_0^h \left[(\cos\varphi + \sin\varphi)(h\rho^2 - \rho^3) + \frac{1}{2}\rho(h^2 - \rho^2)\right]d\rho$$

$$= 2\int_0^{2\pi} \left[(\cos\varphi + \sin\varphi)\frac{h^4}{12} + \frac{h^4}{8}\right]d\varphi = \frac{\pi}{2}h^4,$$

而

$$\iint_{\Sigma_1}(x^2\cos\alpha + y^2\cos\beta + z^2\cos\gamma)dS = \iint_{\Sigma_1}\left(x^2\cos\frac{\pi}{2} + y^2\cos\frac{\pi}{2} + z^2\cos 0\right)dS$$

$$= \iint_{\Sigma_1} z^2 dS = \iint_{x^2+y^2 \leqslant h^2} h^2 dxdy = \pi h^4,$$

于是

$$I = \left(\oiint_{\Sigma+\Sigma_1} - \iint_{\Sigma_1}\right)(x^2\cos\alpha + y^2\cos\beta + z^2\cos\gamma)dS = \frac{\pi}{2}h^4 - \pi h^4 = -\frac{\pi}{2}h^4.$$

注 本例告诉我们,计算曲面积分有三种基本方法:

(1) 直接化为二重积分计算;

(2) 利用两类曲面积分之间的关系计算;

(3) 利用 Gauss 公式化为三重积分计算(注意积分曲面必须是闭曲面外侧).

例 6 计算 $I = \iint_\Sigma 2(x - x^2)dy \wedge dz + 8xy dz \wedge dx - 4xz dx \wedge dy$,其中 Σ 是由曲线 $x = e^y (0 \leqslant y \leqslant a)$ 绕 x 轴旋转而成的旋转曲面的外侧.

解 设 $P = 2(x - x^2), Q = 8xy, R = -4xz$,则

$$\frac{\partial P}{\partial x} + \frac{\partial Q}{\partial y} + \frac{\partial R}{\partial z} = 2 - 4x + 8x - 4x = 2.$$

设 $\Sigma_1 : \begin{cases} y^2 + z^2 \leqslant a^2, \\ x = e^a, \end{cases}$ 取前侧,于是 $\Sigma + \Sigma_1$ 构成封闭曲面的外侧,令其所围成的区域为 Ω,故由 Gauss 公式得

$$\oiint_{\Sigma+\Sigma_1} 2(x-x^2)dy \wedge dz + 8xy dz \wedge dx - 4xz dx \wedge dy$$

$$= \iiint_\Omega (2 - 4x + 8x - 4x)dV = 2\iiint_\Omega dV$$

$$= 2\int_1^{e^a} \pi\ln^2 x dx = 2\pi\left(x\ln^2 x\Big|_1^{e^a} - \int_1^{e^a} 2\ln x dx\right)$$

$$= 2\pi(e^a a^2 - 2e^a a + 2e^a - 2),$$

从而

$$I = \left(\oiint_{\Sigma+\Sigma_1} - \iint_{\Sigma_1}\right)[2(x-x^2)dy \wedge dz + 8xy dz \wedge dx - 4xz dx \wedge dy]$$

$$= -\iint_{\Sigma_1} 2(x-x^2)\mathrm{d}y \wedge \mathrm{d}z + 8xy\mathrm{d}z \wedge \mathrm{d}x - 4xz\mathrm{d}x \wedge \mathrm{d}y$$
$$+ 2\pi(\mathrm{e}^a a^2 - 2\mathrm{e}^a a + 2\mathrm{e}^a - 2).$$

由于
$$\iint_{\Sigma_1} 8xy\mathrm{d}z \wedge \mathrm{d}x = 0, \quad \iint_{\Sigma_1} 4xz\mathrm{d}x \wedge \mathrm{d}y = 0,$$

所以
$$I = -\iint_{\Sigma_1} 2(x-x^2)\mathrm{d}y \wedge \mathrm{d}z + 2\pi(\mathrm{e}^a a^2 - 2\mathrm{e}^a a + 2\mathrm{e}^a - 2)$$
$$= -\iint_{D_{yz}} 2(\mathrm{e}^a - \mathrm{e}^{2a})\mathrm{d}y\mathrm{d}z + 2\pi(\mathrm{e}^a a^2 - 2\mathrm{e}^a a + 2\mathrm{e}^a - 2)$$
$$= 2\pi a^2(\mathrm{e}^{2a} - \mathrm{e}^a) + 2\pi(\mathrm{e}^a a^2 - 2\mathrm{e}^a a + 2\mathrm{e}^a - 2)$$
$$= 2\pi(a^2 \mathrm{e}^{2a} - 2a\mathrm{e}^a + 2\mathrm{e}^a - 2),$$

其中 $D_{yz}: y^2 + z^2 \leqslant a^2$.

说明 从例5的解法3及例6可见,当积分曲面是非闭曲面而直接计算又较复杂时,可设法添加若干曲面使其成为闭曲面,再用 Gauss 公式计算,最后减去补上的曲面积分即得原曲面积分的值.

思考 在例6中,若

(1) 曲面 Σ 是任意闭曲面,方向取外侧;

(2) 曲面 Σ 是 xOy 面上由圆 $x^2 + y^2 = a^2$ 所围的区域,方向取上侧;

(3) 曲面 Σ 是在曲线 $L: \begin{cases} x^2 + y^2 = a^2, \\ z = 0 \end{cases}$ 上且以 L 为边界的任意曲面,则积分

$$I = \iint_{\Sigma} 2(x-x^2)\mathrm{d}y \wedge \mathrm{d}z + 8xy\mathrm{d}z \wedge \mathrm{d}x - 4xz\mathrm{d}x \wedge \mathrm{d}y$$

的值各为多少? 请读者自己思考并求解.

例7 已知 $r = \sqrt{x^2 + y^2 + z^2}$, Σ 为球面 $x^2 + y^2 + z^2 = a^2$ 的内侧,求

$$I = \oiint_{\Sigma} \frac{x}{r^3}\mathrm{d}y \wedge \mathrm{d}z + \frac{y}{r^3}\mathrm{d}z \wedge \mathrm{d}x + \frac{z}{r^3}\mathrm{d}x \wedge \mathrm{d}y$$

的解法如下:

因为 Σ 是闭曲面,故可用 Gauss 公式计算. 又

$$P = \frac{x}{r^3} \Rightarrow \frac{\partial P}{\partial x} = \frac{r^3 - 3r^2 x \cdot \frac{x}{r}}{r^6} = \frac{r^2 - 3x^2}{r^5},$$

同理

第 12 讲　第二型曲面积分及 Gauss 公式与 Stokes 公式

$$Q = \frac{y}{r^3} \Rightarrow \frac{\partial Q}{\partial y} = \frac{r^2 - 3y^2}{r^5}, \quad R = \frac{z}{r^3} \Rightarrow \frac{\partial R}{\partial z} = \frac{r^2 - 3z^2}{r^5},$$

于是

$$I = -\iiint_\Omega \left(\frac{\partial P}{\partial x} + \frac{\partial Q}{\partial y} + \frac{\partial R}{\partial z}\right) dV = -\iiint_\Omega \frac{3r^2 - 3(x^2 + y^2 + z^2)}{r^5} dV = 0.$$

问以上解法是否正确?如果不对,请给出正确解法.

解　上面解法是不正确的,其原因是函数 P, Q, R 及 $\frac{\partial P}{\partial x}, \frac{\partial Q}{\partial y}, \frac{\partial R}{\partial z}$ 在区域 Ω 内的原点处不存在,当然也就谈不上连续,显然不满足 Gauss 公式条件,故不能直接利用 Gauss 公式. 正确的解法如下:

(**方法 1**) 因为在曲面 Σ 上有 $z = \pm\sqrt{a^2 - x^2 - y^2}$, $r = \sqrt{x^2 + y^2 + z^2} = a$, 且 D_{xy} 为 $x^2 + y^2 \leqslant a^2$, 故

$$\oiint_\Sigma \frac{z}{r^3} dx \wedge dy = \frac{1}{a^3}\left(\iint_{\Sigma_\perp} + \iint_{\Sigma_\top}\right) z dx \wedge dy$$

$$= \frac{1}{a^3}\left[-\iint_{D_{xy}} \sqrt{a^2 - x^2 - y^2}\, dxdy + \iint_{D_{xy}} (-\sqrt{a^2 - x^2 - y^2})\, dxdy\right]$$

$$= -\frac{2}{a^3}\iint_{D_{xy}} \sqrt{a^2 - x^2 - y^2}\, dxdy = -\frac{2}{a^3}\int_0^{2\pi} d\varphi \int_0^a \sqrt{a^2 - \rho^2}\, \rho d\rho$$

$$= -\frac{4}{a^3}\pi \cdot \left(-\frac{1}{2}\right) \cdot \frac{2}{3}(a^2 - \rho^2)^{\frac{3}{2}}\bigg|_0^a = -\frac{4\pi}{3}.$$

类似可得

$$\oiint_\Sigma \frac{x}{r^3} dy \wedge dz = -\frac{4\pi}{3}, \quad \oiint_\Sigma \frac{y}{r^3} dz \wedge dx = -\frac{4\pi}{3},$$

于是得 $I = \left(-\frac{4\pi}{3}\right) \times 3 = -4\pi$.

(**方法 2**) 由于函数 P, Q, R 在原点处无定义,不满足 Gauss 公式的条件,所以不能直接利用 Gauss 公式求解. 现设法转化积分形式,再用 Gauss 公式. 由于曲面积分中被积函数中的变量应该满足曲面方程,故

$$I = \oiint_\Sigma \frac{x dy \wedge dz + y dz \wedge dx + z dx \wedge dy}{(x^2 + y^2 + z^2)^{\frac{3}{2}}}$$

$$= \frac{1}{a^3}\oiint_\Sigma x dy \wedge dz + y dz \wedge dx + z dx \wedge dy,$$

再利用 Gauss 公式得

$$\oiint_\Sigma x dy \wedge dz + y dz \wedge dx + z dx \wedge dy = -\iiint_\Omega 3 dV = -3 \cdot 半径为 a 的球的体积$$

$$=-3\cdot\frac{4}{3}\pi a^3=-4\pi a^3,$$

于是 $I=\dfrac{1}{a^3}\cdot(-4\pi a^3)=-4\pi$.

(方法 3) 为了使用 Gauss 公式,在 Σ 内作一个以原点为中心、充分小的数 ε 为半径的球面 Σ_1,且 Σ_1 取外侧,则 $\Sigma+\Sigma_1$ 构成封闭曲面,且在 $\Sigma+\Sigma_1$ 围成的区域 Ω_1 上 P,Q,R 满足 Gauss 公式. 由 Gauss 公式得

$$\oiint_{\Sigma+\Sigma_1}\frac{x}{r^3}\mathrm{d}y\wedge\mathrm{d}z+\frac{y}{r^3}\mathrm{d}z\wedge\mathrm{d}x+\frac{z}{r^3}\mathrm{d}x\wedge\mathrm{d}y=-\iiint_{\Omega_1}\left(\frac{\partial P}{\partial x}+\frac{\partial Q}{\partial y}+\frac{\partial R}{\partial z}\right)\mathrm{d}V=0,$$

再由方法 1 即得

$$I=-\iint_{\Sigma_1}\frac{x}{r^3}\mathrm{d}y\wedge\mathrm{d}z+\frac{y}{r^3}\mathrm{d}z\wedge\mathrm{d}x+\frac{z}{r^3}\mathrm{d}x\wedge\mathrm{d}y=-4\pi.$$

思考 (1) 若本例将曲面改成不包含原点的任何闭曲面,则结果应是多少?

(2) 若将曲面改成包含原点的任何闭曲面,又该如何计算?

例 8 证明:若 Σ 为任意简单闭曲面,l 为任意的固定方向,n 为 Σ 的外侧单位法向量,则

$$I=\oiint_{\Sigma}\cos(\boldsymbol{n},\boldsymbol{l})\mathrm{d}S=0.$$

分析 由于 Σ 是任意闭曲面,所以不能直接计算. 通常这类题目是利用两类曲面积分的关系及 Gauss 公式求解.

证明 设

$$\boldsymbol{n}=\{\cos\alpha,\cos\beta,\cos\gamma\},\quad \boldsymbol{l}^\circ=\frac{\boldsymbol{l}}{\|\boldsymbol{l}\|}=\{\cos\alpha_0,\cos\beta_0,\cos\gamma_0\},$$

其中 $\cos\alpha_0,\cos\beta_0,\cos\gamma_0$ 均为常量. 因为

$$\cos(\boldsymbol{n},\boldsymbol{l})=\boldsymbol{n}\cdot\boldsymbol{l}^\circ=\cos\alpha_0\cos\alpha+\cos\beta_0\cos\beta+\cos\gamma_0\cos\gamma,$$

故

$$\oiint_{\Sigma}\cos(\boldsymbol{n},\boldsymbol{l})\mathrm{d}S=\oiint_{\Sigma}(\cos\alpha_0\cos\alpha+\cos\beta_0\cos\beta+\cos\gamma_0\cos\gamma)\mathrm{d}S$$

$$=\oiint_{\Sigma}\cos\alpha_0\mathrm{d}y\wedge\mathrm{d}z+\cos\beta_0\mathrm{d}z\wedge\mathrm{d}x+\cos\gamma_0\mathrm{d}x\wedge\mathrm{d}y$$

$$=\iiint_{\Omega}\left(\frac{\partial}{\partial x}\cos\alpha_0+\frac{\partial}{\partial y}\cos\beta_0+\frac{\partial}{\partial z}\cos\gamma_0\right)\mathrm{d}V=\iiint_{\Omega}0\mathrm{d}V=0.$$

问题 3 如何应用斯托克斯公式?

例 9 计算 $I=\oint_L y^2\mathrm{d}x+z^2\mathrm{d}y+x^2\mathrm{d}z$,其中 L 是球面 $x^2+y^2+z^2=a^2$ 与柱面 $x^2+y^2=ax(a>0,z\geqslant 0)$ 的交线,从 x 轴正向看去,L 为逆时针方向.

第 12 讲　第二型曲面积分及 Gauss 公式与 Stokes 公式

解法 1　直接化成定积分计算. 因为 L 的参数方程为

$$L:\begin{cases} x = \dfrac{1}{2}a(1+\cos t), \\ y = \dfrac{1}{2}a\sin t, \\ z = a\sin\dfrac{t}{2}, \end{cases}$$

且 t 由 0 到 2π, 所以

$$\begin{aligned}I &= \oint_L y^2\mathrm{d}x + z^2\mathrm{d}y + x^2\mathrm{d}z \\ &= \int_0^{2\pi}\frac{1}{4}a^3\left[-\frac{1}{2}\sin^3 t + 2\sin^2\frac{t}{2}\cos t + \frac{1}{2}(1+\cos t)^2\cos\frac{t}{2}\right]\mathrm{d}t \\ &= \frac{1}{4}a^3\int_0^{2\pi}\left(-\frac{1}{2}\sin^3 t + 2\sin^2\frac{t}{2}\cos t + 2\cos^5\frac{t}{2}\right)\mathrm{d}t = -\frac{\pi}{4}a^3.\end{aligned}$$

解法 2　用斯托克斯公式求解. 记 Σ 是 $x^2+y^2+z^2=a^2$ 被 $x^2+y^2=ax$ 截下部分的曲面 ($a>0, z\geqslant 0$), 则 L 为 Σ 的边界曲线, 由右手法则知, Σ 取上侧, 且曲面 Σ 在 xOy 面上的投影域为 $D_{xy}: x^2+y^2\leqslant ax$. 于是由斯托克斯公式得

$$I = \iint_\Sigma -2(z\mathrm{d}y\wedge\mathrm{d}z + x\mathrm{d}z\wedge\mathrm{d}x + y\mathrm{d}x\wedge\mathrm{d}y).$$

由二重积分的知识可知

$$\iint_\Sigma y\mathrm{d}x\wedge\mathrm{d}y = \iint_{D_{xy}} y\mathrm{d}x\mathrm{d}y = 0.$$

从方程组 $\begin{cases} x^2+y^2+z^2=a^2, \\ x^2+y^2=ax \end{cases}$ 中消去 x 有 $y^2 = z^2\left(1-\left(\dfrac{z}{a}\right)^2\right)$, 所以由 $y^2 = z^2\left(1-\left(\dfrac{z}{a}\right)^2\right)(x=0)$ 围成的区域即为 Σ 在 yOz 面上的投影区域 D_{yz}. 因此

$$\begin{aligned}\iint_\Sigma z\mathrm{d}y\wedge\mathrm{d}z &= \iint_{D_{yz}} z\mathrm{d}x\mathrm{d}y = \int_0^a \mathrm{d}z\int_{-z\sqrt{1-(\frac{z}{a})^2}}^{z\sqrt{1-(\frac{z}{a})^2}} z\mathrm{d}y \\ &= 2\int_0^a z^2\sqrt{1-\left(\frac{z}{a}\right)^2}\mathrm{d}z \\ &\xlongequal{\text{令}\frac{z}{a}=\sin t} 2a^3\int_0^{\frac{\pi}{2}}\sin^2 t\cos^2 t\mathrm{d}t = \frac{\pi a^3}{8}.\end{aligned}$$

为了求 $\iint_\Sigma x\mathrm{d}z\wedge\mathrm{d}x$, 要把曲面 Σ 分成 Σ_1 与 Σ_2 两部分, 其中 Σ_1 为 Σ 上 $y>0$ 的部分, Σ_2 为 Σ 上 $y\leqslant 0$ 的部分, 则 $\Sigma = \Sigma_1 + \Sigma_2$, 且 Σ_1, Σ_2 在 zOx 面上具有相同的投影区域 D_{zx}, 故

$$\iint\limits_{\Sigma} x\,\mathrm{d}z \wedge \mathrm{d}x = \iint\limits_{\Sigma_1} x\,\mathrm{d}z \wedge \mathrm{d}x + \iint\limits_{\Sigma_2} x\,\mathrm{d}z \wedge \mathrm{d}x = \iint\limits_{D_{zx}} x\,\mathrm{d}z\mathrm{d}x - \iint\limits_{D_{zx}} x\,\mathrm{d}z\mathrm{d}x = 0.$$

综上,可得

$$I = \oint_L y^2\,\mathrm{d}x + z^2\,\mathrm{d}y + x^2\,\mathrm{d}z = -2\left(\frac{\pi a^3}{8} + 0 + 0\right) = -\frac{\pi}{4}a^3.$$

问题 4   场论中的有关内容,如梯度、散度、旋度、有势场、无源场等与曲线积分、曲面积分之间有何关系?

例 10   设 $u = x^2 y + 2xy^2 - 3yz^2$,求 $\mathrm{div}(\mathbf{grad}u), \mathbf{rot}(\mathbf{grad}u)$.

解   由梯度的计算公式,可得

$$\mathbf{grad}u = \left\{\frac{\partial u}{\partial x}, \frac{\partial u}{\partial y}, \frac{\partial u}{\partial z}\right\} = \{2xy + 2y^2, x^2 + 4xy - 3z^2, -6yz\},$$

所以

$$\mathrm{div}(\mathbf{grad}u) = \frac{\partial}{\partial x}(2xy + 2y^2) + \frac{\partial}{\partial y}(x^2 + 4xy - 3z^2) + \frac{\partial}{\partial z}(-6yz)$$
$$= 4(x - y),$$

$$\mathbf{rot}(\mathbf{grad}u) = \begin{vmatrix} \boldsymbol{i} & \boldsymbol{j} & \boldsymbol{k} \\ \dfrac{\partial}{\partial x} & \dfrac{\partial}{\partial y} & \dfrac{\partial}{\partial z} \\ 2xy + 2y^2 & x^2 + 4xy - 3z^2 & -6yz \end{vmatrix}$$
$$= \{-6z + 6z, 0, 2x + 4y - 2x - 4y\} = \mathbf{0}.$$

注   一般地,若 $u(x,y,z)$ 有二阶连续偏导数,则总有 $\mathbf{rot}(\mathbf{grad}u) = \mathbf{0}$.

例 11   设向量场 $\boldsymbol{a} = \{x(1 + x^2 z), y(1 - x^2 z), z(1 - x^2 z)\}$.

(1) 求 $\boldsymbol{a}$ 通过由锥面 $z = \sqrt{x^2 + y^2}$ 与平面 $z = 1$ 所围闭曲面外侧的通量 Φ;

(2) 求 $\boldsymbol{a}$ 在点 $M_0(1,2,-1)$ 处的旋度 $\mathbf{rot}\boldsymbol{a}$ 及在该点处沿方向 $\boldsymbol{n} = (2,-2,1)$ 的环量面密度 $\mathbf{rot}_n\boldsymbol{a}$.

解   (1) 所求通量为

$$\Phi = \oiint\limits_{\Sigma} \boldsymbol{a} \cdot \mathrm{d}\boldsymbol{S} = \iiint\limits_{\Omega} \mathrm{div}\boldsymbol{a}\,\mathrm{d}V$$
$$= \iiint\limits_{\Omega} [(1 + 3x^2 z) + (1 - x^2 z) + (1 - 2x^2 z)]\mathrm{d}V$$
$$= 3\iiint\limits_{\Omega} \mathrm{d}V = 3 \times \frac{\pi}{3} = \pi.$$

(2) 计算可得

$$\left.(\mathbf{rot}\,\boldsymbol{a})\right|_{M_0} = \begin{vmatrix} \boldsymbol{i} & \boldsymbol{j} & \boldsymbol{k} \\ \dfrac{\partial}{\partial x} & \dfrac{\partial}{\partial y} & \dfrac{\partial}{\partial z} \\ x(1+x^2z) & y(1-x^2z) & z(1-x^2z) \end{vmatrix}\bigg|_{M_0}$$

$$= \{x^2y, x(x^2+2z^2), -2xyz\}\big|_{M_0} = \{2,3,4\}.$$

再由环量面密度的公式,有

$$\left.(\mathrm{rot}_n\boldsymbol{a})\right|_{M_0} = \frac{(\mathbf{rot}\,\boldsymbol{a})|_{M_0} \cdot \boldsymbol{n}}{\|\boldsymbol{n}\|} = \frac{\{2,3,4\}\cdot\{2,-2,1\}}{\sqrt{4+4+1}} = \frac{2}{3}.$$

例 12 设向量场 $\boldsymbol{a} = \{x^3+3y^2z, 6xyz, mxy^n\}$,试确定常数 m, n,使得 $\boldsymbol{a}$ 为有势场,并求势函数 v,再就确定的 m, n 验证向量场 $\boldsymbol{a}$ 是否为无源场.

解 若 $\mathbf{rot}\,\boldsymbol{a} = \mathbf{0}$,则 $\boldsymbol{a}$ 为有势场. 又

$$\mathbf{rot}\,\boldsymbol{a} = \begin{vmatrix} \boldsymbol{i} & \boldsymbol{j} & \boldsymbol{k} \\ \dfrac{\partial}{\partial x} & \dfrac{\partial}{\partial y} & \dfrac{\partial}{\partial z} \\ x^3+3y^2z & 6xyz & mxy^n \end{vmatrix}$$

$$= \{mnxy^{n-1} - 6xy, 3y^2 - my^n, 6yz - 6yz\},$$

令 $\mathbf{rot}\,\boldsymbol{a} = \mathbf{0}$,则有

$$\begin{cases} mny^{n-1} = 6y, \\ my^n = 3y^2, \end{cases} \quad \text{解得} \quad \begin{cases} m = 3, \\ n = 2, \end{cases}$$

故当 $m=3, n=2$ 时,向量场 $\boldsymbol{a}$ 为有势场.

由于势函数为

$$v = -u + C \quad (C \text{ 为任意常数}),$$

其中 u 满足 $\mathrm{d}u = P\mathrm{d}x + Q\mathrm{d}y + R\mathrm{d}z$,则

$$u(x,y,z) = \int_{(0,0,0)}^{(x,y,z)} P\mathrm{d}x + Q\mathrm{d}y + R\mathrm{d}z$$

$$= \int_{(0,0,0)}^{(x,y,z)} (x^3+3y^2z)\mathrm{d}x + 6xyz\mathrm{d}y + 3xy^2\mathrm{d}z$$

$$= \int_0^x (x^3 + 3\cdot 0)\mathrm{d}x + \int_0^y (6xy\cdot 0)\mathrm{d}y + \int_0^z 3xy^2\mathrm{d}z$$

$$= \int_0^x x^3 \mathrm{d}x + \int_0^z 3xy^2 \mathrm{d}z = \frac{1}{4}x^4 + 3xy^2z,$$

故势函数为

$$v = -u + C = -\left(\frac{1}{4}x^4 + 3xy^2z\right) + C.$$

当 $m=3, n=2$ 时，$\boldsymbol{a} = \{x^3 + 3y^2z, 6xyz, 3xy^2\}$，此时

$$\mathrm{div}\boldsymbol{a} = \frac{\partial P}{\partial x} + \frac{\partial Q}{\partial y} + \frac{\partial R}{\partial z} = 3x^2 + 6xz \neq 0,$$

所以向量场 $\boldsymbol{a}$ 不是无源场．

注 本题求函数 u 时还可以用如下的凑微分法：

$$\begin{aligned}\mathrm{d}u &= P\mathrm{d}x + Q\mathrm{d}y + R\mathrm{d}z = (x^3 + 3y^2z)\mathrm{d}x + 6xyz\mathrm{d}y + 3xy^2\mathrm{d}z \\ &= x^3\mathrm{d}x + (3y^2z\mathrm{d}x + 6xyz\mathrm{d}y + 3xy^2\mathrm{d}z) \\ &= \mathrm{d}\left(\frac{1}{4}x^4\right) + \mathrm{d}(3xy^2z) = \mathrm{d}\left(\frac{1}{4}x^4 + 3xy^2z\right).\end{aligned}$$

12.3 练习题

1. 设 $\boldsymbol{A} = \{x^2, xyz, yz^2\}$，则 $\mathrm{div}\boldsymbol{A} = $ _____，$\mathbf{grad}(2\mathrm{div}\boldsymbol{A}) = $ _____，$\mathrm{rot}\boldsymbol{A} = $ _____．

2. 当常数 $a = $ _____ 时，向量场 $\boldsymbol{A} = \{2x^2 + 6xy, ax^2 - y^2, 3z^2\}$ 为有势场，其势函数为_____．

3. 求第二型曲面积分 $\iint\limits_{\Sigma}\mathrm{d}z\wedge\mathrm{d}x - \mathrm{d}x\wedge\mathrm{d}y$，其中 Σ 为平面 $x - 2z = 100$ 在圆柱面 $x^2 + (y-10)^2 = 1$ 内的部分的下侧.

4. 设曲面 Σ 为以 $A(1,0,0), B\left(0,\frac{1}{2},0\right), C(0,0,1)$ 为顶点的一块平面三角形区域，取上侧，求 $\iint\limits_{\Sigma}x\mathrm{d}y\wedge\mathrm{d}z + y\mathrm{d}z\wedge\mathrm{d}x + z\mathrm{d}x\wedge\mathrm{d}y$.

5. 计算积分 $\iint\limits_{\Sigma}y^2\mathrm{d}y\wedge\mathrm{d}z + x^2\mathrm{d}z\wedge\mathrm{d}x + z^2\mathrm{d}x\wedge\mathrm{d}y$，其中 Σ 为曲面 $z = \sqrt{x^2+y^2}$ 与 $z = \sqrt{2-x^2-y^2}$ 所围成立体表面的内侧.

6. 计算 $I = \iint\limits_{\Sigma}xz^2\mathrm{d}y\wedge\mathrm{d}z + \sin x\mathrm{d}x\wedge\mathrm{d}y$，其中 Σ 为由曲线

$$\begin{cases}y = \sqrt{1+z^2}, \\ x = 0\end{cases} \quad (1 \leqslant z \leqslant 2)$$

绕 z 轴旋转而成的旋转面，其法向量与 z 轴正向的夹角为锐角.

7. 计算积分

$$I = \iint\limits_{\Sigma}\frac{(x^2-yz)\mathrm{d}y\wedge\mathrm{d}z + (y^2-zx)\mathrm{d}z\wedge\mathrm{d}x + \left(z^2-\frac{1}{3}\right)\mathrm{d}x\wedge\mathrm{d}y}{\sqrt{x^2+y^2}+z},$$

其中 Σ 为锥面 $z = 1 - \sqrt{x^2 + y^2}$ 位于 $z \geq 0$ 的部分,取上侧.

8. 计算曲面积分 $\iint\limits_{\Sigma} (x^3 \cos\alpha + y^3 \cos\beta + z^3 \cos\gamma) \mathrm{d}S$,其中 Σ 为过点 $A(1,0,0)$,$B(0,1,0)$,$C(0,0,1)$ 的三角形的上侧,$\cos\alpha, \cos\beta, \cos\gamma$ 为其法向量的方向余弦.

9. 计算积分
$$I = \iint\limits_{\Sigma} \frac{x \mathrm{d}y \wedge \mathrm{d}z + y \mathrm{d}z \wedge \mathrm{d}x + z \mathrm{d}x \wedge \mathrm{d}y}{(x^2 + y^2 + z^2)^{3/2}},$$
其中 Σ 为包含 $(0,0,0)$ 点的光滑闭曲面,取外侧.

10. 计算积分
$$I = \oiint\limits_{\Sigma} x^2 \mathrm{d}y \wedge \mathrm{d}z + y^2 \mathrm{d}z \wedge \mathrm{d}x + z^2 \mathrm{d}x \wedge \mathrm{d}y,$$
其中 Σ 为球面 $(x-a)^2 + (y-b)^2 + (z-c)^2 = R^2$ 的外侧.

11. 已知 $f(u)$ 具有连续的导数,计算积分
$$I = \iint\limits_{\Sigma} x^3 \mathrm{d}y \wedge \mathrm{d}z + \left(\frac{1}{z}f\left(\frac{y}{z}\right) + y^3\right) \mathrm{d}z \wedge \mathrm{d}x + \left(\frac{1}{y}f\left(\frac{y}{z}\right) + z^3\right) \mathrm{d}x \wedge \mathrm{d}y,$$
其中 Σ 为锥面 $x = \sqrt{y^2 + z^2}$ 与球面 $x^2 + y^2 + z^2 = R^2 (x \geq 0)$ 所围立体表面的外侧.

12. 计算曲面积分 $I = \iint\limits_{\Sigma} \dfrac{xy^2 \mathrm{d}y \wedge \mathrm{d}z + e^z \sin x \mathrm{d}z \wedge \mathrm{d}x + x^2 z \mathrm{d}x \wedge \mathrm{d}y}{x^2 + y^2}$,其中 Σ 是柱面 $x^2 + y^2 = 4 (0 \leq z \leq 2)$ 的外侧.

13. 计算第二型曲面积分 $\iint\limits_{\Sigma} P(x,y,z) \mathrm{d}y \wedge \mathrm{d}z + Q(x,y,z) \mathrm{d}z \wedge \mathrm{d}x$,其中曲面 Σ 为 $x^2 + z^2 = 1 (0 \leq y \leq 2)$ 的外侧,已知 P, Q 具有一阶连续偏导数,且
$$Q(x,2,z) = 0, \quad Q(x,0,z) = -2\sqrt{1-x^2-z^2}, \quad \frac{\partial P}{\partial x} + \frac{\partial Q}{\partial y} = y\sqrt{1-x^2}.$$

14. 计算积分
$$I = \oint_L x^2 y \mathrm{d}x + (x^2 + y^2) \mathrm{d}y + (x + y + z) \mathrm{d}z,$$
其中 L 为曲面 $x^2 + y^2 + z^2 = 11$ 与曲面 $z = x^2 + y^2 + 1$ 的交线,其方向与 z 轴正向成右手系.

第 13 讲   数项级数

13.1   内容提要

一、数项级数与数项级数的前 n 项和（或部分和）的定义

将无穷数列 $\{a_n\}$ 的各项依次相加所得到的表达式

$$a_1 + a_2 + \cdots + a_n + \cdots \quad \text{或} \quad \sum_{n=1}^{\infty} a_n$$

称为**常数项无穷级数**，简称为**数项级数**或**级数**，其中 a_n 称为该级数的**通项**或**一般项**. 称

$$S_n = a_1 + a_2 + \cdots + a_n = \sum_{k=1}^{n} a_k \quad (n=1,2,\cdots)$$

为**级数** $\sum_{n=1}^{\infty} a_n$ 的前 n 项和，简称为**部分和**.

二、数项级数敛散性的定义

(1) 若部分和数列 $\{S_n\}$ 收敛，则称**级数** $\sum_{n=1}^{\infty} a_n$ **收敛**，并称

$$S = \lim_{n \to \infty} S_n = \lim_{n \to \infty} \sum_{k=1}^{n} a_k$$

为它的**和**，记为 $\sum_{n=1}^{\infty} a_n = S$；否则，称级数 $\sum_{n=1}^{\infty} a_n$ **发散**.

(2) 级数 $\sum_{n=1}^{\infty} a_n$ 的收敛与发散统称为**级数的敛散性**.

(3) 收敛级数的和与其部分和之差 $R_n = S - S_n = \sum_{k=n+1}^{\infty} a_k$ 称为该级数的**余项**.

三、数项级数的收敛性质

性质 1（线性与单调性）   设数项级数 $\sum_{n=1}^{\infty} a_n$ 与 $\sum_{n=1}^{\infty} b_n$ 都收敛，且其和分别为 S 与 T，则以下结论都成立：

(1) 对任意 $\lambda \in \mathbf{R}$，级数 $\sum_{n=1}^{\infty} \lambda a_n$ 收敛，且其和为 λS，即 $\sum_{n=1}^{\infty} \lambda a_n = \lambda S$；

(2) 级数 $\sum_{n=1}^{\infty}(a_n \pm b_n)$ 收敛,且其和为 $S \pm T$,即 $\sum_{n=1}^{\infty}(a_n \pm b_n) = S \pm T$;

(3) 若对任意 $n \in \mathbf{R}^*$,都有 $a_n \leqslant b_n$,则必有 $\sum_{n=1}^{\infty} a_n \leqslant \sum_{n=1}^{\infty} b_n$,即 $S \leqslant T$.

性质 2 在一个级数中任意删去或添加有限项,都不会改变该级数的敛散性.

性质 3(结合律) 设级数 $\sum_{n=1}^{\infty} a_n$ 收敛,在不改变它的各项次序的前提下任意添加括号,新得的级数仍然收敛且和不变.

性质 4(级数收敛的必要条件) 若级数 $\sum_{n=1}^{\infty} a_n$ 收敛,则其通项必满足 $\lim_{n \to \infty} a_n = 0$.

性质 5 若数项级数 $\sum_{n=1}^{\infty} a_n$ 收敛,则其余项 R_n 必满足 $\lim_{n \to \infty} R_n = 0$.

四、数项级数的 Cauchy 收敛准则

数项级数 $\sum_{n=1}^{\infty} a_n$ 收敛的充要条件是 $\forall \varepsilon > 0$,均存在 $N \in \mathbf{N}^*$,使得 $\forall n > N$ 以及 $\forall p \in \mathbf{N}^*$,恒有 $\left|\sum_{k=n+1}^{n+p} a_k\right| < \varepsilon$.

五、正项级数的概念及其判敛法

1) **正项级数的定义**:若对任意 $n \in \mathbf{N}^*$,有 $a_n \geqslant 0$,则称 $\sum_{n=1}^{\infty} a_n$ 为**正项级数**.

2) **正项级数的判敛法**.

(1) **有界性判敛法**:正项级数 $\sum_{n=1}^{\infty} a_n$ 收敛的充要条件是其部分和数列有上界.

(2) **比较判别法**:设级数 $\sum_{n=1}^{\infty} a_n$ 和 $\sum_{n=1}^{\infty} b_n$ 均为正项级数,若存在正数 $C > 0$ 和正整数 N,使得当 $n \geqslant N$ 时,恒有 $a_n \leqslant C b_n$,则当级数 $\sum_{n=1}^{\infty} b_n$ 收敛时,$\sum_{n=1}^{\infty} a_n$ 也收敛;当级数 $\sum_{n=1}^{\infty} a_n$ 发散时,$\sum_{n=1}^{\infty} b_n$ 也发散.

(3) **比较判别法的极限形式**:设级数 $\sum_{n=1}^{\infty} a_n$ 与 $\sum_{n=1}^{\infty} b_n$ 都是正项级数,且 $b_n > 0$ ($n = 1, 2, \cdots$). 如果极限

$$\lim_{n \to \infty} \frac{a_n}{b_n} = \lambda \quad (\lambda \text{ 为有限数或 } +\infty),$$

那么下述结论成立:

① 若 $0 < \lambda < +\infty$,则级数 $\sum_{n=1}^{\infty} a_n$ 与 $\sum_{n=1}^{\infty} b_n$ 同时收敛或同时发散;

② 若 $\lambda = 0$ 且级数 $\sum_{n=1}^{\infty} b_n$ 收敛，则级数 $\sum_{n=1}^{\infty} a_n$ 也收敛；

③ 若 $\lambda = +\infty$ 且级数 $\sum_{n=1}^{\infty} b_n$ 发散，则级数 $\sum_{n=1}^{\infty} a_n$ 也发散．

(4) **D'Alembert 判别法或比值判别法**：设 $\sum_{n=1}^{\infty} a_n$ 为正项级数，且 $a_n > 0 (n = 1, 2, \cdots)$．如果极限

$$\lim_{n \to \infty} \frac{a_{n+1}}{a_n} = \rho \quad (\rho \text{ 为有限数或} +\infty),$$

那么以下结论成立：

① 若 $\rho < 1$，则级数 $\sum_{n=1}^{\infty} a_n$ 收敛；　② 若 $1 < \rho \leqslant +\infty$，则级数 $\sum_{n=1}^{\infty} a_n$ 发散．

(5) **Cauchy 判别法或根值判别法**：设 $\sum_{n=1}^{\infty} a_n$ 为正项级数，且

$$\lim_{n \to \infty} \sqrt[n]{a_n} = \rho \quad (\rho \text{ 为有限数或} +\infty),$$

那么以下结论成立：

① 若 $\rho < 1$，则级数 $\sum_{n=1}^{\infty} a_n$ 收敛；　② 若 $1 < \rho \leqslant +\infty$，则级数 $\sum_{n=1}^{\infty} a_n$ 发散．

注　在比值判别法和根值判别法中，当 $\rho = 1$ 时，正项级数 $\sum_{n=1}^{\infty} a_n$ 可能收敛也可能发散．

(6) **积分判别法**：设函数 $f(x)$ 在区间 $[1, +\infty)$ 上非负、单调减少且连续，若数列 $a_n = f(n) (n = 1, 2, \cdots)$，则正项级数 $\sum_{n=1}^{\infty} a_n$ 与反常积分 $\int_{1}^{+\infty} f(x) dx$ 同时收敛或同时发散．

六、交错级数的概念及其判敛法

1) **交错级数的定义**：若一个级数中各项的正负号交替变化，则称它为**交错级数**．交错级数可以表示为

$$\sum_{n=1}^{\infty} (-1)^{n-1} a_n = a_1 - a_2 + a_3 - a_4 + \cdots + (-1)^{n-1} a_n + \cdots,$$

其中 $a_n > 0 (n = 1, 2, \cdots)$．

2) **交错级数的判敛法（Leibniz 判别法）**．若以下两个条件成立：

(1) 数列 $\{a_n\}$ 单减；　(2) $\lim_{n \to \infty} a_n = 0$，

则交错级数 $\sum_{n=1}^{\infty} (-1)^{n-1} a_n$ 收敛，且其和 $S \leqslant a_1$，余项满足 $|R_n| \leqslant a_{n+1} (\forall n \in \mathbf{N}^*)$．

七、数项级数的绝对收敛与条件收敛

1) **绝对收敛与条件收敛的定义**：若绝对值级数 $\sum\limits_{n=1}^{\infty}|a_n|$ 收敛，则称级数 $\sum\limits_{n=1}^{\infty}a_n$ **绝对收敛**；若绝对值级数 $\sum\limits_{n=1}^{\infty}|a_n|$ 发散，但 $\sum\limits_{n=1}^{\infty}a_n$ 收敛，则称级数 $\sum\limits_{n=1}^{\infty}a_n$ **条件收敛**.

2) **绝对收敛准则**：若绝对值级数 $\sum\limits_{n=1}^{\infty}|a_n|$ 收敛，则级数 $\sum\limits_{n=1}^{\infty}a_n$ 必收敛.

八、任意项级数的判敛法

1) **正部与负部的定义**：设 $a \in \mathbf{R}$，分别称

$$a^+ = \frac{|a|+a}{2} = \begin{cases} a, & a \geqslant 0, \\ 0, & a < 0 \end{cases} \quad \text{和} \quad a^- = \frac{|a|-a}{2} = \begin{cases} 0, & a \geqslant 0, \\ -a, & a < 0 \end{cases}$$

为 a 的**正部**和**负部**. 根据正部和负部的定义，我们得到 $a = a^+ - a^-$，$|a| = a^+ + a^-$.

2) **任意项级数的判敛法**：对于任意项级数 $\sum\limits_{n=1}^{\infty}a_n$，以下结论成立：

(1) 级数 $\sum\limits_{n=1}^{\infty}a_n$ 绝对收敛的充要条件是级数 $\sum\limits_{n=1}^{\infty}a_n^+$ 和级数 $\sum\limits_{n=1}^{\infty}a_n^-$ 都收敛；

(2) 若级数 $\sum\limits_{n=1}^{\infty}a_n$ 条件收敛，则级数 $\sum\limits_{n=1}^{\infty}a_n^+$ 和级数 $\sum\limits_{n=1}^{\infty}a_n^-$ 都发散（到 $+\infty$）.

13.2 例题与释疑解难

问题 1 在数项级数的运算和有关证明中，容易出现哪些错误？

例 1 以下说法是否正确？若正确，请给出证明；若错误，请指出错误所在.

(1) 若级数 $\sum\limits_{n=1}^{\infty}a_n$ 收敛，级数 $\sum\limits_{n=1}^{\infty}b_n$ 发散，则级数 $\sum\limits_{n=1}^{\infty}(a_n+b_n)$ 必发散；

(2) 若级数 $\sum\limits_{n=1}^{\infty}a_n$ 和 $\sum\limits_{n=1}^{\infty}b_n$ 都发散，则级数 $\sum\limits_{n=1}^{\infty}(a_n+b_n)$ 必发散；

(3) 若级数 $\sum\limits_{n=1}^{\infty}a_n$ 发散，则级数 $\sum\limits_{n=1}^{\infty}(a_n+1000)$ 必发散；

(4) 若 $\{S_n\}$ 是一数列，则级数
$$S_1 + (S_2 - S_1) + \cdots + (S_n - S_{n-1}) + \cdots$$
与数列 $\{S_n\}$ 同敛散；

(5) 若级数 $\sum\limits_{n=1}^{\infty}a_n$ 和 $\sum\limits_{n=1}^{\infty}b_n$ 都收敛，且 $a_n \leqslant c_n \leqslant b_n (\forall n \in \mathbf{N}^*)$，则 $\sum\limits_{n=1}^{\infty}c_n$ 必收敛.

解 (1) 正确. 可以采用反证法来证明. 事实上，反设级数 $\sum\limits_{n=1}^{\infty}(a_n+b_n)$ 收敛，

则由 $\sum_{n=1}^{\infty} a_n$ 收敛以及收敛级数的线性性质可知级数

$$\sum_{n=1}^{\infty} b_n = \sum_{n=1}^{\infty} [(a_n+b_n)-a_n]$$

收敛. 这与已知条件矛盾, 所以级数 $\sum_{n=1}^{\infty}(a_n+b_n)$ 发散.

(2) 不正确. 例如, 级数 $\sum_{n=1}^{\infty} \frac{n}{n+1}$ 和 $\sum_{n=1}^{\infty}\left(\frac{1}{2^n}-\frac{n}{n+1}\right)$ 都发散, 但级数

$$\sum_{n=1}^{\infty}\left[\frac{n}{n+1}+\left(\frac{1}{2^n}-\frac{n}{n+1}\right)\right] = \sum_{n=1}^{\infty} \frac{1}{2^n}$$

却是收敛的.

(3) 不正确. 例如, 级数 $\sum_{n=1}^{\infty}\left(\frac{1}{n^2}-1000\right)$ 发散, 但

$$\sum_{n=1}^{\infty}\left[\left(\frac{1}{n^2}-1000\right)+1000\right] = \sum_{n=1}^{\infty} \frac{1}{n^2}$$

却是收敛的.

(4) 正确. 因为数列 $\{S_n\}$ 就是级数 $S_1+(S_2-S_1)+\cdots+(S_n-S_{n-1})+\cdots$ 的部分和, 于是由级数敛散性的定义可知两者同敛散.

(5) 正确. 事实上, 由题目条件可知 $0 \leqslant c_n - a_n \leqslant b_n - a_n (\forall n \in \mathbf{N}^*)$, 且由收敛级数的线性性质可知正项级数 $\sum_{n=1}^{\infty}(b_n-a_n)$ 收敛, 所以由正项级数的比较判别法可知正项级数 $\sum_{n=1}^{\infty}(c_n-a_n)$ 收敛, 再由级数 $\sum_{n=1}^{\infty} a_n$ 收敛和收敛级数的线性性质即得级数 $\sum_{n=1}^{\infty} c_n = \sum_{n=1}^{\infty}[(c_n-a_n)+a_n]$ 收敛.

思考 能否采用下面的方法来论证(5)? 如果不能, 那么错因是什么?

因为级数 $\sum_{n=1}^{\infty} b_n$ 收敛, 且 $c_n \leqslant b_n (\forall n \in \mathbf{N}^*)$, 所以由正项级数的比较判别法可知级数 $\sum_{n=1}^{\infty} c_n$ 收敛.

问题 2 在运用正项级数的判敛法时, 应理清条件和结论之间的逻辑.

例 2 以下说法是否正确? 若正确, 请给出证明; 若错误, 请指出错误所在.

(1) 若正项级数 $\sum_{n=1}^{\infty} a_n$ 和 $\sum_{n=1}^{\infty} b_n$ 都收敛, 且 $b_n > 0 (n=1,2,\cdots)$, 则极限 $\lim_{n \to \infty} \frac{a_n}{b_n}$ 必存在;

(2) 若正项级数 $\sum_{n=1}^{\infty} a_n$ 收敛, 且 $a_n > 0 (n=1,2,\cdots)$, 则必有 $\lim_{n \to \infty} \frac{a_{n+1}}{a_n} = \rho < 1$;

(3) 若正项级数 $\sum_{n=1}^{\infty} a_n$ 收敛,且 $a_n > 0 (n=1,2,\cdots)$,则必有 $\lim_{n\to\infty} \sqrt[n]{a_n} = \rho < 1$.

解 (1) 不正确. 例如,正项级数 $\sum_{n=1}^{\infty} \dfrac{2+(-1)^n}{n^2}$ 和 $\sum_{n=1}^{\infty} \dfrac{1}{n^2}$ 都收敛,且 $\dfrac{1}{n^2} > 0$ $(n=1,2,\cdots)$,但极限

$$\lim_{n\to\infty} \frac{\dfrac{2+(-1)^n}{n^2}}{\dfrac{1}{n^2}} = \lim_{n\to\infty}(2+(-1)^n)$$

不存在.

(2) 不正确. 例如,正项级数 $\sum_{n=1}^{\infty} \dfrac{2+(-1)^n}{n^2}$ 收敛,且 $\dfrac{2+(-1)^n}{n^2} > 0 (n=1, 2,\cdots)$,但极限

$$\lim_{n\to\infty} \frac{\dfrac{2+(-1)^{n+1}}{(n+1)^2}}{\dfrac{2+(-1)^n}{n^2}} = \lim_{n\to\infty} \frac{2+(-1)^{n+1}}{2+(-1)^n}$$

不存在.

(3) 不正确. 例如,正项级数 $\sum_{n=1}^{\infty} \dfrac{1}{n^2}$ 收敛,且 $\dfrac{1}{n^2} > 0 (n=1,2,\cdots)$,但极限

$$\lim_{n\to\infty} \sqrt[n]{\frac{1}{n^2}} = \lim_{n\to\infty} \frac{1}{(\sqrt[n]{n})^2} = 1.$$

问题 3 在讨论级数敛散性时,如何根据具体问题选用合适的判别法?

例 3 判别级数 $\sum_{n=1}^{\infty} 3^n \sin\dfrac{\pi}{4^n}$ 的敛散性.

分析 上文所介绍的所有判敛法都适用于本题,限于篇幅,这里仅介绍下面 5 种解法.

解法 1(有界性判别法) 由 $0 < a_n = 3^n \sin\dfrac{\pi}{4^n} < \pi\left(\dfrac{3}{4}\right)^n (n=1,2,\cdots)$ 可得

$$S_n = \sum_{k=1}^{n} a_k < \sum_{k=1}^{n} \pi\left(\frac{3}{4}\right)^k = \pi \cdot \frac{\dfrac{3}{4}\left(1-\left(\dfrac{3}{4}\right)^n\right)}{1-\dfrac{3}{4}} < 3\pi, \quad n=1,2,\cdots,$$

这说明部分和数列 $\{S_n\}$ 有上界,故由有界性判别法知级数 $\sum_{n=1}^{\infty} 3^n \sin\dfrac{\pi}{4^n}$ 收敛.

解法 2(比较判别法) 因为

$$0 < 3^n \sin\frac{\pi}{4^n} < \pi\left(\frac{3}{4}\right)^n \quad (n=1,2,\cdots),$$

又因为 $\sum\limits_{n=1}^{\infty}\pi\left(\dfrac{3}{4}\right)^n$ 是 $q=\dfrac{3}{4}$ 的等比级数,该级数收敛,所以由比较判别法可知级数 $\sum\limits_{n=1}^{\infty}3^n\sin\dfrac{\pi}{4^n}$ 收敛.

解法 3（比较判别法的极限形式） 因为 $a_n=3^n\sin\dfrac{\pi}{4^n}>0(n=1,2,\cdots)$,且

$$\lim_{n\to\infty}\dfrac{a_n}{\pi\left(\dfrac{3}{4}\right)^n}=\lim_{n\to\infty}\dfrac{3^n\cdot\dfrac{\pi}{4^n}}{\pi\left(\dfrac{3}{4}\right)^n}=1,$$

而级数 $\sum\limits_{n=1}^{\infty}\pi\left(\dfrac{3}{4}\right)^n$ 收敛,所以由比较判别法的极限形式知级数 $\sum\limits_{n=1}^{\infty}3^n\sin\dfrac{\pi}{4^n}$ 收敛.

解法 4（比值判别法） 因为 $a_n=3^n\sin\dfrac{\pi}{4^n}>0(n=1,2,\cdots)$,且

$$\lim_{n\to\infty}\dfrac{a_{n+1}}{a_n}=\lim_{n\to\infty}\dfrac{3^{n+1}\sin\dfrac{\pi}{4^{n+1}}}{3^n\sin\dfrac{\pi}{4^n}}=3\lim_{n\to\infty}\dfrac{\dfrac{\pi}{4^{n+1}}}{\dfrac{\pi}{4^n}}=\dfrac{3}{4}<1,$$

所以由比值判别法知级数 $\sum\limits_{n=1}^{\infty}3^n\sin\dfrac{\pi}{4^n}$ 收敛.

解法 5（根值判别法） 因为 $a_n=3^n\sin\dfrac{\pi}{4^n}>0(n=1,2,\cdots)$,且

$$\lim_{n\to\infty}\sqrt[n]{a_n}=3\lim_{n\to\infty}\sqrt[n]{\sin\dfrac{\pi}{4^n}}=\dfrac{3}{4}<1,$$

所以由根值判别法知级数 $\sum\limits_{n=1}^{\infty}3^n\sin\dfrac{\pi}{4^n}$ 收敛.

注 请读者验证一下这个极限：$\lim\limits_{n\to\infty}\sqrt[n]{\sin\dfrac{\pi}{4^n}}=\dfrac{1}{4}$.

关于比较判别法的极限形式的说明 上面解法 3 的难点在于如何确定极限式中的分母 $\pi\left(\dfrac{3}{4}\right)^n$. 注意到级数通项 $a_n=3^n\sin\dfrac{\pi}{4^n}$ 是无穷小量（$n\to\infty$ 时）,所以极限形式的分母可以通过找通项 a_n 的阶来确定. 因为 $n\to\infty$ 时,通项 a_n 与 $\pi\left(\dfrac{3}{4}\right)^n$ 是等价无穷小,鉴于此方面的考虑,所以我们选取 $\pi\left(\dfrac{3}{4}\right)^n$ 为极限式中的分母.

例 4 试用比较判别法的极限形式来判别下列级数的敛散性：

(1) $\sum\limits_{n=1}^{\infty}\left(1-\cos\dfrac{\pi}{n}\right)$;   (2) $\sum\limits_{n=1}^{\infty}\dfrac{\ln n}{n}$;   (3) $\sum\limits_{n=1}^{\infty}\dfrac{\ln^2 n}{\sqrt[4]{n^5}}$.

解 （1）因为 $a_n = 1 - \cos\dfrac{\pi}{n} > 0 (n = 1, 2, \cdots)$，且 $n \to \infty$ 时

$$a_n \sim \frac{1}{2}\left(\frac{\pi}{n}\right)^2 = \frac{\pi^2}{2n^2}, \quad \text{即} \quad \lim_{n\to\infty} \frac{1 - \cos\dfrac{\pi}{n}}{\dfrac{\pi^2}{2n^2}} = 1,$$

又级数 $\sum\limits_{n=1}^{\infty} \dfrac{\pi^2}{2n^2}$ 收敛，所以级数 $\sum\limits_{n=1}^{\infty}\left(1 - \cos\dfrac{\pi}{n}\right)$ 收敛.

（2）注意到通项 $a_n = \dfrac{\ln n}{n} \geqslant 0 (n = 1, 2, \cdots), \lim\limits_{n\to\infty} a_n = 0$，且 $n \to \infty$ 时，a_n 是 $\dfrac{1}{n}$ 的低阶无穷小，即有

$$\lim_{n\to\infty} \frac{a_n}{\dfrac{1}{n}} = \lim_{n\to\infty} \ln n = +\infty,$$

于是由调和级数 $\sum\limits_{n=1}^{\infty} \dfrac{1}{n}$ 发散知级数 $\sum\limits_{n=1}^{\infty} \dfrac{\ln n}{n}$ 发散.

（3）注意到通项 $a_n = \dfrac{\ln^2 n}{\sqrt[4]{n^5}} \geqslant 0 (n = 1, 2, \cdots), \lim\limits_{n\to\infty} a_n = 0$，且 $n \to \infty$ 时，a_n 是 $\dfrac{1}{n^{\frac{9}{8}}}$ 的高阶无穷小，即有

$$\lim_{n\to\infty} \frac{a_n}{\dfrac{1}{n^{\frac{9}{8}}}} = \lim_{n\to\infty} \frac{\ln^2 n}{n^{\frac{1}{8}}} = 0,$$

因为级数 $\sum\limits_{n=1}^{\infty} \dfrac{1}{n^{\frac{9}{8}}}$ 收敛，所以级数 $\sum\limits_{n=1}^{\infty} \dfrac{\ln^2 n}{\sqrt[4]{n^5}}$ 收敛.

例 5 判别级数 $\sum\limits_{n=1}^{\infty} \dfrac{1}{(n^2+1)(3n-2)}$ 的敛散性.

分析 因为这个级数是正项级数，所以优先考虑用正项级数的判敛法来论证. 又

$$\lim_{n\to\infty} \frac{a_{n+1}}{a_n} = \lim_{n\to\infty} \frac{(n^2+1)(3n-2)}{[(n+1)^2+1](3n+1)} = 1,$$

显然我们无法直接应用比值判别法来判定它的敛散性.

注意到这个级数的通项 a_n 是无穷小量（$n \to \infty$ 时），因此可以尝试找通项 a_n 的阶. 不难发现，$n \to \infty$ 时，$a_n = \dfrac{1}{(n^2+1)(3n-2)}$ 与 $\dfrac{1}{3n^3}$ 是等价无穷小，鉴于此，可以考虑用比较判别法的极限形式来判别.

解 因为 $a_n = \dfrac{1}{(n^2+1)(3n-2)} > 0 (n = 1, 2, \cdots)$，且

$$\lim_{n\to\infty}\frac{a_n}{\frac{1}{3n^3}}=\lim_{n\to\infty}\frac{3n^3}{(n^2+1)(3n-2)}=1,$$

又级数 $\sum_{n=1}^{\infty}\frac{1}{3n^3}$ 收敛，所以级数 $\sum_{n=1}^{\infty}\frac{1}{(n^2+1)(3n-2)}$ 收敛.

例 6 判别级数 $\sum_{n=1}^{\infty}\frac{2+(-1)^n}{5^n}$ 的敛散性.

分析 该级数是正项级数，且其通项 $\frac{2+(-1)^n}{5^n}$ 与 $\frac{1}{5^n}$ 是 $n\to\infty$ 时的同阶无穷小. 如果鉴于这方面的考虑而采用比较判别法的极限形式来判别，那么到底能否得到最终的答案呢？事实上，极限

$$\lim_{n\to\infty}\frac{\frac{2+(-1)^n}{5^n}}{\frac{1}{5^n}}=\lim_{n\to\infty}(2+(-1)^n)$$

不存在，因此比较判别法的极限形式不适用于本题.

接下来看看比值判别法是否适用. 因为

$$\lim_{n\to\infty}\frac{a_{n+1}}{a_n}=\lim_{n\to\infty}\frac{2+(-1)^{n+1}}{5^{n+1}}\cdot\frac{5^n}{2+(-1)^n}=\frac{1}{5}\lim_{n\to\infty}\frac{2+(-1)^{n+1}}{2+(-1)^n}$$

也不存在，所以无法用比值判别法来判别.

至此，通常认为最简便的两种判别方法都失效了，而只能考虑另外两种常用的判别法——根值判别法和比较判别法.

解法 1（根值判别法） 因为

$$a_n=\frac{2+(-1)^n}{5^n}>0\quad(n=1,2,\cdots),\quad \lim_{n\to\infty}\sqrt[n]{a_n}=\frac{1}{5}\lim_{n\to\infty}\sqrt[n]{2+(-1)^n},$$

又 $1\leqslant\sqrt[n]{2+(-1)^n}\leqslant\sqrt[n]{3}$，且 $\lim_{n\to\infty}\sqrt[n]{3}=1$，可得

$$\lim_{n\to\infty}\sqrt[n]{a_n}=\frac{1}{5}\lim_{n\to\infty}\sqrt[n]{2+(-1)^n}=\frac{1}{5}<1,$$

所以由根值判别法知级数 $\sum_{n=1}^{\infty}\frac{2+(-1)^n}{5^n}$ 收敛.

解法 2（比较判别法） 注意到

$$0<a_n=\frac{2+(-1)^n}{5^n}\leqslant\frac{3}{5^n},\quad n=1,2,\cdots,$$

且级数 $\sum_{n=1}^{\infty}\frac{3}{5^n}$ 收敛，因此由比较判别法知级数 $\sum_{n=1}^{\infty}\frac{2+(-1)^n}{5^n}$ 收敛.

注 本题还可以利用收敛级数的性质来判定. 因为

$$\sum_{n=1}^{\infty}\frac{2+(-1)^n}{5^n}=\sum_{n=1}^{\infty}\left(\frac{2}{5^n}+\left(-\frac{1}{5}\right)^n\right),$$

又 $\sum_{n=1}^{\infty} \frac{2}{5^n}$ 和 $\sum_{n=1}^{\infty}\left(-\frac{1}{5}\right)^n$ 收敛,所以由收敛级数的线性性质知原级数收敛.

说明　上面常用的几种判别方法有如下关系：

(1) 凡能用比值法判定收敛的级数,也能用根值法判定其收敛性(证明略).

(2) 凡能用比较法的极限形式、比值法和根值法判定收敛的级数,用比较法也能判定其收敛,原因是这三种方法都是以比较法为基础推导出来的. 需要指出的是,直接用比较法时可能很难找到合适的比较级数.

例 7　求常数 a 和 b 的值,使得级数 $\sum_{n=1}^{\infty}(\ln n+a\ln(n+1)+b\ln(n+2))$ 收敛.

解　因为
$$\ln n + a\ln(n+1) + b\ln(n+2)$$
$$= \ln n + a\ln n + a\ln\left(1+\frac{1}{n}\right) + b\ln n + b\ln\left(1+\frac{2}{n}\right)$$
$$= (1+a+b)\ln n + (a+2b)\frac{1}{n} - \left(\frac{a}{2}+2b\right)\frac{1}{n^2} + o\left(\frac{1}{n^2}\right),$$

所以令 $\begin{cases} a+b+1=0, \\ a+2b=0, \end{cases}$ 可得 $a=-2, b=1$.

另一方面, 当 $a=-2, b=1$ 时, 级数通项
$$u_n = \ln n - 2\ln(n+1) + \ln(n+2) = -\frac{1}{n^2} + o\left(\frac{1}{n^2}\right),$$

于是 $\lim_{n\to\infty}\frac{-u_n}{\frac{1}{n^2}} = 1$. 而级数 $\sum_{n=1}^{\infty}\frac{1}{n^2}$ 收敛,故由比较判别法的极限形式知 $\sum_{n=1}^{\infty}(-u_n)$ 收敛,则原级数也收敛.

综上可知 $a=-2, b=1$.

问题 4　判别任意项级数 $\sum_{n=1}^{\infty} a_n$ 敛散性的步骤有哪些？

一般的判别步骤如下：

(1) 检查 $\lim_{n\to\infty} a_n = 0$ 是否成立. 若 $\lim_{n\to\infty} a_n \neq 0$,则级数 $\sum_{n=1}^{\infty} a_n$ 必发散.

(2) 判别绝对值级数 $\sum_{n=1}^{\infty}|a_n|$ 是否收敛. 若绝对值级数 $\sum_{n=1}^{\infty}|a_n|$ 收敛,则级数 $\sum_{n=1}^{\infty} a_n$ 必收敛,且为绝对收敛；若绝对值级数 $\sum_{n=1}^{\infty}|a_n|$ 发散,且采用的判敛法是比值法或者根值法,则级数 $\sum_{n=1}^{\infty} a_n$ 也发散(这是因为此时必有 $\lim_{n\to\infty} a_n \neq 0$)；若绝对值级

数 $\sum_{n=1}^{\infty} |a_n|$ 发散,但采用的判敛法既不是比值法也不是根值法,则继续判别级数 $\sum_{n=1}^{\infty} a_n$ 自身是否收敛,即是否条件收敛.

(3) 若级数 $\sum_{n=1}^{\infty} a_n$ 为交错级数,可以采用 Leibniz 判别法来判别其收敛性.

(4) 当常用的判别法无法判别级数 $\sum_{n=1}^{\infty} a_n$ 的敛散性时,可以考虑直接用数项级数敛散性的定义、性质或者数项级数的 Cauchy 收敛准则来判别.

例 8   判别级数 $\sum_{n=1}^{\infty} (-1)^{n-1} \dfrac{n}{3^n}$ 的敛散性.

解   因为
$$\lim_{n\to\infty} \frac{|a_{n+1}|}{|a_n|} = \lim_{n\to\infty} \frac{n+1}{3^{n+1}} \cdot \frac{3^n}{n} = \frac{1}{3} < 1,$$

所以由比值判别法可知绝对值级数 $\sum_{n=1}^{\infty} \left|(-1)^{n-1} \dfrac{n}{3^n}\right|$ 收敛,即级数 $\sum_{n=1}^{\infty} (-1)^{n-1} \dfrac{n}{3^n}$ 绝对收敛,故级数 $\sum_{n=1}^{\infty} (-1)^{n-1} \dfrac{n}{3^n}$ 收敛.

注   本题也可以直接采用 Leibniz 判别法来判别敛散性,读者不妨一试.

例 9   判别级数 $\sum_{n=1}^{\infty} (-1)^n (\sqrt{n+1} - \sqrt{n})$ 的收敛性. 若收敛,请问是绝对收敛还是条件收敛?

解   因为 $\sum_{n=1}^{\infty} |(-1)^{n-1}(\sqrt{n+1}-\sqrt{n})| = \sum_{n=1}^{\infty} (\sqrt{n+1}-\sqrt{n})$,且 $n \to \infty$ 时
$$\sqrt{n+1} - \sqrt{n} = \frac{1}{\sqrt{n+1}+\sqrt{n}} \sim \frac{2}{\sqrt{n}}, \quad 即 \quad \lim_{n\to\infty} \frac{\sqrt{n+1}-\sqrt{n}}{2/\sqrt{n}} = 1,$$

而 $\sum_{n=1}^{\infty} \dfrac{2}{\sqrt{n}}$ 发散,所以 $\sum_{n=1}^{\infty} |(-1)^{n-1}(\sqrt{n+1}-\sqrt{n})|$ 发散,即 $\sum_{n=1}^{\infty} (-1)^n(\sqrt{n+1}-\sqrt{n})$ 非绝对收敛.

接下来考查级数 $\sum_{n=1}^{\infty} (-1)^n (\sqrt{n+1}-\sqrt{n})$ 自身是否收敛,即是否条件收敛. 注意到级数 $\sum_{n=1}^{\infty} (-1)^n (\sqrt{n+1}-\sqrt{n})$ 为交错级数,因此可以采用 Leibniz 判别法. 首先,经直接计算得
$$\lim_{n\to\infty} a_n = \lim_{n\to\infty} (\sqrt{n+1}-\sqrt{n}) = \lim_{n\to\infty} \frac{1}{\sqrt{n+1}+\sqrt{n}} = 0;$$

其次,由 $a_n = \sqrt{n+1} - \sqrt{n} = \dfrac{1}{\sqrt{n+1}+\sqrt{n}}(n=1,2,\cdots)$ 可知数列 $\{a_n\}$ 单减. 因此,由 Leibniz 判别法即得交错级数 $\sum\limits_{n=1}^{\infty}(-1)^n(\sqrt{n+1}-\sqrt{n})$ 收敛,但因其绝对值级数发散,所以级数 $\sum\limits_{n=1}^{\infty}(-1)^n(\sqrt{n+1}-\sqrt{n})$ 条件收敛.

注 在对交错级数 $\sum\limits_{n=1}^{\infty}(-1)^{n-1}a_n(a_n>0, n=1,2,\cdots)$ 运用 Leibniz 判别法时,检查正数列 $\{a_n\}$ 的单减性是解决问题的一个关键,而判断单减性有以下常用方法:

(1) **比商法**,即检查是否有 $\dfrac{a_{n+1}}{a_n} \leqslant 1(n=1,2,\cdots)$;

(2) **作差法**,即检查是否有 $a_{n+1} - a_n \leqslant 0(n=1,2,\cdots)$;

(3) 通过令 $f(n) = a_n(n=1,2,\cdots)$ 得到法则 f,再检查相应的函数 $f(x)$ 在区间 $[1, +\infty)$ 上是否单减.

例 10 已知 $a_n = \int_{n\pi}^{(n+1)\pi} \dfrac{\sin x}{\sqrt{x}} dx(n=1,2,\cdots)$,判断级数 $\sum\limits_{n=1}^{\infty} a_n$ 的敛散性. 若收敛,是绝对收敛还是条件收敛?

解 因为 $a_n = \int_{n\pi}^{(n+1)\pi} \dfrac{\sin x}{\sqrt{x}} dx$,所以当 n 为偶数时 $a_n > 0$,当 n 为奇数时 $a_n < 0$,故 $\sum\limits_{n=1}^{\infty} a_n$ 为交错级数. 因为

$$0 \leqslant |a_n| = \int_{n\pi}^{(n+1)\pi} \dfrac{|\sin x|}{\sqrt{x}} dx \leqslant \int_{n\pi}^{(n+1)\pi} \dfrac{dx}{\sqrt{x}} = \dfrac{2\sqrt{\pi}}{\sqrt{n+1}+\sqrt{n}} \to 0 \quad (n \to \infty),$$

所以 $\lim\limits_{n\to\infty} |a_n| = 0$. 又因为

$$|a_n| = \int_{n\pi}^{(n+1)\pi} \dfrac{|\sin x|}{\sqrt{x}} dx \geqslant \int_{n\pi}^{(n+1)\pi} \dfrac{|\sin x|}{\sqrt{x+\pi}} dx$$

$$\xlongequal{\diamondsuit\, x+\pi=t} \int_{(n+1)\pi}^{(n+2)\pi} \dfrac{|\sin t|}{\sqrt{t}} dt = |a_{n+1}|,$$

所以 $\{|a_n|\}$ 单调递减. 从而由 Leibniz 判别法得知级数 $\sum\limits_{n=1}^{\infty} a_n$ 收敛.

另一方面,因为

$$|a_n| = \int_{n\pi}^{(n+1)\pi} \dfrac{|\sin x|}{\sqrt{x}} dx \geqslant \int_{n\pi}^{(n+1)\pi} \dfrac{\sin^2 x}{\sqrt{x}} dx = \dfrac{1}{2} \int_{n\pi}^{(n+1)\pi} \dfrac{1-\cos 2x}{\sqrt{x}} dx$$

$$= \dfrac{\sqrt{\pi}}{\sqrt{n+1}+\sqrt{n}} - \dfrac{1}{2} \int_{n\pi}^{(n+1)\pi} \dfrac{\cos 2x}{\sqrt{x}} dx,$$

且

$$\int_{n\pi}^{(n+1)\pi} \frac{\cos 2x}{\sqrt{x}} \mathrm{d}x = \frac{1}{2}\int_{n\pi}^{(n+1)\pi} \frac{1}{\sqrt{x}} \mathrm{d}\sin 2x = \frac{1}{4}\int_{n\pi}^{(n+1)\pi} \frac{\sin 2x}{x^{3/2}} \mathrm{d}x$$

$$\leqslant \frac{1}{4}\int_{n\pi}^{(n+1)\pi} \frac{\mathrm{d}x}{x^{3/2}} \leqslant \frac{1}{4\sqrt{\pi}\,n^{3/2}},$$

所以 $|a_n| \geqslant \sqrt{\pi}\left(\dfrac{1}{\sqrt{n+1}+\sqrt{n}} - \dfrac{1}{8\pi n^{3/2}}\right)$,而级数 $\displaystyle\sum_{n=1}^{\infty}\left(\dfrac{1}{\sqrt{n+1}+\sqrt{n}} - \dfrac{1}{8\pi n^{3/2}}\right)$ 发散,则由比较判别法知级数 $\displaystyle\sum_{n=1}^{\infty}|a_n|$ 发散.

综上,可得级数 $\displaystyle\sum_{n=1}^{\infty} a_n$ 条件收敛.

例 11 判别级数

$$\frac{1}{\sqrt{2}-1} - \frac{1}{\sqrt{2}+1} + \frac{1}{\sqrt{3}-1} - \frac{1}{\sqrt{3}+1} + \cdots + \frac{1}{\sqrt{n}-1} - \frac{1}{\sqrt{n}+1} + \cdots$$

的敛散性.

分析 这个级数为交错级数,且其通项的绝对值 a_n 是无穷小量($n\to\infty$ 时),但正数列 $\{a_n\}$ 不是单减的,所以不能应用 Leibniz 判别法.

再考虑其绝对值级数

$$\frac{1}{\sqrt{2}-1} + \frac{1}{\sqrt{2}+1} + \cdots + \frac{1}{\sqrt{n}-1} + \frac{1}{\sqrt{n}+1} + \cdots,$$

其前 $2n$ 项和为

$$T_{2n} = \frac{1}{\sqrt{2}-1} + \frac{1}{\sqrt{2}+1} + \cdots + \frac{1}{\sqrt{n+1}-1} + \frac{1}{\sqrt{n+1}+1}$$

$$= \sum_{k=1}^{n} \frac{2\sqrt{k+1}}{k} > \sum_{k=1}^{n} \frac{1}{\sqrt{k}}, \quad n = 1, 2, \cdots.$$

因为正项级数 $\displaystyle\sum_{n=1}^{\infty} \frac{1}{\sqrt{n}}$ 发散,所以由有界性判敛法可知 $\displaystyle\lim_{n\to\infty}\sum_{k=1}^{n}\frac{1}{\sqrt{k}} = +\infty$,从而由上式推出 $\displaystyle\lim_{n\to\infty} T_{2n} = +\infty$,再由数列极限的归结原理可得 $\displaystyle\lim_{n\to\infty} T_n$ 不存在.于是由数项级数收敛的定义即得绝对值级数 $\dfrac{1}{\sqrt{2}-1} + \dfrac{1}{\sqrt{2}+1} + \cdots + \dfrac{1}{\sqrt{n}-1} + \dfrac{1}{\sqrt{n}+1} + \cdots$ 发散.

以上两种方法都无法判别原级数的敛散性,怎么办呢?

解 还是利用数项级数收敛的定义来判断.该级数的前 $2n$ 项和为

$$S_{2n} = \frac{1}{\sqrt{2}-1} - \frac{1}{\sqrt{2}+1} + \cdots + \frac{1}{\sqrt{n+1}-1} - \frac{1}{\sqrt{n+1}+1}$$

$$= \left(\frac{1}{\sqrt{2}-1} - \frac{1}{\sqrt{2}+1}\right) + \cdots + \left(\frac{1}{\sqrt{n+1}-1} - \frac{1}{\sqrt{n+1}+1}\right)$$

$$= \frac{2}{2-1} + \frac{2}{3-1} + \cdots + \frac{2}{n} = \sum_{k=1}^{n} \frac{2}{k} > \sum_{k=1}^{n} \frac{1}{k}, \quad n=1,2,\cdots,$$

因为 $\sum_{n=1}^{\infty} \frac{1}{n}$ 是正项级数且发散,所以由有界性判敛法可知 $\lim_{n\to\infty}\sum_{k=1}^{n} \frac{1}{k} = +\infty$,于是由上式可得 $\lim_{n\to\infty} S_{2n} = +\infty$,再由数列极限的归结原理知 $\lim_{n\to\infty} S_n$ 不存在. 从而由数项级数收敛的定义即得级数 $\frac{1}{\sqrt{2}-1} - \frac{1}{\sqrt{2}+1} + \cdots + \frac{1}{\sqrt{n}-1} - \frac{1}{\sqrt{n}+1} + \cdots$ 发散.

问题 5 如何证明一些和级数有关的问题?

例 12 设正数列 $\{u_n\}$ 单增且有上界,证明下列级数收敛:

(1) $\sum_{n=1}^{\infty}(u_{n+1} - u_n)$;   (2) $\sum_{n=1}^{\infty}\left(1 - \frac{u_n}{u_{n+1}}\right)$.

证明 (1) 设级数 $\sum_{n=1}^{\infty}(u_{n+1} - u_n)$ 的部分和数列为 $\{S_n\}$,则

$$S_n = u_2 - u_1 + u_3 - u_2 + \cdots + u_{n+1} - u_n = u_{n+1} - u_1.$$

因为正数列 $\{u_n\}$ 单增且有上界,所以 $\{u_n\}$ 收敛,设 $\lim_{n\to\infty} u_n = A$,则有

$$\lim_{n\to\infty} S_n = \lim_{n\to\infty}(u_{n+1} - u_1) = A - u_1,$$

故级数 $\sum_{n=1}^{\infty}(u_{n+1} - u_n)$ 收敛.

(2) 由正数列 $\{u_n\}$ 单调递增可知 $1 - \frac{u_n}{u_{n+1}} = \frac{u_{n+1} - u_n}{u_{n+1}} \geq 0$. 又 $\{u_n\}$ 有上界,则存在 $M > 0$,使得对任意正整数 n,有 $0 < u_n \leq M$,则级数的部分和

$$S_n = \sum_{k=1}^{n}\left(1 - \frac{u_k}{u_{k+1}}\right) = \sum_{k=1}^{n} \frac{u_{k+1} - u_k}{u_{k+1}}$$

$$\leq \sum_{k=1}^{n} \frac{u_{k+1} - u_k}{u_2} = \frac{u_{n+1} - u_1}{u_2} \leq \frac{u_{n+1}}{u_2} \leq \frac{M}{u_2}.$$

由于 $\{S_n\}$ 单增且有上界,所以 $\{S_n\}$ 收敛,从而级数 $\sum_{n=1}^{\infty}\left(1 - \frac{u_n}{u_{n+1}}\right)$ 收敛.

例 13 设 $\{a_n\}$ 为正数列,数列 $\{b_n\}$ 满足

$$b_1 = 1, \quad b_{n+1} = b_n + \frac{a_n}{b_n} \quad (n=1,2,\cdots),$$

证明:若级数 $\sum_{n=1}^{\infty} a_n$ 收敛,则数列 $\{b_n\}$ 收敛.

证明 根据递推关系 $b_{n+1} - b_n = \frac{a_n}{b_n} > 0$,有 $b_{n+1} \geq b_n (n=1,2,\cdots)$. 又 $b_1 = 1$,所以 $b_n \geq 1 (n=1,2,\cdots)$,于是 $0 < b_{n+1} - b_n \leq a_n$. 因为级数 $\sum_{n=1}^{\infty} a_n$ 收敛,所以由比

较判别法知 $\sum_{n=1}^{\infty}(b_{n+1}-b_n)$ 收敛,从而极限

$$\lim_{n\to\infty}\sum_{k=1}^{n}(b_{k+1}-b_k)=\lim_{n\to\infty}(b_{n+1}-b_1)$$

存在,即 $\lim_{n\to\infty}b_n$ 存在,也即数列 $\{b_n\}$ 收敛.

例 14 设两正数列 $\{a_n\}$,$\{b_n\}$ 满足条件 $b_n a_{n+1} \leqslant b_{n+1} a_n (n=1,2,\cdots)$,证明:

(1) 若 $\sum_{n=1}^{\infty}b_n$ 收敛,则 $\sum_{n=1}^{\infty}a_n$ 也收敛;

(2) 若 $\sum_{n=1}^{\infty}a_n$ 发散,则 $\sum_{n=1}^{\infty}b_n$ 也发散.

分析 在本题的证明过程中容易犯这样的错误:若正项级数 $\sum_{n=1}^{\infty}b_n$ 收敛,则必有 $\lim_{n\to\infty}\dfrac{b_{n+1}}{b_n}=\rho<1$. 事实上,比值判别法不能倒过来使用——若正项级数 $\sum_{n=1}^{\infty}b_n$ 收敛,$\lim_{n\to\infty}\dfrac{b_{n+1}}{b_n}$ 未必存在,即使极限存在,也未必小于1. 下面采用两种方法来证明.

证法 1 由 $b_n a_{n+1} \leqslant b_{n+1} a_n (n=1,2,\cdots)$,可得 $\dfrac{a_{n+1}}{a_n} \leqslant \dfrac{b_{n+1}}{b_n}$,则

$$a_n = a_1 \cdot \dfrac{a_2}{a_1} \cdot \dfrac{a_3}{a_2} \cdot \cdots \cdot \dfrac{a_n}{a_{n-1}} \leqslant a_1 \cdot \dfrac{b_2}{b_1} \cdot \dfrac{b_3}{b_2} \cdot \cdots \cdot \dfrac{b_n}{b_{n-1}} = \dfrac{a_1}{b_1}b_n.$$

(1) 若 $\sum_{n=1}^{\infty}b_n$ 收敛,则由比较判别法知 $\sum_{n=1}^{\infty}a_n$ 收敛;

(2) 若 $\sum_{n=1}^{\infty}a_n$ 发散,则由比较判别法知 $\sum_{n=1}^{\infty}\dfrac{a_1}{b_1}b_n$ 也发散,从而 $\sum_{n=1}^{\infty}b_n$ 发散.

证法 2 由 $b_n a_{n+1} \leqslant b_{n+1} a_n$,可得 $\dfrac{a_{n+1}}{b_{n+1}} \leqslant \dfrac{a_n}{b_n}$,从而正数列 $\left\{\dfrac{a_n}{b_n}\right\}$ 单调递减且有下界. 由单调有界原理可设 $\lim_{n\to\infty}\dfrac{a_n}{b_n}=l$,其中 $0 \leqslant l < +\infty$. 于是根据比较判别法的极限形式,当 $l>0$ 时,$\sum_{n=1}^{\infty}a_n$ 与 $\sum_{n=1}^{\infty}b_n$ 同敛散. 当 $l=0$ 时,若 $\sum_{n=1}^{\infty}a_n$ 发散,则 $\sum_{n=1}^{\infty}b_n$ 也发散;若 $\sum_{n=1}^{\infty}b_n$ 收敛,则 $\sum_{n=1}^{\infty}a_n$ 也收敛. 综上即得所证.

例 15 设 $u_n > 0 (n=1,2,\cdots)$,且 $\lim_{n\to\infty}\dfrac{\ln u_n}{-\ln n}=A$,证明:当 $0 < A < 1$ 时,级数 $\sum_{n=1}^{\infty}u_n$ 发散;当 $A > 1$ 时,级数 $\sum_{n=1}^{\infty}u_n$ 收敛.

分析 该命题也是正项级数的一个判敛法,称为**对数判别法**. 证明的思路是:

利用极限的定义得到 n 充分大后 $\ln u_n$ 与 $q\ln(1/n)$ (q 为某常数)之间的不等式关系，从而得到 u_n 与 $1/n^q$ 之间的不等式关系，再由比较判别法得证．

证明 由题知 $\lim\limits_{n\to\infty}\dfrac{\ln u_n}{\ln(1/n)}=A$，所以 $\forall \varepsilon>0$，存在 $N\in\mathbf{N}^*$，当 $n>N$ 时，有

$$\left|\frac{\ln u_n}{\ln(1/n)}-A\right|<\varepsilon,\quad 即\quad A-\varepsilon<\frac{\ln u_n}{\ln(1/n)}<A+\varepsilon.$$

于是，当 $0<A<1$ 时，取 $\varepsilon>0$，使得 $A+\varepsilon=q<1$，则

$$\ln u_n>q\ln\frac{1}{n},\quad 即\quad u_n>\frac{1}{n^q}\quad (n>N),$$

而 $\sum\limits_{n=1}^{\infty}\dfrac{1}{n^q}$ 发散，所以 $\sum\limits_{n=1}^{\infty}u_n$ 发散；当 $A>1$ 时，取 $\varepsilon>0$，使得 $A-\varepsilon=p>1$，则

$$\ln u_n<p\ln\frac{1}{n},\quad 即\quad u_n<\frac{1}{n^p}\quad (n>N),$$

而 $\sum\limits_{n=1}^{\infty}\dfrac{1}{n^p}$ 收敛，所以 $\sum\limits_{n=1}^{\infty}u_n$ 收敛．

例 16 设 $a_n>0(n=1,2,\cdots)$，且

$$\lim_{n\to\infty}n\left(\frac{a_n}{a_{n+1}}-1\right)=\lambda>0,$$

证明：交错级数 $\sum\limits_{n=1}^{\infty}(-1)^{n-1}a_n$ 收敛．

证明 因为 $\lim\limits_{n\to\infty}n\left(\dfrac{a_n}{a_{n+1}}-1\right)=\lambda>0$，所以由极限的保号性，存在 $N_1\in\mathbf{N}^*$，当 $n>N_1$ 时，有 $\dfrac{a_n}{a_{n+1}}-1>0$，即 $a_n>a_{n+1}$，故当 $n>N_1$ 时，数列 $\{a_n\}$ 单减．

又由极限的定义，对任意 $\varepsilon>0$，存在 $N_2\in\mathbf{N}^*$，当 $n\geqslant N_2$ 时，有

$$\left|n\left(\frac{a_n}{a_{n+1}}-1\right)-\lambda\right|<\varepsilon,$$

由此可得 $\dfrac{a_n}{a_{n+1}}>1+\dfrac{\lambda-\varepsilon}{n}$．若 $\lambda\leqslant 1$，取 $\varepsilon=\dfrac{\lambda}{2}>0$，则有 $0<\lambda-\varepsilon=\dfrac{\lambda}{2}<1$；若 $\lambda>1$，可取 $0<\lambda-1<\varepsilon<\lambda$，则有 $0<\lambda-\varepsilon<1$．于是由不等式

$$(1+x)^\alpha<1+\alpha x\quad (x>0,0<\alpha<1)$$

可得 $\dfrac{a_n}{a_{n+1}}>1+\dfrac{\lambda-\varepsilon}{n}>\left(1+\dfrac{1}{n}\right)^{\lambda-\varepsilon}$，从而

$$a_{n+1}\cdot(n+1)^{\lambda-\varepsilon}<a_n\cdot n^{\lambda-\varepsilon}<a_{n-1}\cdot(n-1)^{\lambda-\varepsilon}<\cdots<a_{N_2}\cdot N_2^{\lambda-\varepsilon},$$

因此 $0<a_{n+1}<a_{N_2}N_2^{\lambda-\varepsilon}\cdot\dfrac{1}{(n+1)^{\lambda-\varepsilon}}\to 0(n\to\infty)$，即 $\lim\limits_{n\to\infty}a_n=0$．

综上，由 Leibniz 判别法可得交错级数 $\sum\limits_{n=1}^{\infty}(-1)^{n-1}a_n$ 收敛.

注 本题也可以先由定义得到当 $n>N$ 时，有 $\dfrac{a_n}{a_{n+1}}>1+\dfrac{\lambda-\varepsilon}{n}(\varepsilon<\lambda)$，则当 $n>N$ 时，数列 $\{a_n\}$ 单调递减；再由 $\sum\limits_{n=1}^{\infty}\ln\left(1+\dfrac{\lambda-\varepsilon}{n}\right)$ 发散，得到 $\sum\limits_{n=1}^{\infty}\ln\left(\dfrac{a_n}{a_{n+1}}\right)$ 发散，则 $\lim\limits_{n\to\infty}\ln a_n=-\infty$，由此得到 $\lim\limits_{n\to\infty}a_n=0$.

13.3 练习题

1. 填空题.

(1) 若级数 $\sum\limits_{n=1}^{\infty}a_n$ 的前 n 项和 $S_n=\dfrac{2n}{n+1}$，则该级数的通项为 $a_n=$ ＿＿＿．

(2) 若级数 $\sum\limits_{n=1}^{\infty}(-1)^n a_n=2$，$\sum\limits_{n=1}^{\infty}a_{2n-1}=5$，则级数 $\sum\limits_{n=1}^{\infty}a_n=$ ＿＿＿．

(3) 当常数 p 满足条件 ＿＿＿ 时，$\sum\limits_{n=1}^{\infty}(-1)^n\dfrac{\sqrt{n+1}-\sqrt{n-1}}{n^p}$ 绝对收敛.

(4) 若级数 $\sum\limits_{n=2}^{\infty}\dfrac{(-1)^n}{n^p+(-1)^n}$ 收敛，则常数 p 的取值范围为 ＿＿＿．

(5) 若级数 $\sum\limits_{n=1}^{\infty}(-1)^n\sqrt{n}\ln\left(1+\dfrac{1}{n^a}\right)$ 条件收敛，而级数 $\sum\limits_{n=1}^{\infty}(-1)^n\sin\dfrac{1}{n^a}$ 绝对收敛，则常数 a 的取值范围为 ＿＿＿．

2. 选择题.

(1) 在下列级数中，收敛的级数是 （ ）

(A) $\sum\limits_{n=1}^{\infty}n^4\mathrm{e}^{-n}$ \qquad (B) $\sum\limits_{n=1}^{\infty}(-1)^n\left(\dfrac{n}{n+1}\right)^n$

(C) $\sum\limits_{n=1}^{\infty}\ln\left(1+\dfrac{1}{n\cdot\sqrt[n]{n}}\right)$ \qquad (D) $\sum\limits_{n=1}^{\infty}\dfrac{(-1)^n-\sqrt{n}}{n+1}$

(2) 设 $0\leqslant a_n\leqslant\dfrac{1}{n}(n=1,2,\cdots)$，则下列级数中必收敛的是 （ ）

(A) $\sum\limits_{n=1}^{\infty}a_n$ \qquad (B) $\sum\limits_{n=1}^{\infty}(-1)^n a_n$

(C) $\sum\limits_{n=1}^{\infty}\sqrt{a_n}$ \qquad (D) $\sum\limits_{n=1}^{\infty}(-1)^n a_n^2$

(3) 设 $|a_n|>|a_{n+1}|\,(n=1,2,\cdots)$，且 $\lim\limits_{n\to\infty}a_n=0$，则级数 $\sum\limits_{n=1}^{\infty}a_n$ （ ）

(A) 条件收敛   (B) 绝对收敛
(C) 发散   (D) 可能收敛也可能发散

(4) 设级数 $\sum_{n=1}^{\infty}(-1)^n a_n$ 条件收敛，则必有   ( )

(A) $\sum_{n=1}^{\infty} a_n$ 收敛   (B) $\sum_{n=1}^{\infty} a_n^2$ 收敛

(C) $\sum_{n=1}^{\infty}(a_n - a_{n+1})$ 收敛   (D) $\sum_{n=1}^{\infty} a_{2n}$ 和 $\sum_{n=1}^{\infty} a_{2n-1}$ 都收敛

(5) 设级数 $\sum_{n=1}^{\infty} a_n$ 条件收敛，且 $\lim_{n\to\infty}\left|\dfrac{a_{n+1}}{a_n}\right|=\rho$，则必有 ( )

(A) $\rho = +\infty$ (B) $\rho < 1$
(C) $1 < \rho < +\infty$ (D) $\rho = 1$

3. 设常数 $\alpha \in \mathbf{R}, \beta > 0, a > 0$ 且 $a \neq \dfrac{1}{\mathrm{e}}$，判别下列级数的敛散性：

(1) $\sum_{n=1}^{\infty} \dfrac{n\cos^2 \dfrac{n\pi}{3}}{2^n}$;   (2) $\sum_{n=1}^{\infty} (-1)^n \dfrac{\sqrt{2n}}{n+100}$;

(3) $\sum_{n=1}^{\infty} \dfrac{n^3(\sqrt{2}+(-1)^n)^n}{3^n}$;   (4) $\sum_{n=1}^{\infty} \dfrac{4^n}{5^n - 3^n}$;

(5) $\sum_{n=1}^{\infty} n^\alpha \beta^n$;   (6) $\sum_{n=1}^{\infty} \dfrac{n!}{(na)^n}$.

4. 判断下列级数是否收敛. 若收敛，是条件收敛还是绝对收敛？

(1) $\sum_{n=1}^{\infty}(-1)^n \dfrac{2\cdot 4 \cdot \cdots \cdot (2n)}{1 \cdot 3 \cdot \cdots \cdot (2n-1)}$;   (2) $\sum_{n=1}^{\infty} \dfrac{\cos n\pi}{n^2 + n}$;

(3) $\sum_{n=1}^{\infty}(-1)^{n-1} \dfrac{\ln n}{n}$;   (4) $\sum_{n=1}^{\infty} \dfrac{1}{a^n n^p}$ (a, p 都为常数且 $a \neq 0$).

5. 设常数 $a > 0$，试着讨论级数 $\sum_{n=1}^{\infty} \dfrac{\ln n}{1 + a^n}$ 的敛散性.

6. 设 $a_1 = 1, a_2 = 2, a_n = a_{n-1} + a_{n-2}$ ($n \geq 3$)，证明：

(1) 当 $n \geq 4$ 时，有 $0 < \dfrac{3}{2} a_{n-1} < a_n < 2a_{n-1}$;

(2) 级数 $\sum_{n=1}^{\infty} \dfrac{1}{a_n}$ 收敛，且满足 $2 \leq \sum_{n=1}^{\infty} \dfrac{1}{a_n} \leq \dfrac{5}{2}$.

7. 设整数 $n > 1, x_n$ 是方程 $x^n + x^{n-1} + \cdots + x - 1 = 0$ 的唯一正实根，试判定级数 $\sum_{n=2}^{\infty} \dfrac{n!}{(nx_n)^n}$ 的敛散性，并证明你的结论.

8. 讨论级数 $\sum\limits_{n=1}^{\infty}(-1)^n \dfrac{4^n}{n(4^n+(-3)^n)}$ 的敛散性. 若收敛, 是绝对收敛还是条件收敛?

9. 判断级数 $\sum\limits_{n=1}^{\infty}(-1)^n\left(\mathrm{e}-\left(1+\dfrac{1}{n}\right)^n\right)$ 是否收敛. 若收敛, 是绝对收敛还是条件收敛?

10. 求极限 $\lim\limits_{n\to\infty}\dfrac{1}{n}\cdot\sum\limits_{k=1}^{n}\dfrac{1}{3^k}\left(1+\dfrac{1}{k}\right)^{k^2}$.

11. 设级数 $\sum\limits_{n=1}^{\infty}(a_n-a_{n-1})$ 收敛, 且级数 $\sum\limits_{n=1}^{\infty}b_n$ 绝对收敛, 证明: 级数 $\sum\limits_{n=1}^{\infty}a_n b_n$ 绝对收敛.

12. 设 $f(x)$ 在 $(-\infty,+\infty)$ 内可导, 且存在常数 $0<m<1$, 使得在 $(-\infty,+\infty)$ 内恒有 $|f'(x)|<mf(x)$. 若 a_0 为任意实数, 并记 $a_n=\ln f(a_{n-1}), n=1,2,\cdots$, 证明: 级数 $\sum\limits_{n=1}^{\infty}(a_n-a_{n-1})$ 绝对收敛.

13. 设 $a_n>0, b_n>0 (n=1,2,\cdots)$, 且存在常数 $\alpha>0$, 使得
$$\dfrac{b_n}{b_{n+1}}a_n - a_{n+1} \geqslant \alpha \quad (n=1,2,\cdots),$$
试证: 级数 $\sum\limits_{n=1}^{\infty}b_n$ 收敛.

14. 设常数 $p\geqslant 1$, 证明:

(1) 级数 $\sum\limits_{n=1}^{\infty}\dfrac{1}{(n+1)\cdot\sqrt[p]{n}}$ 收敛; (2) $\sum\limits_{n=1}^{\infty}\dfrac{1}{(n+1)\cdot\sqrt[p]{n}}\leqslant p$.

15. 设级数 $\sum\limits_{n=1}^{\infty}\dfrac{(-1)^n}{n}$ 的余项为 R_n, 即 $R_n=\sum\limits_{k=n+1}^{\infty}\dfrac{(-1)^k}{k}$, 讨论级数 $\sum\limits_{n=1}^{\infty}R_n$ 是否收敛. 若收敛, 是条件收敛还是绝对收敛?

第 14 讲　函数项级数

14.1　内容提要

一、函数项级数的基本概念

1) **函数项级数的定义**：设 $\{u_n(x)\}$ 是具有公共定义域 $E \subseteq \mathbf{R}$ 的一列函数，将它的各项依次相加得到的表达式

$$\sum_{n=1}^{\infty} u_n(x) \quad \text{或} \quad u_1(x) + u_2(x) + \cdots + u_n(x) + \cdots, \quad \forall x \in E$$

为定义在 E 上的**函数项级数**，称 $u_n(x)$ 为它的**通项**，称 $S_n(x) = \sum_{k=1}^{n} u_k(x)$ 为它的**前 n 项和**或**部分和**.

2) **收敛点、收敛域与逐点收敛的定义**：设 $\{u_n(x)\}$ 是定义在 E 上的一列函数.

(1) 若存在点 $x_0 \in E$，使得级数 $\sum_{n=1}^{\infty} u_n(x_0)$ 收敛，则称点 x_0 为函数项级数 $\sum_{n=1}^{\infty} u_n(x)$ 的**收敛点**，或称函数项级数 $\sum_{n=1}^{\infty} u_n(x)$ 在点 x_0 处收敛. 收敛点的全体称为函数项级数 $\sum_{n=1}^{\infty} u_n(x)$ 的**收敛域**.

(2) 设 $D \subseteq E$ 是函数项级数 $\sum_{n=1}^{\infty} u_n(x)$ 的收敛域，则每一个 $x \in D$ 都对应一个数 $S(x) = \sum_{n=1}^{\infty} u_n(x)$. 于是得到一个定义在 D 上的函数 $S(x)$，称为函数项级数 $\sum_{n=1}^{\infty} u_n(x)$ 的**和函数**.

(3) 若函数项级数 $\sum_{n=1}^{\infty} u_n(x)$ 在 D 上的每一个点处都收敛于 $S(x)$，则称 $\sum_{n=1}^{\infty} u_n(x)$ 在 D 上**逐点收敛**于 $S(x)$ 或**点态收敛**于 $S(x)$.

(4) 若函数项级数 $\sum_{n=1}^{\infty} u_n(x)$ 在 D 上逐点收敛于 $S(x)$，则

$$S(x) = \lim_{n\to\infty}\sum_{k=1}^{n} u_k(x) = \lim_{n\to\infty} S_n(x), \quad \forall x \in D,$$

并称 $R_n(x) = S(x) - S_n(x) = \sum_{k=n+1}^{\infty} u_k(x)$ 为该函数项级数的**余项**,并且成立

$$\lim_{n\to\infty} R_n(x) = 0, \quad \forall x \in D.$$

二、函数项级数一致收敛的概念

1) **函数项级数一致收敛的定义**:设 $S_n(x)$ 是函数项级数 $\sum_{n=1}^{\infty} u_n(x)$ 的部分和,若存在函数 $S(x): D \to \mathbf{R}$,满足 $\forall \varepsilon > 0$,均存在 $N(\varepsilon) \in \mathbf{N}^*$,使得当 $n > N(\varepsilon)$ 时,都有

$$|S_n(x) - S(x)| < \varepsilon, \quad \forall x \in D,$$

则称函数项级数 $\sum_{n=1}^{\infty} u_n(x)$ 在 D 上**一致收敛**于 $S(x)$.

注 (1) 函数项级数一致收敛定义中的 $N(\varepsilon)$ 仅与 ε 有关,而与点 x 无关. 另外,若 $\sum_{n=1}^{\infty} u_n(x)$ 在 D 上一致收敛于 $S(x)$,则它在 D 上逐点收敛于 $S(x)$.

(2) 函数项级数 $\sum_{k=1}^{\infty} u_n(x)$ 在 D 上不一致收敛于 $S(x)$ 的充要条件是存在 $\varepsilon_0 > 0$,使得 $\forall N \in \mathbf{N}^*$,都存在 $n > N$ 和 $x_n \in D$,使得

$$\left|\sum_{k=1}^{n} u_k(x_n) - S(x_n)\right| = |S_n(x_n) - S(x_n)| \geqslant \varepsilon_0.$$

2) **函数项级数在 (a,b) 上内闭一致收敛的定义**:若级数 $\sum_{n=1}^{\infty} u_n$ 在开区间 (a,b) 内的任一闭子区间上一致收敛,则称该级数在 (a,b) 上**内闭一致收敛**.

三、函数项级数一致收敛的判别方法

1) 函数项级数的 **Cauchy 一致收敛准则**.

函数项级数 $\sum_{n=1}^{\infty} u_n(x)$ 在 D 上一致收敛的充要条件是 $\forall \varepsilon > 0$,都存在 $N(\varepsilon) \in \mathbf{N}^*$,使得当 $n > N$ 时,$\forall p \in \mathbf{N}^*$ 以及 $\forall x \in D$,都成立

$$|S_{n+p}(x) - S_n(x)| = \left|\sum_{k=n+1}^{n+p} u_k(x)\right| < \varepsilon.$$

2) **Weierstrass 判别法**(或 **M-判别法**或**优级数判别法**).

若函数项级数 $\sum_{n=1}^{\infty} u_n(x) \ (x \in D)$ 的每一项 $u_n(x)$ 都满足

$$|u_n(x)| \leqslant M_n, \quad \forall x \in D,$$

并且正项级数 $\sum_{n=1}^{\infty} M_n$ 收敛,则 $\sum_{n=1}^{\infty} u_n(x)$ 在 D 上一致收敛. 称数项级数 $\sum_{n=1}^{\infty} M_n$ 为函数项级数 $\sum_{n=1}^{\infty} u_n(x)$ 的**优级数**或**控制级数**.

注 满足 M- 判别法条件的函数项级数 $\sum_{n=1}^{\infty} u_n(x)$ 不仅其自身在 D 上一致收敛,而且它的绝对值级数 $\sum_{n=1}^{\infty} |u_n(x)|$ 也在 D 上一致收敛,此时称级数 $\sum_{n=1}^{\infty} u_n(x)$ 在 D 上绝对一致收敛.

四、一致收敛级数的性质

1) **和函数的连续性**:设
$$u_n(x) \in C([a,b]) \quad (n=1,2,\cdots),$$
函数项级数 $\sum_{n=1}^{\infty} u_n(x)$ 在 $[a,b]$ 上一致收敛于 $S(x)$,则和函数 $S(x) \in C([a,b])$,且对任意 $x_0 \in [a,b]$,都成立
$$\lim_{x \to x_0} \sum_{n=1}^{\infty} u_n(x) = \lim_{x \to x_0} S(x) = S(x_0) = \sum_{n=1}^{\infty} u_n(x_0) = \sum_{n=1}^{\infty} \lim_{x \to x_0} u_n(x),$$
即极限运算与无限求和运算可以交换次序.

2) **逐项积分定理**:设 $u_n(x) \in C([a,b])$ $(n=1,2,\cdots)$,函数项级数 $\sum_{n=1}^{\infty} u_n(x)$ 在 $[a,b]$ 上一致收敛于 $S(x)$,则和函数 $S(x)$ 在 $[a,b]$ 上可积,且对任意 $x \in [a,b]$,都成立
$$\int_a^x S(t) \mathrm{d}t = \int_a^x \Big(\sum_{n=1}^{\infty} u_n(t)\Big) \mathrm{d}t = \sum_{n=1}^{\infty} \int_a^x u_n(t) \mathrm{d}t,$$
即积分运算与无限求和运算可以交换次序.

3) **逐项求导定理**.

设函数项级数 $\sum_{n=1}^{\infty} u_n(x)$ 满足下述条件:

(1) $u_n'(x) \in C([a,b])$ $(n=1,2,\cdots)$;

(2) 函数项级数 $\sum_{n=1}^{\infty} u_n(x)$ 在 $[a,b]$ 上逐点收敛于 $S(x)$;

(3) 函数项级数 $\sum_{n=1}^{\infty} u_n'(x)$ 在 $[a,b]$ 上一致收敛于 $\sigma(x)$,

则和函数 $S(x)$ 在 $[a,b]$ 上可导,且
$$\Big(\sum_{n=1}^{\infty} u_n(x)\Big)' = S'(x) = \sigma(x) = \sum_{n=1}^{\infty} u_n'(x),$$

即求导运算与无限求和运算可以交换次序.

14.2 例题与释疑解难

问题 1 如何求函数项级数的收敛域?

例 1 求下列函数项级数的收敛域:

(1) $\sum_{n=1}^{\infty} \dfrac{x^n}{1+x^n}$; (2) $\sum_{n=1}^{\infty} x^n \sin \dfrac{x}{3^n}$;

(3) $\sum_{n=1}^{\infty} \dfrac{(-1)^n}{n} \left(\dfrac{3}{2+x}\right)^n$; (4) $\sum_{n=1}^{\infty} (\cos x) x^n$.

解 (1) $u_n(x) = \dfrac{x^n}{1+x^n}$ 的定义域为

$$D(u_n(x)) = \{x \in \mathbf{R} \mid x \neq -1\} \quad (n=1,2,\cdots),$$

且

$$\lim_{n\to\infty} |u_n(x)| = \lim_{n\to\infty} \left|\dfrac{x^n}{1+x^n}\right| = \begin{cases} 0, & |x|<1, \\ \dfrac{1}{2}, & x=1, \\ 1, & |x|>1. \end{cases}$$

因此当 $x<-1$ 或 $x \geqslant 1$ 时,函数项级数 $\sum_{n=1}^{\infty} \dfrac{x^n}{1+x^n}$ 发散.

当 $|x|<1$ 时,由

$$\lim_{n\to\infty} \sqrt[n]{|u_n(x)|} = \lim_{n\to\infty} \dfrac{|x|}{\sqrt[n]{|1+x^n|}} = |x| < 1$$

可知绝对值级数 $\sum_{n=1}^{\infty} \left|\dfrac{x^n}{1+x^n}\right|$ 收敛,从而级数 $\sum_{n=1}^{\infty} \dfrac{x^n}{1+x^n}$ 也收敛.

故函数项级数 $\sum_{n=1}^{\infty} \dfrac{x^n}{1+x^n}$ 的收敛域为 $|x|<1$.

注 这道题也可以采用根值法对绝对值级数进行讨论.

(2) $u_n(x) = x^n \sin \dfrac{x}{3^n}$ 的定义域为

$$D(u_n(x)) = (-\infty, +\infty) \quad (n=1,2,\cdots).$$

当 $x=0$ 时,$\sum_{n=1}^{\infty} x^n \sin \dfrac{x}{3^n} = 0$,收敛.

当 $0 < |x| < +\infty$ 时,因为

$$\lim_{n\to\infty} \dfrac{|u_{n+1}(x)|}{|u_n(x)|} = \lim_{n\to\infty} \dfrac{\left|x^{n+1} \sin \dfrac{x}{3^{n+1}}\right|}{\left|x^n \sin \dfrac{x}{3^n}\right|} = \dfrac{|x|}{3} = \rho,$$

所以当 $\rho = \dfrac{|x|}{3} < 1$ 时,绝对值级数 $\sum\limits_{n=1}^{\infty} |u_n(x)| = \sum\limits_{n=1}^{\infty} \left| x^n \sin \dfrac{x}{3^n} \right|$ 收敛,于是级数 $\sum\limits_{n=1}^{\infty} x^n \sin \dfrac{x}{3^n}$ 收敛;当 $\rho = \dfrac{|x|}{3} > 1$ 时,绝对值级数 $\sum\limits_{n=1}^{\infty} |u_n(x)| = \sum\limits_{n=1}^{\infty} \left| x^n \sin \dfrac{x}{3^n} \right|$ 发散,因为用的是比值法,所以级数 $\sum\limits_{n=1}^{\infty} x^n \sin \dfrac{x}{3^n}$ 也发散;当 $\rho = \dfrac{|x|}{3} = 1$ 时,因为

$$\lim_{n \to \infty} |u_n(x)| = \lim_{n \to \infty} \left| x^n \sin \dfrac{x}{3^n} \right| = 3 \neq 0,$$

所以级数 $\sum\limits_{n=1}^{\infty} x^n \sin \dfrac{x}{3^n}$ 发散.

综上,函数项级数 $\sum\limits_{n=1}^{\infty} x^n \sin \dfrac{x}{3^n}$ 的收敛域为 $(-3, 3)$.

注 这道题也可以对绝对值级数采用比较判别法的极限形式或者根值法来求解,读者不妨一试.

(3) $u_n(x) = \dfrac{(-1)^n}{n} \left(\dfrac{3}{2+x} \right)^n$ 的定义域为

$$D(u_n(x)) = \{ x \in \mathbf{R} \mid x \neq -2 \} \quad (n = 1, 2, \cdots),$$

且当 $x \neq -2$ 时,有

$$\lim_{n \to \infty} \sqrt[n]{|u_n(x)|} = \lim_{n \to \infty} \left(\dfrac{3}{|2+x|} \cdot \dfrac{1}{\sqrt[n]{n}} \right) = \dfrac{3}{|2+x|} = \rho.$$

于是,当 $\rho = \dfrac{3}{|2+x|} < 1$ 且 $x \neq -2$,即 $x < -5$ 或 $x > 1$ 时,绝对值级数 $\sum\limits_{n=1}^{\infty} \left| \dfrac{(-1)^n}{n} \left(\dfrac{3}{2+x} \right)^n \right|$ 收敛,从而级数 $\sum\limits_{n=1}^{\infty} \dfrac{(-1)^n}{n} \left(\dfrac{3}{2+x} \right)^n$ 收敛;

当 $\rho = \dfrac{3}{|2+x|} > 1$ 且 $x \neq -2$,即 $-5 < x < 1$ 且 $x \neq -2$ 时,绝对值级数 $\sum\limits_{n=1}^{\infty} \left| \dfrac{(-1)^n}{n} \left(\dfrac{3}{2+x} \right)^n \right|$ 发散,因为用的是根值判别法,所以级数 $\sum\limits_{n=1}^{\infty} \dfrac{(-1)^n}{n} \left(\dfrac{3}{2+x} \right)^n$ 也发散;

当 $x = 1$ 时,级数 $\sum\limits_{n=1}^{\infty} \dfrac{(-1)^n}{n} \left(\dfrac{3}{2+x} \right)^n = \sum\limits_{n=1}^{\infty} \dfrac{(-1)^n}{n}$,收敛;

当 $x = -5$ 时,级数 $\sum\limits_{n=1}^{\infty} \dfrac{(-1)^n}{n} \left(\dfrac{3}{2+x} \right)^n = \sum\limits_{n=1}^{\infty} \dfrac{1}{n}$,发散.

综上,函数项级数 $\sum\limits_{n=1}^{\infty} \dfrac{(-1)^n}{n} \left(\dfrac{3}{2+x} \right)^n$ 的收敛域为 $(-\infty, -5) \cup [1, +\infty)$.

(4) $u_n(x) = (\cos x) x^n$ 的定义域为 $(-\infty, +\infty)$ $(n = 1, 2, \cdots)$.

当 $\cos x = 0$，即 $x = k\pi + \dfrac{\pi}{2}(k \in \mathbf{Z})$ 时，$\sum\limits_{n=1}^{\infty}(\cos x)x^n = 0$，收敛.

当 $\cos x \neq 0$，即 $x \in \mathbf{R}$ 且 $x \neq k\pi + \dfrac{\pi}{2}(k \in \mathbf{Z})$ 时，由收敛级数的线性性质可知，级数 $\sum\limits_{n=1}^{\infty}(\cos x)x^n$ 与级数 $\sum\limits_{n=1}^{\infty}x^n$ 同敛散. 因为级数 $\sum\limits_{n=1}^{\infty}x^n$ 为公比 $q = x$ 的等比级数，它在 $|q| = |x| < 1$ 时收敛，在 $|q| = |x| \geqslant 1$ 时发散，所以级数 $\sum\limits_{n=1}^{\infty}(\cos x)x^n$ 在 $|x| < 1$ 时收敛，在 $|x| \geqslant 1$ 时发散.

故函数项级数 $\sum\limits_{n=1}^{\infty}(\cos x)x^n$ 的收敛域为
$$\{x \in \mathbf{R} \mid -1 < x < 1\} \cup \left\{x \in \mathbf{R} \,\middle|\, x = k\pi + \dfrac{\pi}{2}, k \in \mathbf{Z}\right\}.$$

注 根据上面几道例题的求解过程可以概括出求函数项级数收敛域的基本思路：首先求出各项的定义域；然后在它们的共同定义域内，将函数项级数看成数项级数，采用任意项级数的判敛法进行讨论（可以查阅第 13 讲问题 4 中总结的步骤）；最后，写出使得级数收敛的点的集合，此即该函数项级数的收敛域.

例 2 求函数项级数 $\sum\limits_{n=1}^{\infty}\dfrac{\ln(1+x^n)}{n^{\alpha}}(x \geqslant 0,\alpha$ 为常数$)$ 的收敛域.

分析 这是一道讨论题，要根据常数 α 的不同取值分别确定级数的收敛域.

解 当 $0 \leqslant x < 1$ 时，因为对任何实数 α，有
$$0 \leqslant \dfrac{\ln(1+x^n)}{n^{\alpha}} \leqslant \dfrac{x^n}{n^{\alpha}},$$
且 $\sum\limits_{n=1}^{\infty}\dfrac{x^n}{n^{\alpha}}$ 收敛，所以原级数收敛；

当 $x = 1$ 时，因为
$$0 < \dfrac{\ln(1+x^n)}{n^{\alpha}} = \dfrac{\ln 2}{n^{\alpha}},$$
所以当 $\alpha > 1$ 时级数收敛，当 $\alpha \leqslant 1$ 时级数发散；

当 $x > 1$ 时，因为
$$\dfrac{\ln(1+x^n)}{n^{\alpha}} = \dfrac{1}{n^{\alpha}}[\ln x^n(1+x^{-n})] = \dfrac{\ln x}{n^{\alpha-1}} + \dfrac{\ln(1+x^{-n})}{n^{\alpha}},$$
此时，级数 $\sum\limits_{n=1}^{\infty}\dfrac{\ln\left(1+\dfrac{1}{x^n}\right)}{n^{\alpha}}$ 对任何实数 α 都收敛，而级数 $\sum\limits_{n=1}^{\infty}\dfrac{\ln x}{n^{\alpha-1}}$ 当 $\alpha > 2$ 时收敛，当 $\alpha \leqslant 2$ 时发散，所以原级数当 $\alpha > 2$ 时收敛，当 $\alpha \leqslant 2$ 时发散.

综上可得，当 $\alpha \leqslant 1$ 时，级数的收敛域为 $[0,1)$；当 $1 < \alpha \leqslant 2$ 时，级数的收敛

域为 $[0,1]$；当 $\alpha > 2$ 时，级数的收敛域为 $[0, +\infty)$.

问题 2 如何证明函数项级数的一致收敛性？

例 3 讨论下列函数项级数在其收敛域或指定区间上是否一致收敛：

(1) $\sum_{n=1}^{\infty} \arctan \dfrac{2x}{x^2+n^3}$；

(2) $\sum_{n=2}^{\infty} \dfrac{1-2n}{(n^2+x^2)((n-1)^2+x^2)}$, $x \in [-1,1]$；

(3) $\sum_{n=1}^{\infty} x^{\alpha} e^{-nx}$, $x \in (0, +\infty)$，其中常数 $\alpha > 0$.

(1) **解** $u_n(x) = \arctan \dfrac{2x}{x^2+n^3}$ 的定义域为

$$(-\infty, +\infty) \quad (n=1,2,\cdots).$$

由 $|\arctan \theta| \leqslant |\theta|$ ($\theta \in \mathbf{R}$) 和 $|ab| \leqslant \dfrac{a^2+b^2}{2}$ 知，对任意 $n=1,2,\cdots$，有

$$\left|\arctan \dfrac{2x}{x^2+n^3}\right| \leqslant \left|\dfrac{2x}{x^2+n^3}\right| = \dfrac{1}{n^{\frac{3}{2}}} \cdot \dfrac{2 \cdot |x| \cdot n^{\frac{3}{2}}}{x^2+n^3} \leqslant \dfrac{1}{n^{\frac{3}{2}}}, \quad \forall x \in \mathbf{R},$$

因为正项级数 $\sum_{n=1}^{\infty} \dfrac{1}{n^{\frac{3}{2}}}$ 收敛，所以由 M- 判别法知 $\sum_{n=1}^{\infty} \arctan \dfrac{2x}{x^2+n^3}$ 在 $(-\infty, +\infty)$ 上一致收敛.

(2) **解法 1**（函数项级数一致收敛的定义） 因为

$$S_n(x) = \sum_{k=2}^{n+1} \dfrac{1-2k}{(k^2+x^2)((k-1)^2+x^2)} = \sum_{k=2}^{n+1} \left(\dfrac{1}{k^2+x^2} - \dfrac{1}{(k-1)^2+x^2}\right)$$

$$= \dfrac{1}{(n+1)^2+x^2} - \dfrac{1}{1+x^2}, \quad x \in [-1,1],$$

所以

$$\lim_{n \to \infty} S_n(x) = \lim_{n \to \infty} \left(\dfrac{1}{(n+1)^2+x^2} - \dfrac{1}{1+x^2}\right) = -\dfrac{1}{1+x^2}$$

$$= S(x), \quad x \in [-1,1],$$

于是

$$|S_n(x) - S(x)| = \dfrac{1}{(n+1)^2+x^2} < \dfrac{1}{n^2}, \quad \forall x \in [-1,1].$$

因此，$\forall \varepsilon > 0$，都存在 $N = \left[\dfrac{1}{\sqrt{\varepsilon}}\right]+1$，使得当 $n > N$ 时，$\forall x \in [-1,1]$，都有

$$|S_n(x) - S(x)| < \varepsilon,$$

从而由函数项级数一致收敛的定义知 $\sum_{n=2}^{\infty} \dfrac{1-2n}{(n^2+x^2)((n-1)^2+x^2)}$ 在 $[-1,1]$ 上

一致收敛.

解法 2(函数项级数的 Cauchy 一致收敛准则) $\forall \varepsilon > 0$,要使得 $\forall n, p \in \mathbf{N}^*$ 和 $\forall x \in [-1, 1]$,都有

$$|S_{n+p} - S_n(x)| = \left|\sum_{k=n+2}^{n+p+1} \frac{1-2k}{(k^2+x^2)((k-1)^2+x^2)}\right|$$

$$= \left|\sum_{k=n+2}^{n+p+1} \left(\frac{1}{k^2+x^2} - \frac{1}{(k-1)^2+x^2}\right)\right|$$

$$= \frac{1}{(n+1)^2+x^2} - \frac{1}{(n+p+1)^2+x^2} < \frac{1}{n^2} < \varepsilon,$$

只要 $n > \frac{1}{\sqrt{\varepsilon}}$. 取 $N = \left[\frac{1}{\sqrt{\varepsilon}}\right] + 1$,则当 $n > N$ 时,$\forall p \in \mathbf{N}^*$ 和 $\forall x \in [-1, 1]$,都有

$$|S_{n+p} - S_n(x)| < \varepsilon,$$

从而由函数项级数的 Cauchy 一致收敛准则知级数 $\sum\limits_{n=2}^{\infty} \frac{1-2n}{(n^2+x^2)((n-1)^2+x^2)}$ 在 $[-1, 1]$ 上一致收敛.

解法 3(M- 判别法) 因为对 $n = 2, 3, \cdots$,都有

$$\left|\frac{1-2n}{(n^2+x^2)((n-1)^2+x^2)}\right| \leqslant \frac{2n-1}{n^2(n-1)^2} < \frac{2}{(n-1)^3}, \quad \forall x \in [-1, 1],$$

且正项级数 $\sum\limits_{n=2}^{\infty} \frac{2}{(n-1)^3}$ 收敛,所以由 M- 判别法知 $\sum\limits_{n=2}^{\infty} \frac{1-2n}{(n^2+x^2)((n-1)^2+x^2)}$ 在 $[-1, 1]$ 上一致收敛.

(3) **分析** 对于本题,若考虑 M- 判别法,那么找到其优级数 $\sum\limits_{n=1}^{\infty} M_n$ 成为关键问题. 根据其通项,第(1)题的方法不适用. 这里可将 $|u_n(x)|$ 看成 x 的一元函数,通过求 $|u_n(x)|$ 在开区间 $(0, +\infty)$ 内的最大值或者上确界来找到 M_n.

解 令 $f(x) = |u_n(x)| = x^\alpha \mathrm{e}^{-nx}, x > 0$,则由

$$f'(x) = \alpha x^{\alpha-1} \mathrm{e}^{-nx} - n x^\alpha \mathrm{e}^{-nx} = x^{\alpha-1} \mathrm{e}^{-nx}(\alpha - nx) = 0$$

得唯一驻点 $x = \frac{\alpha}{n}$. 因为 $f\left(\frac{\alpha}{n}\right) = \left(\frac{\alpha}{n}\right)^\alpha \mathrm{e}^{-\alpha}$,且

$$\lim_{x \to 0^+} f(x) = \lim_{x \to 0^+} x^\alpha \mathrm{e}^{-nx} = 0, \quad \lim_{x \to +\infty} f(x) = \lim_{x \to +\infty} \frac{x^\alpha}{\mathrm{e}^{nx}} = 0,$$

所以 $f(x)$ 在 $(0, +\infty)$ 内的最大值为 $f\left(\frac{\alpha}{n}\right) = \left(\frac{\alpha}{n}\right)^\alpha \mathrm{e}^{-\alpha}$. 于是 $\forall n = 1, 2, \cdots$,都有

$$|u_n(x)| = f(x) \leqslant \left(\frac{\alpha}{n}\right)^\alpha \mathrm{e}^{-\alpha} = M_n, \quad \forall x \in (0, +\infty).$$

注意到正项级数 $\sum\limits_{n=1}^{\infty} M_n = \sum\limits_{n=1}^{\infty} \left(\frac{\alpha}{n}\right)^\alpha \mathrm{e}^{-\alpha} = \left(\frac{\alpha}{\mathrm{e}}\right)^\alpha \sum\limits_{n=1}^{\infty} \frac{1}{n^\alpha}$ 在 $\alpha > 1$ 时收敛,故由 M- 判

别法可知,当 $\alpha > 1$ 时, $\sum\limits_{n=1}^{\infty} x^{\alpha} e^{-nx}$ 在开区间 $(0, +\infty)$ 上一致收敛.

当 $0 < \alpha \leqslant 1$ 时,取 $\varepsilon_0 = \dfrac{1}{2^{\alpha} e}$,则 $\forall n \in \mathbf{N}^*$,取 $p = n$ 和 $x_n = \dfrac{1}{n}$,可得

$$|S_{2n}(x_n) - S_n(x_n)| = \frac{1}{e} \cdot \sum_{k=n+1}^{2n} \frac{1}{k^{\alpha}} > \frac{1}{e} \cdot \sum_{k=n+1}^{2n} \frac{1}{(2n)^{\alpha}}$$
$$= \frac{1}{2^{\alpha} e} \cdot n^{1-\alpha} \geqslant \frac{1}{2^{\alpha} e} = \varepsilon_0,$$

所以当 $0 < \alpha \leqslant 1$ 时,函数项级数 $\sum\limits_{n=1}^{\infty} x^{\alpha} e^{-nx}$ 在开区间 $(0, +\infty)$ 上不一致收敛.

综上可知,当 $\alpha > 1$ 时,函数项级数 $\sum\limits_{n=1}^{\infty} x^{\alpha} e^{-nx}$ 在开区间 $(0, +\infty)$ 上一致收敛;而当 $0 < \alpha \leqslant 1$ 时,函数项级数 $\sum\limits_{n=1}^{\infty} x^{\alpha} e^{-nx}$ 在开区间 $(0, +\infty)$ 上不一致收敛.

注 以上为判别函数项级数一致收敛的一般方法,读者务必掌握.

例 4 设 $f_0(x)$ 在区间 $[0, a]$ 上连续,定义

$$f_n(x) = \int_0^x f_{n-1}(t) dt \quad (n = 1, 2, \cdots),$$

证明:函数项级数 $\sum\limits_{n=0}^{\infty} f_n(x)$ 在 $[0, a]$ 上一致收敛.

证明 因为 $f_0(x)$ 在区间 $[0, a]$ 上连续,所以 $f_0(x)$ 在区间 $[0, a]$ 上有界,即存在 $M > 0$,使得 $|f_0(x)| \leqslant M (\forall x \in [0, a])$. 于是

$$|f_1(x)| = \left|\int_0^x f_0(t) dt\right| \leqslant \int_0^x M dt = Mx,$$
$$|f_2(x)| = \left|\int_0^x f_1(t) dt\right| \leqslant \int_0^x Mt dt = \frac{M}{2} x^2,$$
$$|f_3(x)| = \left|\int_0^x f_2(t) dt\right| \leqslant \int_0^x \frac{M}{2} t^2 dt = \frac{M}{3!} x^3,$$
$$\vdots$$
$$|f_n(x)| = \left|\int_0^x f_{n-1}(t) dt\right| \leqslant \int_0^x \frac{M}{(n-1)!} t^{n-1} dt = \frac{M}{n!} x^n,$$

从而 $\forall x \in [0, a]$,有 $|f_n(x)| \leqslant \dfrac{M}{n!} x^n \leqslant \dfrac{M}{n!} a^n$. 又级数 $\sum\limits_{n=1}^{\infty} \dfrac{M}{n!} a^n$ 收敛,故由 M-判别法可得函数项级数 $\sum\limits_{n=0}^{\infty} f_n(x)$ 在 $[0, a]$ 上一致收敛.

问题 3 如何说明函数项级数和函数的分析性质(连续性、可积性和可微性)?

例 5 对函数项级数 $\sum\limits_{n=1}^{\infty} \left(x + \dfrac{1}{n}\right)^n$,试证明:

(1) 其收敛区域为 $(-1,1)$;

(2) 它的和函数在 $(-1,1)$ 内连续.

证明 (1) $u_n(x) = \left(x+\dfrac{1}{n}\right)^n$ 的定义域为 $(-\infty,+\infty)$ $(n=1,2,\cdots)$，且由

$$\lim_{n\to\infty}\sqrt[n]{|u_n(x)|} = \lim_{n\to\infty}\sqrt[n]{\left|\left(x+\dfrac{1}{n}\right)^n\right|} = \lim_{n\to\infty}\left|x+\dfrac{1}{n}\right| = |x|$$

知，当 $|x|<1$ 时，级数绝对收敛；当 $|x|>1$ 时，级数非绝对收敛，且注意到用的是根值判别法，因此当 $|x|>1$ 时，级数发散.

当 $x=1$ 时，因为

$$\lim_{n\to\infty} u_n(x) = \lim_{n\to\infty}\left(1+\dfrac{1}{n}\right)^n = e \neq 0,$$

所以级数发散.

当 $x=-1$ 时，因为

$$\lim_{n\to\infty}|u_n(x)| = \lim_{n\to\infty}\left|\left(-1+\dfrac{1}{n}\right)^n\right| = \lim_{n\to\infty}\left(1-\dfrac{1}{n}\right)^n = \dfrac{1}{e} \neq 0,$$

所以级数发散.

综上可知，级数的收敛域为 $(-1,1)$.

(2) 任取闭子区间 $[a,b] \subset (-1,1)$，并令 $c = \max\{|a|,|b|\}$，则 $0<c<1$，且有

$$|u_n(x)| \leqslant \left(|x|+\dfrac{1}{n}\right)^n \leqslant \left(c+\dfrac{1}{n}\right)^n$$
$$= M_n, \quad \forall x \in [a,b] \text{ 及 } \forall n=1,2,\cdots.$$

因为

$$\lim_{n\to\infty}\sqrt[n]{M_n} = \lim_{n\to\infty}\left(c+\dfrac{1}{n}\right) = c < 1,$$

所以正项级数

$$\sum_{n=1}^{\infty} M_n = \sum_{n=1}^{\infty}\left(c+\dfrac{1}{n}\right)^n$$

收敛，于是由 M-判别法可知级数在 $(-1,1)$ 上内闭一致收敛. 又因为

$$u_n(x) = \left(x+\dfrac{1}{n}\right)^n \in C((-1,1)), \quad \forall n=1,2,\cdots,$$

所以其和函数 $S(x) \in C((-1,1))$.

注 对于非完全闭区间，只要将一致收敛级数性质中关于级数在 $[a,b]$ 上的一致收敛性做相应的修改，而其他条件保持不动，那么和函数在该区间上还是有相应的分析性质.

例如,对于开区间(a,b),只要函数项级数$\sum_{n=1}^{\infty}u_n(x)$在$(a,b)$上内闭一致收敛于$S(x)$,且$u_n(x)\in C((a,b))$ $(n=1,2,\cdots)$,则和函数$S(x)\in C((a,b))$.

又如,对于半开半闭区间$[a,b)$,只要函数项级数$\sum_{n=1}^{\infty}u_n(x)$在$[a,b)$上内闭一致收敛于$S(x)$,且$u_n(x)\in C([a,b))$ $(n=1,2,\cdots)$,则和函数$S(x)\in C([a,b))$. 这里的内闭一致收敛,指的是函数项级数$\sum_{n=1}^{\infty}u_n(x)$在任意闭子区间$[a,r]\subset[a,b)$上一致收敛.

例 6 设 $f(x)=\sum_{n=1}^{\infty}\dfrac{x^n\cos\dfrac{n\pi}{x}}{(1+2x)^n}$,求$\lim\limits_{x\to 1}f(x)$和$\lim\limits_{x\to+\infty}f(x)$.

解 当$x\in(0,+\infty)$时,由$\dfrac{x}{1+2x}=\dfrac{1}{2}-\dfrac{1}{2(1+2x)}<\dfrac{1}{2}$,可得

$$\left|\dfrac{x^n\cos\dfrac{n\pi}{x}}{(1+2x)^n}\right|\leqslant\dfrac{x^n}{(1+2x)^n}<\left(\dfrac{1}{2}\right)^n,$$

且级数$\sum_{n=1}^{\infty}\left(\dfrac{1}{2}\right)^n$收敛,所以函数项级数$\sum_{n=1}^{\infty}\dfrac{x^n\cos\dfrac{n\pi}{x}}{(1+2x)^n}$在$(0,+\infty)$上一致收敛. 因此函数$f(x)$在$(0,+\infty)$上连续,故

$$\lim_{x\to 1}f(x)=\sum_{n=1}^{\infty}\lim_{x\to 1}\dfrac{x^n\cos\dfrac{n\pi}{x}}{(1+2x)^n}=\sum_{n=1}^{\infty}\dfrac{(-1)^n}{3^n}=-\dfrac{1}{4},$$

$$\lim_{x\to+\infty}f(x)=\sum_{n=1}^{\infty}\lim_{x\to+\infty}\dfrac{x^n\cos\dfrac{n\pi}{x}}{(1+2x)^n}=\sum_{n=1}^{\infty}\dfrac{1}{2^n}=1.$$

例 7 设$S(x)=\sum_{n=1}^{\infty}ne^{-nx}$,$x>0$,试计算$\int_{\ln 2}^{\ln 3}S(x)\mathrm{d}x$.

解 注意到

$$|ne^{-nx}|\leqslant ne^{-n\ln 2}=n\left(\dfrac{1}{2}\right)^n,\quad\forall x\in[\ln 2,\ln 3]\text{ 及 }\forall n=1,2,\cdots,$$

且由

$$\lim_{n\to\infty}\sqrt[n]{n\left(\dfrac{1}{2}\right)^n}=\dfrac{1}{2}\lim_{n\to\infty}\sqrt[n]{n}=\dfrac{1}{2}<1$$

可知正项级数$\sum_{n=1}^{\infty}n\left(\dfrac{1}{2}\right)^n$收敛,因此由 M-判别法可得$\sum_{n=1}^{\infty}ne^{-nx}$在$[\ln 2,\ln 3]$上一致收敛于$S(x)$. 又因为

$$u_n(x) = ne^{-nx} \in C([\ln 2, \ln 3]) \quad (n=1,2,\cdots),$$

所以 $S(x)$ 在 $[\ln 2, \ln 3]$ 上可积,且

$$\int_{\ln 2}^{\ln 3} S(x) dx = \int_{\ln 2}^{\ln 3} \Big(\sum_{n=1}^{\infty} ne^{-nx}\Big) dx = \sum_{n=1}^{\infty} \int_{\ln 2}^{\ln 3} ne^{-nx} dx = \sum_{n=1}^{\infty} -e^{-nx} \Big|_{\ln 2}^{\ln 3}$$

$$= \sum_{n=1}^{\infty} \Big(\Big(\frac{1}{2}\Big)^n - \Big(\frac{1}{3}\Big)^n\Big) = 1 - \frac{1}{2} = \frac{1}{2}.$$

14.3 练习题

1. 证明级数 $\sum_{n=1}^{\infty} (-1)^n \dfrac{x^2}{(1+x^2)^n}$ 在 $(-\infty, +\infty)$ 上收敛,并求其和函数.

2. 求下列函数项级数的收敛域:

(1) $\sum_{n=1}^{\infty} \dfrac{\ln^2 n}{3^n (n+1)} (2x+1)^n$;   (2) $\sum_{n=1}^{\infty} n! \Big(\dfrac{x}{n}\Big)^n$;

(3) $\sum_{n=1}^{\infty} \dfrac{2^n \sin^n x}{n^2}$;   (4) $\sum_{n=1}^{\infty} (\sin x) x^n$;

(5) $\sum_{n=1}^{\infty} \dfrac{(-1)^n}{2n-1} \Big(\dfrac{1-x}{1+x}\Big)^n$.

3. 证明下列函数项级数在指定区间上一致收敛:

(1) $\dfrac{1}{1+x} - \sum_{n=2}^{\infty} \dfrac{1}{(x+n-1)(x+n)}$, $x \in [0,1]$;

(2) $\sum_{n=1}^{\infty} \dfrac{x}{1+n^3 x^2}$, $x \in (-\infty, +\infty)$;

(3) $\sum_{n=1}^{\infty} \sin \dfrac{n! \cdot x^n}{x^2 + n^n}$, $x \in [-2, 2]$.

4. 讨论下列函数项级数在指定区间上是否一致收敛,并说明理由.

(1) $\sum_{n=2}^{\infty} \ln\Big(1 + \dfrac{x^2}{n \ln n}\Big)$, $x \in [-a, a]$,其中常数 $a > 0$;

(2) $\sum_{n=1}^{\infty} \dfrac{x^2 \sin\big(\dfrac{n}{x\sqrt{x}}\big)}{1 + n^6 x}$, $x \in (0, +\infty)$;

(3) $\sum_{n=1}^{\infty} \dfrac{(-1)^{n-1} x^2}{(1+x^2)^n}$, $x \in (-\infty, +\infty)$.

5. 求使得函数 $f(x) = \sum_{n=1}^{\infty} \sqrt{n} \cdot 2^{-nx}$ 连续的最大区间.

6. 证明:

(1) 函数 $f(x) = \sum_{n=1}^{\infty} \dfrac{e^{-nx}}{1+n^2}$ 在 $[0,+\infty)$ 上连续,在 $(0,+\infty)$ 内可导;

(2) 函数 $f(x) = \sum_{n=1}^{\infty} \dfrac{\ln(1+nx)}{nx^n}$ 的定义域为 $(1,+\infty)$,且在 $(1,+\infty)$ 内连续;

(3) 级数 $\sum_{n=1}^{\infty} \dfrac{\sin^n x}{2^n}$ 在 $(-\infty,+\infty)$ 内一致收敛,且至少存在一点 $\xi \in \left(0, \dfrac{\pi}{2}\right)$,使得
$$\sum_{n=1}^{\infty} \dfrac{n(\cos\xi)\sin^{n-1}\xi}{2^n} = \dfrac{2}{\pi}.$$

7. 求值:

(1) $\lim\limits_{x \to 0^+} \sum\limits_{n=1}^{\infty} \dfrac{1}{5^n n^x}$;

(2) $\lim\limits_{x \to 1} \sum\limits_{n=1}^{\infty} \dfrac{x^n}{2^n} \sin \dfrac{n\pi x}{2}$;

(3) $\int_0^1 \left(\sum\limits_{n=1}^{\infty} \dfrac{x}{n(n+x)} \right) dx.$

8. 设 $f(x) = \sum\limits_{n=1}^{\infty} \dfrac{\cos nx}{\sqrt{n^3+n}}.$

(1) 证明:$f(x)$ 在 $(-\infty,+\infty)$ 内连续;

(2) 记 $F(x) = \int_0^x f(t) dt$,证明:$\dfrac{\sqrt{2}}{2} - \dfrac{1}{15} < F\left(\dfrac{\pi}{2}\right) < \dfrac{\sqrt{2}}{2}.$

第 15 讲　　幂级数

15.1　内容提要

一、幂级数的定义

形如
$$\sum_{n=0}^{\infty} a_n(x-x_0)^n = a_0 + a_1(x-x_0) + a_2(x-x_0)^2 + \cdots + a_n(x-x_0)^n + \cdots$$
的函数项级数称为**幂级数**. 特别地,当 $x_0 = 0$ 时,得到简单形式的幂级数
$$\sum_{n=0}^{\infty} a_n x^n = a_0 + a_1 x + a_2 x^2 + \cdots + a_n x^n + \cdots.$$
借助平移变换 $u = x - x_0$,可以将这两种形式的幂级数进行相互转换.

二、幂级数的收敛半径和收敛域

1) **Abel 定理**:对于幂级数 $\sum_{n=0}^{\infty} a_n(x-x_0)^n$,若

(1) 它在点 $\xi \neq x_0$ 处收敛,则当 $|x-x_0| < |\xi-x_0|$ 时,该幂级数绝对收敛;

(2) 它在点 $\eta \neq x_0$ 处发散,则当 $|x-x_0| > |\eta-x_0|$ 时,该幂级数发散.

2) 幂级数的收敛半径和收敛域的定义.

对于幂级数 $\sum_{n=0}^{\infty} a_n(x-x_0)^n$,它仅有以下三种收敛可能:

(1) 对于任何 $x \in \mathbf{R}$ 都收敛,并且是绝对收敛;

(2) 仅在点 x_0 处收敛;

(3) 存在 $R > 0$,使得当 $|x-x_0| < R$ 时绝对收敛,当 $|x-x_0| > R$ 时发散.

上面的正数 R 称为幂级数 $\sum_{n=0}^{\infty} a_n(x-x_0)^n$ 的**收敛半径**,并称 (x_0-R, x_0+R) 为**收敛区间**. 当 $x = x_0 - R$ 或 $x = x_0 + R$ 时,幂级数也可能收敛,称
$$(x_0 - R, x_0 + R) \cup \{\text{收敛的端点}\}$$
为幂级数的**收敛域**.

3) 幂级数的收敛半径的求解方法.

对于幂级数 $\sum_{n=0}^{\infty} a_n(x-x_0)^n$,若 $a_n \neq 0 (n=0,1,2,\cdots)$,且

$$\lim_{n\to\infty}\frac{|a_{n+1}|}{|a_n|}=\rho \quad \text{或} \quad \lim_{n\to\infty}\sqrt[n]{|a_n|}=\rho,$$

则该幂级数的收敛半径为

$$R=\begin{cases}\dfrac{1}{\rho}, & 0<\rho<+\infty,\\ 0, & \rho=+\infty,\\ +\infty, & \rho=0.\end{cases}$$

三、幂级数的运算及其性质

1) 幂级数的和差与乘积运算性质.

设幂级数 $\sum\limits_{n=0}^{\infty}a_n(x-x_0)^n$ 与幂级数 $\sum\limits_{n=0}^{\infty}b_n(x-x_0)^n$ 的收敛半径分别为 R_1 与 R_2，令 $R=\min\{R_1,R_2\}$，则下面的结论在区间 (x_0-R,x_0+R) 内成立：

(1) 对任意的常数 α 和 β，幂级数 $\sum\limits_{n=0}^{\infty}(\alpha a_n+\beta b_n)(x-x_0)^n$ 都收敛，且

$$\sum_{n=0}^{\infty}(\alpha a_n+\beta b_n)(x-x_0)^n=\alpha\sum_{n=0}^{\infty}a_n(x-x_0)^n+\beta\sum_{n=0}^{\infty}b_n(x-x_0)^n.$$

(2) 这两个幂级数的乘积也收敛，且

$$\Big(\sum_{n=0}^{\infty}a_n(x-x_0)^n\Big)\Big(\sum_{n=0}^{\infty}b_n(x-x_0)^n\Big)=\sum_{n=0}^{\infty}c_n(x-x_0)^n,$$

其中 $c_n=a_0b_n+a_1b_{n-1}+\cdots+a_{n-1}b_1+a_nb_0(n=0,1,2,\cdots)$.

2) 幂级数的一致收敛性.

设幂级数 $\sum\limits_{n=0}^{\infty}a_n(x-x_0)^n$ 的收敛半径为 R，则

(1) 幂级数 $\sum\limits_{n=0}^{\infty}a_n(x-x_0)^n$ 在 (x_0-R,x_0+R) 上内闭一致收敛；

(2) 若幂级数 $\sum\limits_{n=0}^{\infty}a_n(x-x_0)^n$ 在点 $x=x_0+R$ 处收敛，则该幂级数在任意闭区间 $[a,x_0+R]\subset(x_0-R,x_0+R]$ 上一致收敛；

(3) 若幂级数 $\sum\limits_{n=0}^{\infty}a_n(x-x_0)^n$ 在点 $x=x_0-R$ 处收敛，则该幂级数在任意闭区间 $[x_0-R,b]\subset[x_0-R,x_0+R)$ 上一致收敛.

3) 幂级数的和函数的分析性质.

设幂级数 $\sum\limits_{n=0}^{\infty}a_n(x-x_0)^n$ 的和函数为 $S(x)$，收敛半径 $R>0$，则以下结论成立：

(1) 和函数 $S(x)$ 在 (x_0-R,x_0+R) 内连续，即 $S(x)\in C((x_0-R,x_0+R))$.

进一步，若幂级数 $\sum\limits_{n=0}^{\infty}a_n(x-x_0)^n$ 在点 $x=x_0+R$（或点 $x=x_0-R$）处收敛，则和

函数 $S(x)$ 在点 $x = x_0 + R$（或点 $x = x_0 - R$）处左（右）连续. 也就是说，**幂级数的和函数 $S(x)$ 在它的整个收敛域上连续**.

（2）和函数 $S(x)$ 在收敛区间 $(x_0 - R, x_0 + R)$ 内有连续的导数，且可以逐项求导. 即对任意 $x \in (x_0 - R, x_0 + R)$，都有

$$S'(x) = \Big(\sum_{n=0}^{\infty} a_n (x-x_0)^n\Big)' = \sum_{n=0}^{\infty} (a_n (x-x_0)^n)' = \sum_{n=1}^{\infty} n a_n (x-x_0)^{n-1}.$$

（3）和函数 $S(x)$ 在收敛区间 $(x_0 - R, x_0 + R)$ 内可积，并且可以逐项积分. 即对任意 $x \in (x_0 - R, x_0 + R)$，都有

$$\int_{x_0}^{x} S(t)\,dt = \int_{x_0}^{x} \Big(\sum_{n=0}^{\infty} a_n (t-x_0)^n\Big) dt = \sum_{n=0}^{\infty} \int_{x_0}^{x} a_n (t-x_0)^n \, dt$$

$$= \sum_{n=0}^{\infty} \frac{a_n}{n+1} (x-x_0)^{n+1}.$$

注 逐项求导和逐项求积后所得的幂级数的收敛半径仍为 R，但在收敛区间端点处的敛散性有可能会改变.

四、函数展开成幂级数（Taylor 级数）

1) **函数展开成幂级数的定义**：设函数 $f(x): I \to \mathbf{R}$. 若能找到一个幂级数，使得该幂级数在区间 I 上收敛，且其和函数为 $f(x)$，则称**函数 $f(x)$ 在区间 I 上能展开成幂级数**（或 **Taylor 级数**）. 特别地，若存在点 $x_0 \in D \subseteq I$，使得

$$f(x) = \sum_{n=0}^{\infty} a_n (x-x_0)^n, \quad \forall x \in D,$$

则此时也称函数 $f(x)$ **在点 x_0 处能展开成幂级数**，或称函数 $f(x)$ **能展开成 $x - x_0$ 的幂级数**.

2) **幂级数展开的充要条件**：设在点 x_0 的某邻域 $N(x_0, r)$ 内函数 $f(x)$ 的任意阶导数都连续，则 $f(x)$ 在 $N(x_0, r)$ 内能展开为它在点 x_0 处的 Taylor 级数的充要条件是

$$\lim_{n \to \infty} R_n(x) = 0, \quad \forall x \in N(x_0, r),$$

这里的 $R_n(x) = \dfrac{f^{(n+1)}(\xi)}{(n+1)!} (x-x_0)^{n+1}$，其中 ξ 介于 x_0 与 x 之间.

3) **幂级数展开的唯一性**：设函数 $f(x)$ 在点 x_0 的某邻域 $N(x_0, r)$ 内能展开为它在点 x_0 处的幂级数 $\sum_{n=0}^{\infty} a_n (x-x_0)^n$，则该幂级数必为 $f(x)$ 在点 x_0 处的 Taylor 级数. 换句话说，在此条件下必有

$$a_n = \frac{f^{(n)}(x_0)}{n!}, \quad \forall n = 0, 1, 2, \cdots.$$

五、几个常用的基本初等函数的 Maclaurin 级数展开式

(1) $e^x = \sum_{n=0}^{\infty} \dfrac{x^n}{n!}$, $x \in (-\infty, +\infty)$;

(2) $\sin x = \sum_{n=0}^{\infty} \dfrac{(-1)^n}{(2n+1)!} x^{2n+1}$, $x \in (-\infty, +\infty)$;

(3) $\cos x = \sum_{n=0}^{\infty} \dfrac{(-1)^n}{(2n)!} x^{2n}$, $x \in (-\infty, +\infty)$;

(4) $\dfrac{1}{1-x} = \sum_{n=0}^{\infty} x^n$, $x \in (-1, 1)$;

(5) $\ln(1+x) = \sum_{n=1}^{\infty} \dfrac{(-1)^{n-1}}{n} x^n$, $x \in (-1, 1]$.

15.2 例题与释疑解难

问题 1 求幂级数的收敛域时应注意哪些问题？

例 1 求幂级数 $\sum_{n=1}^{\infty} \dfrac{x^n}{n^p}$ 的收敛域.

分析 这是一个不缺项的幂级数. 对于不缺项的幂级数 $\sum_{n=1}^{\infty} a_n (x-x_0)^n$, 在讨论其收敛域时，我们一般先求其收敛半径 R, 然后写出收敛区间 $|x-x_0| < R$, 最后判定级数在收敛区间的两个端点 $x = x_0 \pm R$ 处的敛散性，从而确定其收敛域（收敛域可能是开区间、半开区间或闭区间）.

解 由 $a_n = \dfrac{1}{n^p} (n = 1, 2, \cdots)$ 得

$$\lim_{n \to \infty} \dfrac{|a_{n+1}|}{|a_n|} = \lim_{n \to \infty} \dfrac{n^p}{(n+1)^p} = 1 = \rho,$$

所以幂级数的收敛半径 $R = \dfrac{1}{\rho} = 1$, 收敛区间为 $|x| < 1$.

在端点 $x = -1$ 处，级数 $\sum_{n=1}^{\infty} \dfrac{x^n}{n^p} = \sum_{n=1}^{\infty} \dfrac{(-1)^n}{n^p}$, 它为交错级数，且它在 $p \leqslant 0$ 时发散，在 $0 < p \leqslant 1$ 时条件收敛，而在 $p > 1$ 时绝对收敛.

在端点 $x = 1$ 处，级数 $\sum_{n=1}^{\infty} \dfrac{x^n}{n^p} = \sum_{n=1}^{\infty} \dfrac{1}{n^p}$, 它为 p 级数，且它在 $p \leqslant 1$ 时发散，而在 $p > 1$ 时收敛.

综上可得：当 $p \leqslant 0$ 时，幂级数的收敛域为 $|x| < 1$; 当 $0 < p \leqslant 1$ 时，幂级数的收敛域为 $-1 \leqslant x < 1$; 而当 $p > 1$ 时，幂级数的收敛域为 $|x| \leqslant 1$.

例 2 求幂级数 $\sum_{n=1}^{\infty}(-1)^{n-1}\dfrac{(x-1)^n}{n}$ 的收敛域.

解 由 $a_n=\dfrac{(-1)^{n-1}}{n}(n=1,2,\cdots)$ 得
$$\lim_{n\to\infty}\dfrac{\mid a_{n+1}\mid}{\mid a_n\mid}=\lim_{n\to\infty}\dfrac{n}{n+1}=1=\rho,$$
于是幂级数的收敛半径 $R=\dfrac{1}{\rho}=1$,收敛区间为 $\mid x-1\mid<1$.

当 $x-1=-1$,即 $x=0$ 时,$\sum_{n=1}^{\infty}(-1)^{n-1}\dfrac{(x-1)^n}{n}=-\sum_{n=1}^{\infty}\dfrac{1}{n}$,发散;

当 $x-1=1$,即 $x=2$ 时,$\sum_{n=1}^{\infty}(-1)^{n-1}\dfrac{(x-1)^n}{n}=\sum_{n=1}^{\infty}\dfrac{(-1)^{n-1}}{n}$,收敛.

所以幂级数的收敛域为 $-1<x-1\leqslant 1$,即 $0<x\leqslant 2$.

例 3 求幂级数 $\sum_{n=1}^{\infty}(\sqrt{n+1}-\sqrt{n})2^n x^{2n}$ 的收敛半径.

分析 这是缺项的幂级数. 因为 $a_{2k-1}=0(k=1,2,\cdots)$,$\dfrac{\mid a_{n+1}\mid}{\mid a_n\mid}$ 的分母可能为 0,所以不能直接应用公式 $\lim\limits_{n\to\infty}\dfrac{\mid a_{n+1}\mid}{\mid a_n\mid}$ 来求这个幂级数的半径 R. 通常可以采用用下面两种方法来求收敛半径 R.

解法 1(变量代换,转化为不缺项的幂级数) 令 $y=x^2$,则原级数化为
$$\sum_{n=1}^{\infty}(\sqrt{n+1}-\sqrt{n})2^n y^n,$$
这是一个不缺项的幂级数. 由
$$\lim_{n\to\infty}\dfrac{\mid a_{n+1}\mid}{\mid a_n\mid}=\lim_{n\to\infty}\dfrac{(\sqrt{n+2}-\sqrt{n+1})2^{n+1}}{(\sqrt{n+1}-\sqrt{n})2^n}=2=\rho^*,$$
可得新幂级数的收敛半径 $R^*=\dfrac{1}{\rho^*}=\dfrac{1}{2}$,收敛区间为 $\mid y\mid<\dfrac{1}{2}$. 再回代 $y=x^2$,就得到原级数的收敛区间为 $\mid x\mid<\dfrac{1}{\sqrt{2}}$,于是原级数的收敛半径 $R=\sqrt{R^*}=\dfrac{1}{\sqrt{2}}$.

解法 2(对函数项级数直接采用比值判别法或根值判别法) 因为
$$\lim_{n\to\infty}\dfrac{\mid u_{n+1}(x)\mid}{\mid u_n(x)\mid}=\lim_{n\to\infty}\dfrac{\mid(\sqrt{n+2}-\sqrt{n+1})2^{n+1}x^{2n+2}\mid}{\mid(\sqrt{n+1}-\sqrt{n})2^n x^{2n}\mid}=2\mid x\mid^2,$$
所以当 $2\mid x\mid^2<1$,即 $\mid x\mid<\dfrac{1}{\sqrt{2}}$ 时,绝对值级数收敛;当 $2\mid x\mid^2>1$ 时,即 $\mid x\mid>\dfrac{1}{\sqrt{2}}$ 时,绝对值级数发散,又因为用的是比值判别法,所以此时级数也发散. 故级数的

收敛半径 $R = \dfrac{1}{\sqrt{2}}$.

例 4　求幂级数 $\sum_{n=1}^{\infty} \dfrac{2}{b^{\sqrt{n}}} x^n$（其中 $b > 0$ 为常数）的收敛域.

解　因为
$$\lim_{n\to\infty}\left|\dfrac{a_{n+1}}{a_n}\right| = \lim_{n\to\infty} b^{-(\sqrt{n+1}-\sqrt{n})} = \lim_{n\to\infty} b^{-\frac{1}{\sqrt{n+1}+\sqrt{n}}} = 1,$$

故幂级数的收敛半径为 $R = 1$. 当 $x = \pm 1$ 时，原级数为 $\sum_{n=1}^{\infty} (\pm 1)^n \dfrac{2}{b^{\sqrt{n}}}$. 若 $0 < b \leqslant 1$，则由 $\lim_{n\to\infty} \dfrac{2}{b^{\sqrt{n}}} \neq 0$，可得 $\sum_{n=1}^{\infty} (\pm 1)^n \dfrac{2}{b^{\sqrt{n}}}$ 发散；若 $b > 1$，因为 $\lim_{n\to\infty} \dfrac{b^{\sqrt{n}}}{(\sqrt{n})^4} = +\infty$，所以当 n 充分大时，有
$$b^{\sqrt{n}} \geqslant (\sqrt{n})^4 = n^2, \quad \text{即} \quad \dfrac{1}{b^{\sqrt{n}}} \leqslant \dfrac{1}{n^2},$$

又级数 $\sum_{n=1}^{\infty} \dfrac{1}{n^2}$ 收敛，故 $\sum_{n=1}^{\infty} (\pm 1)^n \dfrac{2}{b^{\sqrt{n}}}$ 绝对收敛.

综上，当 $0 < b \leqslant 1$ 时，收敛域为 $(-1, 1)$；当 $b > 1$ 时，收敛域为 $[-1, 1]$.

问题 2　如何利用一些基本初等函数的 Maclaurin 展开式以及幂级数的和差运算性质求另外一些函数的幂级数展开式？

例 5　将 $\ln x$ 展开成 $x - 2$ 的幂级数.

解　注意到
$$\ln(1+t) = t - \dfrac{1}{2}t^2 + \cdots + \dfrac{(-1)^{n-1}}{n} t^n + \cdots$$
$$= \sum_{n=1}^{\infty} \dfrac{(-1)^{n-1}}{n} t^n \quad (-1 < t \leqslant 1),$$

现在要将 $\ln x$ 展开成 $x - 2$ 的幂级数，可以设法将 $\ln x$ 变形，使得变形后的函数能直接应用上述已知的展开式. 因为
$$\ln x = \ln(2 + (x-2)) = \ln\left(2\left(1 + \dfrac{x-2}{2}\right)\right) = \ln 2 + \ln\left(1 + \dfrac{x-2}{2}\right),$$

于是令 $t = \dfrac{x-2}{2}$ $(-1 < t \leqslant 1)$，得
$$\ln\left(1 + \dfrac{x-2}{2}\right) = \ln(1+t) = \sum_{n=1}^{\infty} \dfrac{(-1)^{n-1}}{n} t^n = \sum_{n=1}^{\infty} \dfrac{(-1)^{n-1}}{n} \left(\dfrac{x-2}{2}\right)^n$$
$$= \sum_{n=1}^{\infty} \dfrac{(-1)^{n-1}}{n \cdot 2^n} (x-2)^n \quad \left(-1 < \dfrac{x-2}{2} \leqslant 1\right),$$

从而

$$\ln x = \ln 2 + \ln\left(1 + \frac{x-2}{2}\right) = \ln 2 + \sum_{n=1}^{\infty} \frac{(-1)^{n-1}}{n \cdot 2^n}(x-2)^n \quad (0 < x \leqslant 4).$$

例 6 将 $f(x) = \dfrac{x}{2-x-x^2}$ 展开成 x 的幂级数.

解法 1 首先将 $f(x)$ 等价变形为

$$f(x) = \frac{x}{2-x-x^2} = \frac{x}{(1-x)(2+x)}$$

$$= \frac{1}{3}\left(\frac{1}{1-x} - \frac{2}{2+x}\right) = \frac{1}{3} \cdot \frac{1}{1-x} - \frac{1}{3} \cdot \frac{1}{1+x/2},$$

因为

$$\frac{1}{1-x} = 1 + x + \cdots + x^n + \cdots = \sum_{n=0}^{\infty} x^n \quad (-1 < x < 1),$$

$$\frac{1}{1+x/2} = \sum_{n=0}^{\infty}\left(-\frac{x}{2}\right)^n = \sum_{n=0}^{\infty} \frac{(-1)^n}{2^n} x^n \quad \left(-1 < -\frac{x}{2} < 1\right),$$

所以

$$f(x) = \frac{1}{3} \cdot \frac{1}{1-x} - \frac{1}{3} \cdot \frac{1}{1+x/2} = \frac{1}{3}\sum_{n=0}^{\infty} x^n - \frac{1}{3}\sum_{n=0}^{\infty} \frac{(-1)^n}{2^n} x^n$$

$$= \sum_{n=0}^{\infty} \frac{1}{3}\left(1 - \frac{(-1)^n}{2^n}\right) x^n \quad (-1 < x < 1).$$

解法 2 将 $f(x)$ 直接变形可得

$$f(x) = \frac{x}{2-x-x^2} = \frac{x}{3}\left(\frac{1}{1-x} + \frac{1}{2+x}\right)$$

$$= \frac{x}{3}\left(\frac{1}{1-x} + \frac{1}{2} \cdot \frac{1}{1+x/2}\right) = \frac{x}{3}\left(\sum_{n=0}^{\infty} x^n + \frac{1}{2}\sum_{n=0}^{\infty}\left(-\frac{x}{2}\right)^n\right)$$

$$= \sum_{n=0}^{\infty} \frac{1}{3}\left(1 + \frac{(-1)^n}{2^{n+1}}\right) x^{n+1} \quad (-1 < x < 1).$$

注 (1) 上面解法 1 和解法 2 的结果实际是相同的,请读者思考原因.

(2) 在例 5 和例 6 中应用 $\ln(1+x)$ 和 $\dfrac{1}{1-x}$ 的 Maclaurin 展开式求解函数的幂级数展开式时,所得展开式的收敛区间如何确定是值得注意的地方.

问题 3 如何利用已知的几个基本初等函数的 Maclaurin 展开式以及幂级数和函数的分析性质等来求另一些幂级数的和函数?

例 7 求幂级数 $\displaystyle\sum_{n=1}^{\infty} \frac{x^{n+2}}{(n+1)(n+2)}(-1 < x < 1)$ 的和函数.

解 因为

$$\lim_{n \to \infty} \frac{|a_{n+1}|}{|a_n|} = \lim_{n \to \infty} \frac{(n+1)(n+2)}{(n+2)(n+3)} = 1 = \rho,$$

所以该级数的收敛半径 $R = \dfrac{1}{\rho} = 1$,收敛区间为 $(-1,1)$.

设其和函数为 $S(x)$,即 $S(x) = \sum\limits_{n=1}^{\infty} \dfrac{x^{n+2}}{(n+1)(n+2)}$, $-1 < x < 1$,则

$$S(0) = 0,$$

$$S'(x) = \Big(\sum_{n=1}^{\infty} \dfrac{x^{n+2}}{(n+1)(n+2)}\Big)' = \sum_{n=1}^{\infty} \dfrac{x^{n+1}}{n+1}, \quad |x| < 1,$$

$$S'(0) = 0,$$

$$S''(x) = (S'(x))' = \Big(\sum_{n=1}^{\infty} \dfrac{x^{n+1}}{n+1}\Big)' = \sum_{n=1}^{\infty} \Big(\dfrac{x^{n+1}}{n+1}\Big)'$$

$$= \sum_{n=1}^{\infty} x^n = \dfrac{x}{1-x}, \quad |x| < 1.$$

于是由 Newton-Leibniz 公式,得

$$S'(x) = S'(0) + \int_0^x S''(t)\mathrm{d}t = \int_0^x \dfrac{t}{1-t}\mathrm{d}t$$

$$= \int_0^x \Big(-1 + \dfrac{1}{1-t}\Big)\mathrm{d}t = -x - \ln(1-x), \quad -1 < x < 1,$$

再次应用 Newton-Leibniz 公式,得

$$S(x) = S(0) + \int_0^x S'(t)\mathrm{d}t = \int_0^x (-t - \ln(1-t))\mathrm{d}t$$

$$= -\dfrac{x^2}{2} + (1-t)\ln(1-t)\Big|_0^x - \int_0^x (1-t) \cdot \dfrac{-1}{1-t}\mathrm{d}t$$

$$= x - \dfrac{x^2}{2} + (1-x)\ln(1-x), \quad -1 < x < 1.$$

例 8 求 $\sum\limits_{n=1}^{\infty} \dfrac{(-1)^n(2n+1)}{n} x^{2n+1}$ 的收敛域及和函数.

解 因为

$$\lim_{n \to \infty} \dfrac{|u_{n+1}(x)|}{|u_n(x)|} = \lim_{n \to \infty} \dfrac{n(2n+3)}{(2n+1)(n+1)} x^2 = x^2,$$

所以当 $x^2 < 1$,即 $|x| < 1$ 时,绝对值级数收敛;而当 $|x| > 1$ 时,绝对值级数发散,又因为用的是比值判别法,所以原级数也发散. 当 $x = \pm 1$ 时,因为

$$\lim_{n \to \infty} |u_n(x)| = \lim_{n \to \infty} \dfrac{2n+1}{n} = 2 \neq 0,$$

所以级数在 $x = \pm 1$ 时发散,从而级数的收敛域为 $(-1,1)$.

接下来介绍两种方法来求和函数.

(方法 1) 设

$$S(x) = \sum_{n=1}^{\infty} \dfrac{(-1)^n(2n+1)}{n} x^{2n+1}, \quad |x| < 1,$$

则当 $|x|<1$ 时,有
$$S(x) = \sum_{n=1}^{\infty} \frac{(-1)^n(2n+1)}{n} x^{2n+1} = x \sum_{n=1}^{\infty} \frac{(-1)^n}{n} (x^{2n+1})'$$
$$= x \Big(\sum_{n=1}^{\infty} \frac{(-1)^n}{n} x^{2n+1} \Big)'.$$

又由 $\ln(1+t)$ 的 Maclaurin 展开式知
$$\sum_{n=1}^{\infty} \frac{(-1)^n}{n} x^{2n+1} = -x \cdot \sum_{n=1}^{\infty} \frac{(-1)^{n-1}}{n} (x^2)^n$$
$$= -x \ln(1+x^2), \quad |x|<1,$$

于是当 $|x|<1$ 时,有
$$S(x) = x \Big(\sum_{n=1}^{\infty} \frac{(-1)^n}{n} x^{2n+1} \Big)' = x(-x\ln(1+x^2))'$$
$$= -x \ln(1+x^2) - \frac{2x^3}{1+x^2}.$$

(**方法 2**) 设 $S(x) = \sum_{n=1}^{\infty} \frac{(-1)^n(2n+1)}{n} x^{2n+1}$, $|x|<1$,则
$$S(x) = \sum_{n=1}^{\infty} \Big(2x \cdot (-x^2)^n - x \cdot \frac{(-1)^{n-1}}{n} (x^2)^n \Big), \quad |x|<1.$$

注意到
$$\sum_{n=1}^{\infty} t^n = \frac{t}{1-t}, \quad |t|<1,$$
$$\sum_{n=1}^{\infty} \frac{(-1)^{n-1}}{n} t^n = \ln(1+t), \quad -1<t\leqslant 1,$$

于是
$$S(x) = \sum_{n=1}^{\infty} \Big(2x \cdot (-x^2)^n - x \cdot \frac{(-1)^{n-1}}{n} (x^2)^n \Big)$$
$$= 2x \cdot \frac{-x^2}{1+x^2} - x\ln(1+x^2)$$
$$= -x\ln(1+x^2) - \frac{2x^3}{1+x^2}, \quad |x|<1.$$

问题 4 如何利用幂级数求数项级数的和?

例 9 求下列数项级数的和:

(1) $\sum_{n=1}^{\infty} \frac{(-1)^n n(2n+1)}{3^n}$; (2) $\sum_{n=0}^{\infty} (-1)^n \frac{2n+1}{(2n)!}$.

分析 利用幂级数求数项级数的和一般有两种方法:其一是先构造合适的幂级数,然后求出该幂级数的和函数,最后通过代入值得到数项级数的和;其二是利

用数项级数的性质和几个常用的基本初等函数的幂级数展开式来求和.

解 (1) 我们可以将数项级数变形为
$$\sum_{n=1}^{\infty}\frac{(-1)^n n(2n+1)}{3^n}=\frac{1}{2\sqrt{3}}\cdot\sum_{n=1}^{\infty}(-1)^n 2n(2n+1)\left(\frac{1}{\sqrt{3}}\right)^{2n-1}.$$

考虑函数项级数 $\sum_{n=1}^{\infty}(-1)^n 2n(2n+1)x^{2n-1}$,其收敛区间为 $|x|<1$. 设
$$S(x)=\sum_{n=1}^{\infty}(-1)^n 2n(2n+1)x^{2n-1},\quad |x|<1,$$

则
$$S(x)=\sum_{n=1}^{\infty}(-1)^n (x^{2n+1})''=\left(\sum_{n=1}^{\infty}(-1)^n x^{2n+1}\right)''$$
$$=\left(\frac{-x^3}{1+x^2}\right)''=\left(-x+\frac{x}{1+x^2}\right)''=\frac{2x^3-6x}{(1+x^2)^3},\quad |x|<1,$$

故
$$\sum_{n=1}^{\infty}\frac{(-1)^n n(2n+1)}{3^n}=\frac{1}{2\sqrt{3}}S\left(\frac{1}{\sqrt{3}}\right)=-\frac{3}{8}.$$

(2) 因为
$$\sum_{n=0}^{\infty}(-1)^n\frac{2n+1}{(2n)!}=1+\sum_{n=1}^{\infty}\left(\frac{(-1)^n}{(2n)!}-\frac{(-1)^{n-1}}{(2n-1)!}\right),$$

又由 $\cos x$ 和 $\sin x$ 的 Maclaurin 展开式得
$$\cos 1=\sum_{n=0}^{\infty}\frac{(-1)^n}{(2n)!}=1+\sum_{n=1}^{\infty}\frac{(-1)^n}{(2n)!},\quad \sin 1=\sum_{n=1}^{\infty}\frac{(-1)^{n-1}}{(2n-1)!},$$

所以
$$\sum_{n=0}^{\infty}(-1)^n\frac{2n+1}{(2n)!}=\cos 1-\sin 1.$$

问题 5 如何处理与函数展开为幂级数有关的证明题?

例 10 设函数 $f(x)$ 在 $[0,r]$ 上任意阶可导,且函数 f 及其所有导数在 $[0,r]$ 上都非负,证明:函数 $f(x)$ 的 Maclaurin 级数在 $[0,r)$ 上收敛于 $f(x)$.

证明 由于函数 $f(x)$ 的 Maclaurin 级数为 $\sum_{n=0}^{\infty}\frac{f^{(n)}(0)}{n!}x^n$,设该级数的前 n 项和为 $S_n(x)$,则
$$S_n(x)=f(0)+f'(0)x+\cdots+\frac{f^{(n)}(0)}{n!}x^n.$$

因为 $f(x)$ 在 $x=0$ 点的 Taylor 公式为

$$f(x) = f(0) + f'(0)x + \cdots + \frac{f^{(n)}(0)}{n!}x^n + \frac{f^{(n+1)}(\theta x)}{(n+1)!}x^{n+1}$$

$$= S_n(x) + \frac{f^{(n+1)}(\theta x)}{(n+1)!}x^{n+1}, \quad \text{其中 } \theta \in (0,1),$$

又函数 f 及其所有导数在 $[0,r]$ 上都非负, 故当 $x \in [0,r]$ 时, 有

$$S_n(x) = f(x) - \frac{f^{(n+1)}(\theta x)}{(n+1)!}x^{n+1} \leqslant f(x),$$

从而 $\{S_n(x)\}$ 在 $[0,r]$ 上有界, 则正项级数 $\sum_{n=0}^{\infty} \frac{f^{(n)}(0)}{n!}x^n$ 在 $[0,r]$ 上收敛. 于是根据幂级数展开的充要条件, 问题化为证明

$$\lim_{n\to\infty} \frac{f^{(n+1)}(\theta x)}{(n+1)!}x^{n+1} = 0 \quad (x \in [0,r)).$$

因为 $f(r) = S_n(r) + \frac{f^{(n+1)}(\theta r)}{(n+1)!}r^{n+1}$, 且 $S_n(r) \geqslant 0$, 所以 $\frac{f^{(n+1)}(\theta r)}{(n+1)!}r^{n+1} \leqslant f(r)$.
又 $f^{(n)}(x) \geqslant 0 (x \in [0,r], n = 0,1,2,\cdots)$, 则 $f^{(n+1)}(x)$ 在 $[0,r]$ 上单增, 从而有

$$0 \leqslant \frac{f^{(n+1)}(\theta x)}{(n+1)!}x^{n+1} \leqslant \left(\frac{f^{(n+1)}(\theta r)}{(n+1)!}r^{n+1}\right) \cdot \left(\frac{x}{r}\right)^{n+1} \leqslant f(r) \cdot \left(\frac{x}{r}\right)^{n+1}.$$

于是当 $x \in [0,r)$ 时, 由 $\lim_{n\to\infty}\left(\frac{x}{r}\right)^{n+1} = 0$, 可得 $\lim_{n\to\infty}\frac{f^{(n+1)}(\theta x)}{(n+1)!}x^{n+1} = 0$.

命题得证.

例 11 设 $f(x) = \sum_{n=1}^{\infty} \frac{x^n}{n^2} (0 \leqslant x \leqslant 1)$, 证明: 当 $0 < x < 1$ 时, 有

$$f(x) + f(1-x) + (\ln x)\ln(1-x) = C \quad (C \text{ 为常数}),$$

并求 C 的值. $\left(\text{注}: \sum_{n=1}^{\infty} \frac{1}{n^2} = \frac{\pi^2}{6}\right)$

解 当 $0 \leqslant x \leqslant 1$ 时, 有

$$f'(x) = \sum_{n=1}^{\infty}\left(\frac{x^n}{n^2}\right)' = \sum_{n=1}^{\infty}\frac{x^{n-1}}{n}, \quad f'(0) = 1,$$

于是当 $0 < x < 1$ 时, 有

$$(xf'(x))' = \sum_{n=1}^{\infty}\left(\frac{x^n}{n}\right)' = \sum_{n=1}^{\infty}x^{n-1} = \frac{1}{1-x},$$

所以 $xf'(x) = -\ln(1-x) + C_1$. 令 $x = 0$, 得 $C_1 = 0$, 则 $f'(x) = -\frac{\ln(1-x)}{x}$. 由此可得 $f'(1-x) = -\frac{\ln x}{1-x}$. 于是

$$[f(x) + f(1-x) + (\ln x)\ln(1-x)]'$$
$$= f'(x) - f'(1-x) + [(\ln x)\ln(1-x)]'$$
$$= -\frac{\ln(1-x)}{x} + \frac{\ln x}{1-x} - \frac{\ln x}{1-x} + \frac{\ln(1-x)}{x} = 0, \quad 0 < x < 1,$$

从而
$$f(x)+f(1-x)+(\ln x)\ln(1-x) = C \quad (C\text{ 为常数}).$$
为了求 C，在上式两边令 $x \to 0^+$，取极限可得
$$C = \lim_{x\to 0^+}[f(x)+f(1-x)+(\ln x)\ln(1-x)]$$
$$= f(0)+f(1)+\lim_{x\to 0^+}(\ln x)\ln(1-x)$$
$$= 0+\sum_{n=1}^{\infty}\frac{1}{n^2}+0 = \frac{\pi^2}{6},$$
其中 $\lim\limits_{x\to 0^+}(\ln x)\ln(1-x)$ 可利用 L'Hospital 法则求得为 0.

例 12 设 $(1-x-x^2)f(x) = 1$，且
$$a_n = \frac{f^{(n)}(0)}{n!} \quad (n=1,2,\cdots),$$
证明：级数 $\sum\limits_{n=1}^{\infty}\dfrac{a_{n+1}}{a_n \cdot a_{n+2}}$ 收敛.

分析 读者可能会有如下想法：因为 $f(x) = \dfrac{1}{1-x-x^2}$，故想直接求 $f^{(n)}(0)$，从而得到 a_n 再证明，实际上这样不可行. 或者想将 $f(x)$ 写成
$$f(x) = \frac{A}{a-x}+\frac{B}{b-x}$$
后展开成幂级数，利用幂级数展开式的唯一性得到 a_n 再证，但这样计算会比较复杂. 本题实际上不需知道 $f^{(n)}(0)$ 就可得到 a_{n+2},a_{n+1} 和 a_n 之间的一个关系式，利用此关系式即可证明.

证明 设函数 $f(x)$ 的 Maclaurin 展开式为 $f(x) = \sum\limits_{n=0}^{\infty}a_n x^n$，则由展开式的唯一性知 $a_n = \dfrac{f^{(n)}(0)}{n!}$ $(n=0,1,2,\cdots)$. 于是在该幂级数的收敛域内，有

$$(1-x-x^2)f(x) = (1-x-x^2)\sum_{n=0}^{\infty}a_n x^n$$
$$= \sum_{n=0}^{\infty}a_n x^n - \sum_{n=0}^{\infty}a_n x^{n+1} - \sum_{n=0}^{\infty}a_n x^{n+2}$$
$$= a_0+a_1 x+\sum_{n=2}^{\infty}a_n x^n - a_0 x-\sum_{n=1}^{\infty}a_n x^{n+1}-\sum_{n=0}^{\infty}a_n x^{n+2}$$
$$= a_0+(a_1-a_0)x+\sum_{n=2}^{\infty}a_n x^n-\sum_{n=2}^{\infty}a_{n-1}x^n-\sum_{n=2}^{\infty}a_{n-2}x^n$$
$$= a_0+(a_1-a_0)x+\sum_{n=2}^{\infty}(a_n-a_{n-1}-a_{n-2})x^n = 1,$$

可得 $a_0 = 1, a_1 = 1$,且
$$a_n - a_{n-1} - a_{n-2} = 0 \quad \text{或} \quad a_n = a_{n-1} + a_{n-2} \quad (n \geqslant 2).$$
由 $a_0 = 1, a_1 = 1$ 及 $a_n = a_{n-1} + a_{n-2}(n \geqslant 2)$ 易知 $\{a_n\}$ 为正数列,又因为
$$a_n - a_{n-1} = a_{n-2} > 0,$$
所以 $\{a_n\}$ 单增,故
$$a_n = a_{n-1} + a_{n-2} < a_{n-1} + a_{n-1} = 2a_{n-1},$$
从而 $a_{n-1} > \dfrac{1}{2} a_n$. 于是
$$a_n = a_{n-1} + a_{n-2} > \frac{3}{2} a_{n-1} > \left(\frac{3}{2}\right)^2 a_{n-2} > \cdots > \left(\frac{3}{2}\right)^{n-1} a_1$$
$$= \left(\frac{3}{2}\right)^{n-1} \quad (n \geqslant 2),$$
故
$$0 < \frac{a_{n+1}}{a_n \cdot a_{n+2}} < \frac{2a_n}{a_n \left(\frac{3}{2}\right)^{n+1}} = 2\left(\frac{2}{3}\right)^{n+1} \quad (n \geqslant 1),$$
由比较判别法可得级数 $\sum\limits_{n=1}^{\infty} \dfrac{a_{n+1}}{a_n \cdot a_{n+2}}$ 收敛.

注 本题中的数列 $\{a_n\}$ 称为 Fibonacci 数列.

15.3 练习题

1. 填空题.

(1) 设 $\sum\limits_{n=1}^{\infty} a_n x^n$ 的收敛半径为 R,则 $\sum\limits_{n=1}^{\infty} a_n x^{2n}$ 的收敛半径为_____;

(2) 设 $\sum\limits_{n=1}^{\infty} a_n (x+1)^n$ 在 $x = 3$ 处条件收敛,则该幂级数的收敛半径为_____;

(3) 设 $\sum\limits_{n=0}^{\infty} a_n (x-1)^n$ 在 $x = -2$ 处收敛,则此幂级数在 $x = 3$ 处_____ (填写"条件收敛""绝对收敛""发散"或"敛散性不定");

(4) 设幂级数 $\sum\limits_{n=0}^{\infty} a_n x^n$ 的收敛半径为 3,则幂级数 $\sum\limits_{n=1}^{\infty} n a_n (x-1)^{n-1}$ 的收敛区间为_____;

(5) 已知幂级数 $\sum\limits_{n=1}^{\infty} a_{2n} (x+2)^{2n}$,若 $\lim\limits_{n \to \infty} \left| \dfrac{a_{2n}}{a_{2n+2}} \right| = \dfrac{1}{2}$,则该幂级数的收敛区间是_____;

(6) 设 $f(x) = 1 + 2\cdot 3x + 3\cdot 3^2 x^2 + \cdots + n\cdot 3^{n-1} x^{n-1} + \cdots$，则 $\int_0^{\frac{1}{8}} f(x)\mathrm{d}x = $ _____；

(7) 已知幂函数 $\sum_{n=1}^{\infty} \frac{x^{2n-1}}{2n-1}(|x|<1)$ 的和函数为 $S(x) = \frac{1}{2}\ln\frac{1+x}{1-x}$，则级数 $\sum_{n=1}^{\infty} \frac{1}{(2n-1)4^n}$ 的和为 _____；

(8) 数项级数 $\sum_{n=1}^{\infty} \frac{1}{(n+1)2^n}$ 的和是 _____；

(9) 将 $\frac{x}{a+bx}$（常数 $ab \neq 0$）展开为 x 的幂级数，其收敛半径 $R = $ _____；

(10) 设 $f(x) = \frac{1}{1+x^2}$，则 $f^{(2n)}(0) = $ _____ $(n=0,1,2,\cdots)$.

2. 求下列幂级数的收敛域：

(1) $\sum_{n=1}^{\infty} \frac{2^n + 3^n}{n} x^n$；

(2) $\sum_{n=1}^{\infty} \frac{(-1)^n \cdot 2^n}{2n-1} x^{2n-1}$；

(3) $\sum_{n=1}^{\infty} \frac{1}{4^n} x^{2n}$.

3. 求幂级数 $\frac{x+2}{1\cdot 3} + \frac{(x+2)^2}{2\cdot 3^2} + \frac{(x+2)^3}{3\cdot 3^3} + \cdots + \frac{(x+2)^n}{n\cdot 3^n} + \cdots$ 的收敛域及和函数.

4. 求下列幂级数的和函数：

(1) $\sum_{n=1}^{\infty} n(n+2)x^n$；

(2) $\sum_{n=1}^{\infty} \frac{n^2+1}{2^n \cdot n!} x^n$；

(3) $\sum_{n=1}^{\infty} \frac{n}{n+1} x^n$；

(4) $\sum_{n=1}^{\infty} \frac{(-1)^{n-1}}{n(2n-1)} x^{2n}$.

5. 求幂级数 $\sum_{n=1}^{\infty} n^2 x^{n-1}$ 的和函数,并计算数项级数 $1 + \frac{4}{2} + \frac{9}{4} + \frac{16}{8} + \cdots$ 的和.

6. 求极限 $\lim_{n\to\infty}\left(\frac{1}{a} + \frac{2}{a^2} + \cdots + \frac{n}{a^n}\right)$，其中常数 $a > 1$.

7. 将下列函数展开成 x 的幂级数：

(1) $\arctan\frac{1+x}{1-x}$；

(2) $x\cdot\arctan x - \ln\sqrt{1+x^2}$；

(3) $\sin x \cdot \cos 2x$；

(4) $\frac{12-5x}{6-5x-x^2}$；

(5) $\frac{1-x^2}{(1+x^2)^2}$；

(6) $\int_0^x e^{-t^2}\mathrm{d}t$.

8. 将 $f(x) = \dfrac{1}{x(1+x)}$ 展开成 $x-3$ 的幂级数.

9. 将 $f(x) = \dfrac{1}{x^2}$ 展开成 $x-1$ 的幂级数.

10. 将下列函数在指定点处展开成幂级数：

(1) $\ln \dfrac{2-x}{1-x}$，$x_0 = 0$； (2) $\dfrac{1}{x^2+3x+2}$，$x_0 = -4$.

11. 设 $f(x) = \begin{cases} \dfrac{\sin x}{x}, & x \neq 0, \\ 1, & x = 0, \end{cases}$ 求 $f^{(n)}(0)$ $(n = 0, 1, 2, \cdots)$.

12. 设 a_n 是曲线 $y = x^n$ 与 $y = x^{n+1}$ $(n = 1, 2, \cdots)$ 所围区域的面积，记
$$S_1 = \sum_{n=1}^{\infty} a_n, \quad S_2 = \sum_{n=1}^{\infty} a_{2n-1},$$
求 S_1 与 S_2 的值.

13. 证明：$\sum\limits_{n=1}^{\infty} \dfrac{n}{(n+1)!} = 1.$

第 16 讲 Fourier 级数

16.1 内容提要

一、Fourier 级数的概念

1) 函数展开为三角级数的定义.

设 $f(x)$ 是区间 I 上的函数,若存在一个三角级数
$$\frac{a_0}{2} + \sum_{n=1}^{\infty} (a_n \cos nx + b_n \sin nx),$$
不仅在区间 I 上的每一点都收敛,而且和函数为 $f(x)$,即在区间 I 上恒有
$$f(x) = \frac{a_0}{2} + \sum_{n=1}^{\infty} (a_n \cos nx + b_n \sin nx), \tag{16.1}$$
则称 $f(x)$ **在区间 I 上能展开成三角级数**,也称式(16.1)为函数 $f(x)$ **的三角级数展开式**.

特别地,若 $a_n = 0 (n = 0,1,2,\cdots)$,则称展开式(16.1)为 $f(x)$ 的**正弦级数展开式**;若 $b_n = 0 (n = 1,2,\cdots)$,则称展开式(16.1)为 $f(x)$ 的**余弦级数展开式**.

2) Euler-Fourier 公式(系数公式).

设 $f(x)$ 是以 $2l$ 为周期的函数,$f(x)$ 在 $[-l,l]$ 上能展开为三角级数(16.1),并且假定式(16.1)右端的三角级数在 $[-l,l]$ 上可逐项积分,则
$$a_n = \frac{1}{l} \int_{-l}^{l} f(x) \cos \frac{n\pi x}{l} dx, \quad n = 0,1,2,\cdots, \tag{16.2}$$
$$b_n = \frac{1}{l} \int_{-l}^{l} f(x) \sin \frac{n\pi x}{l} dx, \quad n = 1,2,\cdots. \tag{16.3}$$

由式(16.2),(16.3)确定的三角级数(16.1)称为 $f(x)$ 的 **Fourier 级数**,这些系数称为 $f(x)$ 的 **Fourier 系数**. 函数 $f(x)$ 在区间 I 上能展开成三角级数,也常常称为函数 $f(x)$ **在区间 I 上能展开成 Fourier 级数**.

二、Dirichlet 收敛定理

设 $f(x)$ 是以 $2l$ 为周期的函数,且满足:

(1) 在 $[-l,l]$ 上连续或只有有限个第一类间断点;

(2) 在 $[-l,l]$ 上分段单调,

则 $f(x)$ 的 Fourier 级数在区间 $[-l,l]$ 上收敛,其和函数为

$$S(x) = \begin{cases} f(x), & x \in (-l, l) \text{ 且是 } f(x) \text{ 的连续点}, \\ \dfrac{f(x+0) + f(x-0)}{2}, & x \in (-l, l) \text{ 且是 } f(x) \text{ 的第一类间断点}, \\ \dfrac{f(-l+0) + f(l-0)}{2}, & x = \pm l. \end{cases}$$

注 条件(1)和(2)通常称为 **Dirichlet 条件**,它是判别收敛性的一个充分条件,在实际应用中,很多函数都能满足这个条件. 需要注意的是,由于函数 $f(x)$ 和它的 Fourier 级数的各项都以 $2l$ 为周期,所以级数的收敛情况也适用于区间 $[-l, l]$ 外的一切点.

三、周期延拓

如果函数 $f(x)$ 仅在区间 $(-l, l]$ 上有定义,且满足 Dirichlet 条件,那么我们首先可以将 $f(x)$ 延拓成以 $2l$ 为周期的函数 $F(x)$,即定义函数 $F(x)$,使得它在区间 $(-\infty, +\infty)$ 内以 $2l$ 为周期,且在区间 $(-l, l]$ 上恒有 $F(x) = f(x)$. 我们称这样的函数 $F(x)$ 为 $f(x)$ 的**周期延拓**. 将 $F(x)$ 展开成 Fourier 级数,其 Fourier 系数为

$$a_n = \frac{1}{l} \int_{-l}^{l} F(x) \cos \frac{n\pi x}{l} dx = \frac{1}{l} \int_{-l}^{l} f(x) \cos \frac{n\pi x}{l} dx, \quad n = 0, 1, 2, \cdots,$$

$$b_n = \frac{1}{l} \int_{-l}^{l} F(x) \sin \frac{n\pi x}{l} dx = \frac{1}{l} \int_{-l}^{l} f(x) \sin \frac{n\pi x}{l} dx, \quad n = 1, 2, \cdots.$$

若将 $F(x)$ 的 Fourier 展开式限制在 $(-l, l]$ 上,就得到函数 $f(x)$ 的 Fourier 展开式.

四、偶式延拓与奇式延拓

1) 偶式延拓与余弦展开.

如果要将函数 $f(x)$ 在 $[0, l]$ 上展开成余弦级数,那么可以采用偶式延拓的方式,即定义

$$F(x) = \begin{cases} f(x), & 0 \leqslant x \leqslant l, \\ f(-x), & -l \leqslant x < 0, \end{cases}$$

则 $F(x)$ 是 $[-l, l]$ 上的偶函数.

将 $F(x)$ 在 $[-l, l]$ 上展开为 Fourier 级数,其 Fourier 系数为

$$b_n = 0, \quad n = 1, 2, \cdots; \quad a_n = \frac{2}{l} \int_0^l f(x) \cos \frac{n\pi x}{l} dx, \quad n = 0, 1, 2, \cdots.$$

将所得到的展开式限制在 $[0, l]$ 上,就可以得到 $f(x)$ 在 $[0, l]$ 上的余弦展开式.

2) 奇式延拓与正弦展开.

如果求的是函数 $f(x)$ 在 $[0, l]$ 上的正弦级数展开式,此时可以采用奇式延拓的方式,即定义

$$F(x) = \begin{cases} f(x), & 0 < x \leqslant l, \\ 0, & x = 0, \\ -f(-x), & -l \leqslant x < 0, \end{cases}$$

那么函数 $F(x)$ 是 $[-l,l]$ 上的奇函数.

将 $F(x)$ 在 $[-l,l]$ 上展开为 Fourier 级数,其 Fourier 系数为
$$a_n = 0, \quad n = 0,1,2,\cdots; \quad b_n = \frac{2}{l}\int_0^l f(x)\sin\frac{n\pi x}{l}\mathrm{d}x, \quad n = 1,2,\cdots.$$

采用与前面一样的处理方法,就得到 $f(x)$ 在 $[0,l]$ 上的正弦级数展开式.

16.2 例题与释疑解难

问题 1 求函数 $f(x)$ 的 Fourier 级数与将函数 $f(x)$ 展开为 Fourier 级数是否是一回事?

如果 $f(x)$ 以 $2l$ 为周期,那么所谓求 $f(x)$ 的 Fourier 级数是指
$$f(x) \sim \frac{a_0}{2} + \sum_{n=1}^{\infty}\left(a_n\cos\frac{n\pi x}{l} + b_n\sin\frac{n\pi x}{l}\right),$$
这里的记号"$\sim$"仅表示右边的级数是 $f(x)$ 的 Fourier 级数,它与"$=$"号不同.

只要函数 $f(x)$ 在区间 $[-l,l]$ 上可积,那么可以直接用公式(16.2) 和(16.3) 算出 $f(x)$ 的 Fourier 系数 a_n 和 b_n,从而就可写出 $f(x)$ 的 Fourier 级数.

那么在什么情况下"$=$"号成立,即 $f(x)$ 的 Fourier 级数在什么情况下收敛于 $f(x)$ 呢?关于这个问题,Dirichlet 收敛定理给出了回答:只要 $f(x)$ 满足 Dirichlet 条件,则它的 Fourier 级数收敛,且在 $f(x)$ 的连续点处收敛于 $f(x)$,在 $f(x)$ 的第一类间断点处收敛于 $f(x)$ 该点处的左、右极限的代数均值,而在区间端点 $x = \pm l$ 处收敛于 $\dfrac{f(-l+0)+f(l-0)}{2}$.

例 1 已知函数 $f(x)$ 以 2π 为周期,且
$$f(x) = \begin{cases} x-1, & -\pi \leqslant x < 0, \\ 2, & 0 \leqslant x < \pi, \end{cases}$$
设它的 Fourier 级数的和函数为 $S(x)$,求 $S(1), S(0), S(-\pi), S\left(\dfrac{\pi}{2}\right)$ 和 $S\left(\dfrac{3\pi}{2}\right)$ 的值.

解 因为 $f(x)$ 以 2π 为周期,在区间 $[-\pi,\pi)$ 上分段单调,在 $[-\pi,0)$ 和 $(0,\pi)$ 上连续,$x = 0$ 是唯一的间断点且为第一类间断点,所以它的 Fourier 级数的和函数 $S(x)$ 以 2π 为周期,且由 Dirichlet 收敛定理可得
$$S(1) = f(1) = 2, \quad S(0) = \frac{f(0+0)+f(0-0)}{2} = \frac{1}{2},$$
$$S(-\pi) = \frac{f(-\pi+0)+f(\pi-0)}{2} = \frac{1-\pi}{2}, \quad S\left(\frac{\pi}{2}\right) = f\left(\frac{\pi}{2}\right) = 2,$$
$$S\left(\frac{3\pi}{2}\right) = S\left(2\pi - \frac{\pi}{2}\right) = S\left(-\frac{\pi}{2}\right) = f\left(-\frac{\pi}{2}\right) = -\frac{\pi}{2} - 1.$$

问题 2 如何将以 2π(或 $2l$) 为周期的函数 $f(x)$ 展开成 Fourier 级数?

要将以 2π 为周期的函数 $f(x)$ 展开成 Fourier 级数,应先按公式

$$a_n = \frac{1}{\pi}\int_{-\pi}^{\pi} f(x)\cos nx\, \mathrm{d}x \quad (n=0,1,2,\cdots),$$

$$b_n = \frac{1}{\pi}\int_{-\pi}^{\pi} f(x)\sin nx\, \mathrm{d}x \quad (n=1,2,\cdots)$$

算出 a_n, b_n,于是根据 Dirichlet 收敛定理得到在 $f(x)$ 的连续点处有

$$f(x) = \frac{a_0}{2} + \sum_{n=1}^{\infty}(a_n\cos nx + b_n\sin nx).$$

同理,要将以 $2l$ 为周期的函数 $f(x)$ 展开成 Fourier 级数,应先按公式

$$a_n = \frac{1}{l}\int_{-l}^{l} f(x)\cos\frac{n\pi x}{l}\mathrm{d}x \quad (n=0,1,2,\cdots),$$

$$b_n = \frac{1}{l}\int_{-l}^{l} f(x)\sin\frac{n\pi x}{l}\mathrm{d}x \quad (n=1,2,\cdots)$$

算出 a_n, b_n,于是根据 Dirichlet 收敛定理得到在 $f(x)$ 的连续点处有

$$f(x) = \frac{a_0}{2} + \sum_{n=1}^{\infty}\left(a_n\cos\frac{n\pi x}{l} + b_n\sin\frac{n\pi x}{l}\right).$$

说明 $f(x)$ 的 Fourier 级数的和函数仍然是以 2π(或 $2l$) 为周期的函数.

例 2 设 $\varphi(x), \psi(x)$ 在 $[-\pi,\pi]$ 上连续,且 $\varphi(-x) = \psi(x)$,则 $\varphi(x)$ 的 Fourier 系数 a_n, b_n 与 $\psi(x)$ 的 Fourier 系数 α_n, β_n 的关系是 (　　)

(A) $a_n = \alpha_n, b_n = \beta_n$ (B) $a_n = \alpha_n, b_n = -\beta_n$

(C) $a_n = -\alpha_n, b_n = \beta_n$ (D) $a_n = -\alpha_n, b_n = -\beta_n$

解 由 Fourier 系数的 Euler-Fourier 公式,有

$$a_n = \frac{1}{\pi}\int_{-\pi}^{\pi}\varphi(x)\cos nx\, \mathrm{d}x \xrightarrow{\diamondsuit x=-t} \frac{1}{\pi}\int_{\pi}^{-\pi}\varphi(-t)\cos(-nt)(-\mathrm{d}t)$$

$$= \frac{1}{\pi}\int_{-\pi}^{\pi}\psi(t)\cos nt\, \mathrm{d}t = \alpha_n.$$

同理可得 $b_n = \frac{1}{\pi}\int_{-\pi}^{\pi}\varphi(x)\sin nx\, \mathrm{d}x = -\beta_n$. 故应选(B).

例 3 设 $f(x)$ 以 2π 为周期,且

$$f(x) = \begin{cases} 0, & -\pi \leqslant x < 0, \\ \mathrm{e}^x, & 0 \leqslant x < \pi, \end{cases}$$

试将 $f(x)$ 展开成 Fourier 级数.

解 因为

$$a_n = \frac{1}{\pi}\int_{-\pi}^{\pi} f(x)\cos nx\, \mathrm{d}x = \frac{1}{\pi}\int_{0}^{\pi} \mathrm{e}^x\cos nx\, \mathrm{d}x$$

$$= \frac{1}{\pi}\int_0^\pi \cos nx\,\mathrm{d}(\mathrm{e}^x) = \frac{1}{\pi}\mathrm{e}^x\cos nx\Big|_0^\pi + \frac{n}{\pi}\int_0^\pi \mathrm{e}^x\sin nx\,\mathrm{d}x$$

$$= \frac{1}{\pi}[(-1)^n\mathrm{e}^\pi - 1] + \frac{n}{\pi}\int_0^\pi \sin nx\,\mathrm{d}(\mathrm{e}^x)$$

$$= \frac{1}{\pi}[(-1)^n\mathrm{e}^\pi - 1] + \frac{n}{\pi}\mathrm{e}^x\sin nx\Big|_0^\pi - \frac{n^2}{\pi}\int_0^\pi \mathrm{e}^x\cos nx\,\mathrm{d}x$$

$$= \frac{1}{\pi}[(-1)^n\mathrm{e}^\pi - 1] - n^2 a_n,$$

由此得

$$a_n = \frac{(-1)^n\mathrm{e}^\pi - 1}{(1+n^2)\pi},\quad n=0,1,2,\cdots.$$

又因为

$$b_n = \frac{1}{\pi}\int_{-\pi}^\pi f(x)\sin nx\,\mathrm{d}x = \frac{1}{\pi}\int_0^\pi \mathrm{e}^x\sin nx\,\mathrm{d}x = \frac{1}{\pi}\int_0^\pi \sin nx\,\mathrm{d}(\mathrm{e}^x)$$

$$= \frac{1}{\pi}\mathrm{e}^x\sin nx\Big|_0^\pi - \frac{n}{\pi}\int_0^\pi \mathrm{e}^x\cos nx\,\mathrm{d}x = -na_n,\quad n=1,2,\cdots,$$

所以

$$b_n = \frac{((-1)^n\mathrm{e}^\pi - 1)(-n)}{(1+n^2)\pi},\quad n=1,2,\cdots.$$

因为 $f(x)$ 以 2π 为周期,在 $[-\pi,\pi)$ 上分段单调,在 $[-\pi,0)$ 和 $(0,\pi)$ 上连续, $x=0$ 是唯一的间断点且为第一类间断点,所以 $f(x)$ 的 Fourier 级数

$$\frac{a_0}{2} + \sum_{n=1}^\infty (a_n\cos nx + b_n\sin nx)$$

$$= \frac{\mathrm{e}^\pi - 1}{2\pi} + \sum_{n=1}^\infty \frac{(-1)^n\mathrm{e}^\pi - 1}{(1+n^2)\pi}(\cos nx - n\sin nx)$$

在 $(-\infty,+\infty)$ 上收敛,且其和函数为

$$S(x) = \begin{cases} f(x), & x\in(-\pi,0)\cup(0,\pi),\\ \dfrac{f(0-0)+f(0+0)}{2} = \dfrac{1}{2} \neq f(0), & x=0,\\ \dfrac{f(-\pi+0)+f(\pi-0)}{2} = \dfrac{\mathrm{e}^\pi}{2} \neq f(-\pi), & x=-\pi. \end{cases}$$

故 $f(x)$ 的 Fourier 级数展开式为

$$f(x) = \frac{\mathrm{e}^\pi - 1}{2\pi} + \sum_{n=1}^\infty \frac{(-1)^n\mathrm{e}^\pi - 1}{(1+n^2)\pi}(\cos nx - n\sin nx),$$

其中 $x\in(-\pi,0)\cup(0,\pi)$.

问题 3 如何将定义在 $[-\pi,\pi]$(或 $[-l,l]$)上的函数展开成以 2π(或 $2l$)为周期的 Fourier 级数?

设 $f(x)$ 定义在 $[-\pi,\pi]$ 上，可先将 $f(x)$ 以 2π 为周期延拓到 $(-\infty,+\infty)$ 上，得到一个以 2π 为周期的函数 $F(x)$，然后求出 $F(x)$ 的 Fourier 级数. 若将 $F(x)$ 限制在 $[-\pi,\pi]$ 上，则得到 $f(x)$ 的 Fourier 级数. 在求 $F(x)$ 的 Fourier 系数时，因为积分区间为 $[-\pi,\pi]$，所以用 $f(x)$ 的表达式进行积分即可，故将 $f(x)$ 展开成 Fourier 级数时不必写出 $F(x)$. 对于定义在 $[-l,l]$ 上的函数，可类似处理.

例 4 将函数 $f(x)=\dfrac{x}{4}(x\in[-\pi,\pi])$ 展开成以 2π 为周期的 Fourier 级数，并求级数 $1+\dfrac{1}{5}-\dfrac{1}{7}-\dfrac{1}{11}+\dfrac{1}{13}+\dfrac{1}{17}-\cdots$ 的和.

解 将函数 $f(x)$ 以 2π 为周期延拓至 $(-\infty,+\infty)$ 上，并设所得函数为 $F(x)$，则 $F(x)$ 以 2π 为周期，且在 $[-\pi,\pi]$ 上恒有 $F(x)=f(x)$. 于是

$$a_n=\frac{1}{\pi}\int_{-\pi}^{\pi}f(x)\cos nx\,\mathrm{d}x=\frac{1}{\pi}\int_{-\pi}^{\pi}\frac{x}{4}\cos nx\,\mathrm{d}x=0,\quad n=0,1,2,\cdots,$$

$$b_n=\frac{1}{\pi}\int_{-\pi}^{\pi}f(x)\sin nx\,\mathrm{d}x=\frac{2}{\pi}\int_{0}^{\pi}\frac{x}{4}\sin nx\,\mathrm{d}x=-\frac{1}{2n\pi}\int_{0}^{\pi}x\,\mathrm{d}\cos nx$$

$$=-\frac{1}{2n\pi}\left(x\cos nx\Big|_{0}^{\pi}-\int_{0}^{\pi}\cos nx\,\mathrm{d}x\right)=\frac{(-1)^{n+1}}{2n}.$$

因为函数 $F(x)$ 以 2π 为周期，且由在区间 $[-\pi,\pi]$ 上恒有 $F(x)=f(x)$ 知，$F(x)$ 在 $(-\pi,\pi)$ 上连续，$x=\pm\pi$ 为第一类间断点，所以 $F(x)$ 的 Fourier 级数

$$\frac{a_0}{2}+\sum_{n=1}^{\infty}(a_n\cos nx+b_n\sin nx)=\sum_{n=1}^{\infty}\frac{(-1)^{n+1}}{2n}\sin nx$$

在 $(-\infty,+\infty)$ 上收敛，且其和函数为

$$S(x)=\begin{cases}F(x)=f(x)=\dfrac{x}{4}, & x\in(-\pi,\pi),\\[2mm] \dfrac{F(-\pi+0)+F(\pi-0)}{2}=0, & x=\pm\pi,\end{cases}$$

故 $f(x)$ 的 Fourier 级数展开式为

$$f(x)=\sum_{n=1}^{\infty}\frac{(-1)^{n+1}}{2n}\sin nx,\quad x\in(-\pi,\pi).$$

取 $x=\dfrac{\pi}{2}$，代入上式可得

$$f\left(\frac{\pi}{2}\right)=\frac{\pi}{8}=\frac{1}{2}\left(1-\frac{1}{3}+\frac{1}{5}-\frac{1}{7}+\frac{1}{9}-\cdots\right),$$

记 $I=1-\dfrac{1}{3}+\dfrac{1}{5}-\dfrac{1}{7}+\dfrac{1}{9}-\cdots$，则有 $I=\dfrac{\pi}{4}$，从而

$$1+\frac{1}{5}-\frac{1}{7}-\frac{1}{11}+\frac{1}{13}+\frac{1}{17}-\cdots=I+\frac{1}{3}-\frac{1}{9}+\frac{1}{15}-\frac{1}{21}+\cdots$$

$$= I + \frac{1}{3}\left(1 - \frac{1}{3} + \frac{1}{5} - \frac{1}{7} + \frac{1}{9} - \cdots\right)$$
$$= I + \frac{I}{3} = \frac{4I}{3} = \frac{\pi}{3}.$$

例 5 将函数
$$f(x) = \begin{cases} 1 + \sin\pi x, & x \in (-1, 1), \\ 0, & x \in [-2, -1] \cup [1, 2] \end{cases}$$
展开成以 4 为周期的 Fourier 级数.

解 将 $f(x)$ 进行周期为 $2l = 4$ 的周期延拓至区间 $(-\infty, +\infty)$ 上,并设所得函数为 $F(x)$,则 $F(x)$ 以 4 为周期,且在 $[-2, 2]$ 上恒有 $F(x) = f(x)$. 于是

$$a_0 = \frac{1}{l}\int_{-l}^{l} f(x)\mathrm{d}x = \frac{1}{2}\int_{-1}^{1}(1+\sin\pi x)\mathrm{d}x = \int_0^1 \mathrm{d}x = 1,$$

$$a_n = \frac{1}{l}\int_{-l}^{l} f(x)\cos\frac{n\pi x}{l}\mathrm{d}x = \frac{1}{2}\int_{-1}^{1}(1+\sin\pi x)\cos\frac{n\pi x}{2}\mathrm{d}x$$

$$= \int_0^1 \cos\frac{n\pi x}{2}\mathrm{d}x = \frac{2}{n\pi}\sin\frac{n\pi x}{2}\Big|_0^1 = \frac{2}{n\pi}\sin\frac{n\pi}{2}$$

$$= \begin{cases} 0, & n = 2k, \\ \dfrac{2 \cdot (-1)^{k+1}}{(2k-1)\pi}, & n = 2k-1, \end{cases} \quad k = 1, 2, \cdots,$$

$$b_n = \frac{1}{l}\int_{-l}^{l} f(x)\sin\frac{n\pi x}{l}\mathrm{d}x = \frac{1}{2}\int_{-1}^{1}(1+\sin\pi x)\sin\frac{n\pi x}{2}\mathrm{d}x$$

$$= \int_0^1 \sin\pi x \sin\frac{n\pi x}{2}\mathrm{d}x = -\frac{1}{2}\int_0^1\left(\cos\frac{(2+n)\pi x}{2} - \cos\frac{(2-n)\pi x}{2}\right)\mathrm{d}x$$

$$= \frac{1}{(2-n)\pi}\sin\frac{(2-n)\pi x}{2}\Big|_0^1 - \frac{1}{(2+n)\pi}\sin\frac{(2+n)\pi x}{2}\Big|_0^1$$

$$= \frac{1}{(2-n)\pi}\sin\frac{(2-n)\pi}{2} - \frac{1}{(2+n)\pi}\sin\frac{(2+n)\pi}{2}$$

$$= \frac{4}{(4-n^2)\pi}\sin\frac{n\pi}{2} = \frac{2n}{4-n^2}a_n, \quad n = 1, 3, 4, 5, \cdots,$$

$$b_2 = \frac{1}{2}\int_{-1}^{1}(1+\sin\pi x)\sin\pi x\, \mathrm{d}x$$

$$= \int_0^1 \sin^2\pi x\, \mathrm{d}x = \frac{1}{2}\int_0^1(1 - \cos 2\pi x)\mathrm{d}x = \frac{1}{2}.$$

因为函数 $F(x)$ 以 4 为周期,且由在 $[-2, 2]$ 上恒有 $F(x) = f(x)$ 可知 $F(x)$ 在 $[-2, 2]$ 上分段单调,在 $[-2, -1), (-1, 1)$ 和 $(1, 2]$ 上连续,仅有 $x = \pm 1$ 两个间断点,且它们都是第一类间断点,所以 $F(x)$ 的 Fourier 级数

$$\frac{a_0}{2} + \sum_{n=1}^{\infty}\left(a_n\cos\frac{n\pi x}{l} + b_n\sin\frac{n\pi x}{l}\right)$$

$$= \frac{1}{2} + \frac{2}{\pi}\cos\frac{\pi x}{2} + \frac{4}{3\pi}\sin\frac{\pi x}{2} + \frac{1}{2}\sin\pi x + \sum_{n=3}^{\infty} a_n\left(\cos\frac{n\pi x}{2} + \frac{2n}{4-n^2}\sin\frac{n\pi x}{2}\right)$$

$$= \frac{1}{2} + \frac{2}{\pi}\cos\frac{\pi x}{2} + \frac{4}{3\pi}\sin\frac{\pi x}{2} + \frac{1}{2}\sin\pi x$$

$$+ \sum_{k=2}^{\infty} \frac{2\cdot(-1)^{k+1}}{(2k-1)\pi}\left(\cos\frac{(2k-1)\pi x}{2} + \frac{4k-2}{4-(2k-1)^2}\sin\frac{(2k-1)\pi x}{2}\right)$$

在 $(-\infty, +\infty)$ 上收敛,且其和函数为

$$S(x) = \begin{cases} F(x) = f(x), & x \in (-2, -1) \cup (-1, 1) \cup (1, 2), \\ \dfrac{F(-1-0)+F(-1+0)}{2} = \dfrac{1}{2} \neq f(-1), & x = -1, \\ \dfrac{F(1-0)+F(1+0)}{2} = \dfrac{1}{2} \neq f(1), & x = 1, \\ \dfrac{F(-2+0)+F(2-0)}{2} = 0 = f(\pm 2), & x = \pm 2, \end{cases}$$

故 $f(x)$ 的 Fourier 级数展开式为

$$f(x) = \frac{1}{2} + \frac{2}{\pi}\cos\frac{\pi x}{2} + \frac{4}{3\pi}\sin\frac{\pi x}{2} + \frac{1}{2}\sin\pi x$$

$$+ \sum_{k=2}^{\infty} \frac{2\cdot(-1)^{k+1}}{(2k-1)\pi}\left(\cos\frac{(2k-1)\pi x}{2} + \frac{4k-2}{4-(2k-1)^2}\sin\frac{(2k-1)\pi x}{2}\right),$$

其中 $x \in [-2, -1) \cup (-1, 1) \cup (1, 2]$.

问题 4 如何将定义在区间 $[0, \pi]$(或 $[0, l]$)上的函数展开成正弦级数和余弦级数?

为了将定义在区间 $[0, \pi]$ 上的函数 $f(x)$ 展开成正弦级数(或余弦级数),先将函数在 $[-\pi, \pi]$ 上进行奇式延拓(或偶式延拓),再将延拓的函数在 $[-\pi, \pi]$ 上展开为 Fourier 级数,最后将延拓的函数限制在 $[0, \pi]$ 上,即得函数 $f(x)$ 的正弦(或余弦)级数.

说明 (1) 因为奇式(或偶式)延拓得到的函数为奇函数(或偶函数),所以求它们的 Fourier 级数时,可以根据奇偶函数在对称区间上积分的性质化为 $[0, \pi]$ 上的积分,此时直接使用 $f(x)$ 的表达式即可. 在具体的计算时,不必写出延拓后的函数表达式.

(2) 因为奇式(或偶式)延拓得到的函数为奇函数(或偶函数),所以得到的正弦(或余弦)级数的和函数也为奇函数(或偶函数).

(3) 设 $f(x)$ 的正弦级数的和函数为 $S_1(x)$,余弦级数的和函数为 $S_2(x)$,则对于区间端点 $x = 0$ 和 $x = \pi$,根据 Dirichlet 收敛定理,有

$$S_1(0) = S_1(\pi) = 0, \quad S_2(0) = f(0), \quad S_2(\pi) = f(\pi).$$

(4) 定义在 $[0, l]$ 上的函数展开成正弦级数(或余弦级数)类似可得.

例6 设 $f(x) = \begin{cases} 2+x, & 0 \leqslant x < 2, \\ 0, & 2 \leqslant x < 4, \end{cases}$ 若

$$S(x) = \sum_{n=1}^{\infty} b_n \sin\frac{n\pi x}{4} \quad (-\infty < x < +\infty),$$

其中 $b_n = \frac{1}{2}\int_0^4 f(x)\sin\frac{n\pi x}{4}\mathrm{d}x (n=1,2,\cdots)$，则 $S(2) + S(-9) = $ ( )

(A) -1 (B) 1 (C) 5 (D) 7

解 题意是将定义在 $[0,4)$ 上的函数 $f(x)$ 奇延拓成 $[-4,4)$ 上的函数 $F(x)$，再将 $F(x)$ 以 8 为周期作周期延拓. 于是将 $F(x)$ 展开成 Fourier 级数，即为将 $f(x)$ 展开成正弦级数. 由 Dirichlet 收敛定理可知

$$S(2) = \frac{F(2+0) + F(2-0)}{2} = \frac{f(2+0) + f(2-0)}{2} = \frac{0+4}{2} = 2,$$

$$S(-9) = S(-1) = F(-1) = -F(1) = -f(1) = -3,$$

所以 $S(2) + S(-9) = -1$. 故应选 (A).

例7 试将定义在区间 $[0,\pi]$ 上的函数 $f(x) = x$ 分别展开成正弦级数和余弦级数.

解 为了将函数 $f(x)$ 展开成正弦级数，我们首先对 $f(x) = x$ 进行奇式延拓至 $[-\pi,\pi]$ 上，然后将所得函数进行周期为 $2l = 2\pi$ 的周期延拓至 $(-\infty, +\infty)$ 上，最后设所得的函数为 $F(x)$，则 $F(x)$ 是以 2π 为周期的奇函数，且在区间 $(0,\pi]$ 上恒有 $F(x) = f(x)$. 于是

$$a_n = 0 \quad (n=0,1,2,\cdots),$$

$$b_n = \frac{2}{l}\int_0^l f(x)\sin\frac{n\pi x}{l}\mathrm{d}x = \frac{2}{\pi}\int_0^\pi x\sin nx\,\mathrm{d}x$$

$$= \frac{2}{\pi}\left(-\frac{1}{n}x\cos nx\Big|_0^\pi + \frac{1}{n^2}\sin nx\Big|_0^\pi\right)$$

$$= -\frac{2}{n}\cos n\pi = (-1)^{n+1}\cdot\frac{2}{n}, \quad n=1,2,\cdots.$$

因为 $F(x)$ 是以 2π 为周期的奇函数，在 $(0,\pi]$ 上恒有 $F(x) = f(x)$，所以 $F(x)$ 在 $[-\pi,\pi]$ 上分段单调，在 $[-\pi,0)$ 和 $(0,\pi]$ 上连续，$x=0$ 是唯一的间断点，且它为第一类间断点. 于是 $F(x)$ 的正弦级数

$$\sum_{n=1}^{\infty} b_n\sin\frac{n\pi x}{l} = 2\sum_{n=1}^{\infty}\frac{(-1)^{n+1}}{n}\sin nx$$

在 $(-\infty, +\infty)$ 上收敛，且其和函数为

$$S(x) = \begin{cases} F(x) = f(x), & x \in (0,\pi), \\ 0 = f(0), & x = 0, \\ 0 \neq f(\pi), & x = \pi, \end{cases}$$

故 $f(x) = x$ 的正弦级数展开式为

$$f(x) = 2\sum_{n=1}^{\infty} \frac{(-1)^{n+1}}{n} \sin nx, \quad x \in [0,\pi).$$

为了将 $f(x)$ 展开成余弦级数，我们首先对 $f(x) = x$ 进行偶式延拓，然后进行周期为 $2l = 2\pi$ 的周期延拓，最后设所得的函数为 $G(x)$，则 $G(x)$ 是以 2π 为周期的偶函数，且在 $(0,\pi]$ 上恒有 $G(x) = f(x)$. 于是

$$b_n = 0 \quad (n = 1, 2, \cdots),$$

$$a_0 = \frac{2}{l}\int_0^l f(x)\mathrm{d}x = \frac{2}{\pi}\int_0^\pi x\mathrm{d}x = \pi,$$

$$a_n = \frac{2}{l}\int_0^l f(x)\cos\frac{n\pi x}{l}\mathrm{d}x = \frac{2}{\pi}\int_0^\pi x\cos nx\,\mathrm{d}x$$

$$= \frac{2}{\pi}\left(\frac{1}{n}x\sin nx + \frac{1}{n^2}\cos nx\right)\bigg|_0^\pi = \frac{2(\cos n\pi - 1)}{n^2\pi} = \frac{2((-1)^n - 1)}{n^2\pi}$$

$$= \begin{cases} 0, & n = 2k, \\ -\dfrac{4}{\pi(2k-1)^2}, & n = 2k-1, \end{cases} \quad k = 1, 2, \cdots.$$

因为 $G(x)$ 是以 2π 为周期的偶函数，在 $(0,\pi]$ 上恒有 $G(x) = f(x)$，所以 $G(x)$ 在 $[-\pi,\pi]$ 上分段单调，在 $[-\pi,0)$ 和 $(0,\pi]$ 上连续，$x = 0$ 是唯一的间断点，且它为第一类间断点. 于是 $G(x)$ 的余弦级数

$$\frac{a_0}{2} + \sum_{n=1}^{\infty} a_n\cos\frac{n\pi x}{l} = \frac{\pi}{2} - \frac{4}{\pi}\sum_{k=1}^{\infty}\frac{1}{(2k-1)^2}\cos(2k-1)x$$

在 $(-\infty, +\infty)$ 上收敛，且其和函数为

$$S(x) = \begin{cases} G(x) = f(x), & x \in (0,\pi), \\ \dfrac{G(0-0) + G(0+0)}{2} = G(0+0) = f(0), & x = 0, \\ \dfrac{G(-\pi+0) + G(\pi-0)}{2} = G(\pi-0) = f(\pi), & x = \pi, \end{cases}$$

故 $f(x) = x$ 的余弦级数展开式为

$$f(x) = \frac{\pi}{2} - \frac{4}{\pi}\sum_{k=1}^{\infty}\frac{1}{(2k-1)^2}\cos(2k-1)x, \quad x \in [0,\pi].$$

例8 试用 Fourier 级数证明：当 $0 < x < \pi$ 时，$\sum_{n=1}^{\infty}\dfrac{\sin(2n-1)x}{2n-1} = \dfrac{\pi}{4}$.

证明 设 $f(x) = \dfrac{\pi}{4}$ ($0 < x < \pi$). 要将 $f(x)$ 在 $(0,\pi)$ 上展开成正弦级数，为此先将 $f(x)$ 作奇式延拓，于是由 Euler-Fourier 公式可得

$$a_n = 0 \quad (n = 0, 1, 2, \cdots),$$

$$b_n = \frac{2}{\pi}\int_0^\pi \frac{\pi}{4}\sin nx\,\mathrm{d}x = \frac{1}{2n}(-\cos nx)\Big|_0^\pi = \frac{1}{2n}(1-(-1)^n) \quad (n=1,2,\cdots),$$

再由 Dirichlet 收敛定理即得

$$\frac{\pi}{4} = \sum_{n=1}^\infty \frac{1-(-1)^n}{2n}\sin nx = \sum_{n=1}^\infty \frac{\sin(2n-1)x}{2n-1}, \quad 0 < x < \pi.$$

问题 5 如何将定义在区间 $[a,b]$ 上的函数 $f(x)$ 展开成以 $b-a$ 为周期的 Fourier 级数？

说明 1 一般方法是令 $t = x - \frac{b+a}{2}$，即 $x = t + \frac{b+a}{2}$，在此变换下，区间 $[a,b]$ 变为对称区间 $\left[-\frac{b-a}{2}, \frac{b-a}{2}\right]$，而相应的函数 $f(x) = f\left(t + \frac{b+a}{2}\right) = F(t)$. 由于 $F(t)$ 是定义在区间 $\left[-\frac{b-a}{2}, \frac{b-a}{2}\right]$ 上的函数，因此可以将它展开成以 $b-a$ 为周期的 Fourier 级数. 最后回代 $t = x - \frac{b+a}{2}$，就得到所要求的函数 $f(x)$ 的 Fourier 级数展开式.

例 9 将定义在 $[5,15]$ 上的函数 $f(x) = 10 - x$ 展开成以 10 为周期的 Fourier 级数.

解法 1 令 $t = x - 10$，则 $x = t + 10$，可得

$$F(t) = f(10+t) = -t \quad (t \in [-5,5]).$$

因为 $F(t)$ 的周期 $2l = 10$，且为奇函数，所以

$$a_n = 0, \quad n = 0,1,2,\cdots,$$

$$b_n = \frac{2}{l}\int_0^l F(t)\sin\frac{n\pi t}{l}\mathrm{d}t = \frac{2}{5}\int_0^5 -t\sin\frac{n\pi t}{5}\mathrm{d}t$$

$$= \frac{2}{n\pi}t\cos\frac{n\pi t}{5}\Big|_0^5 - \frac{2}{n\pi}\int_0^5 \cos\frac{n\pi t}{5}\mathrm{d}t$$

$$= \frac{10\cos n\pi}{n\pi} - \frac{10}{(n\pi)^2}\sin\frac{n\pi t}{5}\Big|_0^5 = \frac{10\cdot(-1)^n}{n\pi}, \quad n = 1,2,\cdots.$$

因为 $F(t) = -t$ 以 $2l = 10$ 为周期，在 $[-5,5]$ 上单减且连续，所以 $F(t)$ 的 Fourier 级数

$$\frac{a_0}{2} + \sum_{n=1}^\infty \left(a_n\cos\frac{n\pi t}{l} + b_n\sin\frac{n\pi t}{l}\right) = \frac{10}{\pi}\sum_{n=1}^\infty \frac{(-1)^n}{n}\sin\frac{n\pi t}{5}$$

在 $(-\infty, +\infty)$ 上收敛，且其和函数为

$$S(t) = \begin{cases} F(t), & t \in (-5,5), \\ \dfrac{F(-5+0)+F(5-0)}{2} = 0 \neq F(\pm 5), & t = \pm 5, \end{cases}$$

故 $F(t) = -t$ 的 Fourier 级数展开式为

$$F(t) = \frac{10}{\pi} \sum_{n=1}^{\infty} \frac{(-1)^n}{n} \sin \frac{n\pi t}{5}, \quad t \in (-5, 5).$$

再在上式中代入 $t = x - 10$，就得到 $f(x) = 10 - x$ 的 Fourier 级数展开式为

$$f(x) = \frac{10}{\pi} \sum_{n=1}^{\infty} \frac{(-1)^n}{n} \sin \frac{n\pi(x-10)}{5} = \frac{10}{\pi} \sum_{n=1}^{\infty} \frac{(-1)^n}{n} \sin \frac{n\pi x}{5},$$

其中 $x \in (5, 15)$.

说明 2 令 $l = \dfrac{b-a}{2}$，则问题 5 的另一种处理方法是将 $f(x)$ 看作某个定义在区间 $[-l, l]$ 上且周期为 $b-a$ 的函数 $g(x)$ 在区间 $[a, b]$ 上的表达式，从而在 $[a, b]$ 上恒有 $g(x) = f(x)$. 此时，$f(x)$ 的 Fourier 系数为

$$a_n = \frac{1}{l} \int_{-l}^{l} g(x) \cos \frac{n\pi x}{l} dx, \quad n = 0, 1, 2, \cdots,$$

$$b_n = \frac{1}{l} \int_{-l}^{l} g(x) \sin \frac{n\pi x}{l} dx, \quad n = 1, 2, \cdots.$$

又注意到函数 $g(x) \cos \dfrac{n\pi x}{l} (n = 0, 1, 2, \cdots)$ 和 $g(x) \sin \dfrac{n\pi x}{l} (n = 1, 2, \cdots)$ 的周期都是 $2l$，因此根据周期函数的定积分性质，可以推出

$$\begin{aligned} a_n &= \frac{1}{l} \int_{-l}^{l} g(x) \cos \frac{n\pi x}{l} dx = \frac{1}{l} \int_{a}^{b} g(x) \cos \frac{n\pi x}{l} dx \\ &= \frac{1}{l} \int_{a}^{b} f(x) \cos \frac{n\pi x}{l} dx, \quad n = 0, 1, 2, \cdots, \end{aligned} \quad (16.4)$$

$$\begin{aligned} b_n &= \frac{1}{l} \int_{-l}^{l} g(x) \sin \frac{n\pi x}{l} dx = \frac{1}{l} \int_{a}^{b} g(x) \sin \frac{n\pi x}{l} dx \\ &= \frac{1}{l} \int_{a}^{b} f(x) \sin \frac{n\pi x}{l} dx, \quad n = 1, 2, \cdots. \end{aligned} \quad (16.5)$$

由此就可以得到 $f(x)$ 的 Fourier 级数展开式.

解法 2 利用上述思想重新求解例 9. 因为 $a = 5, b = 15, 2l = 10$，于是

$$a_n = \frac{1}{l} \int_{a}^{b} f(x) \cos \frac{n\pi x}{l} dx = \frac{1}{5} \int_{5}^{15} (10 - x) \cos \frac{n\pi x}{5} dx$$

$$\xrightarrow{\diamondsuit\, t = 10 - x} \frac{1}{5} \int_{-5}^{5} t \cos \frac{n\pi t}{5} dt = 0, \quad n = 0, 1, 2, \cdots,$$

$$b_n = \frac{1}{l} \int_{a}^{b} f(x) \sin \frac{n\pi x}{l} dx = \frac{1}{5} \int_{5}^{15} (10 - x) \sin \frac{n\pi x}{5} dx$$

$$\xrightarrow{\diamondsuit\, t = 10 - x} -\frac{1}{5} \int_{-5}^{5} t \sin \frac{n\pi t}{5} dt = -\frac{2}{5} \int_{0}^{5} t \sin \frac{n\pi t}{5} dt$$

$$= -\frac{2}{5} \left(-\frac{5}{n\pi} t \cos \frac{n\pi t}{5} + \frac{5^2}{(n\pi)^2} \sin \frac{n\pi t}{5} \right) \bigg|_{0}^{5}$$

$$= \frac{10}{n\pi} \cos n\pi = \frac{10 \cdot (-1)^n}{n\pi}, \quad n = 1, 2, \cdots.$$

因为 $f(x)=10-x$ 在 $[5,15]$ 上单减且连续，所以 $f(x)$ 的 Fourier 级数
$$\frac{a_0}{2}+\sum_{n=1}^{\infty}\left(a_n\cos\frac{n\pi x}{l}+b_n\sin\frac{n\pi x}{l}\right)=\frac{10}{\pi}\sum_{n=1}^{\infty}\frac{(-1)^n}{n}\sin\frac{n\pi x}{5}$$
在 $(-\infty,+\infty)$ 上收敛，且其和函数为
$$S(x)=\begin{cases}f(x), & x\in(5,15),\\ \dfrac{f(5+0)+f(15-0)}{2}=0\neq f(5), & x=5,\\ \dfrac{f(5+0)+f(15-0)}{2}=0\neq f(15), & x=15,\end{cases}$$
故 $f(x)=10-x$ 的 Fourier 级数展开式为
$$f(x)=\frac{10}{\pi}\sum_{n=1}^{\infty}\frac{(-1)^n}{n}\sin\frac{n\pi x}{5},\quad x\in(5,15).$$

注 从上面的解答过程不难看出，将定义在区间 $[a,b]$ 上的函数 $f(x)$ 展开成以 $b-a$ 为周期的 Fourier 级数时，只要利用公式 (16.4)，(16.5) 计算其 Fourier 系数即可.

16.3 练习题

1. 填空题.

(1) 设函数 $f(x)=x^2(0\leqslant x\leqslant\pi)$，若 $S(x)=\sum_{n=1}^{\infty}b_n\sin nx$，其中
$$b_n=\frac{2}{\pi}\int_0^{\pi}f(x)\sin nx\,\mathrm{d}x\quad(n=1,2,\cdots),$$
则 $S\left(-\dfrac{\pi}{3}\right)+S\left(\dfrac{5\pi}{3}\right)=$ _____；

(2) 设函数 $f(x)=\begin{cases}-1, & -\pi\leqslant x\leqslant 0,\\ 1+x^2, & 0<x<\pi,\end{cases}$ 则其以 2π 为周期的 Fourier 级数在点 $x=\pi$ 处收敛于 _____；

(3) 设函数 $f(x)=x+1(x\in[0,1])$，则 $f(x)$ 的余弦级数在 $x=-\dfrac{1}{2}$ 处收敛于 _____；

(4) 已知函数 $f(x)$ 以 4 为周期，且 $f(x)=\begin{cases}0, & -2\leqslant x\leqslant 0,\\ 1, & 0<x<2,\end{cases}$ 若将 $f(x)$ 展开成 Fourier 级数，则系数 $b_1=$ _____；

(5) 将函数 $f(x)=\pi^2-x^2$ 在区间 $(-\pi,\pi)$ 内展开成 Fourier 级数，则系数 $a_0=$ _____；

(6) 将函数 $f(x) = 1-|x|$ 在区间 $[0,1]$ 上展开成正弦级数 $\sum\limits_{n=1}^{\infty} b_n \sin n\pi x$，则系数 $b_3 = $ _____；

(7) 已知函数
$$f(x) = \begin{cases} 0, & -1 \leqslant x \leqslant 0, \\ x-1, & 0 < x \leqslant 1, \end{cases}$$
若 $a_n = 2\int_{-1}^{1} f(x)\cos n\pi x \mathrm{d}x (n=0,1,\cdots)$，则 $\sum\limits_{n=0}^{\infty} (-1)^n a_n = $ _____．

2. 设 $f(x)$ 是以 2π 为周期的函数，且
$$f(x) = \begin{cases} 1+x, & -\pi \leqslant x < 0, \\ 2-x, & 0 \leqslant x < \pi, \end{cases}$$
试求它的 Fourier 级数的和函数 $S(x)$ 在 $[-\pi,\pi]$ 上的表达式．

3. 设函数 $f(x)$ 以 2π 为周期，且
$$f(x) = \begin{cases} 1+\dfrac{2}{\pi}x, & -\pi \leqslant x < 0, \\ 1-\dfrac{2}{\pi}x, & 0 \leqslant x < \pi, \end{cases}$$
求 $f(x)$ 的 Fourier 级数展开式．

4. 将 $f(x) = \arcsin(\sin x)$ 展开成以 2π 为周期的 Fourier 级数．

5. 将 $f(x) = \sin x (0 \leqslant x \leqslant \pi)$ 展开成余弦级数．

6. 将 $f(x) = \dfrac{\pi-x}{2}(0 \leqslant x \leqslant \pi)$ 展开成正弦级数，并求级数 $\sum\limits_{n=1}^{\infty} \dfrac{(-1)^{n+1}}{2n+1}$ 的和．

7. 将函数 $f(x) = x(\pi-x)$ $(x \in [0,\pi])$ 展开成正弦级数，并求数项级数
$$1 - \dfrac{1}{3^3} + \dfrac{1}{5^3} - \dfrac{1}{7^3} + \cdots$$
的和．

8. 将函数 $f(x) = x (0 \leqslant x < \pi)$ 展开成以 π 为周期的 Fourier 级数．

9. 将函数 $f(x) = |x|$ 在区间 $\left[-\dfrac{1}{2}, \dfrac{1}{2}\right]$ 上展开成以 1 为周期的 Fourier 级数，并求数项级数 $\sum\limits_{n=0}^{\infty} \dfrac{1}{(2n+1)^2}$ 的和．

10. 将函数
$$f(x) = \begin{cases} \dfrac{2}{l}x, & 0 \leqslant x \leqslant \dfrac{l}{2}, \\ 2 - \dfrac{2}{l}x, & \dfrac{l}{2} < x \leqslant l \end{cases}$$
展开成正弦函数，其中常数 $l > 0$．

11. 设常数 $0 < h < \pi$,试将函数 $f(x) = \begin{cases} 1, & 0 \leqslant x < h, \\ 0, & h \leqslant x < \pi \end{cases}$ 展开成余弦级数.

12. 设函数 $f(x)$ 以 2π 为周期,且
$$f(x+\pi) = f(x), \quad x \in [-\pi, \pi],$$
试证:$f(x)$ 的 Fourier 系数 $a_{2n-1} = b_{2n-1} = 0 (n=1,2,\cdots)$.

13. 求函数
$$f(x) = \begin{cases} -\dfrac{\pi}{4}, & -\pi < x < 0, \\ \dfrac{\pi}{4}, & 0 \leqslant x \leqslant \pi \end{cases}$$
的 Fourier 级数展开式,并由此证明:$\sum\limits_{n=1}^{\infty} \dfrac{(-1)^{n-1}}{2n-1} = \dfrac{\pi}{4}$.

14. 将函数 $f(x) = \begin{cases} x, & 2 \leqslant x < 4, \\ 0, & 4 \leqslant x < 6 \end{cases}$ 展开成周期为 4 的 Fourier 级数,并写出该级数的和函数 $S(x)$ 在区间 $[2,6]$ 上的表达式.

附录　　综合练习卷

综合练习卷（一）

一、选择题（本题共 10 小题，每小题 5 分，满分 50 分）

1. 设函数 $f(x,y)$ 在点 $(0,0)$ 处可微，$f(0,0)=0$，$\boldsymbol{n}=\left\{\frac{\partial f}{\partial x},\frac{\partial f}{\partial y},-1\right\}\Big|_{(0,0)}$，非零向量 $\boldsymbol{\alpha}$ 与 $\boldsymbol{n}$ 垂直，则 （　　）

   A. $\lim\limits_{(x,y)\to(0,0)}\dfrac{|\boldsymbol{n}\cdot\{x,y,f(x,y)\}|}{\sqrt{x^2+y^2}}$ 存在

   B. $\lim\limits_{(x,y)\to(0,0)}\dfrac{|\boldsymbol{n}\times\{x,y,f(x,y)\}|}{\sqrt{x^2+y^2}}$ 存在

   C. $\lim\limits_{(x,y)\to(0,0)}\dfrac{|\boldsymbol{\alpha}\cdot\{x,y,f(x,y)\}|}{\sqrt{x^2+y^2}}$ 存在

   D. $\lim\limits_{(x,y)\to(0,0)}\dfrac{|\boldsymbol{\alpha}\times\{x,y,f(x,y)\}|}{\sqrt{x^2+y^2}}$ 存在

2. 已知函数 $f(x,y)$ 可微，且 $f(x+1,\mathrm{e}^x)=x(x+1)^2$，$f(x,x^2)=2x^2\ln x$，则 $\mathrm{d}f(1,1)=$ （　　）

   A. $\mathrm{d}x+\mathrm{d}y$　　　B. $\mathrm{d}x-\mathrm{d}y$　　　C. $\mathrm{d}y$　　　D. $-\mathrm{d}y$

3. 设函数 $z=f(x,y)$ 在点 $(0,0)$ 附近有定义，且 $f_x(0,0)=3$，$f_y(0,0)=1$，则 （　　）

   A. $\mathrm{d}z\big|_{(0,0)}=3\mathrm{d}x+\mathrm{d}y$

   B. 曲面 $z=f(x,y)$ 在点 $(0,0,f(0,0))$ 处的法向量为 $\{3,1,1\}$

   C. 曲线 $\begin{cases}z=f(x,y),\\ y=0\end{cases}$ 在点 $(0,0,f(0,0))$ 处的切向量为 $\{1,0,3\}$

   D. 曲线 $\begin{cases}z=f(x,y),\\ y=0\end{cases}$ 在点 $(0,0,f(0,0))$ 处的切向量为 $\{3,0,1\}$

4. 设 $f(x,y)$ 与 $\varphi(x,y)$ 均为可微函数，且 $\varphi_y(x,y)\neq 0$，若 (x_0,y_0) 是 $f(x,y)$ 在约束条件 $\varphi(x,y)=0$ 下的一个极值点，下面选项正确的是 （　　）

   A. 若 $f_x(x_0,y_0)=0$，则 $f_y(x_0,y_0)=0$

B. 若 $f_x(x_0,y_0)=0$,则 $f_y(x_0,y_0)\neq 0$

C. 若 $f_x(x_0,y_0)\neq 0$,则 $f_y(x_0,y_0)=0$

D. 若 $f_x(x_0,y_0)\neq 0$,则 $f_y(x_0,y_0)\neq 0$

5. 设 D 是 xOy 平面上以 $(1,1),(-1,1)$ 和 $(-1,-1)$ 为顶点的三角形区域,D_1 是 D 在第一象限的部分,则 $\iint_D (xy+\cos x\sin y)\mathrm{d}x\mathrm{d}y=$ (   )

    A. $2\iint_{D_1}\cos x\sin y\mathrm{d}x\mathrm{d}y$ B. $2\iint_{D_1}xy\mathrm{d}x\mathrm{d}y$

    C. $4\iint_{D_1}(xy+\cos x\sin y)\mathrm{d}x\mathrm{d}y$ D. 0

6. 设 $f(x,y)$ 是连续函数,则 $\int_0^1 \mathrm{d}y\int_{-\sqrt{1-y^2}}^{1-y}f(x,y)\mathrm{d}x=$ (   )

    A. $\int_0^1 \mathrm{d}x\int_0^{x-1}f(x,y)\mathrm{d}y+\int_{-1}^0 \mathrm{d}x\int_0^{\sqrt{1-x^2}}f(x,y)\mathrm{d}y$

    B. $\int_0^1 \mathrm{d}x\int_0^{1-x}f(x,y)\mathrm{d}y+\int_{-1}^0 \mathrm{d}x\int_{-\sqrt{1-x^2}}^0 f(x,y)\mathrm{d}y$

    C. $\int_0^{\frac{\pi}{2}} \mathrm{d}\theta\int_0^{\frac{1}{\cos\theta+\sin\theta}}f(r\cos\theta,r\sin\theta)\mathrm{d}r+\int_{\frac{\pi}{2}}^{\pi} \mathrm{d}\theta\int_0^1 f(r\cos\theta,r\sin\theta)\mathrm{d}r$

    D. $\int_0^{\frac{\pi}{2}} \mathrm{d}\theta\int_0^{\frac{1}{\cos\theta+\sin\theta}}f(r\cos\theta,r\sin\theta)r\mathrm{d}r+\int_{\frac{\pi}{2}}^{\pi} \mathrm{d}\theta\int_0^1 f(r\cos\theta,r\sin\theta)r\mathrm{d}r$

7. 设曲线 $L:f(x,y)=1$($f(x,y)$ 具有一阶连续偏导数)过第二象限内的点 M 和第四象限内的点 N,Γ 为 L 上从点 M 到点 N 的一段弧,则下列积分小于零的是 (   )

    A. $\int_\Gamma f(x,y)\mathrm{d}x$ B. $\int_\Gamma f(x,y)\mathrm{d}y$

    C. $\int_\Gamma f(x,y)\mathrm{d}s$ D. $\int_\Gamma f_x(x,y)\mathrm{d}x+f_y(x,y)\mathrm{d}y$

8. 设 $a_n>0(n=1,2,\cdots)$,若 $\sum_{n=1}^\infty a_n$ 发散,$\sum_{n=1}^\infty (-1)^{n-1}a_n$ 收敛,则下列结论正确的是 (   )

    A. $\sum_{n=1}^\infty a_{2n-1}$ 收敛,$\sum_{n=1}^\infty a_{2n}$ 发散   B. $\sum_{n=1}^\infty a_{2n}$ 收敛,$\sum_{n=1}^\infty a_{2n-1}$ 发散

    C. $\sum_{n=1}^\infty (a_{2n-1}+a_{2n})$ 收敛   D. $\sum_{n=1}^\infty (a_{2n-1}-a_{2n})$ 收敛

9. 设数列 $\{a_n\}$ 单调递减,$\lim_{n\to\infty}a_n=0$,$S_n=\sum_{k=1}^n a_k(n=1,2,\cdots)$ 无界,则幂级数

$\sum_{n=1}^{\infty} a_n(x-1)^n$ 的收敛域为 ( )

A. $(-1,1]$ B. $[-1,1)$ C. $[0,2)$ D. $(0,2]$

10. 由曲面 $z=xy$ 与平面 $x+y+z=2$ 及平面 $z=0$ 所围成的立体的体积等于 ( )

A. $\int_0^2 dx \int_0^{\frac{2-x}{1+x}} (2-x-y)dy + \int_0^2 dx \int_{\frac{2-x}{1+x}}^{2-x} xy\,dy$

B. $\int_0^2 dx \int_0^{\frac{2-x}{1+x}} xy\,dy + \int_0^2 dx \int_{\frac{2-x}{1+x}}^{2-x} (2-x-y)dy$

C. $\int_0^2 dx \int_0^{2-x} dy \int_{xy}^{2-x-y} dz$

D. $\int_0^2 dx \int_0^{2-x} dy \int_{2-x-y}^{xy} dz$

二、填空题(本题共 6 小题,每小题 5 分,满分 30 分)

1. 设函数 $u(x,y,z)=1+\frac{x^2}{6}+\frac{y^2}{12}+\frac{z^2}{18}$,单位向量 $\boldsymbol{n}=\frac{1}{\sqrt{3}}\{1,1,1\}$,则 $\left.\frac{\partial u}{\partial \boldsymbol{n}}\right|_{(1,2,3)}=$ _____.

2. 设 $f(u,v)$ 为二元可微函数,$z=f(x^y,y^x)$,则 $\frac{\partial z}{\partial x}=$ _____.

3. 由曲线 $\begin{cases} 3x^2+2y^2=12, \\ z=0 \end{cases}$ 绕 y 轴旋转一周得到的旋转面在点 $(0,\sqrt{3},\sqrt{2})$ 处的指向外侧的单位法向量为 _____.

4. 设 Ω 是由平面 $x+y+z=1$ 与三个坐标平面所围成的空间区域,则三重积分 $\iiint_{\Omega}(x+2y+3z)dxdydz=$ _____.

5. 设 L 是柱面 $x^2+y^2=1$ 与平面 $y+z=0$ 的交线,从 z 轴正向往 z 轴负向看去为逆时针方向,则曲线积分 $\oint_L z\,dx+y\,dz=$ _____.

6. 已知幂级数 $\sum_{n=0}^{\infty} a_n(x+2)^n$ 在点 $x=0$ 处收敛,在点 $x=-4$ 处发散,则幂级数 $\sum_{n=0}^{\infty} a_n(x-3)^n$ 的收敛域为 _____.

三、解答题(本题共 6 小题,满分 70 分)

1. (10 分) 设区域 $D=\{(x,y) \mid x^2+y^2 \leqslant 1, x \geqslant 0\}$,计算二重积分
$$I=\iint_D \frac{1+xy}{1+x^2+y^2}dxdy.$$

2. (12 分) 设函数 $f(u)$ 具有二阶连续导数,$z=f(e^x\cos y)$ 满足

$$\frac{\partial^2 z}{\partial x^2}+\frac{\partial^2 z}{\partial y^2}=(4z+e^x\cos y)e^{2x},$$

若 $f(0)=0, f'(0)=0$，求 $f(u)$ 的表达式.

3. （12 分）求函数 $f(x,y)=x^2+2y^2-x^2y^2$ 在区域
$$D=\{(x,y)\mid x^2+y^2\leqslant 4, y\geqslant 0\}$$
上的最大值和最小值.

4. （12 分）计算曲面积分
$$I=\iint\limits_{\Sigma}xz\,dy\wedge dz+2zy\,dz\wedge dx+3xy\,dx\wedge dy,$$
其中 Σ 为曲面 $z=1-x^2-\dfrac{y^2}{4}(0\leqslant z\leqslant 1)$ 的上侧.

5. （12 分）设 a,b 为实数，函数 $z=2+ax^2+by^2$ 在点 $(3,4)$ 处的方向导数中，沿方向 $\boldsymbol{l}=-3\boldsymbol{i}-4\boldsymbol{j}$ 的方向导数最大，且最大值为 10.

（1）求 a,b 的值；

（2）求曲面 $z=2+ax^2+by^2(z\geqslant 0)$ 的面积.

6. （12 分）设数列 $\{a_n\}$ 满足 $a_1=1, (n+1)a_{n+1}=\left(n+\dfrac{1}{2}\right)a_n$.

（1）证明：当 $|x|<1$ 时，幂级数 $\displaystyle\sum_{n=1}^{\infty}a_nx^n$ 收敛；

（2）求出该幂级数的和函数.

综合练习卷(二)

一、选择题(本题共 10 小题,每小题 5 分,满分 50 分)

1. 考虑二元函数 $f(x,y)$ 的下面四个性质:
   (1) $f(x,y)$ 在点 (x_0,y_0) 处连续;
   (2) $f(x,y)$ 在点 (x_0,y_0) 处的两个偏导数连续;
   (3) $f(x,y)$ 在点 (x_0,y_0) 处可微;
   (4) $f(x,y)$ 在点 (x_0,y_0) 处的两个偏导数存在.
   若用"$P \Rightarrow Q$"表示可由性质 P 推出性质 Q,则有 (   )
   A. $(2) \Rightarrow (3) \Rightarrow (1)$ B. $(3) \Rightarrow (2) \Rightarrow (1)$
   C. $(3) \Rightarrow (4) \Rightarrow (1)$ D. $(3) \Rightarrow (1) \Rightarrow (4)$

2. 设函数 $u(x,y) = \varphi(x+y) + \varphi(x-y) + \int_{x-y}^{x+y} \psi(t)\mathrm{d}t$,其中函数 φ 具有二阶导数,ψ 具有一阶导数,则必有 (   )
   A. $\dfrac{\partial^2 u}{\partial x^2} = -\dfrac{\partial^2 u}{\partial y^2}$ B. $\dfrac{\partial^2 u}{\partial x^2} = \dfrac{\partial^2 u}{\partial y^2}$
   C. $\dfrac{\partial^2 u}{\partial x \partial y} = \dfrac{\partial^2 u}{\partial y^2}$ D. $\dfrac{\partial^2 u}{\partial x \partial y} = \dfrac{\partial^2 u}{\partial x^2}$

3. 曲线 $x^2 + \cos(xy) + yz + x = 0$ 在点 $(0,1,-1)$ 处的切平面方程为 (   )
   A. $x - y + z = -2$ B. $x + y + z = 0$
   C. $x - 2y + z = -3$ D. $x - y - z = 0$

4. 设 $f(x)$ 具有二阶连续导数,且 $f(x) > 0$,$f'(0) = 0$,则 $z = f(x)\ln f(y)$ 在点 $(0,0)$ 处取得极小值的一个充分条件是 (   )
   A. $f(0) > 1, f''(0) > 0$ B. $f(0) > 1, f''(0) < 0$
   C. $f(0) < 1, f''(0) > 0$ D. $f(0) < 1, f''(0) < 0$

5. 设区域 $D = \{(x,y) \mid x^2 + y^2 \leqslant 4, x \geqslant 0, y \geqslant 0\}$,$f(x)$ 为 D 上的正值连续函数,a,b 为常数,则 $\iint\limits_D \dfrac{a\sqrt{f(x)} + b\sqrt{f(y)}}{\sqrt{f(x)} + \sqrt{f(y)}} \mathrm{d}\sigma =$ (   )
   A. $ab\pi$ B. $\dfrac{ab}{2}\pi$ C. $(a+b)\pi$ D. $\dfrac{a+b}{2}\pi$

6. 设 D 是第一象限中由曲线 $2xy = 1, 4xy = 1$ 与直线 $y = x, y = \sqrt{3}x$ 围成的平面区域,函数 $f(x,y)$ 在 D 上连续,则 $\iint\limits_D f(x,y)\mathrm{d}x\mathrm{d}y =$ (   )

A. $\int_{\frac{\pi}{4}}^{\frac{\pi}{3}} d\theta \int_{\frac{1}{2\sin 2\theta}}^{\frac{1}{\sin 2\theta}} f(r\cos\theta, r\sin\theta) r dr$ 　　B. $\int_{\frac{\pi}{4}}^{\frac{\pi}{3}} d\theta \int_{\frac{1}{\sqrt{2\sin 2\theta}}}^{\frac{1}{\sqrt{\sin 2\theta}}} f(r\cos\theta, r\sin\theta) r dr$

C. $\int_{\frac{\pi}{4}}^{\frac{\pi}{3}} d\theta \int_{\frac{1}{2\sin 2\theta}}^{\frac{1}{\sin 2\theta}} f(r\cos\theta, r\sin\theta) dr$ 　　D. $\int_{\frac{\pi}{4}}^{\frac{\pi}{3}} d\theta \int_{\frac{1}{\sqrt{2\sin 2\theta}}}^{\frac{1}{\sqrt{\sin 2\theta}}} f(r\cos\theta, r\sin\theta) dr$

7. 设 $L_1: x^2+y^2=1, L_2: x^2+y^2=2, L_3: x^2+2y^2=2, L_4: 2x^2+y^2=2$ 为四条逆时针方向的平面曲线. 记

$$I_i = \oint_{L_i} \left(y+\frac{y^3}{6}\right)dx + \left(2x-\frac{x^3}{3}\right)dy \quad (i=1,2,3,4),$$

则 $\max\{I_1, I_2, I_3, I_4\} =$ 　　　　　　　　　　　　　　　　　　　　（　　）

A. I_1 　　　　B. I_2 　　　　C. I_3 　　　　D. I_4

8. 若级数 $\sum\limits_{n=1}^{\infty} a_n$ 收敛，则级数 　　　　　　　　　　　　　　　　　　　（　　）

A. $\sum\limits_{n=1}^{\infty} |a_n|$ 收敛 　　　　　　　B. $\sum\limits_{n=1}^{\infty} (-1)^n a_n$ 收敛

C. $\sum\limits_{n=1}^{\infty} a_n a_{n+1}$ 收敛 　　　　　D. $\sum\limits_{n=1}^{\infty} \frac{a_n + a_{n+1}}{2}$ 收敛

9. 若级数 $\sum\limits_{n=1}^{\infty} a_n$ 条件收敛，则 $x=\sqrt{3}, x=3$ 依次为幂级数 $\sum\limits_{n=1}^{\infty} n a_n (x-1)^n$ 的

　　　　　　　　　　　　　　　　　　　　　　　　　　　　　　　　　　　（　　）

A. 收敛点、收敛点 　　　　　　　　B. 发散点、收敛点

C. 收敛点、发散点 　　　　　　　　D. 发散点、发散点

10. 三次积分 $\int_0^1 dx \int_0^1 dy \int_0^{2x^2+3y^2} f(x,y,z) dz =$ 　　　　　　　　　　　（　　）

A. $\int_0^1 dy \int_0^{2+3y^2} dz \int_0^1 f(x,y,z) dx$

B. $\int_0^1 dx \int_0^{3+2x^2} dz \int_0^1 f(x,y,z) dy$

C. $\int_0^1 dx \int_0^{2x^2} dz \int_0^1 f(x,y,z) dy + \int_0^1 dx \int_{2x^2}^{3x^2} dz \int_{\sqrt{\frac{z-2x^2}{3}}}^1 f(x,y,z) dy$

D. $\int_0^1 dy \int_0^{3y^2} dz \int_0^1 f(x,y,z) dx + \int_0^1 dy \int_{3y^2}^{2+3y^2} dz \int_{\sqrt{\frac{z-3y^2}{2}}}^1 f(x,y,z) dx$

二、填空题(本题共 6 小题，每小题 5 分，满分 30 分)

1. $\mathbf{grad}\left(xy+\dfrac{z}{y}\right)\bigg|_{(2,1,1)} =$ ＿＿＿＿＿．

2. 若函数 $z=z(x,y)$ 由方程 $e^z + xyz + x + \cos x = 2$ 确定，则 $dz\big|_{(0,1)} =$ ＿＿＿＿＿．

3. 曲面 $x^2+3y^2+2z^2=12$ 平行于平面 $x+3y+4z=0$ 的切平面方程

为_____.

4. 设 L 为球面 $x^2+y^2+z^2=1$ 与平面 $x+y+z=0$ 的交线,则 $\oint_L xy\mathrm{d}s =$ _____.

5. 设曲线 L 的方程为 $y=1-|x|\;(x\in[-1,1])$,起点是 $(-1,0)$,终点为 $(1,0)$,则曲线积分 $\int_L xy\mathrm{d}x+x^2\mathrm{d}y =$ _____.

6. 幂级数 $\sum\limits_{n=1}^{\infty}(-1)^{n-1}nx^{n-1}$ 在区间 $(-1,1)$ 内的和函数 $S(x)=$ _____.

三、解答题(本题共 6 小题,满分 70 分)

1. (10 分) 已知函数 $f(x,y)$ 具有二阶连续偏导数,且
$$f(1,y)=0,\quad f(x,1)=0,\quad \iint_D f(x,y)\mathrm{d}x\mathrm{d}y=a,$$
其中 $D=\{(x,y)\mid 0\leqslant x\leqslant 1,0\leqslant y\leqslant 1\}$,计算二重积分 $\iint_D xyf_{xy}\mathrm{d}x\mathrm{d}y$.

2. (12 分) 设函数 $f(u,v)$ 具有二阶连续偏导数,$y=f(\mathrm{e}^x,\cos x)$,求
$$\left.\frac{\mathrm{d}y}{\mathrm{d}x}\right|_{x=0},\quad \left.\frac{\mathrm{d}^2 y}{\mathrm{d}x^2}\right|_{x=0}.$$

3. (12 分) 已知曲线 $C:\begin{cases}x^2+y^2-2z^2=0,\\ x+y+3z=5,\end{cases}$ 求 C 上距离 xOy 面最远的点和最近的点.

4. (12 分) 计算曲面积分
$$I=\iint_\Sigma \frac{x\mathrm{d}y\wedge\mathrm{d}z+y\mathrm{d}z\wedge\mathrm{d}x+z\mathrm{d}x\wedge\mathrm{d}y}{(x^2+y^2+z^2)^{\frac{3}{2}}},$$
其中 Σ 是曲面 $2x^2+2y^2+z^2=4$ 的外侧.

5. (12 分) 设 $u_n(x)=\mathrm{e}^{-nx}+\dfrac{x^{n+1}}{n(n+1)}(n=1,2,\cdots)$,求级数 $\sum\limits_{n=1}^{\infty}u_n(x)$ 的收敛域及和函数.

6. (12 分) 设数列 $\{a_n\},\{b_n\}$ 满足 $0<a_n<\dfrac{\pi}{2},0<b_n<\dfrac{\pi}{2},\cos a_n-a_n=\cos b_n$,且级数 $\sum\limits_{n=1}^{\infty}b_n$ 收敛.

(1) 证明:$\lim\limits_{n\to\infty}a_n=0$;

(2) 证明:级数 $\sum\limits_{n=1}^{\infty}\dfrac{a_n}{b_n}$ 收敛.

综合练习卷(三)

一、选择题(本题共 10 小题,每小题 5 分,满分 50 分)

1. 如果函数 $f(x,y)$ 在点 $(0,0)$ 处连续,那么下列命题正确的是 ( )

   A. 若极限 $\lim\limits_{(x,y)\to(0,0)} \dfrac{f(x,y)}{|x|+|y|}$ 存在,则 $f(x,y)$ 在点 $(0,0)$ 处可微

   B. 若极限 $\lim\limits_{(x,y)\to(0,0)} \dfrac{f(x,y)}{x^2+y^2}$ 存在,则 $f(x,y)$ 在点 $(0,0)$ 处可微

   C. 若 $f(x,y)$ 在点 $(0,0)$ 处可微,则极限 $\lim\limits_{(x,y)\to(0,0)} \dfrac{f(x,y)}{|x|+|y|}$ 存在

   D. 若 $f(x,y)$ 在点 $(0,0)$ 处可微,则极限 $\lim\limits_{(x,y)\to(0,0)} \dfrac{f(x,y)}{x^2+y^2}$ 存在

2. 已知 $z=z(x,y)$ 由方程 $F\left(\dfrac{y}{x},\dfrac{z}{x}\right)=0$ 确定,其中 F 为可微函数,且 $F_y \neq 0$,则 $x\dfrac{\partial z}{\partial x}+y\dfrac{\partial z}{\partial y}=$ ( )

   A. x B. z C. $-x$ D. $-z$

3. 过点 $(1,0,0),(0,1,0)$,且与曲面 $z=x^2+y^2$ 相切的平面为 ( )

   A. $z=0$ 与 $x+y-z=1$ B. $z=0$ 与 $2x+2y-z=2$

   C. $x=y$ 与 $x+y-z=1$ D. $x=y$ 与 $2x+2y-z=2$

4. 设函数 $f(x),g(x)$ 具有二阶连续导数,满足 $f(0)>0,g(0)<0$,且 $f'(0)=g'(0)=0$,则函数 $z=f(x)g(y)$ 在点 $(0,0)$ 处取得极小值的一个充分条件是 ( )

   A. $f''(0)<0,g''(0)>0$ B. $f''(0)<0,g''(0)<0$

   C. $f''(0)>0,g''(0)>0$ D. $f''(0)>0,g''(0)<0$

5. 设 $I_1=\iint\limits_{D}\cos\sqrt{x^2+y^2}\,\mathrm{d}\sigma, I_2=\iint\limits_{D}\cos(x^2+y^2)\,\mathrm{d}\sigma, I_3=\iint\limits_{D}\cos(x^2+y^2)^2\,\mathrm{d}\sigma$,其中 $D=\{(x,y)\mid x^2+y^2\leqslant 1\}$,则 ( )

   A. $I_3>I_2>I_1$ B. $I_1>I_2>I_3$

   C. $I_2>I_1>I_3$ D. $I_3>I_1>I_2$

6. 设 $D=\{(x,y)\mid x^2+y^2\leqslant 2x, x^2+y^2\leqslant 2y\}$,函数 $f(x,y)$ 在 D 上连续,则 $\iint\limits_{D}f(x,y)\mathrm{d}x\mathrm{d}y=$ ( )

   A. $\int_0^{\frac{\pi}{4}}\mathrm{d}\theta\int_0^{2\cos\theta}f(r\cos\theta,r\sin\theta)r\mathrm{d}r+\int_{\frac{\pi}{4}}^{\frac{\pi}{2}}\mathrm{d}\theta\int_0^{2\sin\theta}f(r\cos\theta,r\sin\theta)r\mathrm{d}r$

B. $\int_0^{\frac{\pi}{4}} d\theta \int_0^{2\sin\theta} f(r\cos\theta, r\sin\theta) r dr + \int_{\frac{\pi}{4}}^{\frac{\pi}{2}} d\theta \int_0^{2\cos\theta} f(r\cos\theta, r\sin\theta) r dr$

C. $2\int_0^1 dx \int_{1-\sqrt{1-x^2}}^{x} f(x,y) dy$

D. $2\int_0^1 dx \int_{x}^{\sqrt{2x-x^2}} f(x,y) dy$

7. 设函数 $Q(x,y) = \dfrac{x}{y^2}$，如果对上半平面$(y>0)$内的任意有向光滑闭曲线 C 都有 $\oint_C P(x,y) dx + Q(x,y) dy = 0$，那么函数 $P(x,y)$ 可取为　　　　　(　　)

A. $y - \dfrac{x^2}{y^3}$　　　B. $\dfrac{1}{y} - \dfrac{x^2}{y^3}$　　　C. $\dfrac{1}{x} - \dfrac{1}{y}$　　　D. $x - \dfrac{1}{y}$

8. 设有两个数列$\{a_n\},\{b_n\}$，若$\lim\limits_{n\to\infty} a_n = 0$，则　　　　　(　　)

A. 当 $\sum\limits_{n=1}^{\infty} b_n$ 收敛时，$\sum\limits_{n=1}^{\infty} a_n b_n$ 收敛

B. 当 $\sum\limits_{n=1}^{\infty} b_n$ 发散时，$\sum\limits_{n=1}^{\infty} a_n b_n$ 发散

C. 当 $\sum\limits_{n=1}^{\infty} |b_n|$ 收敛时，$\sum\limits_{n=1}^{\infty} a_n^2 b_n^2$ 收敛

D. 当 $\sum\limits_{n=1}^{\infty} |b_n|$ 发散时，$\sum\limits_{n=1}^{\infty} a_n^2 b_n^2$ 发散

9. 设 R 为幂级数 $\sum\limits_{n=1}^{\infty} a_n x^n$ 的收敛半径，r 是实数，则　　　　　(　　)

A. 当 $\sum\limits_{n=1}^{\infty} a_{2n} r^{2n}$ 发散时，$|r| \geqslant R$　　　B. 当 $\sum\limits_{n=1}^{\infty} a_{2n} r^{2n}$ 收敛时，$|r| \leqslant R$

C. 当 $|r| \geqslant R$ 时，$\sum\limits_{n=1}^{\infty} a_{2n} r^{2n}$ 发散　　　D. 当 $|r| \leqslant R$ 时，$\sum\limits_{n=1}^{\infty} a_{2n} r^{2n}$ 收敛

10. 设 a,b,c 是常数，则

$$\iiint\limits_{x^2+y^2+z^2 \leqslant a^2} [(b+2c)x^2 + (c-2b)y^2 + (b+c+1)z^2] dx dy dz$$

的值　　　　　(　　)

A. 与 a,b 有关，与 c 无关　　　B. 与 b,c 有关，与 a 无关

C. 与 c,a 有关，与 b 无关　　　D. 与 a,b,c 都有关

二、填空题(本题共 6 小题，每小题 5 分，满分 30 分)

1. 设二元函数 $z = xe^{x+y} + (x+1)\ln(1+y)$，则 $dz\big|_{(1,0)} = $ ＿＿＿＿＿．

2. 设函数 $f(u,v)$ 可微，$z = z(x,y)$ 是由方程 $(x+1)z - y^2 = x^2 f(x-z, y)$

确定,则 $dz\big|_{(0,1)} =$ _____.

3. 二次积分 $\int_0^1 dy \int_y^1 \left(\dfrac{e^{x^2}}{x} - e^{y^2}\right) dx =$ _____.

4. 设 $\Sigma = \{(x,y,z) \mid x+y+z = 1, x \geq 0, y \geq 0, z \geq 0\}$,则 $\iint\limits_{\Sigma} y^2 dS =$ _____.

5. 设 L 是柱面 $x^2 + y^2 = 1$ 与平面 $z = x + y$ 的交线,从 z 轴正向往 z 轴负向看去为逆时针方向,则曲线积分 $\oint_L xz\,dx + x\,dy + \dfrac{y^2}{2}dz =$ _____.

6. 已知级数 $\sum\limits_{n=1}^{\infty} \dfrac{n!}{n^n} e^{-nx}$ 的收敛域为 $(a, +\infty)$,则 $a =$ _____.

三、解答题(本题共 6 小题,满分 70 分)

1. (10 分) 已知平面区域 $D = \left\{(r, \theta) \,\Big|\, 2 \leq r \leq 2(1+\cos\theta), -\dfrac{\pi}{2} \leq \theta \leq \dfrac{\pi}{2}\right\}$,计算二重积分 $\iint\limits_{D} x\,dx\,dy$.

2. (12 分) 设函数 $u = f(x, y)$ 具有二阶连续偏导数,且满足等式
$$4\dfrac{\partial^2 u}{\partial x^2} + 12\dfrac{\partial^2 u}{\partial x \partial y} + 5\dfrac{\partial^2 u}{\partial y^2} = 0,$$
试确定 a, b 的值,使等式在变换 $\xi = x + ay, \eta = x + by$ 下简化为 $\dfrac{\partial^2 u}{\partial \xi \partial \eta} = 0$.

3. (12 分) 求函数 $f(x, y) = \left(y + \dfrac{x^3}{3}\right) e^{x+y}$ 的极值.

4. (12 分) 设 Σ 是曲面 $x = \sqrt{1 - 3y^2 - 3z^2}$ 的前侧,计算曲面积分
$$I = \iint\limits_{\Sigma} x\,dy \wedge dz + (y^3 + 2)dz \wedge dx + z^3 dx \wedge dy.$$

5. (12 分) 已知周期为 2π 的函数 $f(x) = \pi - |x|, x \in [-\pi, \pi]$.
(1) 求函数 $f(x)$ 的 Fourier 级数;
(2) 求级数 $\sum\limits_{n=1}^{\infty} \dfrac{1}{(2n-1)^2}$.

6. (12 分) 已知函数 $f(x)$ 可导,且 $f(0) = 1, 0 < f'(x) < \dfrac{1}{2}$.设数列 $\{x_n\}$ 满足 $x_{n+1} = f(x_n)(n = 1, 2, \cdots)$,证明:
(1) 级数 $\sum\limits_{n=1}^{\infty} (x_{n+1} - x_n)$ 绝对收敛;
(2) 极限 $\lim\limits_{n \to \infty} x_n$ 存在,且 $0 < \lim\limits_{n \to \infty} x_n < 2$.

综合练习卷(四)

一、选择题(本题共 10 小题,每小题 5 分,满分 50 分)

1. 设函数 $f(x,y)$ 可微,且对任意 x,y 都有 $\dfrac{\partial f(x,y)}{\partial x}>0, \dfrac{\partial f(x,y)}{\partial y}<0$,则使不等式 $f(x_1,y_1)<f(x_2,y_2)$ 成立的一个充分条件是 (　　)

   A. $x_1>x_2$,$y_1<y_2$ B. $x_1>x_2$,$y_1>y_2$

   C. $x_1<x_2$,$y_1<y_2$ D. $x_1<x_2$,$y_1>y_2$

2. 已知函数 $f(x,y)=\dfrac{\mathrm{e}^x}{x-y}$,则 (　　)

   A. $\dfrac{\partial f}{\partial x}-\dfrac{\partial f}{\partial y}=0$ B. $\dfrac{\partial f}{\partial x}+\dfrac{\partial f}{\partial y}=0$

   C. $\dfrac{\partial f}{\partial x}-\dfrac{\partial f}{\partial y}=f$ D. $\dfrac{\partial f}{\partial x}+\dfrac{\partial f}{\partial y}=f$

3. 曲面 $z=x^2(1-\sin y)+y^2(1-\sin x)$ 在点 $(1,0,1)$ 处的切平面方程为 (　　)

   A. $2x-y-z=1$ B. $2x+y-z=1$

   C. $x-y-z=0$ D. $x+y-z=0$

4. 设函数 $u(x,y)$ 在有界闭区域 D 上连续,在 D 的内部具有二阶连续偏导数,且满足 $\dfrac{\partial^2 u}{\partial x \partial y}\neq 0$ 及 $\dfrac{\partial^2 u}{\partial x^2}+\dfrac{\partial^2 u}{\partial y^2}=0$,则 (　　)

   A. $u(x,y)$ 的最大值和最小值都在 D 的边界上取得

   B. $u(x,y)$ 的最大值和最小值都在 D 的内部取得

   C. $u(x,y)$ 的最大值在 D 的内部取得,最小值在 D 的边界上取得

   D. $u(x,y)$ 的最小值在 D 的内部取得,最大值在 D 的边界上取得

5. 如图,正方形 $\{(x,y)\mid |x|\leqslant 1,|y|\leqslant 1\}$ 被其对角线划分为四个区域 $D_k(k=1,2,3,4)$,若

$$I_k=\iint_{D_k} y\cos x\,\mathrm{d}x\,\mathrm{d}y,$$

则 $\max\limits_{1\leqslant k\leqslant 4}\{I_k\}=$ (　　)

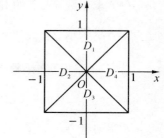

   A. I_1 B. I_2

   C. I_3 D. I_4

6. 极限 $\lim\limits_{n\to\infty}\sum\limits_{i=1}^{n}\sum\limits_{j=1}^{n}\dfrac{n}{(n+i)(n^2+j^2)}=$ (　　)

A. $\int_0^1 dx \int_0^x \frac{1}{(1+x)(1+y^2)} dy$ B. $\int_0^1 dx \int_0^x \frac{1}{(1+x)(1+y)} dy$

C. $\int_0^1 dx \int_0^1 \frac{1}{(1+x)(1+y)} dy$ D. $\int_0^1 dx \int_0^1 \frac{1}{(1+x)(1+y^2)} dy$

7. 设 $S: x^2 + y^2 + z^2 = a^2 (z \geq 0)$,$S_1$ 为 S 在第一卦限中的部分,则有 （　　）

A. $\iint\limits_S x dS = 4\iint\limits_{S_1} x dS$ B. $\iint\limits_S y dS = 4\iint\limits_{S_1} y dS$

C. $\iint\limits_S z dS = 4\iint\limits_{S_1} z dS$ D. $\iint\limits_S xyz dS = 4\iint\limits_{S_1} xyz dS$

8. 设 $\{a_n\}$ 为正项数列,下列选项正确的是 （　　）

A. 若 $a_n > a_{n+1}$,则 $\sum\limits_{n=1}^{\infty} (-1)^n a_n$ 收敛

B. 若 $\sum\limits_{n=1}^{\infty} (-1)^n a_n$ 收敛,则 $a_n > a_{n+1}$

C. 若 $\sum\limits_{n=1}^{\infty} a_n$ 收敛,则存在常数 $p > 1$,使 $\lim\limits_{n \to \infty} n^p a_n$ 存在

D. 若存在常数 $p > 1$,使 $\lim\limits_{n \to \infty} n^p a_n$ 存在,则 $\sum\limits_{n=1}^{\infty} a_n$ 收敛

9. 设幂级数 $\sum\limits_{n=1}^{\infty} n a_n (x-2)^n$ 的收敛区间为 $(-2, 6)$,则 $\sum\limits_{n=1}^{\infty} a_n (x+1)^{2n}$ 的收敛区间为 （　　）

A. $(-2, 6)$ B. $(-3, 1)$ C. $(-5, 3)$ D. $(-17, 15)$

10. 设 $f(x) = \left| x - \frac{1}{2} \right|, b_n = 2\int_0^1 f(x) \sin n\pi x dx (n = 1, 2, \cdots)$,令

$$S(x) = \sum_{n=1}^{\infty} b_n \sin n\pi x,$$

则 $S\left(-\frac{9}{4}\right) =$ （　　）

A. $\frac{3}{4}$ B. $\frac{1}{4}$ C. $-\frac{1}{4}$ D. $-\frac{3}{4}$

二、填空题(本题共 6 小题,每小题 5 分,满分 30 分)

1. 设函数 $f(x, y)$ 具有一阶连续偏导数,且 $df(x, y) = y e^y dx + x(1+y) e^y dy$,$f(0, 0) = 0$,则 $f(x, y) =$ _____.

2. 设函数 $f(x, y) = \int_0^{xy} e^{xt^2} dt$,则 $\left.\frac{\partial^2 f}{\partial x \partial y}\right|_{(1,1)} =$ _____.

3. 设 $\Omega = \{(x,y,z) \mid x^2+y^2+z^2 \leqslant 1\}$，则 $\iiint\limits_{\Omega} z^2 \mathrm{d}x\mathrm{d}y\mathrm{d}z = $ _____ .

4. 设曲面 Σ：$|x|+|y|+|z|=1$，则 $\iint\limits_{\Sigma}(x+|y|)\mathrm{d}S = $ _____ .

5. 若曲线积分 $\int_L \dfrac{x\mathrm{d}x-ay\mathrm{d}y}{x^2+y^2-1}$ 在区域 $D=\{(x,y) \mid x^2+y^2<1\}$ 内与路径无关，则 $a = $ _____ .

6. 幂级数 $\sum\limits_{n=0}^{\infty} \dfrac{(-1)^n}{(2n)!}x^n$ 在 $(0,+\infty)$ 内的和函数 $S(x) = $ _____ .

三、解答题（本题共 6 小题，满分 70 分）

1. （10 分）已知平面区域
$$D = \{(x,y) \mid y-2 \leqslant x \leqslant \sqrt{4-y^2}, 0 \leqslant y \leqslant 2\},$$
计算 $\iint\limits_D \dfrac{(x-y)^2}{x^2+y^2}\mathrm{d}x\mathrm{d}y$.

2. （12 分）已知函数 $u(x,y)$ 满足
$$2\dfrac{\partial^2 u}{\partial x^2} - 2\dfrac{\partial^2 u}{\partial y^2} + 3\dfrac{\partial u}{\partial x} + 3\dfrac{\partial u}{\partial y} = 0,$$
求 a,b 的值，使得在变换 $u(x,y) = v(x,y)\mathrm{e}^{ax+by}$ 之下，上述等式可化为函数 $v(x,y)$ 的不含一阶偏导数的等式.

3. （12 分）将长为 2 m 的铁丝分成三段，依次围成圆、正方形与正三角形．三个图形的面积之和是否存在最小值？若存在，求出最小值.

4. （12 分）设薄片型物体 S 是圆锥面 $z=\sqrt{x^2+y^2}$ 被柱面 $z^2=2x$ 割下的有限部分，其上任一点的密度为 $\mu(x,y,z)=9\sqrt{x^2+y^2+z^2}$，记圆锥面与柱面的交线为 C.

(1) 求 C 在 xOy 平面上的投影曲线的方程；

(2) 求 S 的质量 M.

5. （12 分）设幂级数 $\sum\limits_{n=0}^{\infty} a_n x^n$ 在 $(-\infty,+\infty)$ 内收敛，它的和函数 $y(x)$ 满足
$$y'' - 2xy' - 4y = 0, \quad y(0)=0, \quad y'(0)=1.$$

(1) 证明：$a_{n+2} = \dfrac{2}{n+1} a_n (n=0,1,2,\cdots)$;

(2) 求 $y(x)$ 的表达式.

6. （12 分）若函数 $f(x) = \dfrac{\mathrm{e}^x + \mathrm{e}^{-x}}{\mathrm{e}^\pi + \mathrm{e}^{-\pi}}$.

(1) 计算 $f(x)$ 在 $[-\pi,\pi]$ 上的 Fourier 级数；

(2) 计算 $\sum\limits_{n=1}^{\infty} \dfrac{(-1)^n}{1+4n^2}$ 的值.

参考答案

第1讲 向量代数

1. (1) 当 $a \perp b$ 时; (2) 存在常数 $\lambda > 0$,使得 $a = \lambda b$; (3) 存在常数 $\lambda \leqslant -1$,使得 $a = \lambda b$; (4) 存在常数 $\lambda < 0$,使得 $a = \lambda b$; (5) 存在常数 $\lambda \geqslant 1$,使得 $a = \lambda b$.

2. (1) A; (2) D; (3) D; (4) D; (5) A.

3. (1) $6\sqrt{2}$; (2) $\sqrt{2}$; (3) ± 1; (4) $\dfrac{1}{3}$; (5) $a = \left\{-2, -\dfrac{8}{3}, -\dfrac{2}{3}\right\}$; (6) 1; (7) $\sqrt{7}$.

4. $h = b - \dfrac{a \cdot b}{a \cdot a} a$.   5. $c = 5a + b$.   6. $r = \{14, 10, 2\}$.

8. (1) 当 $a \perp b$ 即 $a \cdot b = 0$ 时; (2) $c = \left\{\dfrac{4}{9}, \dfrac{5}{9}, -\dfrac{2}{9}\right\}$.

9. $\dfrac{\sqrt{3}}{3}$.   10. $r = \{-4, -6, 12\}$.   11. 当向量 a, b, c 互相垂直时等号成立.

第2讲 空间解析几何

1. (1) D; (2) B; (3) D; (4) A.

2. (1) $a = -1$; (2) $\lambda = 3$; (3) $\dfrac{\pi}{3}$; (4) $(4, -1, 3)$; (5) $\dfrac{3\sqrt{2}}{5}$;

   (6) $z^2 + x^2 - 1 = 2y$; (7) $x^2 + y^2 = 1$, $\begin{cases} x^2 + y^2 = 1, \\ z = 0; \end{cases}$ (8) $x^2 + y^2 - 4z^2 = 1$;

   (9) $\dfrac{2\pi}{3} a^2$.

3. $\dfrac{x+1}{2} = \dfrac{y-2}{-3} = \dfrac{z+3}{6}$.   4. $x + 2y + 1 = 0$.

5. $3x + 4y - z + 1 = 0$ 和 $x - 2y - 5z + 3 = 0$.   6. $2\sqrt{2}$.

7. (1) 两直线间的距离为 $\sqrt{14}$; (2) $P(4, -1, 1), Q(6, 2, 0)$.   8. $(-5, 2, 4)$.

9. $x + y + z + 2\sqrt{3} = 0$ 或 $x + y + z - 2\sqrt{3} = 0$.   10. $6x^2 - 3y^2 + 8z^2 = 0$.

11. $(y-z)^2 + (z-x)^2 + (x-y)^2 = 3$.   12. $\begin{cases} x - 2y - z + 7 = 0, \\ x - y + 3z + 8 = 0. \end{cases}$

13. (1) $k \in (-9, 9)$; (2) 圆心为 $\left(-\dfrac{2}{3}, \dfrac{8}{3}, -\dfrac{7}{3}\right)$,半径为 $\sqrt{5}$.

14. $(x+2)^2 + (y+1)^2 + (z-1)^2 = 6$.   15. $z^2 - 2xy + x + y = 0$.

第3讲　多元数量值函数的极限与连续、偏导数与全微分

1. (1) D；　(2) C；　(3) C；　(4) D.
2. (1) 1；　(2) $x^{y-1}(1+y\ln x)+y^{x-1}(1+x\ln y)$；　(3) $2 \cdot n!$；　(4) 0.1；
    (5) $\left(1+\dfrac{\pi}{2}\right)\mathrm{d}x-\mathrm{d}y$；　(6) $a=2, b=3$.
3. (1) 0；　(2) 1；　(3) 0.
4. (4) **提示**：取路径 $y=x$ 和 $y=-x+x^3$.
6. $\dfrac{\partial z}{\partial x}=\mathrm{e}^y(f(x)-f(x-y))$；$\dfrac{\partial z}{\partial y}=\mathrm{e}^y\displaystyle\int_{x-y}^{x}f(t)\mathrm{d}t+\mathrm{e}^y f(x-y)$.
7. $a=1, b=1$.
8. (1) 不连续，偏导数存在，不可微；　(2) 连续，偏导数存在，可微；
    (3) 连续，偏导数存在，不可微.
9. 可微，且 $\mathrm{d}z\Big|_{(0,0)}=3\mathrm{d}x+4\mathrm{d}y$.

第4讲　多元函数微分法及方向导数与梯度

1. (1) 9；　(2) $yf''+g'+yg''$；　(3) $\dfrac{\mathrm{d}y}{\mathrm{d}x}=\dfrac{yf_1+2xf_2}{2yf_2-xf_1}$；　(4) $-\dfrac{1}{2}$；　(5) $\dfrac{4}{25}$；
    (6) $-\dfrac{14}{3}$, $\{1,-4,6\}$.
2. $g(x,y)=x-y$.　3. $\varphi(1)=1$, $\varphi'(1)=a(1+b+b^2)+b^3$.
4. $4xyf_1-\dfrac{1}{x^2}f_2+4x^3y^3f_{11}-\dfrac{y}{x^3}f_{22}$.
5. $(yg_1+2xg_2)^2f''+(y^2g_{11}+4xyg_{12}+4x^2g_{22}+2g_2)f'$.
6. $\dfrac{\partial z}{\partial x}=\varphi(y)f_1+f_2$，$\dfrac{\partial^2 z}{\partial x\partial y}=\varphi'(y)f_1+x\varphi(y)\varphi'(y)f_{11}+(x\varphi'(y)-\varphi(y))f_{12}-f_{22}$.
7. 0.　8. $\dfrac{\partial z}{\partial x}\Big|_{\substack{x=0\\y=0}}=1$，$\dfrac{\partial^2 z}{\partial x\partial y}\Big|_{\substack{x=0\\y=0}}=-2$.　9. $\dfrac{\partial u}{\partial r}=0$.
10. (1) $-\left(x^2\dfrac{\partial^2 u}{\partial x^2}+2xy\dfrac{\partial^2 u}{\partial x\partial y}+y^2\dfrac{\partial^2 u}{\partial y^2}\right)$；　(2) $\dfrac{\partial^2 u}{\partial \eta^2}=0$.
11. $2x$.　12. $-\dfrac{z}{(1+z)^3}\mathrm{e}^{-(x^2+y^2)}$.
13. $\mathrm{d}z=\dfrac{yf(xy)}{f(z)-1}\mathrm{d}x+\dfrac{xf(xy)}{f(z)-1}\mathrm{d}y$，$\dfrac{\partial^2 z}{\partial y^2}=\dfrac{x^2f'(xy)(f(z)-1)^2-x^2f^2(xy)}{(f(z)-1)^3}$.
14. $\dfrac{\partial z}{\partial x}=-\dfrac{\sin z}{t+\sin^2 z}$，$\dfrac{\partial z}{\partial y}=\dfrac{\cos z}{t+\sin^2 z}$.
15. 当 $t=\mathrm{e}$ 时，$f(t)$ 在区间 $[1,+\infty)$ 上有最大值 $f(\mathrm{e})=\dfrac{1}{\mathrm{e}}$.　**提示**：令 $x^2+y^2=r$，则由
方程 $\dfrac{\partial^2 z}{\partial x^2}+\dfrac{\partial^2 z}{\partial y^2}=0$ 可得 $r^2f''(r)+3rf'(r)+f(r)=0$，求解该二阶欧拉方程可得 $f(r)=\dfrac{\ln r}{r}$.

参考答案

第 5 讲 多元函数的 Taylor 公式与极值

1. $e^{x+y^2} = 1 + x + \dfrac{x^2}{2} + y^2 + o(x^2 + y^2)$.   2. A.   3. A.

4. (1) $f(1,1) = f(-1,-1) = -2$ 为极小值；(2) $f\left(0, \dfrac{1}{e}\right) = -\dfrac{1}{e}$ 为极小值；

   (3) $f\left(1, -\dfrac{4}{3}\right) = -e^{-\frac{1}{3}}$ 为极小值.

5. $f(0, -1) = -1$ 为极小值.

6. $f_{\max} = f\left(\dfrac{3}{2}, \dfrac{\sqrt{3}}{2}\right) = \dfrac{3\sqrt{3}}{4}$, $f_{\min} = f\left(\dfrac{3}{2}, -\dfrac{\sqrt{3}}{2}\right) = -\dfrac{3\sqrt{3}}{4}$.

7. $f_{\max} = f\left(\dfrac{1}{2}, 0\right) = \dfrac{1}{4}$, $f_{\min} = f\left(-\dfrac{1}{2}, \pm\dfrac{\sqrt{2}}{2}\right) = -\dfrac{5}{4}$.

8. $f_{\max} = f(\pm 1, 0) = 3$, $f_{\min} = f(0, \pm 2) = -2$.

9. $f_{\max} = f(0, 2) = 8$, $f_{\min} = f(0, 0) = 0$.

11. $d_{\max} = \sqrt{2}$, $d_{\min} = 1$.   12. 最近点: $(1,1,1)$；最远点: $(-5,-5,5)$.

13. $d_{\min} = \dfrac{7\sqrt{6}}{24}$.   14. $d_{\min} = \dfrac{\sqrt{2}}{2}$.

15. $\left(\dfrac{2\sqrt{3}}{3}, \dfrac{\sqrt{3}}{3}, \sqrt{3}\right)$, $V_{\min} = 3\sqrt{3}$.   16. $\left(\dfrac{21}{13}, 2, \dfrac{63}{26}\right)$.

17. $R : H : h = \sqrt{5} : 1 : 2$.   18. 长为 18 cm, 宽为 12 cm.

第 6 讲 多元函数微分学的几何应用

1. $\dfrac{x-1}{1} = \dfrac{y+2}{-\dfrac{3}{2}} = \dfrac{z-1}{2}$.   2. $(-1, 1, -1)$.   3. $x + y = 2$.   4. $\left\{0, \dfrac{2\sqrt{10}}{10}, \dfrac{\sqrt{15}}{5}\right\}$.

5. $\dfrac{\pi}{2}$.   6. C.   7. C.   8. B.   9. C.   10. $a = -5, b = -2$.

11. $x - 3y - 4z + \dfrac{17}{3} = 0$.   12. $2x - 3y + 2z \pm \dfrac{11}{2} = 0$.

14. $\dfrac{1}{3}$.   17. $\dfrac{x - e^{u_0}\cos v_0}{e^{u_0}\cos v_0} = \dfrac{y - e^{u_0}\sin v_0}{e^{u_0}\sin v_0} = \dfrac{z - u_0}{-e^{u_0}}$.   18. $2\sqrt{2}\pi$.

19. $(4, 2)$, $\kappa = 2$.   20. B.   21. $\kappa = \dfrac{\sqrt{2}}{2}e^{-t}$, $\rho = \sqrt{2}e^t$.   22. $\kappa = 1$.

第 7 讲 数量值函数积分的概念与二重积分的计算

1. (1) $\displaystyle\int_0^1 dy \int_{2-y}^{1+\sqrt{1-y^2}} f(x, y) dx$;   (2) $\displaystyle\int_0^2 dy \int_{\sqrt{2y}}^{\sqrt{8-y^2}} f(x, y) dx$;   (3) $\dfrac{a+b}{2}\pi$;   (4) $\dfrac{\pi}{4}$.

2. (1) B;   (2) B;   (3) A;   (4) A.

3. (1) $\dfrac{16(\sqrt{2}-1)}{3}$;   (2) $\dfrac{e-1}{2}$;   (3) $\dfrac{2}{5}\sqrt{2} - \dfrac{37}{120}$;   (4) $e - 1$;   (5) $\dfrac{8}{3}$;   (6) $\dfrac{2}{15}$.

4. $\left(\dfrac{2}{3}\pi - \dfrac{\sqrt{3}}{2}\right)a^2$.   5. $\dfrac{4}{9}$.   8. $\dfrac{A^2}{2}$.

第 8 讲 三重积分的计算

1. (1) C；   (2) D；   (3) A.

2. 切片法：$\int_1^4 \mathrm{d}z \int_{-z}^{z} \mathrm{d}x \int_{-\sqrt{z^2-x^2}}^{\sqrt{z^2-x^2}} f(x,y,z)\mathrm{d}y$；

   柱面坐标系：$\int_0^{2\pi}\mathrm{d}\theta\int_0^1 \rho\mathrm{d}\rho\int_1^4 f(\rho\cos\theta,\rho\sin\theta,z)\mathrm{d}z + \int_0^{2\pi}\mathrm{d}\theta\int_1^4 \rho\mathrm{d}\rho\int_{\rho}^{4} f(\rho\cos\theta,\rho\sin\theta,z)\mathrm{d}z$.

3. (1) $\int_{-\frac{\pi}{2}}^{0}\mathrm{d}\theta\int_0^{2\cos\theta}\rho\mathrm{d}\rho\int_0^{\rho\cos\theta} f(\rho\cos\theta,\rho\sin\theta,z)\mathrm{d}z$；

   (2) 柱面坐标系：$\int_0^{2\pi}\mathrm{d}\theta\int_0^1 \rho\mathrm{d}\rho\int_{\rho}^{1} f(\rho\cos\theta,\rho\sin\theta,z)\mathrm{d}z$，

   球面坐标系：$\int_0^{2\pi}\mathrm{d}\theta\int_0^{\frac{\pi}{4}}\mathrm{d}\varphi\int_0^{\frac{1}{\cos\varphi}} f(r\sin\varphi\cos\theta,r\sin\varphi\sin\theta,r\cos\varphi)r^2\sin\varphi\mathrm{d}r$.

4. (1) $\dfrac{53}{60}$；   (2) $\dfrac{16}{3}\pi$；   (3) $\dfrac{61}{480}\pi R^5$；   (4) $\dfrac{8}{9}a^2$；   (5) $\dfrac{\pi}{4\sqrt{10}}$；   (6) $\dfrac{3}{2}\pi$；

   (7) $\left(\dfrac{\mathrm{e}}{3} - \dfrac{1}{\sqrt[3]{\mathrm{e}}}\right)\pi$；   (8) $\dfrac{297}{4}\pi$.

5. (1) $\dfrac{8\sqrt{2}-7}{60}\pi$；   (2) $\dfrac{1-\cos 1}{2}$.   6. (1) $\dfrac{2-\sqrt{2}}{3}(R_2^3 - R_1^3)\pi$；   (2) $\dfrac{a^2bc}{3h}\pi$.

7. $f(x) = h^2\mathrm{e}^{\pi h x^2} - h^2$, $x \in [0,1]$.

第 9 讲 第一型曲线积分与第一型曲面积分

1. $\dfrac{3\sqrt{3}-2\sqrt{2}}{3}$.   2. 8.   3. 16π.   4. a.   5. 8π.   6. $\dfrac{32\sqrt{2}}{9}$.   7. $\dfrac{8}{3}\pi$.   8. 36π.

9. $\dfrac{5}{3}\pi R^3$.   10. $2a^2$.   11. $2\pi R\ln\dfrac{R}{h}$.   12. $\left(\dfrac{5\sqrt{5}-1}{6} + \sqrt{2}\right)\pi$.   13. $\dfrac{\sqrt{2}}{4}\pi a^2$.   14. $\dfrac{3\pi}{2}$.

第 10 讲 数量值函数积分的应用

1. $\dfrac{19}{12}\pi$.   2. $\dfrac{3}{2}k\pi a^5$.   3. $\dfrac{4\sqrt{3}}{5}\pi + \dfrac{2\pi}{15}$.   4. $\left(-\dfrac{1}{2}, \dfrac{8}{5}\right)$.   5. $R = \sqrt{2}H$.

6. $\left(0, 0, \dfrac{25(\sqrt{2}-1)}{8}\right)$.

7. $\left(0, 0, \dfrac{1}{3}\right)$.   提示：本题立体 Ω 的图形不太容易想象. 可用平面 $z = z_0 (0 < z_0 < 1)$ 去切 Ω，则该平面与 Ω 边界的交线为 $x^2 = 1 - z_0, y^2 = 1 - z_0$，即 $x = \pm\sqrt{1-z_0}, y = \pm\sqrt{1-z_0}$，因此平面 $z = z_0$ 切 Ω 后的切面是 $x = \pm\sqrt{1-z_0}, y = \pm\sqrt{1-z_0}$ 围成的正方形. 显然，本题用切片法会比较好计算.

8. $I_x = \dfrac{1}{12}$, $I_y = \dfrac{7}{12}$.   9. $\dfrac{14}{45}$.   10. $\dfrac{\pi^2 a^5}{8}$.   11. $\boldsymbol{F} = \{0, 0, k\pi\}$($k$ 为万有引力常数).

12. $\boldsymbol{F} = \left\{0, 0, -\dfrac{kMm}{a^2}\right\}$ (k 为万有引力常数).

第 11 讲 第二型曲线积分与 Green 公式

1. 0.   2. $\dfrac{51}{2}$.   3. $4(a+b)$.   4. $x^2+y^2=4$.   5. 2.   6. $\dfrac{\pi}{4}$.   7. 2e.   8. 4.

9. -2π.   10. $\begin{cases}\pi, & 若 f(0)>0;\\ -\pi, & 若 f(0)<0.\end{cases}$ 11. $\begin{cases}0, 若 R<1;\\ \pi, 若 R>1.\end{cases}$ 12. $2\pi-2$.

13. $3x^2y^2+x\sin y+C$.   14. $\alpha(y)=y^2, \beta(y)=e^{y^2}$.   15. $f(x)=x^3+\dfrac{1}{x}$, 246.

第 12 讲 第二型曲面积分及 Gauss 公式与 Stokes 公式

1. $2x+xz+2yz, \{4+2z, 4z, 2x+4y\}, \{z^2-xy, 0, yz\}$.

2. $3, -\dfrac{2}{3}x^3-3x^2y+\dfrac{1}{3}y^3-z^3+C$.   3. π.   4. $\dfrac{1}{4}$.   5. $-\pi$.   6. $-\dfrac{128}{15}\pi$.   7. $-\dfrac{\pi}{6}$.

8. $\dfrac{3}{20}$.   9. 4π.   10. $\dfrac{8}{3}\pi R^3(a+b+c)$.   11. $\dfrac{6\pi R^5}{5}\left(1-\dfrac{\sqrt{2}}{2}\right)$.   12. 2π.   13. $\dfrac{16-4\pi}{3}$.

14. $-\pi$.

第 13 讲 数项级数

1. (1) $\dfrac{2}{n(n+1)}$； (2) 12； (3) $p>\dfrac{1}{2}$； (4) $p>\dfrac{1}{2}$； (5) $1<a\leqslant\dfrac{3}{2}$.

2. (1) A； (2) D； (3) D； (4) C； (5) D.

3. (1) 收敛； (2) 收敛； (3) 收敛； (4) 收敛；

   (5) 当 $0<\beta<1$ 或 $\beta=1$ 且 $\alpha<-1$ 时收敛, 当 $\beta>1$ 或 $\beta=1$ 且 $\alpha\geqslant-1$ 时发散；

   (6) 当 $a>\dfrac{1}{e}$ 时收敛, 当 $0<a<\dfrac{1}{e}$ 时发散.

4. (1) 发散.   (2) 绝对收敛.   (3) 条件收敛.

   (4) 当 $|a|>1$ 且 $p\in\mathbf{R}$ 时, 级数绝对收敛；当 $|a|<1$ 且 $p\in\mathbf{R}$ 时, 级数发散；

   当 $|a|=1$ 且 $p>1$ 时, 级数绝对收敛；当 $|a|=1$ 且 $p\leqslant 0$ 时, 级数发散；

   当 $a=1$ 且 $0<p\leqslant 1$ 时, 级数发散；当 $a=-1$ 且 $0<p\leqslant 1$ 时, 级数条件收敛.

5. 当 $0<a\leqslant 1$ 时, 级数发散；当 $a>1$ 时, 级数收敛.

7. 收敛.   8. 条件收敛.   9. 条件收敛.   10. 0.   15. 条件收敛.

第 14 讲 函数项级数

1. 和函数 $S(x)=-\dfrac{x^2}{2+x^2}$.

2. (1) $[-2,1)$； (2) $(-e, e)$；

   (3) $\left[2k\pi, 2k\pi+\dfrac{\pi}{6}\right]\cup\left[2k\pi+\dfrac{5\pi}{6}, 2k\pi+\dfrac{7\pi}{6}\right]\cup\left[2k\pi+\dfrac{11\pi}{6}, 2(k+1)\pi\right]$ $(k\in\mathbf{Z})$；

(4) $(-1,1) \cup \{x = k\pi \mid k = \pm 1, \pm 2, \cdots\}$; (5) $[0, +\infty)$.

4. (1) 不一致收敛； (2) 一致收敛； (3) 一致收敛． 5. $(0, +\infty)$.

7. (1) $\dfrac{1}{4}$； (2) $\dfrac{2}{5}$； (3) γ，这里的 γ 为 Euler 常数．

第 15 讲　幂级数

1. (1) $\sqrt{R}$； (2) $R = 4$； (3) 绝对收敛； (4) $(-2, 4)$； (5) $\left(-\dfrac{\sqrt{2}}{2} - 2, \dfrac{\sqrt{2}}{2} - 2\right)$；

   (6) $\dfrac{1}{5}$； (7) $\dfrac{1}{4}\ln 3$； (8) $2\ln 2 - 1$； (9) $\left|\dfrac{a}{b}\right|$； (10) $(-1)^n (2n)!$.

2. (1) $-\dfrac{1}{3} \leqslant x < \dfrac{1}{3}$； (2) $|x| \leqslant \dfrac{\sqrt{2}}{2}$； (3) $|x| < 2$.

3. 和函数 $S(x) = \ln 3 - \ln(1-x), -5 \leqslant x < 1$.

4. (1) 和函数 $S(x) = \dfrac{2}{(1-x)^3} - \dfrac{1}{(1-x)^2} - \dfrac{1}{1-x}, |x| < 1$；

   (2) 和函数 $S(x) = \left(1 + \dfrac{x}{2} + \dfrac{x^2}{4}\right)e^{\frac{x}{2}} - 1, |x| < +\infty$；

   (3) 和函数 $S(x) = \begin{cases} 0, & x = 0, \\ \dfrac{1}{1-x} + \dfrac{\ln(1-x)}{x}, & 0 < |x| < 1; \end{cases}$

   (4) 和函数 $S(x) = 2x \cdot \arctan x - \ln(1 + x^2), |x| \leqslant 1$.

5. 和函数 $S(x) = \dfrac{1+x}{(1-x)^3}, |x| < 1$；数项级数的和 $S = 12$.

6. $\dfrac{a}{(a-1)^2}$.

7. (1) $\arctan \dfrac{1+x}{1-x} = \dfrac{\pi}{4} + \sum\limits_{n=0}^{\infty} \dfrac{(-1)^n}{2n+1} x^{2n+1}, |x| \leqslant 1$；

   (2) $x \cdot \arctan x - \ln\sqrt{1+x^2} = \sum\limits_{n=1}^{\infty} \dfrac{(-1)^{n-1}}{2n(2n-1)} x^{2n}, |x| \leqslant 1$；

   (3) $\sin x \cdot \cos 2x = \sum\limits_{n=1}^{\infty} \dfrac{(-1)^n}{2 \cdot (2n-1)!}(3^{2n-1} - 1)x^{2n-1}, |x| < +\infty$；

   (4) $\dfrac{12 - 5x}{6 - 5x - x^2} = \sum\limits_{n=0}^{\infty}\left(1 + \dfrac{(-1)^n}{6^n}\right)x^n, |x| < 1$；

   (5) $\dfrac{1 - x^2}{(1 + x^2)^2} = \sum\limits_{n=0}^{\infty}(-1)^n(2n+1)x^{2n}, |x| < 1$；

   (6) $\int_0^x e^{-t^2} dt = \sum\limits_{n=0}^{\infty} \dfrac{(-1)^n}{(2n+1) \cdot n!} x^{2n+1}, |x| < +\infty$.

8. $f(x) = \sum\limits_{n=0}^{\infty}(-1)^n\left(\dfrac{1}{3^{n+1}} - \dfrac{1}{4^{n+1}}\right)(x-3)^n, |x - 3| < 3$.

9. $f(x) = \sum\limits_{n=1}^{\infty}(-1)^{n+1} \cdot n(x-1)^{n-1}, |x - 1| < 1$.

10. (1) $\ln\dfrac{2-x}{1-x} = \ln 2 + \sum\limits_{n=1}^{\infty}\dfrac{1}{n}\left(1-\dfrac{1}{2^n}\right)x^n$, $-1 \leqslant x < 1$;

(2) $\dfrac{1}{x^2+3x+2} = \sum\limits_{n=0}^{\infty}\left(\dfrac{1}{2^{n+1}}-\dfrac{1}{3^{n+1}}\right)(x+4)^n$, $|x+4| < 2$.

11. $f^{(n)}(0) = \begin{cases} 0, & n = 2k+1, \\ \dfrac{(-1)^k}{2k+1}, & n = 2k, \end{cases}$ $k = 0, 1, 2, \cdots$.

12. $S_1 = \dfrac{1}{2}$, $S_2 = 1 - \ln 2$.

第 16 讲 Fourier 级数

1. (1) $-\dfrac{2}{9}\pi^2$; (2) $\dfrac{1}{2}\pi^2$; (3) $\dfrac{3}{2}$; (4) $\dfrac{2}{\pi}$; (5) $\dfrac{4}{3}\pi^2$; (6) $\dfrac{2}{3\pi}$; (7) $\dfrac{1}{2}$.

2. $S(x) = \begin{cases} 1+x, & -\pi < x < 0, \\ \dfrac{3}{2}, & x = 0, \\ 2-x, & 0 < x < \pi, \\ \dfrac{3}{2}-\pi, & x = \pm\pi. \end{cases}$

3. $f(x) = \dfrac{8}{\pi^2}\sum\limits_{n=1}^{\infty}\dfrac{\cos(2n-1)x}{(2n-1)^2} = \begin{cases} 1+\dfrac{2}{\pi}x, & -\pi \leqslant x < 0, \\ 1-\dfrac{2}{\pi}x, & 0 \leqslant x \leqslant \pi. \end{cases}$

4. $\arcsin(\sin x) = \dfrac{4}{\pi}\sum\limits_{n=1}^{\infty}\dfrac{(-1)^{n-1}}{(2n-1)^2}\sin(2n-1)x$, $x \in (-\infty, +\infty)$.

5. $\sin x = \dfrac{2}{\pi} - \dfrac{4}{\pi}\sum\limits_{n=1}^{\infty}\dfrac{\cos(2nx)}{4n^2-1}$, $x \in [0, \pi]$.

6. $\dfrac{\pi-x}{2} = \sum\limits_{n=1}^{\infty}\dfrac{1}{n}\sin nx$, $x \in (0, \pi)$; $\sum\limits_{n=1}^{\infty}\dfrac{(-1)^{n+1}}{2n+1} = 1 - \dfrac{\pi}{4}$.

7. $x(\pi-x) = \dfrac{8}{\pi}\sum\limits_{n=1}^{\infty}\dfrac{\sin(2n-1)x}{(2n-1)^3}$, $x \in [0, \pi]$; $1 - \dfrac{1}{3^3} + \dfrac{1}{5^3} - \dfrac{1}{7^3} + \cdots = \dfrac{\pi^3}{32}$.

8. $x = \dfrac{\pi}{2} - \sum\limits_{n=1}^{\infty}\dfrac{1}{n}\sin 2nx$, $x \in (0, \pi)$.

9. $|x| = \dfrac{1}{4} - \dfrac{2}{\pi^2}\sum\limits_{n=0}^{\infty}\dfrac{\cos(4n+2)\pi x}{(2n+1)^2}$, $x \in \left[-\dfrac{1}{2}, \dfrac{1}{2}\right]$; $\sum\limits_{n=0}^{\infty}\dfrac{1}{(2n+1)^2} = \dfrac{\pi^2}{8}$.

10. $f(x) = \dfrac{8}{\pi^2}\sum\limits_{n=1}^{\infty}\dfrac{(-1)^{n+1}}{(2n-1)^2}\sin\dfrac{(2n-1)\pi x}{l} = \begin{cases} \dfrac{2}{l}x, & 0 \leqslant x \leqslant \dfrac{l}{2}, \\ 2-\dfrac{2}{l}x, & \dfrac{l}{2} < x \leqslant l. \end{cases}$

11. $f(x) = \dfrac{h}{\pi} + \dfrac{2}{\pi}\sum\limits_{n=1}^{\infty}\dfrac{\sin nh}{n}\cos nx = \begin{cases} 1, & 0 \leqslant x < h, \\ 0, & h < x < \pi. \end{cases}$

14. $f(x) = \dfrac{3}{2} + \dfrac{4}{\pi^2}\sum\limits_{n=1}^{\infty}\dfrac{1}{(2n-1)^2}\cos\dfrac{(2n-1)\pi x}{2} - \dfrac{2}{\pi}\sum\limits_{n=1}^{\infty}\dfrac{2-(-1)^n}{n}\sin\dfrac{n\pi x}{2}$, $x \in (2,4)$

$\cup (4,6)$; $S(x) = \begin{cases} 1, & x = 2, 6, \\ x, & 2 < x < 4, \\ 2, & x = 4, \\ 0, & 4 < x < 6. \end{cases}$

附录　综合练习卷

综合练习卷（一）

一、选择题

1. A.　2. C.　3. C.　4. D.　5. A.　6. D.　7. B.　8. D.　9. C.　10. B.

二、填空题

1. $\dfrac{\sqrt{3}}{3}$.　2. $f_1(x^y, y^x) \cdot yx^{y-1} + f_2(x^y, y^x) \cdot y^x \ln y$.　3. $\left\{0, \dfrac{\sqrt{10}}{5}, \dfrac{\sqrt{15}}{5}\right\}$.

4. $\dfrac{1}{4}$.　5. π.　6. $(1,5]$.

三、解答题

1. 由于积分区域 D 关于 x 轴对称, 而 $\dfrac{xy}{1+x^2+y^2}$ 是关于 y 的奇函数, 故

$$\iint\limits_D \dfrac{xy}{1+x^2+y^2}\mathrm{d}x\mathrm{d}y = 0.$$

又区域 D 在极坐标系下的表示为 $D = \left\{(r,\theta) \mid 0 \leqslant r \leqslant 1, -\dfrac{\pi}{2} \leqslant \theta \leqslant \dfrac{\pi}{2}\right\}$, 则

$$\text{原式} = \iint\limits_D \dfrac{1}{1+x^2+y^2}\mathrm{d}x\mathrm{d}y = \int_{-\frac{\pi}{2}}^{\frac{\pi}{2}}\mathrm{d}\theta \int_0^1 \dfrac{1}{1+r^2} \cdot r\mathrm{d}r$$

$$= \dfrac{\pi}{2}\ln(1+r^2)\Big|_0^1 = \dfrac{\pi}{2}\ln 2.$$

2. 因为

$$\dfrac{\partial z}{\partial x} = \cos y\mathrm{e}^x f'(\mathrm{e}^x\cos y), \quad \dfrac{\partial z}{\partial y} = -\sin y\mathrm{e}^x f'(\mathrm{e}^x\cos y),$$

$$\dfrac{\partial^2 z}{\partial x^2} = \cos y\mathrm{e}^x f'(\mathrm{e}^x\cos y) + \cos^2 y\mathrm{e}^{2x} f''(\mathrm{e}^x\cos y),$$

$$\dfrac{\partial^2 z}{\partial y^2} = -\cos y\mathrm{e}^x f'(\mathrm{e}^x\cos y) + \sin^2 y\mathrm{e}^{2x} f''(\mathrm{e}^x\cos y),$$

再由 $\dfrac{\partial^2 z}{\partial x^2} + \dfrac{\partial^2 z}{\partial y^2} = (4z + \mathrm{e}^x\cos y)\mathrm{e}^{2x}$ 可得

$$\mathrm{e}^{2x}f''(\mathrm{e}^x\cos y) = [4f(\mathrm{e}^x\cos y) + \mathrm{e}^x\cos y]\mathrm{e}^{2x},$$

即 $f''(u) - 4f(u) = u$, 解得 $f(u) = C_1\mathrm{e}^{2u} + C_2\mathrm{e}^{-2u} - \dfrac{1}{4}u$. 再由 $f(0) = 0, f'(0) = 0$ 得 $C_1 =$

$\frac{1}{16}, C_2 = -\frac{1}{16}$，因此 $f(u) = \frac{1}{16}e^{2u} - \frac{1}{16}e^{-2u} - \frac{1}{4}u$.

3. 先考虑 $f(x,y)$ 在 D 的内部 $\{(x,y) \mid x^2 + y^2 < 4, y > 0\}$ 中的驻点. 令
$$\begin{cases} f_x(x,y) = 2x - 2xy^2 = 0, \\ f_y(x,y) = 4y - 2yx^2 = 0, \end{cases}$$
解得 $f(x,y)$ 在 D 内的驻点为 $(\pm\sqrt{2}, 1)$，其对应的函数值为 $f(\pm\sqrt{2}, 1) = 2$.

再考虑 $f(x,y)$ 在 D 的边界
$$\{(x,y) \mid x^2 + y^2 = 4, y > 0\} \cup \{(x,y) \mid -2 \leqslant x \leqslant 2, y = 0\}$$
上的最值. 当 $-2 \leqslant x \leqslant 2, y = 0$ 时，$f(x,y) = x^2$ 在 $(\pm 2, 0)$ 处取得最大值 4，在 $(0,0)$ 处取得最小值 0；当 $x^2 + y^2 = 4, y > 0$ 时，可得
$$f(x,y) = (4 - y^2) + 2y^2 - (4 - y^2)y^2 = y^4 - 3y^2 + 4 = \left(y^2 - \frac{3}{2}\right)^2 + \frac{7}{4}$$
在 $\left(\pm\frac{\sqrt{10}}{2}, \frac{\sqrt{6}}{2}\right)$ 处取得最小值 $\frac{7}{4}$，在 $(0,2)$ 处取得最大值 8.

比较以上函数值可得 $f(x,y)$ 在区域 D 上的最大值为 8，最小值为 0.

4. 记 Σ_1 为曲面 $\left\{(x,y,z) \mid z = 0, x^2 + \frac{y^2}{4} \leqslant 1\right\}$ 的下侧，Ω 为 Σ 和 Σ_1 围成的区域. 又记
$$D_z = \left\{(x,y) \mid x^2 + \frac{y^2}{4} \leqslant 1 - z, 0 \leqslant z \leqslant 1\right\},$$
其面积为 $\pi \cdot \sqrt{1-z} \cdot 2\sqrt{1-z} = 2\pi(1-z)$，则由 Gauss 公式可得
$$\oiint_{\Sigma + \Sigma_1} xz\,dy \wedge dz + 2zy\,dz \wedge dx + 3xy\,dx \wedge dy$$
$$= \iiint_{\Omega}(z + 2z)\,dx\,dy\,dz = \int_0^1 3z\,dz \iint_{D_z} dx\,dy$$
$$= \int_0^1 [3z \cdot 2\pi(1-z)]\,dz = 6\pi \int_0^1 z(1-z)\,dz = \pi.$$

再记 $D_{xy} = \left\{(x,y) \mid x^2 + \frac{y^2}{4} \leqslant 1\right\}$，由于在曲面 Σ_1 上 $z = 0$，所以
$$\iint_{\Sigma_1} xz\,dy \wedge dz + 2zy\,dz \wedge dx + 3xy\,dx \wedge dy = 0 + 0 + \iint_{\Sigma_1} 3xy\,dx \wedge dy$$
$$= -\iint_{D_{xy}} 3xy\,dx\,dy = 0 \text{（对称性）},$$

从而 $I = \pi - 0 = \pi$.

5. (1) 函数 $z = 2 + ax^2 + by^2$ 在点 $(3,4)$ 处的梯度为
$$\mathbf{grad}\,z(x,y)\Big|_{(3,4)} = \{z_x, z_y\}\Big|_{(3,4)} = \{2ax, 2by\}\Big|_{(3,4)} = \{6a, 8b\}.$$
由于函数沿方向 $\boldsymbol{l} = -3\boldsymbol{i} - 4\boldsymbol{j}$ 的方向导数最大，且最大值为 10，故

$$6a\bm{i} + 8b\bm{j} \; //-3\bm{i}-4\bm{j}, \quad \sqrt{(6a)^2+(8b)^2}=10,$$

由此可得 $a=b=-1$.

(2) 由(1)可知曲面 Σ 为 $z=2-x^2-y^2(z\geqslant 0)$，则

$$z_x=-2x, \quad z_y=-2y, \quad \mathrm{d}S=\sqrt{1+4x^2+4y^2}\,\mathrm{d}x\mathrm{d}y.$$

又曲面 Σ 在 xOy 面的投影区域为 $D_{xy}=\{(x,y)\mid x^2+y^2\leqslant 2\}$，于是所求面积为

$$\iint_\Sigma \mathrm{d}S = \iint_{D_{xy}}\sqrt{1+4x^2+4y^2}\,\mathrm{d}x\mathrm{d}y$$

$$=\int_0^{2\pi}\mathrm{d}\theta\int_0^{\sqrt{2}}\sqrt{1+4r^2}\cdot r\mathrm{d}r = 2\pi\cdot\frac{1}{8}\int_0^{\sqrt{2}}\sqrt{1+4r^2}\,\mathrm{d}(1+4r^2)$$

$$=\frac{\pi}{4}\cdot\frac{2}{3}(1+4r^2)^{\frac{3}{2}}\Big|_0^{\sqrt{2}} = \frac{\pi}{4}\times\frac{2}{3}\times(27-1) = \frac{13\pi}{3}.$$

6. (1) 因为

$$R=\lim_{n\to\infty}\left|\frac{a_n}{a_{n+1}}\right| = \lim_{n\to\infty}\frac{n+1}{n+\frac{1}{2}} = 1,$$

所以幂级数的收敛半径为 $R=1$，从而当 $|x|<1$ 时，幂级数 $\sum\limits_{n=1}^{\infty}a_n x^n$ 收敛.

(2) 令 $S(x)=\sum\limits_{n=1}^{\infty}a_n x^n, x\in(-1,1)$，则

$$S'(x)=\Big(\sum_{n=1}^{\infty}a_n x^n\Big)' = \sum_{n=1}^{\infty}(a_n x^n)' = \sum_{n=1}^{\infty}a_n n x^{n-1} = \sum_{n=0}^{\infty}a_{n+1}(n+1)x^n$$

$$=1+\sum_{n=1}^{\infty}(n+1)a_{n+1}x^n = 1+\sum_{n=1}^{\infty}\Big(n+\frac{1}{2}\Big)a_n x^n$$

$$=1+x\sum_{n=1}^{\infty}na_n x^{n-1}+\frac{1}{2}\sum_{n=1}^{\infty}a_n x^n = 1+xS'(x)+\frac{1}{2}S(x),$$

于是 $S(x)$ 满足微分方程 $y'=1+xy'+\dfrac{1}{2}y$，即

$$y'-\frac{1}{2(1-x)}y=\frac{1}{1-x}, \quad x\in(-1,1).$$

由一阶线性非齐次微分方程的求解公式可得

$$S(x)=\mathrm{e}^{\int\frac{1}{2(1-x)}\mathrm{d}x}\left[\int\frac{1}{1-x}\cdot\mathrm{e}^{\int\frac{-1}{2(1-x)}\mathrm{d}x}\mathrm{d}x+C\right]$$

$$=\mathrm{e}^{-\frac{1}{2}\ln(1-x)}\left[\int\frac{1}{1-x}\cdot\mathrm{e}^{\frac{1}{2}\ln(1-x)}\mathrm{d}x+C\right]$$

$$=\frac{1}{\sqrt{1-x}}\Big(\int\frac{1}{1-x}\cdot\sqrt{1-x}\,\mathrm{d}x+C\Big) = \frac{1}{\sqrt{1-x}}\Big(\int\frac{1}{\sqrt{1-x}}\mathrm{d}x+C\Big)$$

$$=\frac{1}{\sqrt{1-x}}(-2\sqrt{1-x}+C) = \frac{C}{\sqrt{1-x}}-2,$$

再由 $S(0) = 0$ 得 $C = 2$,因此

$$S(x) = \frac{2}{\sqrt{1-x}} - 2, \quad x \in (-1,1).$$

综合练习卷(二)

一、选择题

1. A.　2. B.　3. A.　4. A.　5. D.　6. B.　7. D.　8. D.　9. C.　10. D.

二、填空题

1. $\boldsymbol{i}+\boldsymbol{j}+\boldsymbol{k}$.　2. $-\mathrm{d}x$.　3. $x+3y+4z = \pm 12$.　4. $-\dfrac{\pi}{3}$.　5. 0.　6. $\dfrac{1}{(1+x)^2}$.

三、解答题

1. 由于对每个固定的 x,有 $f_{xy}(x,y)\mathrm{d}y = \mathrm{d}[f_x(x,y)]$,于是

$$\iint_D xyf_{xy}(x,y)\mathrm{d}x\mathrm{d}y = \int_0^1 x\mathrm{d}x\int_0^1 yf_{xy}(x,y)\mathrm{d}y = \int_0^1 x\mathrm{d}x\int_0^1 y\mathrm{d}[f_x(x,y)]$$

$$= \int_0^1 x\left[yf_x(x,y)\Big|_{y=0}^{y=1} - \int_0^1 f_x(x,y)\mathrm{d}y\right]\mathrm{d}x$$

$$= \int_0^1 xf_x(x,1)\mathrm{d}x - \int_0^1 x\mathrm{d}x\int_0^1 f_x(x,y)\mathrm{d}y.$$

由于 $f(x,1) = 0$,故 $\int_0^1 xf_x(x,1)\mathrm{d}x = 0$. 又交换积分次序可得

$$\int_0^1 x\mathrm{d}x\int_0^1 f_x(x,y)\mathrm{d}y = \int_0^1 \mathrm{d}y\int_0^1 xf_x(x,y)\mathrm{d}x,$$

从而

$$\iint_D xyf_{xy}(x,y)\mathrm{d}x\mathrm{d}y = -\int_0^1 \mathrm{d}y\int_0^1 xf_x(x,y)\mathrm{d}x = -\int_0^1 \mathrm{d}y\int_0^1 x\mathrm{d}[f(x,y)]$$

$$= -\int_0^1 \left[xf(x,y)\Big|_{x=0}^{x=1} - \int_0^1 f(x,y)\mathrm{d}x\right]\mathrm{d}y$$

$$= -\int_0^1 f(1,y)\mathrm{d}y + \int_0^1 \mathrm{d}y\int_0^1 f(x,y)\mathrm{d}x$$

$$= \int_0^1 \mathrm{d}y\int_0^1 f(x,y)\mathrm{d}x = \iint_D f(x,y)\mathrm{d}x\mathrm{d}y = a.$$

2. 由 $f(u,v)$ 具有二阶连续偏导数知 $f_{12} = f_{21}$,且

$$\frac{\mathrm{d}y}{\mathrm{d}x} = f_1 \cdot \mathrm{e}^x + f_2 \cdot (-\sin x),$$

$$\frac{\mathrm{d}^2 y}{\mathrm{d}x^2} = [f_{11} \cdot \mathrm{e}^x + f_{12} \cdot (-\sin x)]\mathrm{e}^x + f_1 \cdot \mathrm{e}^x$$

$$+ [f_{21} \cdot \mathrm{e}^x + f_{22} \cdot (-\sin x)](-\sin x) - f_2 \cdot \cos x$$

$$= f_{11} \cdot \mathrm{e}^{2x} + f_{22} \cdot \sin^2 x + f_1 \cdot \mathrm{e}^x - f_2 \cdot \cos x - 2f_{12} \cdot \sin x \cdot \mathrm{e}^x,$$

于是

$$\frac{\mathrm{d}y}{\mathrm{d}x}\bigg|_{x=0} = f_1(1,1), \quad \frac{\mathrm{d}^2 y}{\mathrm{d}x^2}\bigg|_{x=0} = f_{11}(1,1) + f_1(1,1) - f_2(1,1).$$

3. 令 $L(x,y,z,\lambda,\mu) = z^2 + \lambda(x^2+y^2-2z^2) + \mu(x+y+3z-5)$，由

$$\begin{cases} L_x = 2\lambda x + \mu = 0, \\ L_y = 2\lambda y + \mu = 0, \\ L_z = 2z - 4\lambda z + 3\mu = 0, \\ L_\lambda = x^2 + y^2 - 2z^2 = 0, \\ L_\mu = x + y + 3z - 5 = 0, \end{cases} \quad 解得 \begin{cases} x = 1, \\ y = 1, \\ z = 1, \end{cases} \quad 或 \begin{cases} x = -5, \\ y = -5, \\ z = 5. \end{cases}$$

根据问题的几何意义，曲线 C 上一定存在距离 xOy 面最远的点和最近的点，因此最远点和最近点分别为 $(-5,-5,5)$ 和 $(1,1,1)$.

4. 令

$$P(x,y,z) = \frac{x}{(x^2+y^2+z^2)^{\frac{3}{2}}}, \quad Q(x,y,z) = \frac{y}{(x^2+y^2+z^2)^{\frac{3}{2}}},$$

$$R(x,y,z) = \frac{z}{(x^2+y^2+z^2)^{\frac{3}{2}}},$$

则当 $(x,y,z) \neq (0,0,0)$ 时，有

$$\frac{\partial P}{\partial x} = \frac{y^2+z^2-2x^2}{(x^2+y^2+z^2)^{\frac{5}{2}}}, \quad \frac{\partial Q}{\partial y} = \frac{x^2+z^2-2y^2}{(x^2+y^2+z^2)^{\frac{5}{2}}}, \quad \frac{\partial R}{\partial z} = \frac{x^2+y^2-2z^2}{(x^2+y^2+z^2)^{\frac{5}{2}}}.$$

记 Σ_1 是曲面 $x^2+y^2+z^2 = 1$ 的内侧，则 Σ_1 包含在曲面 Σ 内. 又记 Ω 为 Σ_1 与 Σ 围成的闭区域，则 $\Sigma_1 + \Sigma$ 为 Ω 的整个边界曲面的外侧，且 $P(x,y,z), Q(x,y,z), R(x,y,z)$ 在 Ω 上有一阶连续偏导数，则由 Gauss 公式可得

$$\oiint_{\Sigma+\Sigma_1} \frac{x\mathrm{d}y\wedge\mathrm{d}z + y\mathrm{d}z\wedge\mathrm{d}x + z\mathrm{d}x\wedge\mathrm{d}y}{(x^2+y^2+z^2)^{\frac{3}{2}}} = \iiint_\Omega \left(\frac{\partial P}{\partial x} + \frac{\partial Q}{\partial y} + \frac{\partial R}{\partial z}\right) \mathrm{d}x\mathrm{d}y\mathrm{d}z = \iiint_\Omega 0\,\mathrm{d}x\mathrm{d}y\mathrm{d}z = 0.$$

记 Ω_1 为闭曲面 Σ_1 围成的闭区域，即 $\Omega_1 = \{(x,y,z) \mid x^2+y^2+z^2 \leqslant 1\}$，则

$$I = \oiint_{\Sigma+\Sigma_1} \frac{x\mathrm{d}y\wedge\mathrm{d}z + y\mathrm{d}z\wedge\mathrm{d}x + z\mathrm{d}x\wedge\mathrm{d}y}{(x^2+y^2+z^2)^{\frac{3}{2}}} - \oiint_{\Sigma_1} \frac{x\mathrm{d}y\wedge\mathrm{d}z + y\mathrm{d}z\wedge\mathrm{d}x + z\mathrm{d}x\wedge\mathrm{d}y}{(x^2+y^2+z^2)^{\frac{3}{2}}}$$

$$= 0 - \oiint_{\Sigma_1} x\mathrm{d}y\wedge\mathrm{d}z + y\mathrm{d}z\wedge\mathrm{d}x + z\mathrm{d}x\wedge\mathrm{d}y \quad (在\ \Sigma_1\ 上有\ x^2+y^2+z^2 = 1)$$

$$\xrightarrow{\text{Gauss 公式}} \iiint_{\Omega_1} (1+1+1)\mathrm{d}x\mathrm{d}y\mathrm{d}z = 3\iiint_{\Omega_1} \mathrm{d}x\mathrm{d}y\mathrm{d}z = 3 \cdot \frac{4}{3}\pi \cdot 1^3 = 4\pi.$$

5. 记 $S(x) = \sum_{n=1}^{\infty} u_n(x), S_1(x) = \sum_{n=1}^{\infty} \mathrm{e}^{-nx}$. 当 $|\mathrm{e}^{-x}| < 1$，即 $x > 0$ 时，由几何级数的求和公式得 $S_1(x) = \frac{\mathrm{e}^{-x}}{1-\mathrm{e}^{-x}} = \frac{1}{\mathrm{e}^x - 1}$，且 $S_1(x)$ 的收敛域为 $(0, +\infty)$.

又记 $S_2(x) = \sum_{n=1}^{\infty} \frac{x^{n+1}}{n(n+1)}$，其系数 $a_n = \frac{1}{n(n+1)}$. 因为

$$\lim_{n\to\infty} \left|\frac{a_{n+1}}{a_n}\right| = \lim_{n\to\infty} \frac{n(n+1)}{(n+1)(n+2)} = 1,$$

于是 $S_2(x)$ 的收敛半径为 1，收敛区间为 $(-1,1)$. $S_2(x)$ 在 $x = -1$ 处为 $\sum_{n=1}^{\infty} \frac{(-1)^{n+1}}{n(n+1)}$，由莱布尼茨

定理可知该级数收敛；$S_2(x)$ 在 $x=1$ 处为 $\sum_{n=1}^{\infty}\dfrac{1}{n(n+1)}$，收敛. 因此，$S_2(x)$ 的收敛域为 $[-1,1]$.

由上，取 $(0,+\infty)$ 与 $[-1,1]$ 的交集，可得 $(0,1]$ 为 $S(x)$ 的收敛域.

当 $x\in(0,1)$ 时，有

$$S_2(x)=\sum_{n=1}^{\infty}\left(\dfrac{x^{n+1}}{n}-\dfrac{x^{n+1}}{n+1}\right)=x\sum_{n=1}^{\infty}\dfrac{x^n}{n}-\sum_{n=1}^{\infty}\dfrac{x^{n+1}}{n+1}=x\sum_{n=1}^{\infty}\dfrac{x^n}{n}-\sum_{n=2}^{\infty}\dfrac{x^n}{n}$$

$$=(x-1)\sum_{n=1}^{\infty}\dfrac{x^n}{n}+x=(1-x)\ln(1-x)+x,$$

且 $S_2(1)=\lim\limits_{x\to 1^-}S_2(x)=1.$ 因此

$$S(x)=\begin{cases}\dfrac{1}{\mathrm{e}^x-1}+(1-x)\ln(1-x)+x, & x\in(0,1),\\[2mm] \dfrac{\mathrm{e}}{\mathrm{e}-1}, & x=1.\end{cases}$$

6. (1)（**方法 1**）由于

$$0<a_n<\dfrac{\pi}{2},\quad 0<b_n<\dfrac{\pi}{2},\quad \cos b_n=\cos a_n-a_n<\cos a_n,$$

且 $\cos x$ 在 $\left(0,\dfrac{\pi}{2}\right)$ 上单调减少，故 $0<a_n<b_n<\dfrac{\pi}{2}$. 又级数 $\sum_{n=1}^{\infty}b_n$ 收敛，故 $\lim\limits_{n\to\infty}b_n=0$，从而由夹逼准则知 $\lim\limits_{n\to\infty}a_n=0$.

（**方法 2**）当 $x\in\left(0,\dfrac{\pi}{2}\right)$ 时，有 $\cos x>1-\dfrac{x^2}{2}$，从而 $-\cos x<\dfrac{x^2}{2}-1$. 由于 $b_n\in\left(0,\dfrac{\pi}{2}\right)$，故

$$a_n=\cos a_n-\cos b_n<1+\dfrac{b_n^2}{2}-1=\dfrac{b_n^2}{2},$$

即 $0<a_n<\dfrac{b_n^2}{2}$. 又级数 $\sum_{n=1}^{\infty}b_n$ 收敛，故 $\lim\limits_{n\to\infty}b_n=0$，从而由夹逼准则知 $\lim\limits_{n\to\infty}a_n=0$.

(2)（**方法 1**）由(1) 知 $0<a_n<b_n<\dfrac{\pi}{2}$，从而

$$\dfrac{a_n}{b_n}=\dfrac{\cos a_n-\cos b_n}{b_n}=\dfrac{2\sin\dfrac{a_n+b_n}{2}\sin\dfrac{b_n-a_n}{2}}{b_n}$$

$$<\dfrac{2\cdot\dfrac{a_n+b_n}{2}\cdot\dfrac{b_n-a_n}{2}}{b_n}=\dfrac{b_n^2-a_n^2}{2b_n}<\dfrac{b_n^2}{2b_n}=\dfrac{1}{2}b_n.$$

又 $\sum_{n=1}^{\infty}b_n$ 收敛，故由比较判别法知 $\sum_{n=1}^{\infty}\dfrac{a_n}{b_n}$ 收敛.

（**方法 2**）由(1) 知 $0<a_n<b_n<\dfrac{\pi}{2}$，从而由拉格朗日中值定理可知，存在 $\xi_n\in(a_n,b_n)\subset\left(0,\dfrac{\pi}{2}\right)$，使得

$$\dfrac{a_n}{b_n}=\dfrac{\cos a_n-\cos b_n}{b_n}=\dfrac{-\sin\xi_n\cdot(a_n-b_n)}{b_n}$$

$$=\dfrac{\sin\xi_n}{b_n}(b_n-a_n)<\dfrac{\sin\xi_n}{b_n}\cdot b_n=\sin\xi_n<\xi_n<b_n.$$

又 $\sum\limits_{n=1}^{\infty} b_n$ 收敛，故由比较判别法知 $\sum\limits_{n=1}^{\infty} \dfrac{a_n}{b_n}$ 收敛.

综合练习卷(三)

一、选择题

1. B.　2. B.　3. B.　4. A.　5. A.　6. B.　7. D.　8. C.　9. A.　10. C.

二、填空题

1. $2\mathrm{e}\mathrm{d}x+(\mathrm{e}+2)\mathrm{d}y$.　2. $-\mathrm{d}x+2\mathrm{d}y$.　3. $\dfrac{1}{2}(\mathrm{e}-1)$.　4. $\dfrac{\sqrt{3}}{12}$.　5. π.　6. -1.

三、解答题

1. 令 $x=r\cos\theta, y=r\sin\theta$，则

$$\iint_D x\,\mathrm{d}x\mathrm{d}y = \int_{-\frac{\pi}{2}}^{\frac{\pi}{2}}\mathrm{d}\theta \int_2^{2(1+\cos\theta)} r^2\cos\theta\,\mathrm{d}r = \int_{-\frac{\pi}{2}}^{\frac{\pi}{2}} \cos\theta \cdot \dfrac{8(1+\cos\theta)^3 - 8}{3}\,\mathrm{d}\theta$$

$$= \dfrac{8}{3}\int_{-\frac{\pi}{2}}^{\frac{\pi}{2}} (\cos^4\theta + 3\cos^3\theta + 3\cos^2\theta)\,\mathrm{d}\theta$$

$$= \dfrac{16}{3}\int_0^{\frac{\pi}{2}} \cos^4\theta\,\mathrm{d}\theta + 16\int_0^{\frac{\pi}{2}} \cos^3\theta\,\mathrm{d}\theta + 16\int_0^{\frac{\pi}{2}} \cos^2\theta\,\mathrm{d}\theta$$

$$= \dfrac{16}{3}\cdot\dfrac{3}{4}\cdot\dfrac{1}{2}\cdot\dfrac{\pi}{2} + 16\cdot\dfrac{2}{3} + 16\cdot\dfrac{1}{2}\cdot\dfrac{\pi}{2} = 5\pi + \dfrac{32}{3}.$$

2. 由复合函数链式法则得

$$\dfrac{\partial u}{\partial x} = \dfrac{\partial u}{\partial \xi}\cdot\dfrac{\partial \xi}{\partial x} + \dfrac{\partial u}{\partial \eta}\cdot\dfrac{\partial \eta}{\partial x} = \dfrac{\partial u}{\partial \xi} + \dfrac{\partial u}{\partial \eta},$$

$$\dfrac{\partial u}{\partial y} = \dfrac{\partial u}{\partial \xi}\cdot\dfrac{\partial \xi}{\partial y} + \dfrac{\partial u}{\partial \eta}\dfrac{\partial \eta}{\partial y} = \dfrac{\partial u}{\partial \xi}\cdot a + b\cdot\dfrac{\partial u}{\partial \eta},$$

$$\dfrac{\partial^2 u}{\partial x^2} = \dfrac{\partial}{\partial x}\left(\dfrac{\partial u}{\partial \xi} + \dfrac{\partial u}{\partial \eta}\right) = \dfrac{\partial^2 u}{\partial \xi^2}\cdot\dfrac{\partial \xi}{\partial x} + \dfrac{\partial^2 u}{\partial \xi\partial\eta}\cdot\dfrac{\partial \eta}{\partial x} + \dfrac{\partial^2 u}{\partial \eta^2}\cdot\dfrac{\partial \eta}{\partial x} + \dfrac{\partial^2 u}{\partial \eta\partial\xi}\cdot\dfrac{\partial \xi}{\partial x}$$

$$= \dfrac{\partial^2 u}{\partial \xi^2} + \dfrac{\partial^2 u}{\partial \eta^2} + 2\dfrac{\partial^2 u}{\partial \xi\partial\eta},$$

$$\dfrac{\partial^2 u}{\partial x\partial y} = \dfrac{\partial}{\partial y}\left(\dfrac{\partial u}{\partial \xi} + \dfrac{\partial u}{\partial \eta}\right) = \dfrac{\partial^2 u}{\partial \xi^2}\cdot\dfrac{\partial \xi}{\partial y} + \dfrac{\partial^2 u}{\partial \xi\partial\eta}\cdot\dfrac{\partial \eta}{\partial y} + \dfrac{\partial^2 u}{\partial \eta^2}\cdot\dfrac{\partial \eta}{\partial y} + \dfrac{\partial^2 u}{\partial \eta\partial\xi}\cdot\dfrac{\partial \xi}{\partial y}$$

$$= a\dfrac{\partial^2 u}{\partial \xi^2} + b\dfrac{\partial^2 u}{\partial \eta^2} + (a+b)\dfrac{\partial^2 u}{\partial \xi\partial\eta},$$

$$\dfrac{\partial^2 u}{\partial y^2} = \dfrac{\partial}{\partial y}\left(a\dfrac{\partial u}{\partial \xi} + b\dfrac{\partial u}{\partial \eta}\right) = a\left(a\dfrac{\partial^2 u}{\partial \xi^2} + b\dfrac{\partial^2 u}{\partial \xi\partial\eta}\right) + b\left(b\dfrac{\partial^2 u}{\partial \eta^2} + a\dfrac{\partial^2 u}{\partial \eta\partial\xi}\right)$$

$$= a^2\dfrac{\partial^2 u}{\partial \xi^2} + b^2\dfrac{\partial^2 u}{\partial \eta^2} + 2ab\dfrac{\partial^2 u}{\partial \xi\partial\eta},$$

故由

$$4\dfrac{\partial^2 u}{\partial x^2} + 12\dfrac{\partial u^2}{\partial x\partial y} + 5\dfrac{\partial^2 u}{\partial y^2}$$

$$= (5a^2 + 12a + 4)\dfrac{\partial^2 u}{\partial \xi^2} + (5b^2 + 12b + 4)\dfrac{\partial^2 u}{\partial \eta^2} + [12(a+b) + 10ab + 8]\dfrac{\partial^2 u}{\partial \xi\partial\eta} = 0,$$

得 $\begin{cases} 5a^2+12a+4=0, \\ 5b^2+12b+4=0, \\ 12(a+b)+10ab+8\neq 0, \end{cases}$ 则 $a=-2, b=-\dfrac{2}{5}$ 或 $a=-\dfrac{2}{5}, b=-2$.

3. 由

$$f_x(x,y) = x^2 e^{x+y} + \left(y+\dfrac{x^3}{3}\right)e^{x+y} = \left(x^2+y+\dfrac{x^3}{3}\right)e^{x+y}=0,$$

$$f_y(x,y) = e^{x+y} + \left(y+\dfrac{x^3}{3}\right)e^{x+y} = \left(1+y+\dfrac{x^3}{3}\right)e^{x+y}=0,$$

得驻点为 $\left(1,-\dfrac{4}{3}\right)$ 和 $\left(-1,-\dfrac{2}{3}\right)$. 另外,有

$$f_{xx} = \left(\dfrac{x^3}{3}+2x^2+2x+y\right)e^{x+y}, \quad f_{xy} = \left(\dfrac{x^3}{3}+x^2+y+1\right)e^{x+y},$$

$$f_{yy} = \left(\dfrac{x^3}{3}+y+2\right)e^{x+y}.$$

在驻点 $\left(1,-\dfrac{4}{3}\right)$ 处,有

$$A = f_{xx}\left(1,-\dfrac{4}{3}\right) = 3e^{-\frac{1}{3}}, \quad B = f_{xy}\left(1,-\dfrac{4}{3}\right) = e^{-\frac{1}{3}}, \quad C = f_{yy}\left(1,-\dfrac{4}{3}\right) = e^{-\frac{1}{3}},$$

于是 $AC-B^2 = 2e^{-\frac{2}{3}} > 0, A > 0$, 故点 $\left(1,-\dfrac{4}{3}\right)$ 为 $f(x,y)$ 的极小值点, 极小值为

$$f\left(1,-\dfrac{4}{3}\right) = -e^{-\frac{1}{3}}.$$

在驻点 $\left(-1,-\dfrac{2}{3}\right)$ 处,有

$$A = f_{xx}\left(-1,-\dfrac{2}{3}\right) = -e^{-\frac{5}{3}}, \quad B = f_{xy}\left(-1,-\dfrac{2}{3}\right) = e^{-\frac{5}{3}},$$

$$C = f_{yy}\left(-1,-\dfrac{2}{3}\right) = e^{-\frac{5}{3}},$$

于是 $AC-B^2 = -2e^{-\frac{10}{3}} < 0$, 故点 $\left(-1,-\dfrac{2}{3}\right)$ 不是极值点.

综上所述, $f(x,y)$ 只在点 $\left(1,-\dfrac{4}{3}\right)$ 处取得极小值 $f\left(1,-\dfrac{4}{3}\right) = -e^{-\frac{1}{3}}$.

4. 添加辅助平面 Σ': $x=0(3y^2+3z^2\leqslant 1)$, 取后侧, 即法向量指向 x 轴负向, 则 Σ 与 Σ' 围成一个半椭球体 Ω, 且法向量指向外侧. 由 Gauss 公式得

$$\oiint_{\Sigma+\Sigma'} x\mathrm{d}y\wedge\mathrm{d}z + (y^3+2)\mathrm{d}z\wedge\mathrm{d}x + z^3\mathrm{d}x\wedge\mathrm{d}y = \iiint_{\Omega}(1+3y^2+3z^2)\mathrm{d}V.$$

沿平行于 yOz 面的方向作 Ω 的横截面,得

$$D_x = \{(y,z) \mid 3y^2+3z^2 \leqslant 1-x^2\},$$

即 D_x 是半径为 $\sqrt{\dfrac{1-x^2}{3}}$ 的圆盘, 于是 $\Omega = \{(x,y,z) \mid (y,z)\in D_x, 0\leqslant x\leqslant 1\}$, 则

$$\iiint_\Omega (1+3y^2+3z^2)\mathrm{d}V = \int_0^1 \mathrm{d}x \iint_{D_x}(1+3y^2+3z^2)\mathrm{d}y\mathrm{d}z = \int_0^1 \mathrm{d}x \int_0^{2\pi}\mathrm{d}\theta \int_0^{\sqrt{\frac{1-x^2}{3}}}(1+3r^2)\cdot r\mathrm{d}r$$

$$= 2\pi \int_0^1 \left(\frac{r^2}{2}+\frac{3r^4}{4}\right)\Big|_0^{\sqrt{\frac{1-x^2}{3}}}\mathrm{d}x = 2\pi \int_0^1 \left[\frac{1-x^2}{6}+\frac{3}{4}\cdot\frac{(1-x^2)^2}{3^2}\right]\mathrm{d}x$$

$$= \frac{\pi}{6}\int_0^1 (x^4-4x^2+3)\mathrm{d}x = \frac{\pi}{6}\times\left(\frac{1}{5}-\frac{4}{3}+3\right) = \frac{14\pi}{45}.$$

又因为 Σ' 的方程为 $x=0(3y^2+3z^2\leqslant 1)$,所以

$$\iint_{\Sigma'} x\mathrm{d}y\wedge\mathrm{d}z+(y^3+2)\mathrm{d}z\wedge\mathrm{d}x+z^3\mathrm{d}x\wedge\mathrm{d}y = 0.$$

综上,可得 $I=\dfrac{14\pi}{45}-0=\dfrac{14\pi}{45}.$

5. (1) 因为函数 $f(x)$ 是 $x\in[-\pi,\pi]$ 上的偶函数,所以 $b_n=0$. 又

$$a_0 = \frac{1}{\pi}\int_{-\pi}^{\pi}f(x)\mathrm{d}x = \frac{1}{\pi}\int_{-\pi}^{\pi}(\pi-|x|)\mathrm{d}x = \frac{1}{\pi}\int_{-\pi}^{\pi}\pi\mathrm{d}x - \frac{2}{\pi}\int_0^{\pi}x\mathrm{d}x$$

$$= 2\pi-\pi = \pi,$$

$$a_n = \frac{1}{\pi}\int_{-\pi}^{\pi}f(x)\cos nx\,\mathrm{d}x = \frac{1}{\pi}\int_{-\pi}^{\pi}(\pi-|x|)\cos nx\,\mathrm{d}x$$

$$= \frac{2}{\pi}\int_0^{\pi}(\pi-x)\cos nx\,\mathrm{d}x = \frac{2[1-(-1)^n]}{\pi n^2} = \begin{cases} 0, & n=2k, \\ \dfrac{4}{(2k-1)^2\pi}, & n=2k-1, \end{cases}$$

故 $f(x)\sim \dfrac{\pi}{2}+\dfrac{4}{\pi}\sum_{k=1}^{\infty}\dfrac{1}{(2k-1)^2}\cos((2k-1)x).$

(2) 由于 f 连续,所以 $f(0)=\dfrac{\pi}{2}+\dfrac{4}{\pi}\sum_{k=1}^{\infty}\dfrac{1}{(2k-1)^2}=\pi$,于是

$$\sum_{n=1}^{\infty}\frac{1}{(2n-1)^2} = \sum_{k=1}^{\infty}\frac{1}{(2k-1)^2} = \frac{\pi^2}{8}.$$

6. (1) 由 Lagrange 中值定理得

$$|x_{n+1}-x_n| = |f(x_n)-f(x_{n-1})| = |f'(\xi_n)(x_n-x_{n-1})| \leqslant \frac{1}{2}|x_n-x_{n-1}|,$$

其中 ξ_n 介于 x_n 与 x_{n-1} 之间,于是

$$|x_{n+1}-x_n| \leqslant \frac{1}{2}|x_n-x_{n-1}| \leqslant \frac{1}{2}\cdot\frac{1}{2}|x_{n-1}-x_{n-2}| \leqslant \cdots \leqslant \frac{1}{2^{n-1}}|x_2-x_1|,$$

又级数 $\sum_{n=1}^{\infty}\dfrac{1}{2^{n-1}}|x_2-x_1|=2|x_2-x_1|$ 收敛,故由比较判别法可知级数 $\sum_{n=1}^{\infty}|x_{n+1}-x_n|$ 收敛,从而级数 $\sum_{n=1}^{\infty}(x_{n+1}-x_n)$ 绝对收敛.

(2) 设 $S_n=\sum_{k=1}^{n}(x_{k+1}-x_k)=x_{n+1}-x_1$,由(1)知级数 $\sum_{n=1}^{\infty}(x_{n+1}-x_n)$ 收敛,因此 $\lim_{n\to\infty}S_n$ 存在. 又 $x_{n+1}=S_n+x_1$,故 $\lim_{n\to\infty}x_{n+1}$ 存在,即 $\lim_{n\to\infty}x_n$ 存在.

设 $\lim_{n\to\infty}x_n=a$,则等式 $x_{n+1}=f(x_n)$ 两边关于 $n\to\infty$ 取极限得 $f(a)=a$. 又 $f(0)=1$,所以

存在 ξ 介于 a 与 0 之间,使得
$$a-1 = f(a) - f(0) = f'(\xi) a.$$
由题设知 $0 < f'(\xi) < \dfrac{1}{2}$,于是 $\dfrac{1}{2} < 1 - f'(\xi) < 1$,从而 $0 < 1 < a = \dfrac{1}{1-f'(\xi)} < 2$.

综合练习卷(四)

一、选择题

1. D. 2. D. 3. A. 4. A. 5. A. 6. D. 7. C. 8. D. 9. B. 10. C.

二、填空题

1. xye^y. 2. $4e$. 3. $\dfrac{4}{15}\pi$. 4. $\dfrac{4\sqrt{3}}{3}$. 5. -1. 6. $\cos\sqrt{x}$.

三、解答题

1. 将 D 分为 D_1 和 D_2 两部分,其中
$$D_1 = \left\{(r,\theta) \mid 0 \leqslant r \leqslant 2, 0 \leqslant \theta \leqslant \dfrac{\pi}{2}\right\},$$
$$D_2 = \left\{(r,\theta) \mid 0 \leqslant r \leqslant \dfrac{2}{\sin\theta - \cos\theta}, \dfrac{\pi}{2} \leqslant \theta \leqslant \pi\right\},$$
于是
$$\iint_D \dfrac{(x-y)^2}{x^2+y^2} dxdy = \iint_D \dfrac{r^2(\cos\theta - \sin\theta)^2}{r^2} \cdot rdrd\theta = \iint_D (\cos\theta - \sin\theta)^2 \cdot rdrd\theta$$
$$= \int_0^{\frac{\pi}{2}} (\cos\theta - \sin\theta)^2 d\theta \int_0^2 rdr + \int_{\frac{\pi}{2}}^{\pi} (\cos\theta - \sin\theta)^2 d\theta \int_0^{\frac{2}{\sin\theta - \cos\theta}} rdr$$
$$= 2\int_0^{\frac{\pi}{2}} (1 - 2\sin\theta\cos\theta) d\theta + \int_{\frac{\pi}{2}}^{\pi} (\cos\theta - \sin\theta)^2 \cdot \dfrac{r^2}{2} \bigg|_0^{\frac{2}{\sin\theta - \cos\theta}} d\theta$$
$$= 2\left(\dfrac{\pi}{2} - \sin^2\theta \bigg|_0^{\frac{\pi}{2}}\right) + \int_{\frac{\pi}{2}}^{\pi} (\cos\theta - \sin\theta)^2 \cdot \dfrac{2}{(\sin\theta - \cos\theta)^2} d\theta$$
$$= \pi - 2 + 2\left(\pi - \dfrac{\pi}{2}\right) = 2\pi - 2.$$

2. 因为
$$\dfrac{\partial u}{\partial x} = \left(\dfrac{\partial v}{\partial x} + av\right)e^{ax+by}, \quad \dfrac{\partial u}{\partial y} = \left(\dfrac{\partial v}{\partial y} + bv\right)e^{ax+by},$$
$$\dfrac{\partial^2 u}{\partial x^2} = \left(\dfrac{\partial^2 v}{\partial x^2} + a\dfrac{\partial v}{\partial x}\right)e^{ax+by} + a\left(\dfrac{\partial v}{\partial x} + av\right)e^{ax+by} = \left(\dfrac{\partial^2 v}{\partial x^2} + 2a\dfrac{\partial v}{\partial x} + a^2 v\right)e^{ax+by},$$
$$\dfrac{\partial^2 u}{\partial y^2} = \left(\dfrac{\partial^2 v}{\partial y^2} + b\dfrac{\partial v}{\partial y}\right)e^{ax+by} + b\left(\dfrac{\partial v}{\partial y} + bv\right)e^{ax+by} = \left(\dfrac{\partial^2 v}{\partial y^2} + 2b\dfrac{\partial v}{\partial y} + b^2 v\right)e^{ax+by},$$
则
$$2\dfrac{\partial^2 u}{\partial x^2} - 2\dfrac{\partial^2 u}{\partial y^2} + 3\dfrac{\partial u}{\partial x} + 3\dfrac{\partial u}{\partial y}$$
$$= \left[2\left(\dfrac{\partial^2 v}{\partial x^2} + 2a\dfrac{\partial v}{\partial x} + a^2 v\right) - 2\left(\dfrac{\partial^2 v}{\partial y^2} + 2b\dfrac{\partial v}{\partial y} + b^2 v\right) + 3\left(\dfrac{\partial v}{\partial x} + av\right) + 3\left(\dfrac{\partial v}{\partial y} + bv\right)\right]e^{ax+by}$$

$$= \left[2\frac{\partial^2 v}{\partial x^2} - 2\frac{\partial^2 v}{\partial y^2} + (4a+3)\frac{\partial v}{\partial x} - (4b-3)\frac{\partial v}{\partial y} + (2a^2+3a)v - (2b^2-3b)v\right]e^{ax+by} = 0.$$

要使该方程中不含有 $v(x,y)$ 的一阶偏导数,则 $\begin{cases}4a+3=0,\\4b-3=0,\end{cases}$ 解得 $a=-\dfrac{3}{4}, b=\dfrac{3}{4}$.

3. 设圆、正方形、正三角形的周长分别为 x,y,z,则圆的半径 $r=\dfrac{x}{2\pi}$,正方形的边长 $a=\dfrac{y}{4}$,正三角形的边长 $b=\dfrac{z}{3}$. 于是,三个图形的面积之和为

$$S(x,y,z) = \pi \cdot \left(\frac{x}{2\pi}\right)^2 + \left(\frac{y}{4}\right)^2 + \frac{1}{2}\cdot\left(\frac{z}{3}\right)^2 \cdot \sin\frac{\pi}{3} = \frac{x^2}{4\pi} + \frac{y^2}{16} + \frac{\sqrt{3}}{36}z^2.$$

令 $L(x,y,z,\lambda) = \dfrac{x^2}{4\pi} + \dfrac{y^2}{16} + \dfrac{\sqrt{3}}{36}z^2 + \lambda(x+y+z-2)$,解方程组

$$\begin{cases} L_x = \dfrac{1}{2\pi}x + \lambda = 0, \\ L_y = \dfrac{1}{8}y + \lambda = 0, \\ L_z = \dfrac{\sqrt{3}}{18}z + \lambda = 0, \\ L_\lambda = x+y+z-2 = 0, \end{cases}$$

得 $x = \dfrac{2\pi}{\pi+4+3\sqrt{3}}, y = \dfrac{8}{\pi+4+3\sqrt{3}}, z = \dfrac{6\sqrt{3}}{\pi+4+3\sqrt{3}}$. 将所得 x,y,z 的值代入 $S(x,y,z)$ 得

$$S(x,y,z) = \frac{\pi+4+3\sqrt{3}}{(\pi+4+3\sqrt{3})^2} = \frac{1}{\pi+4+3\sqrt{3}}.$$

下面分别求 $S(x,y,z)$ 在边界 $y+z=2, z+x=2, x+y=2$ 上的最值,再与 $\dfrac{1}{\pi+4+3\sqrt{3}}$ 比较.

当 $x=0$ 时,$S(0,y,z)$ 在 $y+z=2$ 下的最小值为

$$S\left(0, \frac{8}{4+3\sqrt{3}}, \frac{6\sqrt{3}}{4+3\sqrt{3}}\right) = \frac{1}{4+3\sqrt{3}};$$

当 $y=0$ 时,$S(x,0,z)$ 在 $x+z=2$ 下的最小值为

$$S\left(\frac{2\pi}{\pi+3\sqrt{3}}, 0, \frac{6\sqrt{3}}{\pi+3\sqrt{3}}\right) = \frac{1}{\pi+3\sqrt{3}};$$

当 $z=0$ 时,$S(x,y,0)$ 在 $x+y=2$ 下的最小值为

$$S\left(\frac{2\pi}{\pi+4}, \frac{8}{\pi+4}, 0\right) = \frac{1}{\pi+4}.$$

比较以上函数值可知 $S(x,y,z)$ 存在最小值,且最小值为 $\dfrac{1}{\pi+4+3\sqrt{3}}$.

4. (1) 圆锥面与柱面的交线 C 的方程为

$$\begin{cases} z = \sqrt{x^2+y^2}, \\ z^2 = 2x, \end{cases}$$

消去 z 得到 $x^2+y^2=2x$,于是 C 在 xOy 平面上的投影曲线的方程为

$$\begin{cases} x^2+y^2=2x, \\ z=0. \end{cases}$$

(2) 因为曲面 S 的方程为
$$z=\sqrt{x^2+y^2}, \quad (x,y)\in D_{xy}=\{(x,y)\mid x^2+y^2\leqslant 2x\},$$
于是 S 的质量为
$$M=\iint_S 9\sqrt{x^2+y^2+z^2}\,\mathrm{d}S=9\sqrt{2}\iint_S \sqrt{x^2+y^2}\,\mathrm{d}S$$
$$=9\sqrt{2}\iint_{D_{xy}}\sqrt{x^2+y^2}\cdot\sqrt{1+\left(\frac{\partial z}{\partial x}\right)^2+\left(\frac{\partial z}{\partial y}\right)^2}\,\mathrm{d}x\mathrm{d}y$$
$$=9\sqrt{2}\iint_{D_{xy}}\sqrt{x^2+y^2}\cdot\sqrt{1+\left(\frac{x}{\sqrt{x^2+y^2}}\right)^2+\left(\frac{y}{\sqrt{x^2+y^2}}\right)^2}\,\mathrm{d}x\mathrm{d}y$$
$$=18\iint_{D_{xy}}\sqrt{x^2+y^2}\,\mathrm{d}x\mathrm{d}y=18\int_{-\frac{\pi}{2}}^{\frac{\pi}{2}}\mathrm{d}\theta\int_0^{2\cos\theta}r\cdot r\mathrm{d}r$$
$$=48\int_{-\frac{\pi}{2}}^{\frac{\pi}{2}}\cos^3\theta\mathrm{d}\theta=96\int_0^{\frac{\pi}{2}}\cos^3\theta\mathrm{d}\theta=96\cdot\frac{2}{3}=64.$$

5. (1) 由 $y=\sum_{n=0}^{\infty}a_nx^n$ 得
$$y'=\sum_{n=1}^{\infty}na_nx^{n-1},\quad y''=\sum_{n=2}^{\infty}n(n-1)a_nx^{n-2},$$
代入 $y''-2xy'-4y=0$ 中,得
$$\sum_{n=2}^{\infty}n(n-1)a_nx^{n-2}-2\sum_{n=1}^{\infty}na_nx^n-4\sum_{n=0}^{\infty}a_nx^n=0,$$
即
$$\sum_{n=0}^{\infty}(n+2)(n+1)a_{n+2}x^n-\sum_{n=0}^{\infty}2na_nx^n-\sum_{n=0}^{\infty}4a_nx^n=0,$$
从而 $\sum_{n=0}^{\infty}[(n+2)(n+1)a_{n+2}-2na_n-4a_n]x^n=0$,于是
$$(n+2)[(n+1)a_{n+2}-2a_n]=0,\quad n=0,1,2,\cdots,$$
即 $a_{n+2}=\dfrac{2}{n+1}a_n$, $n=0,1,2,\cdots$.

(2) 由 $y(0)=0,y'(0)=1$ 可得 $a_0=0,a_1=1$,于是由(1)知
$$a_{2n}=0,\quad a_{2n+1}=\frac{2}{2n}\cdot\frac{2}{2n-2}\cdot\cdots\cdot\frac{2}{4}\cdot\frac{2}{2}a_1=\frac{1}{n!},\quad n=0,1,2,\cdots,$$
从而
$$y(x)=\sum_{n=0}^{\infty}\frac{1}{n!}x^{2n+1}=x\sum_{n=0}^{\infty}\frac{1}{n!}x^{2n}=x\sum_{n=0}^{\infty}\frac{(x^2)^n}{n!}=x\mathrm{e}^{x^2}.$$

6. (1) 因为 $f(x)=\dfrac{\mathrm{e}^x+\mathrm{e}^{-x}}{\mathrm{e}^\pi+\mathrm{e}^{-\pi}}$ 在 $[-\pi,\pi]$ 上为偶函数,故 $b_n=0,n=1,2,\cdots$. 又

$$a_0 = \frac{2}{\pi}\int_0^\pi f(x)\,\mathrm{d}x = \frac{2}{\pi}\int_0^\pi \frac{e^x+e^{-x}}{e^\pi+e^{-\pi}}\,\mathrm{d}x = \frac{2(e^\pi-e^{-\pi})}{\pi(e^\pi+e^{-\pi})},$$

$$a_n = \frac{2}{\pi}\int_0^\pi f(x)\cos nx\,\mathrm{d}x = \frac{2}{\pi}\int_0^\pi \frac{e^x+e^{-x}}{e^\pi+e^{-\pi}}\cos nx\,\mathrm{d}x$$

$$= \frac{2}{\pi(e^\pi+e^{-\pi})}\left(\frac{\cos nx+n\sin nx}{1+n^2}e^x - \frac{\cos nx-n\sin nx}{1+n^2}e^{-x}\right)\Big|_0^\pi$$

$$= \frac{2(e^\pi-e^{-\pi})}{\pi(e^\pi+e^{-\pi})}\frac{(-1)^n}{1+n^2},$$

故由 Dirichlet 收敛定理知 $f(x)$ 的 Fourier 级数为

$$f(x) = \frac{e^\pi-e^{-\pi}}{\pi(e^\pi+e^{-\pi})} + \frac{2(e^\pi-e^{-\pi})}{\pi(e^\pi+e^{-\pi})}\sum_{n=1}^\infty \frac{(-1)^n}{1+n^2}\cos nx, \quad x\in[-\pi,\pi].$$

(2) 取 $x=\frac{\pi}{2}$,得

$$\frac{e^{\frac{\pi}{2}}+e^{-\frac{\pi}{2}}}{e^\pi+e^{-\pi}} = f\left(\frac{\pi}{2}\right) = \frac{e^\pi-e^{-\pi}}{\pi(e^\pi+e^{-\pi})} + \frac{2(e^\pi-e^{-\pi})}{\pi(e^\pi+e^{-\pi})}\sum_{n=1}^\infty \frac{(-1)^n}{1+n^2}\cos\frac{n\pi}{2}$$

$$= \frac{e^\pi-e^{-\pi}}{\pi(e^\pi+e^{-\pi})} + \frac{2(e^\pi-e^{-\pi})}{\pi(e^\pi+e^{-\pi})}\sum_{n=1}^\infty \frac{(-1)^n}{1+(2n)^2},$$

故

$$\sum_{n=1}^\infty \frac{(-1)^n}{1+4n^2} = \frac{\dfrac{e^{\frac{\pi}{2}}+e^{-\frac{\pi}{2}}}{e^\pi+e^{-\pi}} - \dfrac{e^\pi-e^{-\pi}}{\pi(e^\pi+e^{-\pi})}}{\dfrac{2(e^\pi-e^{-\pi})}{\pi(e^\pi+e^{-\pi})}} = \frac{\pi}{2(e^{\frac{\pi}{2}}-e^{-\frac{\pi}{2}})} - \frac{1}{2}.$$